Daxue 大学应用数学
Yingyong Shuxue

郑清平　张绪林　印德彬　主　编
卢社军　秦少武　严中芝　副主编
杨金才　付晓军　张光勇　郭波涛　田德旭　参　编
徐国洪　主　审

重庆大学出版社

图书在版编目(CIP)数据

大学应用数学/郑清平,张绪林,印德彬主编.—
重庆:重庆大学出版社,2015.1(2018.7 重印)
ISBN 978-7-5624-8803-3

Ⅰ.①大… Ⅱ.①郑…②张…③印… Ⅲ.①应用数
学—高等职业教育—教材 Ⅳ.①029

中国版本图书馆 CIP 数据核字(2015)第 010556 号

大学应用数学

郑清平 张绪林 印德彬 主编
策划编辑:章 可
责任编辑:文 鹏 版式设计:章 可
责任校对:贾 梅 责任印制:赵 晟

*

重庆大学出版社出版发行
出版人:易树平
社址:重庆市沙坪坝区大学城西路 21 号
邮编:401331
电话:(023) 88617190 88617185(中小学)
传真:(023) 88617186 88617166
网址:http://www.cqup.com.cn
邮箱:fxk@cqup.com.cn (营销中心)
全国新华书店经销
重庆紫石东南印务有限公司印刷

*

开本:787mm×1092mm 1/6 印张:17.25 字数:430 千
2015 年 1 月第 1 版 2018 年 7 月第 3 次印刷
ISBN 978-7-5624-8803-3 定价:39.00 元

前言

为了适应高等职业教育的迅速发展，满足当前高职教育高等数学课程教学上的需要，本书依照教育部制定的《高职高专数学课程教学基本要求》，汲取国内高职数学教材的优点，从不同专业岗位对数学知识的需求出发，结合编者多年教学实践编写而成。本教材具有以下特色：

1. 淡化理论性和系统性，强化针对性和实用性。“以应用为目的，以必需、够用为原则”，既考虑到高等数学学科的系统性、逻辑性，又针对高职学生的接受能力及专业课程数学知识的需求，适当选取教材内容的深度和广度，舍去不必要的烦琐证明，注重学生基本运算能力和分析问题、解决问题能力的培养，使学生能够获得专业课程、职业岗位及终身学习所必需的数学知识，掌握基本的数学思想方法和必要的应用技能。

2. 知识编排新颖实用，强化专业个性化服务。本书面向高职专业岗位对数学的不同需求，将高等数学、工程数学、离散数学、概率统计等学科知识优化重组而成。全书共分 11 个章节，涵盖极限、导数、微分、积分、拉普拉斯变换、线性代数、离散数学、概率等方面，区别于传统高等数学教材内容，便于针对专业需求对内容有选择性地菜单式教学。如拉普拉斯变换、线性数适用于机械工程类专业，离散数学适用于计算机类专业，概率适用于财经类专业等。

3. 采用教、学、练一体化编写风格，突出易教、易学、易用的特点。本书每一个章节都配有“本节导学”，对授课内容和重点进行阐述，并以知识引入、新课讲授、例题分析、知识归纳、练习巩固、复习小结为序，采用了“教案式”“讲义式”编写风格。版面设计新颖，利用 4 分之 1 的版面作注释，给出提示、点评、分析等，更适于学生做学习笔记，使教材、讲义与笔记三位一体，既便于教师教，又便于学生学，使学生解决“学什么？怎么学？学后怎么用?”的问题。

4. 内容呈现形式多样，强化科学人文教育。本书文字描述简洁明快流畅，图文并茂，使抽象的内容形象化，注重基本概念和基本定理的几何解释、物理意义和经济背景，通俗易懂，便于学生理解与掌握，同时还配有部分科学家的图文简介，强化人文教育。

本书由郑清平、张绪林、印德彬担任主编，由秦少武、卢社军、严中芝担任副主编，由郑清平、张绪林修改、统稿、定稿，杨金才、付晓军、张光勇、郭波涛、田德旭也参加了本书的编写。在本书的编写过程中，仙桃职业学院的领导和老师提出了许多宝贵的意见和建议，编者在此表示诚挚的谢意。

本书的所有素材文件可在重庆大学出版社网站下载，用户名和密码都为 cqup。限于编者水平，同时编写时间也比较仓促，书中难免有不足之处，敬请广大师生、读者批评指正。

编　者

2014 年 11 月

目录

第一章　极限与连续 …… 1
第一节　极　限 …… 1
第二节　极限的求法 …… 6
第三节　函数的连续性 …… 11
内容小结 …… 17
复习题 …… 18

第二章　导数及其应用 …… 20
第一节　导数的概念 …… 20
第二节　函数的求导法则 …… 25
第三节　隐函数的求导方法 …… 27
第四节　高阶导数 …… 29
第五节　微分及其近似计算 …… 30
第六节　洛必达法则 …… 33
第七节　函数的单调性 …… 37
第八节　极值与最值 …… 40
第九节　函数图像的描绘 …… 45
内容小结 …… 49
复习题 …… 50

第三章　不定积分 …… 52
第一节　不定积分的概念和性质 …… 52
第二节　换元积分法 …… 56
第三节　分部积分法 …… 62
内容小结 …… 65
复习题 …… 66

第四章　定积分及其应用 …… 68
第一节　定积分的概念和性质 …… 68
第二节　牛顿-莱布尼茨公式 …… 73
第三节　定积分的换元积分法 …… 74
第四节　定积分的分部积分法 …… 78
第五节　定积分的应用 …… 80
内容小结 …… 85

复习题……………………………………………………… 85

第五章　常微分方程……………………………………………… 87
第一节　微分方程的基本概念………………………………… 87
第二节　变量可分离的微分方程……………………………… 91
第三节　一阶线性微分方程…………………………………… 94
内容小结……………………………………………………… 97
复习题………………………………………………………… 99

第六章　多元函数微积分 ……………………………………… 101
第一节　多元函数的极限与连续 …………………………… 101
第二节　偏导数 ……………………………………………… 105
第三节　全微分及其近似计算 ……………………………… 108
第四节　多元复合函数与隐函数的求导法则 ……………… 110
第五节　多元函数的极值 …………………………………… 114
第六节　二重积分的概念和性质 …………………………… 117
第七节　二重积分的计算 …………………………………… 121
内容小结 ……………………………………………………… 126
复习题 ………………………………………………………… 127

第七章　无穷级数 ……………………………………………… 129
第一节　常数项级数的概念与性质 ………………………… 129
第二节　常数项级数的判别法 ……………………………… 132
第三节　幂级数 ……………………………………………… 137
第四节　函数的幂级数展开式 ……………………………… 142
内容小结 ……………………………………………………… 144
复习题 ………………………………………………………… 144

第八章　拉普拉斯变换 ………………………………………… 147
第一节　拉氏变换的概念与性质 …………………………… 147
第二节　拉氏逆变换及性质 ………………………………… 153
第三节　拉氏变换的应用 …………………………………… 156
内容小结 ……………………………………………………… 159
复习题 ………………………………………………………… 160

第九章　线性代数初步 ………………………………………… 161
第一节　行列式 ……………………………………………… 161
第二节　矩阵的概念及计算 ………………………………… 169
第三节　矩阵的初等变换和矩阵的秩 ……………………… 176

第四节　逆矩阵 …… 179
第五节　线性方程组 …… 183
内容小结 …… 187
复习题 …… 189

第十章　离散数学 …… 191
第一节　命题的概念 …… 191
第二节　命题联结词 …… 194
第三节　命题公式与真值表 …… 198
第四节　等价变换与蕴含式 …… 202
第五节　命题逻辑的推理理论 …… 206
第六节　图　论 …… 213
第七节　图的路径、回路与连通性 …… 222
第八节　图的矩阵表示 …… 229
内容小结 …… 234
复习题 …… 236

第十一章　随机事件及其概率 …… 239
第一节　随机事件与样本空间 …… 239
第二节　概率与古典概型 …… 243
第三节　条件概率与事件的独立性 …… 247
第四节　随机变量与分布函数 …… 251
第五节　随机变量的数字特征 …… 258
内容小结 …… 263
复习题 …… 264

第一章
极限与连续

极限是高等数学中的一个重要概念. 极限概念的产生源于解决实际问题的需要,极限理论的确立使微积分有了坚实的逻辑基础,并使微积分在当今科学的各个领域得以更广泛、更合理、更科学地应用与发展. 本章主要介绍极限的基本概念和方法,并用极限的方法讨论无穷小及函数的连续性.

第一节　极　限

本节导学
内容:数列和函数的极限.
重点:①极限的概念;②函数极限的判别方法.

一、引入

中国古代从先秦时期开始,一直是取"周三径一"(即圆周周长与直径的比率为3∶1)的数值来进行有关圆的计算. 我国魏晋时期伟大的数学家刘徽发现,用"周三径一"计算出来的圆周长实际上不是圆的周长,而是圆内接正六边形的周长,其数值要比实际的圆周长小得多.

为了求出圆的精确面积,刘徽发明了割圆术. 所谓割圆术,其实就是极限的思想,即用圆内接正多边形的面积来逼近圆的面积. 下面我们看一下刘徽割圆术的具体做法.

他从直径为2尺的圆内接正六边形开始割圆,依次得正12边形、正24边形……割得越细,正多边形面积和圆面积之差越小,用他的原话说是"割之弥细,所失弥少,割之又割,以至于不可割,则与圆周合体而无所失矣."他割了10次,计算了正3072边形的面积.

刘徽(约225—295). 中国魏晋时期著名数学家.

若把圆内接正6边形的面积记为S_1,圆内接正12边形的面积记为S_2,依此类推,圆内接正$6\times 2^{n-1}$边形的面积记为S_n,圆的面积记为S,则形成了一个数列$S_1,S_2,\cdots,S_n,\cdots$无限接近$S$.

观察数列变化方法：
①可从数字的变化规律上理解；②可从图形上点的位置变化规律上理解.

二、数列的极限

观察下列数列$\{x_n\}$的变化趋势.

①$1,\frac{1}{2},\frac{1}{3},\cdots,\frac{1}{n},\cdots$

②$1,\frac{1}{2},\frac{1}{4},\cdots,\frac{1}{2^{n-1}},\cdots$

③$2,\frac{1}{2},\frac{4}{3},\frac{3}{4},\cdots,\frac{n+(-1)^{n-1}}{n},\cdots$

④$3,3,3,\cdots,3,\cdots$

发现当n趋近∞（记为$n\to\infty$）时，

①式$x_n=\frac{1}{n}$无限趋近0$\left(记为x_n=\frac{1}{n}\to 0\right)$；

②式$x_n=\frac{1}{2^{n-1}}\to 0$；

③式$x_n=\frac{n+(-1)^{n-1}}{n}\to 1$；

④式$x_n=3\to 3$.

像这样，如果当$n\to\infty$时，有x_n无限趋近某一个常数A，则称A为数列$\{x_n\}$的**极限**，或者称数列$\{x_n\}$收敛于A，记为

$\lim\limits_{n\to\infty}x_n=A$或$x_n\to A(n\to\infty)$.

知识归纳：
①分母趋近无穷大，而分子为常数，则该分式的极限为0；
②常数A的极限仍然为A.

因此，①式极限为0，可记为$\lim\limits_{n\to\infty}\frac{1}{n}=0$；

②式极限为0，可记为$\lim\limits_{n\to\infty}\frac{1}{2^{n-1}}=0$；

③式极限为1，可记为$\lim\limits_{n\to\infty}\frac{n+(-1)^{n-1}}{n}=1$；

④式极限为3，可记为$\lim\limits_{n\to\infty}3=3$.

例1.1.1　观察数列的变化趋势，写出极限.

(1) $x_n=1-\frac{1}{n^2}$　　　　(2) $x_n=(-1)^n\frac{1}{n^n}$

解　(1) $\lim\limits_{n\to\infty}\left(1-\frac{1}{n^2}\right)=1$

(2) $\lim\limits_{n\to\infty}(-1)^n\frac{1}{n^n}=0$

注意：数列的一般项x_n必须是趋近“唯一”的常数时，才有极限；但如果一般项x_n不是趋近常数（如∞）或者变化趋势是几个常数时，数列都没有极限. 如：

数列$0,1,0,1,\cdots$

或数列$1,2,3,1,2,3,1,2,3,\cdots$

由于没有趋近“一个”确定的常数，所以这两个数列没有极限.

练习 1.1.1

观察下列数列$\{x_n\}$当$n\to\infty$时的变化趋势,写出极限.

(1)$0,1,2,\cdots,n-1,\cdots$

(2)$0,\frac{1}{3},\frac{2}{4},\frac{3}{5},\cdots,\frac{n-1}{n+1},\cdots$

(3)$x_n=1-\frac{1}{10^n}$　　　(4)$x_n=\frac{2n}{1+3n}$

(5)$x_n=\begin{cases}\frac{1}{n!!},n\text{ 为奇数}\\ \frac{1}{n!},n\text{ 为偶数}\end{cases}$

三、函数的极限

1. 当$x\to\infty$时,函数的极限

观察图 1.1.1 中函数$y=\frac{1}{x}$的变化趋势.

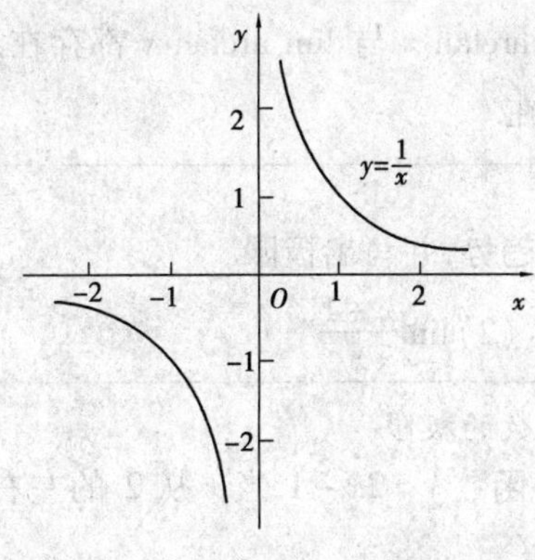

图 1.1.1

发现:当$x\to\infty$时(包括$x\to+\infty$和$x\to-\infty$两种情况),函数$y=\frac{1}{x}$的值的变化趋势是无限趋近 0.

像这样,当$x\to\infty$时,函数$y=f(x)$的变化趋势是无限趋近某一个常数A,则称A是函数$y=f(x)$当$x\to\infty$时的**极限**. 记为:

$\lim\limits_{x\to\infty}f(x)=A$ 或 $f(x)\to A(x\to\infty)$

如果当$x\to+\infty$时(或$x\to-\infty$时),函数$y=f(x)$的变化趋势是无限趋近某一个常数A,则称A是函数$y=f(x)$当$x\to+\infty$时(或$x\to-\infty$时)的**极限**. 记为:

$\lim\limits_{x\to+\infty}f(x)=A$(或 $\lim\limits_{x\to-\infty}f(x)=A$)

例 1.1.2　观察函数$y=\arctan x$分别在当$x\to+\infty$和$x\to-\infty$时的变化趋势,并求$\lim\limits_{x\to+\infty}\arctan x$, $\lim\limits_{x\to-\infty}\arctan x$, $\lim\limits_{x\to\infty}\arctan x$.

解　如图 1.1.2 所示.

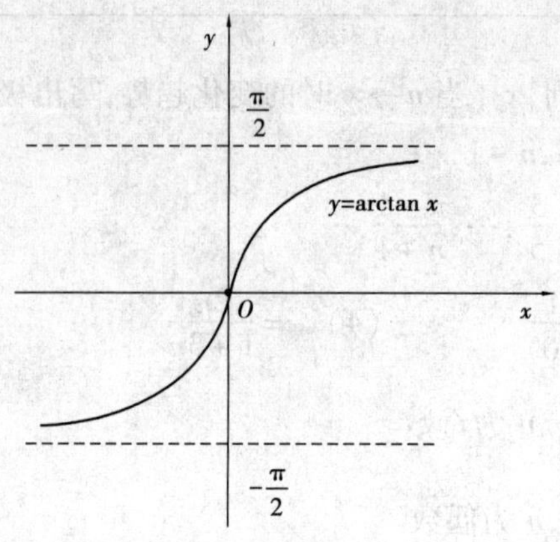

图 1.1.2

观察图形的变化趋势知:

$$\lim_{x\to+\infty}\arctan x=\frac{\pi}{2}$$

$$\lim_{x\to-\infty}\arctan x=-\frac{\pi}{2}$$

在这里,虽然 $\lim\limits_{x\to+\infty}\arctan x$ 与 $\lim\limits_{x\to-\infty}\arctan x$ 都存在,但它们并不相等,所以$\lim\limits_{x\to\infty}\arctan x$ 不存在.

练习 1.1.2

观察函数的变化趋势,并写出极限.

(1) $\lim\limits_{x\to-\infty}2^x$　　(2) $\lim\limits_{x\to\infty}\frac{x+1}{x}$

2. 当 $x\to x_0$ 时,函数的极限

观察表 1.1.1 中,函数 $y=2x-1$ 当 x 从 2 的左右两侧趋近 2 时,对应的函数值.

表 1.1.1

x	1	1.5	1.8	1.9	$\cdots\to$	2	$\leftarrow\cdots$	2.1	2.2	2.5	3
y	1	2	2.6	2.8	$\cdots\to$	3	$\leftarrow\cdots$	3.2	3.4	4	5

从函数值的变化趋势上可以看出:当 $x\to2$ 时,$y\to3$.

如图 1.1.3 所示为函数 $y=\frac{x^2-1}{x-1}$的图像.

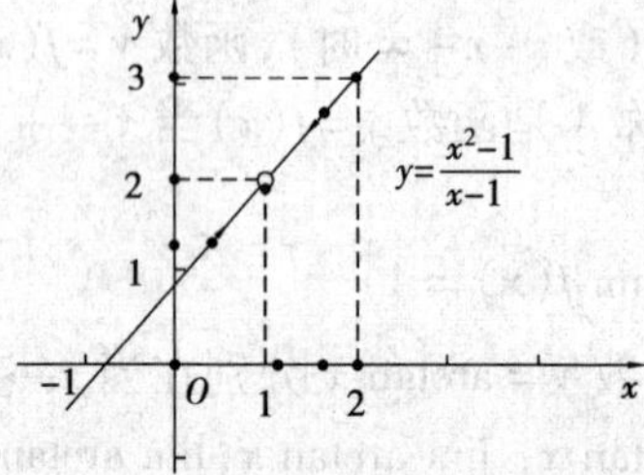

图 1.1.3

显然,当 x 从 1 的左右两侧趋近 1 时,$\frac{x^2-1}{x-1}$ 无限接近 2,即当 $x\to1$ 时,$y\to2$.

像这样,当 $x\to x_0$ 时,函数 $y=f(x)$ 的变化趋势是无限趋近某一个常数 A,则称 A 是函数 $y=f(x)$ 当 $x\to x_0$ 时的**极限**. 记为:

$\lim\limits_{x\to x_0}f(x)=A$ 或 $f(x)\to A\ (x\to x_0)$

注意:极限值是否存在与函数值是否存在并无关系.

例 1.1.3　观察图 1.1.3,求 $\lim\limits_{x\to1}\frac{x^2-1}{x-1}$.

解　当 $x=1$ 时,函数值不存在. 当 x 从 1 的左右两侧趋近于 1 时,而不是 $x=1$,此时,$\frac{x^2-1}{x-1}=x+1$ 都趋近于 2,即 $\lim\limits_{x\to1}\frac{x^2-1}{x-1}=2$.

例 1.1.3　解题说明:本题是求 $f(x)$ 的极限值,不是求 $x=1$ 的函数值,因此求函数的极限与函数在 $x=1$ 处是否有定义无关.

练习 1.1.3

画出函数的图形,观察变化趋势,求下列函数的极限.

(1) $\lim\limits_{x\to1}(x+2)$　　(2) $\lim\limits_{x\to0}|x|$

3. *左极限与右极限*

若当 x 从 x_0 的左侧趋近于 x_0(记为 $x\to x_0^-$)时,函数 $y=f(x)$ 无限趋近于某一个常数 A,则称 A 为函数 $y=f(x)$ 当 $x\to x_0$ 时的**左极限**. 记为:

$$\lim_{x\to x_0^-}f(x)=A \text{ 或 } f(x)\to A\ (x\to x_0^-)$$

若当 x 从 x_0 的右侧趋近于 x_0(记为 $x\to x_0^+$)时,函数 $y=f(x)$ 无限趋近于某一个常数 A,则称 A 为函数 $y=f(x)$ 当 $x\to x_0$ 时的**右极限**. 记为:

$$\lim_{x\to x_0^+}f(x)=A \text{ 或 } f(x)\to A\ (x\to x_0^+)$$

左极限与右极限也可分别记作 $f(x_0^-)$ 与 $f(x_0^+)$. 显然,函数 $y=f(x)$ 当 $x\to x_0$ 时的极限存在的充要条件是:当 $x\to x_0$ 时,函数 $f(x)$ 的左右极限存在且相等,即 $f(x_0^-)=f(x_0^+)$.

例 1.1.4　已知 $f(x)=\begin{cases}x-1 & x<0\\ 0 & x=0\\ x+1 & x>0\end{cases}$,求 $\lim\limits_{x\to0}f(x)$.

解　函数图像如图 1.1.4 所示.

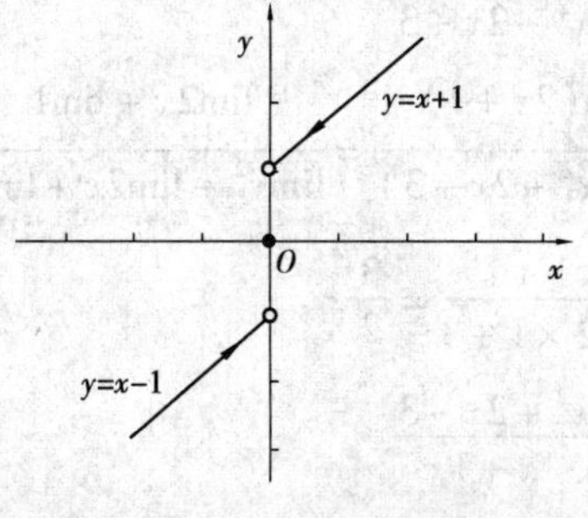

图 1.1.4

观察变化趋势可知：

$\lim\limits_{x\to 0^-}f(x)=\lim\limits_{x\to 0^-}(x-1)=-1$，

$\lim\limits_{x\to 0^+}f(x)=\lim\limits_{x\to 0^+}(x+1)=1$，

而$\lim\limits_{x\to 0^-}f(x)\neq\lim\limits_{x\to 0^+}f(x)$，故$\lim\limits_{x\to 0}f(x)$不存在.

练习 1.1.4

已知$f(x)=\begin{cases}-x-1 & x<0\\ 0 & x=0\\ x-1 & x>0\end{cases}$，求$\lim\limits_{x\to 0}f(x)$.

第二节 极限的求法

本节导学

内容：①极限的四则运算法则；②两个重要极限；③无穷小与无穷大.

重点：①极限的四则运算法则的应用；②会使用两个重要极限求解极限问题；③利用等价无穷小的替换求解极限.

一、引入

由极限定义可知，当$n\to\infty$时，$3n-1\to\infty$，$5n+4\to\infty$，因∞不是一个确定的常数，故$3n-1$、$5n+4$的极限都不存在，那么两者的商极限是不是也不存在呢？即$\lim\limits_{n\to\infty}\frac{3n-1}{5n+4}$是否存在？

二、极限的四则运算法则

若$\lim f(x)=A$，$\lim g(x)=B$，则

①$\lim[f(x)\pm g(x)]=\lim f(x)\pm\lim g(x)=A\pm B$.

②$\lim[f(x)\cdot g(x)]=\lim f(x)\cdot\lim g(x)=AB$.

③$\lim\frac{f(x)}{g(x)}=\frac{\lim f(x)}{\lim g(x)}=\frac{A}{B}(B\neq 0)$.

注意：

①参与运算的每个函数的极限必须存在；

②函数商的极限中，分母的极限不能为零.

说明：极限的四则运算法则中的函数可以推广到有限个函数的情形.

例 1.2.1 求$\lim\limits_{x\to 1}\frac{2x+1}{x^2-2x+3}$.

解 原式$=\frac{\lim\limits_{x\to 1}(2x+1)}{\lim\limits_{x\to 1}(x^2-2x+3)}=\frac{\lim\limits_{x\to 1}2x+\lim\limits_{x\to 1}1}{\lim\limits_{x\to 1}x^2-\lim\limits_{x\to 1}2x+\lim\limits_{x\to 1}3}$

$=\frac{2\times 1+1}{1^2-2\times 1+3}=\frac{3}{2}$

例 1.2.2 求$\lim\limits_{x\to 1}\frac{x^2+2x-3}{x+1}$.

解 原式$=\frac{1^2+2\times 1-3}{1+1}=0$

例 1.2.3　求 $\lim\limits_{x\to 0}\dfrac{(1+x)^2-1}{x}$.

解　原式 $=\lim\limits_{x\to 0}\dfrac{1+x^2+2x-1}{x}$

$$=\lim_{x\to 0}\frac{x^2+2x}{x}=\lim_{x\to 0}(x+2)\ =0+2=2$$

例 1.2.3 解题说明：约分化简，方法是展开分子.

例 1.2.4　求 $\lim\limits_{x\to 0}\dfrac{\sqrt{1+x}-1}{x}$.

解　原式 $=\lim\limits_{x\to 0}\dfrac{(\sqrt{1+x}-1)(\sqrt{1+x}+1)}{x(\sqrt{1+x}+1)}$

$$=\lim_{x\to 0}\frac{(1+x)-1}{x(\sqrt{1+x}+1)}=\lim_{x\to 0}\frac{1}{\sqrt{1+x}+1}=\frac{1}{\sqrt{1+0}+1}=\frac{1}{2}$$

例 1.2.4 解题说明：目的是约分化简，方法是分子有理化，分子分母同乘以某一项.

例 1.2.5　求 $\lim\limits_{n\to\infty}\dfrac{3n-1}{5n+4}$.

解　原式 $=\lim\limits_{n\to\infty}\dfrac{3-\dfrac{1}{n}}{5+\dfrac{4}{n}}=\dfrac{3-0}{5+0}=\dfrac{3}{5}$

例 1.2.5 解题说明：目的是约分化简，方法是分子分母同时除以它们中 n 的最高次.

练习 1.2.1

1. 求下列极限.

(1) $\lim\limits_{x\to 1}(3x^2-2x+3)$　　(2) $\lim\limits_{x\to 1}\dfrac{x^2-1}{x-1}$

(3) $\lim\limits_{x\to 0}\dfrac{\sqrt{1+x}-\sqrt{1-x}}{x}$　　(4) $\lim\limits_{x\to 0}\dfrac{x}{2-\sqrt{4-x}}$

(5) $\lim\limits_{x\to\infty}\dfrac{n^2-n+1}{3n^2+n}$

2. 求 $\lim\limits_{x\to\infty}\left(\dfrac{1}{n^2}+\dfrac{2}{n^2}+\dfrac{3}{n^2}+\cdots+\dfrac{n}{n^2}\right)$.

三、两个重要极限

1. 重要极限 1

$$\lim_{x\to 0}\frac{\sin x}{x}=1$$

重要极限 1 的特点：

①形状为 $\dfrac{0}{0}$ 型；

②含有三角函数；

③结构为 $\lim\limits_{()\to 0}\dfrac{\sin()}{()}=1$，以含有( )为标准.

例 1.2.6　求 $\lim\limits_{x\to 0}\dfrac{\tan x}{x}$.

解　原式 $=\lim\limits_{x\to 0}\dfrac{\sin x}{x}\cdot\dfrac{1}{\cos x}=\lim\limits_{x\to 0}\dfrac{\sin x}{x}\cdot\lim\limits_{x\to 0}\dfrac{1}{\cos x}$

$$=1\times 1=1$$

例 1.2.7　求 $\lim\limits_{x\to 0}\dfrac{\sin 3x}{x}$.

解　原式 $=\lim\limits_{x\to 0}\dfrac{3\sin 3x}{3x}=3\cdot\lim\limits_{x\to 0}\dfrac{\sin 3x}{3x}=3\times 1=3$

归纳：$\lim\limits_{x\to 0}\dfrac{\sin kx}{x}=k$（$k$ 为常数）

例 1.2.8 解题说明：利用三角函数倍角公式化简 $1-\cos x=2\sin^2\dfrac{x}{2}$

例 1.2.8 求$\lim\limits_{x\to 0}\dfrac{1-\cos x}{x^2}$.

解 原式 $=\lim\limits_{x\to 0}\dfrac{2\sin^2\dfrac{x}{2}}{x^2}=2\lim\limits_{x\to 0}\left(\dfrac{\sin\dfrac{x}{2}}{x}\right)^2$

$$=2\times\left(\frac{1}{2}\right)^2=\frac{1}{2}$$

练习(4)提示：$\sin x=-\sin(x-\pi)$

练习 1.2.2

求下列极限.

(1) $\lim\limits_{x\to 0}\dfrac{\sin 5x}{\sin 3x}$　　(2) $\lim\limits_{x\to 0}\dfrac{1-\cos 2x}{x\sin x}$

(3) $\lim\limits_{x\to 1}\dfrac{\sin(x-1)}{x-1}$　　(4) $\lim\limits_{x\to \pi}\dfrac{\sin x}{x-\pi}$

重要极限 2 的特点：
①形状为 1^∞ 型；
②结构为 $\lim\limits_{()\to\infty}\left(1+\dfrac{1}{()}\right)^{()}=\mathrm{e}$，以含有( )的为标准.
解题方法："倒倒抄".

2. 重要极限 2

$$\lim_{x\to\infty}\left(1+\frac{1}{x}\right)^x=\mathrm{e}\ \text{或}\ \lim_{x\to 0}(1+x)^{\frac{1}{x}}=\mathrm{e}$$

其中，e 是一个无理数，e = 2.718 28…

例 1.2.9 求$\lim\limits_{x\to\infty}\left(1-\dfrac{1}{x}\right)^x$.

分析：这是 1^∞ 型. 应用重要极限 2，用"倒倒抄"构造满足重要极限 2 的结构，再计算极限.

解 原式 $=\lim\limits_{-x\to\infty}\left[\left(1+\dfrac{1}{-x}\right)^{-x}\right]^{-1}=\mathrm{e}^{-1}=\dfrac{1}{\mathrm{e}}$

例 1.2.10 求$\lim\limits_{x\to\infty}\left(1+\dfrac{2}{x}\right)^x$.

解 原式 $=\lim\limits_{\frac{x}{2}\to\infty}\left[\left(1+\dfrac{1}{\dfrac{x}{2}}\right)^{\frac{x}{2}}\right]^2=\mathrm{e}^2$

归纳可得：

$$\lim_{x\to\infty}\left(1+\frac{k}{x}\right)^x=\mathrm{e}^k\ (k\ \text{为常数})$$

同理可得

$$\lim_{x\to 0}(1+kx)^{\frac{1}{x}}=\mathrm{e}^k\ (k\ \text{为常数})$$

例 1.2.11 解题说明：极限的底数需要首先构造出"1 + ( )"，然后再用"倒倒抄".

例 1.2.11 求$\lim\limits_{x\to 1}\left(\dfrac{2}{x+1}\right)^{\frac{1}{1-x}}$.

解 原式 $=\lim\limits_{x\to 1}\left[1+\left(\dfrac{2}{x+1}-1\right)\right]^{\frac{1}{1-x}}$

$$= \lim_{\frac{1-x}{x+1}\to 0}\left[\left(1+\frac{1-x}{x+1}\right)^{\frac{x+1}{1-x}}\right]^{\frac{1}{x+1}} = e^{\frac{1}{2}}$$

例 1.2.12　求$\lim\limits_{x\to\infty}\left(\frac{x+1}{x-1}\right)^x$.

解　原式$=\lim\limits_{x\to\infty}\left(\dfrac{1+\frac{1}{x}}{1-\frac{1}{x}}\right)^x = \dfrac{\lim\limits_{x\to\infty}\left(1+\frac{1}{x}\right)^x}{\lim\limits_{x\to\infty}\left(1+\frac{-1}{x}\right)^x} = \dfrac{e}{e^{-1}} = e^2$

例 1.2.12 解题说明：

由于$\lim\limits_{x\to\infty}\left(1+\frac{k}{x}\right)=e^k$

所以$\lim\limits_{x\to\infty}\left(1-\frac{1}{x}\right)=e^{-1}$

练习 1.2.3

1. 求下列极限：

(1)$\lim\limits_{x\to 0}(1-x)^{\frac{1}{x}}$　　(2)$\lim\limits_{x\to\infty}\left(\frac{x+1}{x-1}\right)^{x+2}$

(3)$\lim\limits_{x\to\infty}\left(1-\frac{2}{x}\right)^{3x}$　　(4)$\lim\limits_{x\to\infty}\left(\frac{x}{1+x}\right)^{x}$

2. 已知$\lim\limits_{x\to\infty}\left(\frac{x-1}{x}\right)^{kx}=e^{-1}$,求常数$k$.

四、无穷小与无穷大

1. 无穷小

若$\lim\limits_{x\to x_0}f(x)=0$(或$\lim\limits_{x\to\infty}f(x)=0$),则称$f(x)$为$x\to x_0$(或$x\to\infty$)时的**无穷小量**,简称**无穷小**.

说明:无穷小一般情况下是一个绝对值无限变小的变量,以常量形式出现的无穷小只有零这个数.其他任何绝对值很小的常量都不能叫无穷小.

无穷小的性质:

(1)有限个无穷小的和仍然是无穷小;

(2)有限个无穷小的乘积仍然是无穷小;

(3)有界函数与无穷小的乘积仍然是无穷小.

例 1.2.13　求$\lim\limits_{x\to\infty}\frac{\sin x}{x}$.

解　因为$|\sin x|\leqslant 1$,且$\frac{1}{x}\to 0$($x\to\infty$)为无穷小,由无穷小性质3可得:

原式$=\lim\limits_{x\to\infty}\left(\frac{1}{x}\cdot\sin x\right)=0$

例 1.2.13 解题说明：

注意区别$\lim\limits_{x\to 0}\frac{\sin x}{x}=1$和$\lim\limits_{x\to\infty}\frac{\sin x}{x}=0$.

2. 无穷大

若$\lim\limits_{x\to x_0}f(x)=\infty$(或$\lim\limits_{x\to\infty}f(x)=\infty$),则称$f(x)$为$x\to x_0$(或$x\to\infty$)时的**无穷大量**,简称**无穷大**.

说明:无穷大只能是一个绝对值无限变大的变量,任何一个以常量形式出现的绝对值很大的数都不能叫无穷大.

3. 无穷小与无穷大之间的关系

无穷小与无穷大彼此互为倒数关系. 即:

若$f(x)\to 0(f(x)\neq 0)$时,则$\dfrac{1}{f(x)}\to\infty$;

若$f(x)\to\infty$时,则$\dfrac{1}{f(x)}\to 0$.

例 1.2.14　求$\lim\limits_{x\to\infty}\dfrac{x^3+2x^2+x-1}{x^2+2}$.

解　原式$=\lim\limits_{x\to\infty}\dfrac{x^2+2}{x^3+2x^2+x-1}=\lim\limits_{x\to\infty}\dfrac{\dfrac{1}{x}+\dfrac{2}{x^3}}{1+\dfrac{2}{x}+\dfrac{1}{x^2}-\dfrac{1}{x^3}}=0$

所以
$$\lim_{x\to\infty}\frac{x^3+2x^2+x-1}{x^2+2}=\infty$$

4. 等价无穷小

设$\lim\alpha$、$\lim\beta$、$\dfrac{\lim\alpha}{\lim\beta}$都在自变量的同一个变化过程中,$\alpha$与$\beta$均为无穷小,且$\alpha\neq 0$. 若$\lim\dfrac{\beta}{\alpha}=1$,则称$\beta$与$\alpha$互为等价无穷小,记为:$\beta\sim\alpha$(或$\alpha\sim\beta$).

当$x\to 0$时,常见的等价无穷小有:

$x\sim\sin x\sim\tan x\sim\arcsin x\sim\arctan x\sim\ln(1+x)\sim e^x-1\sim 2(\sqrt{1+x}-1)$;$x^2\sim 2(1-\cos x)\sim\dfrac{1}{2}(1-\cos 2x)\sim\ln(1+x^2)\sim e^{x^2}-1$.

等价无穷小的替换定理:在同一极限过程中,如果$\alpha\sim\alpha_1$,$\beta\sim\beta_1$,则有$\lim\dfrac{\alpha}{\beta}=\lim\dfrac{\alpha_1}{\beta_1}$.

证　$\lim\dfrac{\alpha}{\beta}=\lim\left(\dfrac{\alpha}{\alpha_1}\cdot\dfrac{\alpha_1}{\beta_1}\cdot\dfrac{\beta_1}{\beta}\right)$

$=\lim\dfrac{\alpha}{\alpha_1}\cdot\lim\dfrac{\alpha_1}{\beta_1}\cdot\lim\dfrac{\beta_1}{\beta}=\lim\dfrac{\alpha_1}{\beta_1}$

需注意,等价无穷小的替换只能适用于乘积中,对于两个无穷小相加(或相减)时不能用等价无穷小替换.

例 1.2.15 解题说明:当$x\to 0$时,有$\ln(1+x)\sim x$,$1-\cos x\sim\dfrac{1}{2}x^2$,可以使用等价无穷小的替换定理.

例 1.2.15　求$\lim\limits_{x\to 0}\dfrac{x\cdot\ln(1+x)}{1-\cos x}$.

解　原式$=\lim\limits_{x\to 0}\dfrac{x\cdot x}{\dfrac{1}{2}x^2}=2$

例 1.2.16 求$\lim\limits_{x\to1}\frac{x-1}{\ln x}$.

解 原式$=\lim\limits_{x\to1}\frac{x-1}{\ln[1+(x-1)]}=\lim\limits_{x\to1}\frac{x-1}{x-1}=1$

例 1.2.17 求$\lim\limits_{x\to0}\frac{\tan x-\sin x}{x^3}$.

解 原式$=\lim\limits_{x\to0}\frac{\sin x\left(\frac{1}{\cos x}-1\right)}{x^3}$

$$=\lim_{x\to0}\frac{\sin x(1-\cos x)}{x^3\cdot\cos x}=\lim_{x\to0}\frac{x\cdot\frac{x^2}{2}}{x^3\cdot\cos x}=\lim_{x\to0}\frac{\frac{1}{2}}{\cos x}=\frac{1}{2}$$

归纳:通过等价无穷小的替换,即用较为简单的等价无穷小替换较复杂的无穷小后,可使得式子可以约分化简,从而达到极限计算快捷简单目的.

例 1.2.16 解题说明:由于$x\to0$时$\ln x$为无穷小,有$\ln x=\ln[1+(x-1)]$,故当$x\to1$时,有$\ln[1+(x-1)]\sim x-1$.

练习 1.2.4

1. 求下列极限.

(1)$\lim\limits_{x\to0}x\cdot\sin\frac{1}{x}$　　(2)$\lim\limits_{x\to\infty}\frac{x-\sin x}{x+\sin x}$

2. 求下列极限.

(1)$\lim\limits_{x\to1}\frac{x+1}{x^2+x-2}$　　(2)$\lim\limits_{x\to\infty}x^2\left(1-\cos\frac{1}{x}\right)$

(3)$\lim\limits_{x\to1}\frac{\sin(x^2-1)}{x-1}$　　(4)$\lim\limits_{x\to\infty}x\left(e^{-\frac{1}{x}}-1\right)$

(5)$\lim\limits_{x\to3}\frac{x^2-9}{\ln(x-2)}$

练习 2(5)提示:当$x\to3$时,$\ln(x-2)=\ln[1+(x-3)]$,所以$\ln[1+(x-3)]\sim x-3$.

第三节　函数的连续性

本节导学

内容:①函数连续的概念;②连续的判别方法;③函数间断点的判别.

重点:①初等函数的连续性;②函数的连续性与左右连续的关系;③函数间断的判别及类型.

一、引入

自然界中有许多现象,如气温的变化、河水的流动、植物的生长等,都是连续地变化着的.这种现象在函数关系上的反映,就是函数的连续性.例如就气温的变化来看,当时间变化很微小时,气温的变化也很微小,这种特点就是连续性.本节将介绍函数的连续性,下面先引入增量的概念,然后再描述连续性,并引出函数连续性的定义.

二、函数连续的概念

1. 函数的增量

观察图 1.3.1,自变量由x_0变到x时,函数y相应地从$f(x_0)$变化到

$f(x)$,则称 $\Delta x = x - x_0$ 为**自变量的增量**,$\Delta y = y - y_0$ 为函数 $y = f(x)$ 在 x_0 **处的增量**.

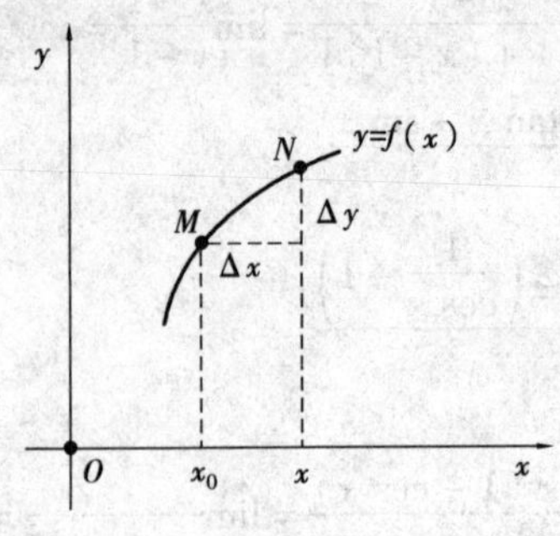

图 1.3.1

2. 函数的连续性

判断函数在某一点是否连续,关键是看函数在该点处是否“接连不断”. 观察图 1.3.2、1.3.3,直观上感知曲线在点 x_0 处是否“接连不断”.

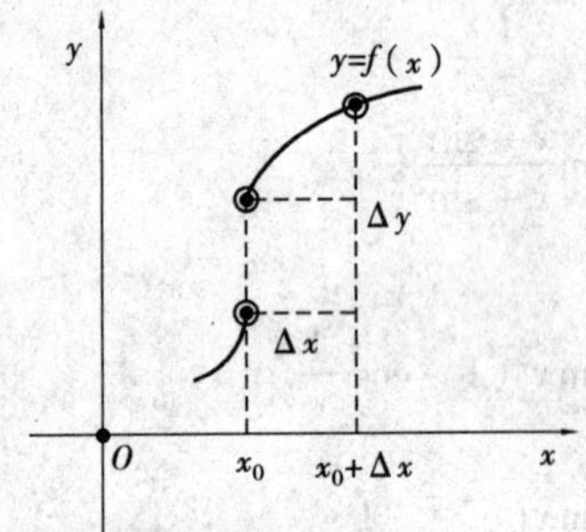

图 1.3.2

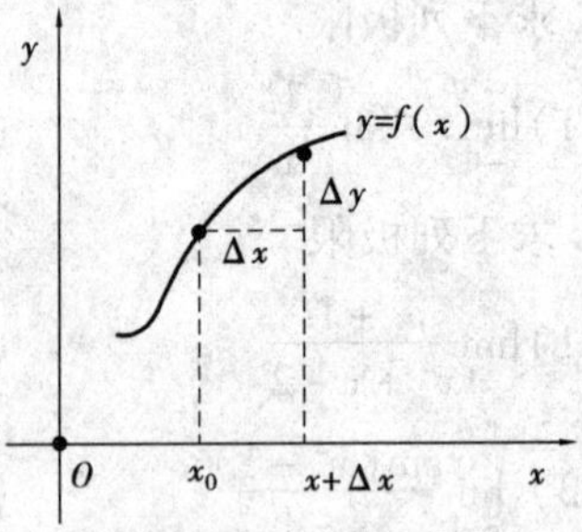

图 1.3.3

邻域:在 x_0 的某个邻域是指以点 x_0 为中心点,以某个长度为半径所形成的开区间.

显然,如果函数 $y = f(x)$ 在 x_0 的某个邻域内有定义,且 $\lim\limits_{\Delta x \to 0} \Delta y = \lim\limits_{\Delta x \to 0} [f(x) - f(x_0)] = 0$,则称函数 $y = f(x)$ 在点 x_0 处连续.

事实上,$\lim\limits_{\Delta x \to 0} \Delta y = \lim\limits_{\Delta x \to 0} [f(x) - f(x_0)] = 0$ 等价于 $\lim\limits_{x \to x_0} f(x) = f(x_0)$.

所以,如果函数 $y = f(x)$ 在点 x_0 的某个邻域内有定义,且 $\lim\limits_{x \to x_0} f(x) = f(x_0)$,则称函数 $y = f(x)$ 在点 x_0 处连续.

由于 $\lim\limits_{x \to x_0} f(x)$ 存在是指 $\lim\limits_{x \to x_0^-} f(x)$ 与 $\lim\limits_{x \to x_0^+} f(x)$ 都存在且相等,所以可通过左右极限是否存在且相等来判断函数 $y = f(x)$ 在 x_0 处是否连续,即 $\lim\limits_{x \to x_0^-} f(x) = \lim\limits_{x \to x_0^+} f(x) = f(x_0)$.

例 1.3.1 设函数 $f(x) = \begin{cases} x - 1 & (x < 0) \\ 0 & (x = 0) \\ x + 1 & (x > 0) \end{cases}$,讨论 $f(x)$ 在点 $x = 0$ 处的连续性.

解 $\lim\limits_{x \to 0^-} f(x) = \lim\limits_{x \to 0^-} (x - 1) = -1$,$\lim\limits_{x \to 0^+} f(x) = \lim\limits_{x \to 0^+} (x + 1) = 1$,显然 $\lim\limits_{x \to 0^-} f(x) \neq \lim\limits_{x \to 0^+} f(x)$,故 $f(x)$ 在点 x_0 处不连续.

例 1.3.2　设函数 $f(x)=\begin{cases} a+x & (x\leqslant 0) \\ \dfrac{\sin 2x}{x} & (x>0) \end{cases}$，求 a 的值，使得 $f(x)$ 在 $x=0$ 处连续.

解　$\lim\limits_{x\to 0^-}f(x)=\lim\limits_{x\to 0^-}(a+x)=a$，$\lim\limits_{x\to 0^+}f(x)=\lim\limits_{x\to 0^+}\left(\dfrac{\sin 2x}{x}\right)=2$，$f(0)=a$. 由于函数 $f(x)$ 在 $x=0$ 处连续，有

$$\lim_{x\to 0^-}f(x)=\lim_{x\to 0^+}f(x)=f(0)$$

所以 $a=2$.

练习 1.3.1

1. 设函数 $f(x)=3x-1$，当自变量 x 从 $x_0=1$ 变到 $x_1=1.1$ 时，求自变量的增量 Δx 和函数 y 的增量 Δy.

2. 讨论函数 $f(x)=\begin{cases} \dfrac{\sin x}{x} & (x\neq 0) \\ 1 & (x=0) \end{cases}$ 在点 $x=0$ 处的连续性.

3. 判断函数 $f(x)=\begin{cases} -x+1 & (x<1) \\ 0 & (x=1) \\ 3x^2-4x+1 & (x>1) \end{cases}$ 在点 $x=1$ 处的连续性.

4. 设函数 $f(x)=\begin{cases} a+x & (x<1) \\ 3 & (x=1) \\ b-x & (x>1) \end{cases}$，求 a、b 的值，使得 $f(x)$ 在 $x=1$ 点处连续.

习惯上，如果 $\lim\limits_{x\to x_0^-}f(x)=f(x_0)$，则称函数 $f(x)$ 在点 x_0 处左连续；如果 $\lim\limits_{x\to x_0^+}f(x)=f(x_0)$，则称函数在点 x_0 处右连续.

由此可知，函数 $f(x)$ 在点 x_0 处连续，其实就是指函数 $f(x)$ 在 x_0 处既左连续又右连续.

若函数 $f(x)$ 在开区间 (a,b) 内的任意一点处均连续，则称函数 $f(x)$ 在开区间 (a,b) 内连续.

若函数 $f(x)$ 在开区间 (a,b) 内的任意一点上都连续，且在左端点 a 处右连续，在右端点 b 处左连续，则称函数 $f(x)$ 在闭区间 $[a,b]$ 上连续.

定理：**初等函数在其定义区间内是连续的.**

因此，求初等函数的连续区间就是求其定义区间. 关于分段函数的连续性，则要考虑每一段函数的连续性外，还必须讨论分段点处的连续性.

初等函数：由基本初等函数（包括幂函数、指数函数、对数函数、三角函数、反三角函数）以及常数经过有限次四则运算和有限次复合步骤所构成的，并且能用一个数学式子表示的函数，叫初等函数；否则，不是初等函数（如分段函数）.

三、函数的间断点

如果函数 $f(x)$ 在 x_0 处不连续，则称 x_0 是函数 $f(x)$ 的间断点.

由于是要不连续，实际上是打破函数连续所满足的条件，即

$$\lim_{x\to x_0}f(x)=f(x_0)$$

因而有如下 3 种情形：

(1)$f(x)$在 x_0 处没有定义；

(2)$\lim\limits_{x\to x_0}f(x)$不存在；

(3)$f(x_0)$存在，且$\lim\limits_{x\to x_0}f(x)$也存在，但$\lim\limits_{x\to x_0}f(x)\neq f(x_0)$，

则称 x_0 为函数$f(x)$的**间断点**.

认识间断点：
①从定义上理解；
②从图像上理解.

间断点可分为**第一类间断点**与**第二类间断点**两类，若$f(x)$在 x_0 处是左右极限都存在，则 x_0 为第一类间断点；如若不是第一类间断点，则 x_0 为第二类间断点.

认识间断点的类型：划分标准是间断点 x_0 处的左右极限是否都存在.

间断点(左右极限是否都存在)

- (是)第一类间断点
  - (左右极限存在且相等)可去间断点
  - (左右极限存在但不相等)跳跃间断点
- (不是)第二类间断点
  - 无穷间断点
  - 振荡间断点
  - ……

观察图 1.3.4 至图 1.3.7 所示图像，并判别间断点的类型.

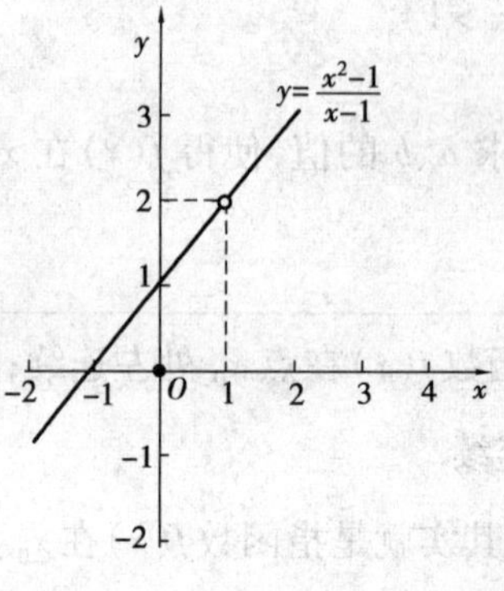

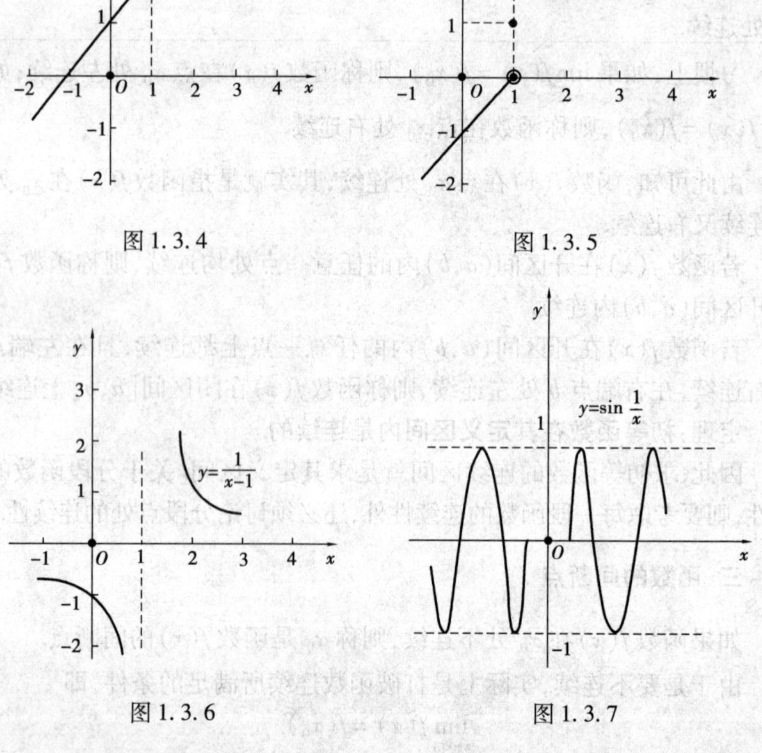

图 1.3.4

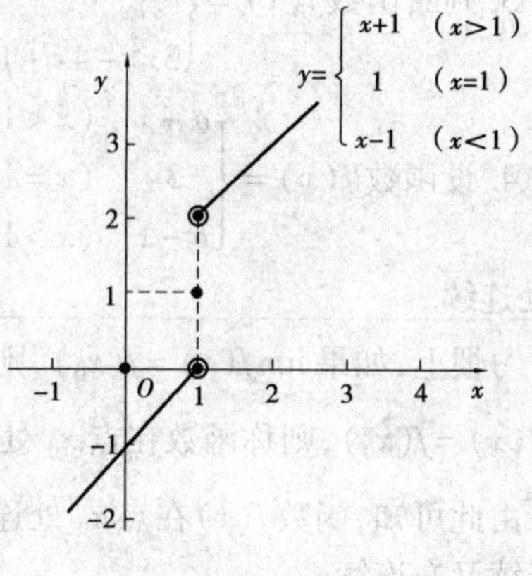

图 1.3.5

图 1.3.6

图 1.3.7

图 1.3.4 中，$x=1$ 点是可去间断点；图 1.3.5 中，$x=1$ 是跳跃间断点；图 1.3.6 中，$x=1$ 是无穷间断点；图 1.3.7 中，$x=0$ 是振荡间断点.

例 1.3.3 已知函数 $f(x)=\dfrac{x-1}{x^2-5x+6}$，找出函数 $f(x)$ 的间断点，并指明间断点的类型.

例 1.3.3 解题说明：对于初等函数的间断点，可分析其定义区间外的点.

分析：由于初等函数在其定义区间上是连续的，故初等函数的间断点一定不在定义区间上.

解 令 $x^2-5x+6=0$，得两点 $x=2$ 与 $x=3$. 由于这两点不属于函数 $f(x)$ 的定义域，所以 $x=2$、$x=3$ 是间断点.

又 $\lim\limits_{x\to 2}f(x)=\lim\limits_{x\to 2}\dfrac{x-1}{x^2-5x+6}=\infty$，

$\lim\limits_{x\to 3}f(x)=\lim\limits_{x\to 3}\dfrac{x-1}{x^2-5x+6}=\infty$.

所以 $x=2$ 与 $x=3$ 都是无穷间断点，属于第二类间断点.

例 1.3.4 已知分段函数 $f(x)=\begin{cases}2x & (1<|x|<2)\\ x-1 & (|x|\leqslant 1)\end{cases}$，找出函数 $f(x)$ 的间断点，并指出间断点的类型.

例 1.3.4 解题说明：对于分段函数应判断其分段点处的连续性.

解 分段函数在其每一段区间上都是初等函数，因而是连续的. 故分段函数的间断点只可能出现在分界点处.

当 $x=-1$ 时，$\lim\limits_{x\to -1^-}2x=-2$，$\lim\limits_{x\to -1^+}(x-1)=-2$，$f(-1)=-2$

即 $\lim\limits_{x\to -1^-}f(x)=\lim\limits_{x\to -1^+}f(x)=f(-1)$

所以在点 $x=-1$ 处连续.

当 $x=1$ 时：

$\lim\limits_{x\to 1^-}f(x)=\lim\limits_{x\to 1^-}(x-1)=0$，$\lim\limits_{x\to 1^+}f(x)=\lim\limits_{x\to 1^+}2x=2$，

$\lim\limits_{x\to 1^-}f(x)\neq\lim\limits_{x\to 1^+}f(x)$

故 $x=-1$ 点是间断点，且为跳跃间断点，属于第一类间断点.

练习 1.3.2

1. 求函数 $f(x)=\dfrac{1}{x-1}$ 的间断点.

2. 求函数

$f(x)=\begin{cases}x & (x<0)\\ 1 & (x=0)\\ x+1 & (x>0)\end{cases}$ 的间断点，并判断间断点的类型.

四、闭区间上连续函数的性质

最值定理：如果函数 $f(x)$ 在闭区间 $[a,b]$ 上连续，则函数 $f(x)$ 在 $[a,b]$ 上必有最大值和最小值，如图 1.3.8 所示.

但如果函数 $f(x)$ 在闭区间 $[a,b]$ 上不连续（图 1.3.9），或是在开区

间(a,b)内连续(图 1.3.10),则函数在该区间上不一定有最大值或最小值.

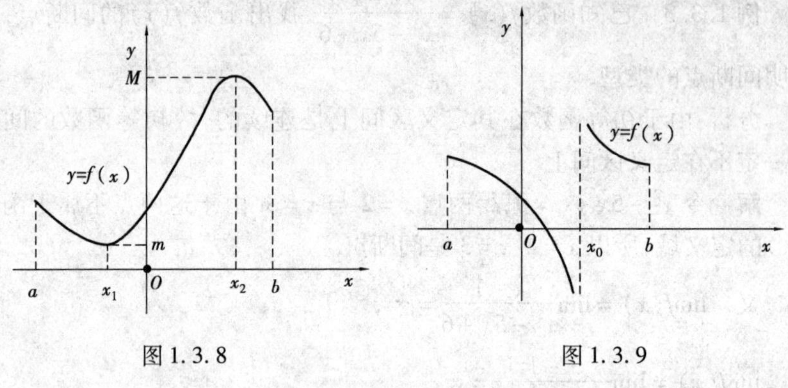

图 1.3.8　　图 1.3.9

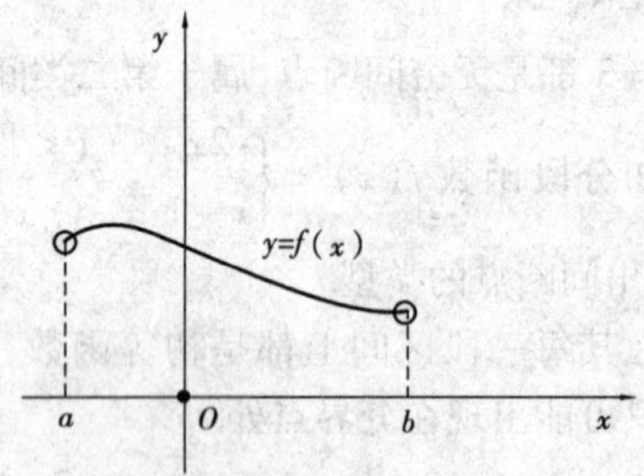

图 1.3.10

在图 1.3.11(a)中,虽然函数$f(x)$在闭区间$[a,b]$上不连续,但仍有最大值与最小值.

在图 1.3.11(b)中,虽然函数$f(x)$在开区间(a,b)内连续,但仍有最大值与最小值.

根的存在定理:如果函数$f(x)$在闭区间$[a,b]$上连续,且$f(a)$与$f(b)$异号,则方程$f(x)=0$在开区间(a,b)内至少有一个根(图 1.3.12).

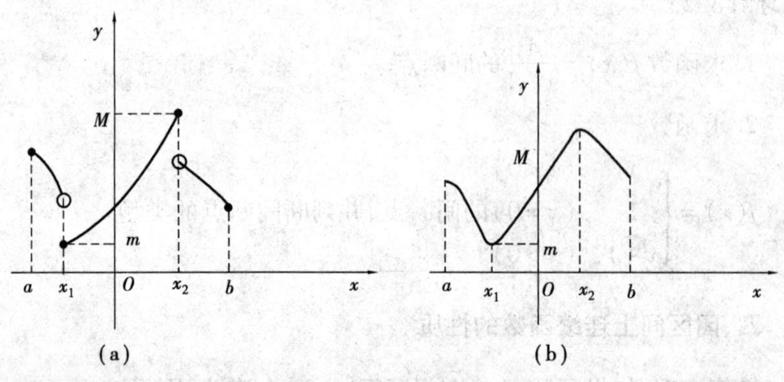

图 1.3.11

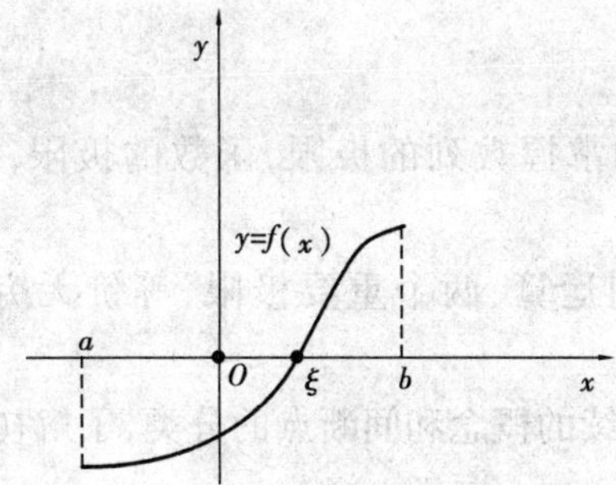

图 1.3.12

例 1.3.5　证明方程 $x^3-3x-1=0$ 在开区间(1,2)内至少有一个实根.

证　设 $f(x)=x^3-3x-1$,显然 $f(x)$ 在[1,2]上是连续的,又

$f(1)=-3<0, f(2)=1>0.$

由根的存在定理知:$x^3-3x-1=0$ 在开区间(1,2)内至少有一个根.

练习 1.3.3

1. 证明方程 $x^3-4x^2+1=0$ 在开区间(0,1)内至少有一个实根.

2. 证明方程 $x=a\sin x+b$,其中 $a>0, b>0$,至少有一个正根,并且它不超过 $a+b$.

内容小结

一、知识小结

1. 本章基本知识点

数列极限与函数极限的定义和性质,左、右极限,两个重要极限,无穷小与无穷大,连续,间断点及分类,连续函数的性质.

2. 基本公式与运算法则

极限的运算法则:

如果 $\lim f(x)=A, \lim g(x)=B$,则

(1) $\lim[f(x)\pm g(x)]=\lim f(x)\pm\lim g(x)=A\pm B$;

(2) $\lim[f(x)\cdot g(x)]=\lim f(x)\cdot\lim g(x)=AB$;

(3) $\lim\dfrac{f(x)}{g(x)}=\dfrac{\lim f(x)}{\lim g(x)}=\dfrac{A}{B}\quad(B\neq0)$.

两个重要极限:

(1) $\lim\limits_{x\to0}\dfrac{\sin x}{x}=1$;

(2) $\lim\limits_{x\to\infty}\left(1+\dfrac{1}{x}\right)^x=\mathrm{e}$ 或 $\lim\limits_{x\to0}(1+x)^{\frac{1}{x}}=\mathrm{e}$.

二、学习要求

(1)正确理解和掌握数列的极限,函数的极限,无穷小、无穷大的概念.

(2)能运用四则运算、两个重要极限、等价无穷小的替换定理求极限.

(3)准确掌握连续的概念和间断点的分类,了解初等函数的连续性.

复习题

一、选择题

1. 函数 $y=\arcsin\ln x+\sqrt{1-x}$ 的定义域是(　　).

A. $[e^{-1},e]$　　B. $[1,e]$

C. $[e^{-1},1]\cup[1,e]$　　D. $[e^{-1},1]$

2. 设 $f(x)=\begin{cases}x-2 & x\geqslant 0\\ x & x<0\end{cases}$,则 $f[f(1)]=$(　　).

A. -1　　B. -2　　C. -3　　D. -4

3. 设 $f(x)=\begin{cases}2x-3 & x<0\\ 3-2x^2 & x\geqslant 0\end{cases}$,则 $\lim\limits_{x\to 0^-}f(x)=$(　　).

A. 3　　B. -3　　C. 0　　D. 2

4. 设 $f(x)=\dfrac{|x-1|}{x-1}$,则 $\lim\limits_{x\to 1}f(x)=$(　　).

A. 0　　B. -1　　C. 1　　D. 不存在

5. $\lim\limits_{n\to\infty}\left(\dfrac{1}{n^2}+\dfrac{2}{n^2}+\cdots+\dfrac{n}{n^2}\right)=$(　　).

A. 0　　B. 1　　C. $\dfrac{1}{2}$　　D. ∞

6. 函数 $f(x)=\dfrac{x-3}{x^2-3x+2}$ 的间断点是(　　).

A. $x=1,x=2$　　B. $x=3$

C. $x=1,x=2,x=3$　　D. 无间断点

二、解答题

1. 求 $\lim\limits_{x\to 1}\dfrac{x^2-3x-4}{x^2-x-2}$.

2. 求 $\lim\limits_{x\to\infty}\dfrac{(2x-1)^{30}(3x-2)^{20}}{(2x+1)^{50}}$.

3. 求$\lim\limits_{n\to\infty}\sqrt{n+2}(\sqrt{n+1}-\sqrt{n})$.

4. 求$\lim\limits_{x\to 0}\dfrac{x^2\sin\frac{1}{x}}{\sin x}$.

5. 求$\lim\limits_{x\to\infty}x(e^{-\frac{1}{x}}-1)$.

6. 求$\lim\limits_{x\to 0}\dfrac{(e^x-1)\sin x}{1-\cos x}$.

7. 求$\lim\limits_{x\to 1}\left(\dfrac{2}{x+1}\right)^{\frac{1}{1-x}}$.

8. 已知$\lim\limits_{x\to\infty}\left(\dfrac{x+a}{x-a}\right)^x=4$,求常数 a.

9. 设$f(x)=\begin{cases}a+x+x^2 & x\leqslant 0\\ \dfrac{\sin 3x}{x} & x>0\end{cases}$,求 a 的值,使$f(x)$在 $x=0$ 处连续.

10. 证明方程 $x^5-3x=1$ 至少有一个根为 1 ~ 2.

第二章
导数及其应用

导数与微分是微积分学的基本概念及重要组成部分，其中，导数反映出函数相对于自变量的变化快慢的程度，而微分则指明当自变量有微小变化时，函数大体上变化多少. 在此基础上，我们还将讨论导数的计算方法，应用导数来研究函数以及曲线的某些性态，并利用这些知识解决一些实际问题.

本章主要讨论导数和微分的概念，以及它们的计算方法和导数的应用.

第一节　导数的概念

本节导学
内容：①导数的概念和几何意义；②可导和连续的关系.
重点：①熟练掌握导数的概念和几何意义；②会利用几何意义求切线、法线等问题；③掌握连续与可导的关系.

一、引入

导数与物理、几何、代数关系密切，在几何中可求切线，在代数中可求瞬时变化率，在物理中可求速度、加速度. 如一辆汽车在 10 h 内走了 600 km，它的平均速度是 60 km/h. 但在实际行驶过程中，车速是有快慢变化的，不都是 60 km/h. 为了较好地反映汽车在行驶过程中的快慢变化情况，可以缩短时间间隔，设汽车所在位置 S 与时间 t 的关系为 $S=f(t)$，那么汽车在由时刻 t_0 变到 t_1 这段时间内的平均速度是：

$$\frac{f(t_1)-f(t_0)}{t_1-t_0}$$

当 t_1 与 t_0 无限趋近于零时，汽车行驶的快慢变化就不会很大，瞬时速度就近似等于平均速度 . 自然就把当 $t_1 \to t_0$ 时的极限

$$\lim_{t_1 \to t_0}\frac{f(t_1)-f(t_0)}{t_1-t_0}$$

作为汽车在时刻 t_0 的瞬时速度，这就是通常所说的速度. 这实际上是由平均速度类比到瞬时速度的过程（如驾驶时的限“速” 指瞬时速度）.

二、导数的定义

设函数 $y=f(x)$ 在点 x_0 的某一邻域内有定义，自变量 x 在点 x_0 处的增量为 $\Delta x=x-x_0$，对应的函数增量为

$$\Delta y=f(x_0+\Delta x)-f(x_0)$$

称 $\frac{\Delta y}{\Delta x}=\frac{f(x_0+\Delta x)-f(x_0)}{\Delta x}$ 为 $y=f(x)$ 在点 x_0 与点 x 之间的**变化率**. 它表示的是割线的斜率. 如图 2.1.1 所示.

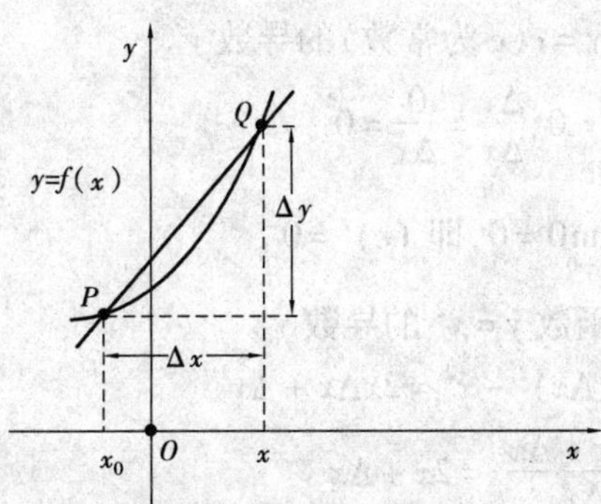

图 2.1.1

如果 $\lim\limits_{\Delta x\to 0}\frac{\Delta y}{\Delta x}=\frac{f(x_0+\Delta x)-f(x_0)}{\Delta x}$ 存在，则称 $\lim\limits_{\Delta x\to 0}\frac{\Delta y}{\Delta x}$ 为函数 $y=f(x)$ 在点 x_0 处的**导数**. 它表示的是切线的斜率，记作

$$f'(x_0),y'|_{x=x_0},\frac{\mathrm{d}y}{\mathrm{d}x}\bigg|_{x=x_0}\text{或}\frac{\mathrm{d}f(x)}{\mathrm{d}x}\bigg|_{x=x_0}$$

即 $f'(x_0)=\lim\limits_{\Delta x\to 0}\frac{\Delta y}{\Delta x}=\lim\limits_{\Delta x\to 0}\frac{f(x_0+\Delta x)-f(x_0)}{\Delta x}$

如果 $\lim\limits_{\Delta x\to 0^-}\frac{\Delta y}{\Delta x}=\lim\limits_{\Delta x\to 0^-}\frac{f(x_0+\Delta x)-f(x_0)}{\Delta x}$ 存在，则称 $\lim\limits_{\Delta x\to 0^-}\frac{\Delta y}{\Delta x}$ 为函数 $y=f(x)$ 在点 x_0 处的**左导数**，记为 $f'_-(x_0)$，即

$$f'_-(x_0)=\lim_{\Delta x\to 0^-}\frac{f(x_0+\Delta x)-f(x_0)}{\Delta x}$$

如果 $\lim\limits_{\Delta x\to 0^+}\frac{\Delta y}{\Delta x}=\lim\limits_{\Delta x\to 0^+}\frac{f(x_0+\Delta x)-f(x_0)}{\Delta x}$ 存在，则称 $\lim\limits_{\Delta x\to 0^+}\frac{\Delta y}{\Delta x}$ 为函数 $y=f(x)$ 在点 x_0 处的**右导数**，记为 $f'_+(x_0)$，即

$$f'_+(x_0)=\lim_{\Delta x\to 0^+}\frac{f(x_0+\Delta x)-f(x_0)}{\Delta x}$$

定理：若函数 $y=f(x)$ 在点 x_0 处的某邻域内有定义，则 $f'(x_0)$ 存在的充要条件是 $f'_-(x_0)$ 与 $f'_+(x_0)$ 都存在，且 $f'_-(x_0)=f'_+(x_0)$.

如果函数 $y=f(x)$ 在开区间 (a,b) 内的每一个点都可导，则称函数 $y=f(x)$ 在开区间 (a,b) 内**可导**. 这时对于 (a,b) 内的任一点 x，函数 $y=f(x)$ 都

有一个对应的导数值,它是关于 x 的一个函数,称为函数 $y=f(x)$ 的导函数,简称**导数**,记作 $f'(x)$,y',$\frac{dy}{dx}$,$\frac{df(x)}{dx}$.

显然,由导数的定义,求导数的步骤归纳如下:

(1)先计算函数的增量 $\Delta y=f(x+\Delta x)-f(x)$;

(2)再计算变化率 $\frac{\Delta y}{\Delta x}=\frac{f(x+\Delta x)-f(x)}{\Delta x}$;

(3)最后计算导数 $y=\lim\limits_{\Delta x\to 0}\frac{\Delta y}{\Delta x}=\lim\limits_{\Delta x\to 0}\frac{f(x+\Delta x)-f(x)}{\Delta x}$.

例 2.1.1 求 $y=c$(c 为常数)的导数 y'.

解 $\Delta y=c-c=0$,$\frac{\Delta y}{\Delta x}=\frac{0}{\Delta x}=0$

$y'=\lim\limits_{\Delta x\to 0}\frac{\Delta y}{\Delta x}=\lim\limits_{\Delta x\to 0}0=0$,即 $(c)'=0$

例 2.1.2 求函数 $y=x^2$ 的导数 y'.

解 $\Delta y=(x+\Delta x)^2-x^2=2x\Delta x+\Delta x^2$

$$\frac{\Delta y}{\Delta x}=\frac{2x\Delta x+\Delta x^2}{\Delta x}=2x+\Delta x$$

所以 $y'=\lim\limits_{\Delta x\to 0}\frac{\Delta y}{\Delta x}=\lim\limits_{\Delta x\to 0}(2x+\Delta x)=2x$

一般的,$y=x^n$($n\in\mathbf{R}$,$n\neq 0$),有 $y'=nx^{n-1}$.

例 2.1.3 求正弦函数 $y=\sin x$ 的导数.

解 $\Delta y=\sin(x+\Delta x)-\sin x=2\cos\left(x+\frac{\Delta x}{2}\right)\sin\frac{\Delta x}{2}$

$$\frac{\Delta y}{\Delta x}=\frac{2\cos\left(x+\frac{\Delta x}{2}\right)\sin\frac{\Delta x}{2}}{\Delta x}=\cos\left(x+\frac{\Delta x}{2}\right)\frac{\sin\frac{\Delta x}{2}}{\frac{\Delta x}{2}}$$

$$\text{所以 } y'=\lim_{\Delta x\to 0}\frac{\Delta y}{\Delta x}=\lim_{\Delta x\to 0}\cos\left(x+\frac{\Delta x}{2}\right)\frac{\sin\frac{\Delta x}{2}}{\frac{\Delta x}{2}}$$

$$=\lim_{\Delta x\to 0}\cos\left(x+\frac{\Delta x}{2}\right)\cdot\lim_{\Delta x\to 0}\frac{\sin\frac{\Delta x}{2}}{\frac{\Delta x}{2}}=\cos x$$

即
$$(\sin x)'=\cos x$$

类似地
$$(\cos x)'=-\sin x$$

三、导数的几何意义

导数的几何意义为:函数 $y=f(x)$ 在 x_0 处的导数 $f'(x_0)$ 就是曲线 $y=f(x)$ 在点 $[x_0,f(x_0)]$ 处切线的斜率. 因此,曲线 $y=f(x)$ 在点 $(x_0,f(x_0))$

处的切线方程为 $y-f(x_0)=f'(x_0)(x-x_0)$

而法线方程为 $y-f(x_0)=-\dfrac{1}{f'(x_0)}(x-x_0)$

例 2.1.4　求立方抛物线 $y=x^3$ 在点(2,8) 处的切线方程和法线方程.

解　$y'=3x^2$, $y'|_{x=2}=3x^2|_{x=2}=12$

所求切线方程为 $y-8=12(x-2)$,即 $12x-y-16=0$

所求法线方程为 $y-8=-\dfrac{1}{12}(x-2)$,即 $x+12y-98=0$

练习 2.1.1

求函数 $y=\sqrt{x}$ 在点(1,1)处的切线方程和法线方程.

四、函数的可导与连续的关系

如果函数 $y=f(x)$ 在点 x_0 处的导数值存在,则称函数 $y=f(x)$ 在 x_0 处可导,否则称函数 $y=f(x)$ 在点 x_0 处不可导.

定理:如果函数 $y=f(x)$ 在点 x_0 处可导,则函数 $y=f(x)$ 在点 x_0 处必连续.

说明:上面定理的逆定理是不成立的,即函数 $y=f(x)$ 在点 x_0 处连续,但在该点不一定可导.

结论:可导必连续;连续不一定可导;连续是可导的必要条件,而不是充分条件.

如图 2.1.2 所示,函数 $y=f(x)$ 在 x_0 处连续,但左导数和右导数不相等,因为左边的切线与右边的切线不是同一条切线.

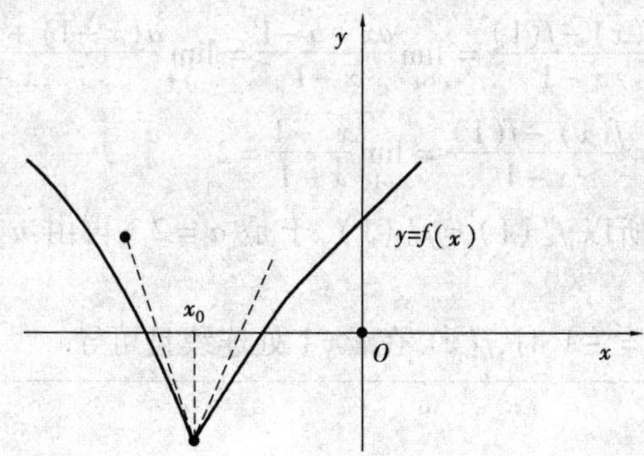

图 2.1.2

推论:函数的间断点是不可导点.

例 2.1.5　判断函数 $y=|x|=\begin{cases} x & (x\geqslant 0) \\ -x & (x<0) \end{cases}$ 在 $x=0$ 处的连续性与可导性.

解　函数图像如图 2.1.3 所示.

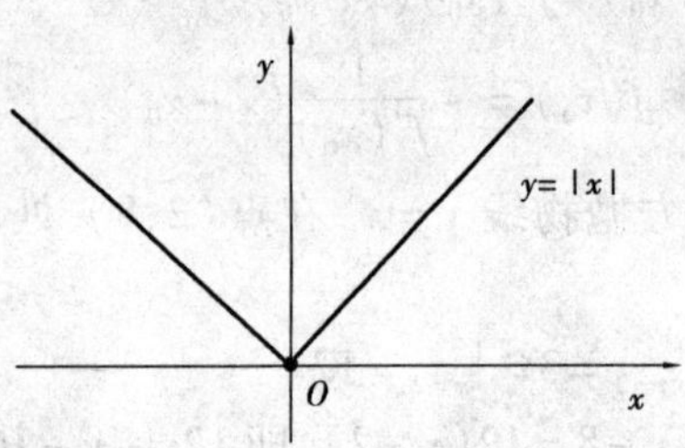

图 2.1.3

显而易见，函数在点 $x=0$ 处连续，因为

$$\lim_{\Delta x\to 0}\Delta y=\lim_{\Delta x\to 0}(|0+\Delta x|-0)=\lim_{\Delta x\to 0}|\Delta x|=0$$

又
$$f'_+(0)=\lim_{\Delta x\to 0^+}\frac{\Delta y}{\Delta x}=\lim_{\Delta x\to 0^+}\frac{|\Delta x|}{\Delta x}=\lim_{\Delta x\to 0^+}\frac{\Delta x}{\Delta x}=1$$

$$f'_-(0)=\lim_{\Delta x\to 0^-}\frac{\Delta y}{\Delta x}=\lim_{\Delta x\to 0^-}\frac{|\Delta x|}{\Delta x}=\lim_{\Delta x\to 0^-}\frac{-\Delta x}{\Delta x}=-1$$

故
$$f'_+(0)\neq f'_-(0)$$

所以函数 $y=|x|$ 在 $x=0$ 点处不可导.

例 2.1.6 设函数 $f(x)=\begin{cases}x^2 & (x\leqslant 1)\\ ax+b & (x>1)\end{cases}$ 在 $x=1$ 处连续且可导，求 a,b 的值.

解 $f(1)=1$，$\lim\limits_{\Delta x\to 1^+}f(x)=\lim\limits_{\Delta x\to 1^+}(ax+b)=a+b$，$\lim\limits_{\Delta x\to 1^-}f(x)=\lim\limits_{\Delta x\to 1^-}x^2=1$

由于 $f(x)$ 在 $x=1$ 处连续，所以 $a+b=1$.

又 $f'_+(1)=\lim\limits_{x\to 1^+}\dfrac{f(x)-f(1)}{x-1}=\lim\limits_{x\to 1^+}\dfrac{ax+b-1}{x-1}=\lim\limits_{x\to 1^+}\dfrac{a(x-1)+(a+b-1)}{x-1}=a$

$$f'_-(1)=\lim_{x\to 1^-}\frac{f(x)-f(1)}{x-1}=\lim_{x\to 1^-}\frac{x^2-1}{x-1}=2$$

由于可导，所以 $f'_+(1)=f'_-(1)$，于是 $a=2$；再由 $a+b=1$，有 $b=-1$.

当 $a=2$，$b=-1$ 时，$f(x)$ 在 $x=1$ 处连续且可导.

练习 2.1.2

1. 函数 $f(x)=\begin{cases}2x & (x>1)\\ x^2 & (x\leqslant 1)\end{cases}$ 在点 $x=1$ 处(　　).

A. 不可导　　B. 连续

C. 可导且 $f'(1)=2$　　D. 无法判断是否可导

2. 设函数 $f(x)=\begin{cases}\dfrac{2}{x^2+1} & (x\leqslant 1)\\ ax+b & (x>1)\end{cases}$ 在点 $x=1$ 处可导，求 a,b 的值.

第二节　函数的求导法则

本节导学：
内容：①导数的四则运算求导法则；②复合函数求导法则；③求导公式.
重点：①熟练掌握四则运算和复合函数求导法则；②熟记基本求导公式；③会利用公式及法则求解函数导数.

一、引入

前面根据导数的定义，求出了一些简单函数的导数. 但是，对于比较复杂的函数，直接根据定义来求它们的导数往往很困难，如求 $y = e^x \sin x + 5x^2 + \cos x - \sin \frac{\pi}{2}$ 的导数. 本节将介绍求导数的几个基本法则和求导公式，借助这些法则和公式就能比较方便求出常见函数的导数.

二、函数的四则运算求导法则

定理　设函数 $u = u(x)$ 和 $v = v(x)$ 在点 x 处都可导，则有：

(1) $(u \pm v)' = u' \pm v'$；　(2) $(uv)' = u'v + uv'$；

(3) $(Cu)' = Cu'$（C 为常数）；　(4) $\left(\frac{u}{v}\right)' = \frac{u'v - uv'}{v^2}$.

说明：法则(1)和(2)可推广到任意有限个可导函数的情形，即

$(u_1 \pm u_2 \pm \cdots \pm u_n)' = u_1' \pm u_2' \pm \cdots \pm u_n'$

$(u_1 u_2 \cdots u_n{}') = u_1' u_2 \cdots u_n + u_1 u_2' \cdots u_n + \cdots + u_1 u_2 \cdots u_n'$

例 2.2.1　设 $y = \tan x$，求 y'.

解　$y' = (\tan x)' = \left(\frac{\sin x}{\cos x}\right)' = \frac{\sin x' \cos x - \sin x \cos x'}{\cos^2 x}$

$= \frac{\cos x \cos x - \sin x(-\sin x)}{\cos^2 x} = \frac{\cos^2 x + \sin^2 x}{\cos^2 x}$

$= \frac{1}{\cos^2 x} = \sec^2 x$

即　$(\tan x)' = \sec^2 x$

类似的有　$(\cot x)' = -\csc^2 x$

例 2.2.1 解题说明：利用四则运算求导法则可得到几个导数公式：
$(\tan x)' = \sec^2 x$；
$(\cot x)' = -\csc^2 x$；
$(\sec x)' = \sec x \cdot \tan x$；
$(\csc x)' = -\csc x \cdot \cot x$.

例 2.2.2　设 $y = \sec x$，求 y'.

解　$y' = (\sec x)' = \left(\frac{1}{\cos x}\right)' = \frac{-(\cos x)'}{\cos^2 x} = \frac{-(-\sin x)}{\cos^2 x}$

$= \frac{1}{\cos x} \frac{\sin x}{\cos x} = \sec x \tan x$

即　$(\sec x)' = \sec x \tan x$

类似的有　$(\csc x)' = -\csc x \cot x$

例 2.2.3　设 $y = e^x \sin x + 5x^2 + \cos x - \sin \frac{\pi}{2}$，求 y'.

解　$y' = (e^x)' \cdot \sin x + e^x \cdot (\sin x)' + (5x^2)' + (\cos x)' - (\sin \frac{\pi}{2})'$

$= e^x \sin x + e^x \cos x + 10x - \sin x - 0$

例 2.2.3 注意：$\left(\sin \frac{\pi}{2}\right)' = 0$，因为 $\sin \frac{\pi}{2}$ 是常量.

$= e^x \sin x + e^x \cos x + 10x - \sin x$

例 2.2.4 设 $y = x^3 - 3x^2 + 2x + 1$,求 $y'(0)$.

解 因为 $y' = 3x^2 - 6x + 2$

所以 $y'(0) = y'|_{x=0} = 3 \times 0^2 - 6 \times 0 + 2 = 2$

练习 2.2.1

1. 已知 $y = x \ln x + 1$,求 y'.
2. 已知 $y = e^x + \sin 1$,求 y'.
3. 已知 $y = x^3 - 2x^2 + 4x + 1$,求 y'.
4. 已知 $y = x(x+1)(x+2)\cdots(x+8)$,求 $y'(0)$.

三、复合函数求导法则

定理 设复合函数 $f(u(x))$ 在点 x 附近有定义,函数 $u = u(x)$ 在点 x 处可导,函数 $y = f(u)$ 在 $u = u(x)$ 处可导,则复合函数 $y = f(u(x))$ 在点 x 处可导,且有 $\frac{dy}{dx} = \frac{dy}{du} \cdot \frac{du}{dx}$.

复合函数的导数可以理解为:从外到内,逐层求导,取乘积.

例 2.2.5 设 $y = \sin^2 x$,求 y'.

解 $y' = 2\sin x \cdot \cos x = \sin 2x$

例 2.2.6 设 $y = (x^2 + 1)^2$,求 y'.

解 $y' = 2(x^2 + 1) \cdot 2x = 4x(x^2 + 1)$

例 2.2.7 设 $y = \ln\cos e^x$,求 y'.

解 $y' = \frac{1}{\cos e^x} \cdot (-\sin e^x) \cdot e^x = -e^x \tan e^x$

例 2.2.8 设 $y = \ln\left(x + \sqrt{1 + x^2}\right)$,求 y'.

解 $y' = \left(\ln\left(x + \sqrt{1 + x^2}\right)\right)' = \frac{1}{x + \sqrt{1 + x^2}} \cdot \left(x + \sqrt{1 + x^2}\right)'$

$$= \frac{1}{x + \sqrt{1 + x^2}} \cdot \left(1 + \frac{1}{2\sqrt{1 + x^2}} \cdot 2x\right)$$

$$= \frac{1}{x + \sqrt{1 + x^2}} \cdot \frac{\sqrt{1 + x^2} + x}{\sqrt{1 + x^2}}$$

$$= \frac{1}{\sqrt{1 + x^2}}$$

例 2.2.9 设 $y = \ln \frac{e^x}{x+1}$,求 y'.

解法 1 $y' = \frac{x+1}{e^x} \cdot \left(\frac{e^x}{x+1}\right)' = \frac{x+1}{e^x} \cdot \frac{e^x(x+1) - e^x \times 1}{(x+1)^2} = \frac{x}{x+1}$

解法 2 因为 $y = \ln \frac{e^x}{x+1} = \ln e^x - \ln(x+1) = x - \ln(x+1)$

复合函数求导中要注意:

①抓层数;②每一层函数都要求导,不能遗漏;③最后要去乘积.

例 2.2.5 解题说明:

复合函数 $y = \sin^2 x$ 是由函数 $y = u^2$ 与 $u = \sin x$ 复合而成. 有两层函数. 第一层函数的导数 $\frac{dy}{du} = 2u = 2\sin x$,第二层函数的导数 $\frac{du}{dx} = \cos x$.

例 2.2.6 解题说明:

复合函数

$y = (x^2 + 1)^2$ 是由函数 $y = u^2$ 与 $u = x^2 + 1$ 复合而成. 有两层函数.

例 2.2.7 有三层函数.

所以 $y' = 1 - \frac{1}{x+1} = \frac{x}{x+1}$.

练习 2.2.2

1. 已知 $y = \sin(2x+1)$，求 y'.
2. 已知 $y = e^{2x}$，求 y'.
3. 已知 $y = \sin^2(2x+3)$，求 y'.
4. 已知 $y = \sqrt{x + \sqrt{x+1}}$，求 y'.

四、导数公式

利用导数公式以及求导法则，可以比较方便地求初等函数的导数. 基本初等函数的求导公式在初等函数的求导运算中起着重要的作用，我们必须熟练掌握它. 为了便于查阅，我们把这些导数仅能归纳如下：

(1) $(c)' = 0$（c 为常量）； (2) $(x^n)' = nx^{n-1}$ ($n \in \mathbf{R}$)；

(3) $(a^x)' = a^x \ln a$ ($a>0$ 且 $a \neq 1$)； (4) $(e^x)' = e^x$；

(5) $(\log_a x)' = \frac{1}{x \ln a}$ ($a>0$ 且 $a \neq 1$)； (6) $(\ln x)' = \frac{1}{x}$；

(7) $(\sin x)' = \cos x$； (8) $(\cos x)' = -\sin x$；

(9) $(\tan x)' = \sec^2 x$； (10) $(\cot x)' = -\csc^2 x$；

(11) $(\sec x)' = \sec x \tan x$； (12) $(\csc x)' = -\csc x \cot x$；

(13) $(\arcsin x)' = \frac{1}{\sqrt{1-x^2}}$； (14) $(\arccos x)' = -\frac{1}{\sqrt{1-x^2}}$；

(15) $(\arctan x)' = \frac{1}{1+x^2}$； (16) $(\operatorname{arccot} x)' = -\frac{1}{1+x^2}$.

第三节　隐函数的求导方法

本节导学

内容：①隐函数的概念；②隐函数的求导方法；③对数求导法.

重点：①掌握隐函数的显化、隐函数求导等求导方法；②会利用对数求导法解决特定类型的函数的导数.

一、引入

形如 $y = f(x)$ 的函数叫**显函数**. 如 $y = x^2 + 2x - 3$，$y = e^x - \sin x$，$y = x^2 - \ln x$ 等都是显函数.

形如 $F(x,y) = 0$ 或 $F_1(x,y) = F_2(x,y)$ 的函数称为**隐函数**. 如 $x - y - 1 = 0$，$x^2 + y^2 = 1$，$xy - \sin xy = xe^y - 1$ 都是隐函数.

有些隐函数可以转化为显函数，这个转化的过程叫作**显化**. 如隐函数 $x - y - 1 = 0$ 可转化为显函数 $y = x - 1$. 但不是所有的隐函数都可显化，如隐函数 $xy - \sin xy = xe^y - 1$ 就不能显化.

由于隐函数是以方程的形式来表达的，所以可以通过在方程的两边同时都对自变量求导，再解出以所求导数为未知数的解. 求解过程中注意把 y 当成 x 的函数.

二、隐函数的导数

例 2.3.1 解题说明：y^2 对 x 求导时，应看成复合函数求导. 首先是让 y^2 对 y 求导，再让 y 对 x 求导，即 $\frac{dy^2}{dx}=\frac{dy^2}{dy}\cdot\frac{dy}{dx}=2y\cdot\frac{dy}{dx}$.

例 2.3.1 设 $x^2+y^2=1$，求$\frac{dx}{dy}$.

解 在方程的两边都对 x 求导得 $2x+2y\cdot\frac{dy}{dx}=0$，从而解得

$$\frac{dy}{dx}=-\frac{x}{y}$$

说明：一般情况下，隐函数的导数仍然是既含自变量同时又含函数变量的代数式.

例 2.3.2 求由方程 $xy=\sin(x+y)$ 所确定的隐函数的导数 y'.

解 在方程的两边对 x 求导，得

$$y+x\cdot y'=\cos(x+y)\cdot(1+y')$$

解得

$$y'=\frac{\cos(x+y)-y}{x-\cos(x+y)}$$

例 2.3.3 解题说明：可以先用对数改变函数类型，然后再两边同时对自变量求导. 这种求导方法称为**对数求导法**.

例 2.3.3 求由方程 $xy=e^y(x+1)(x+2)$ 所确定的隐函数的导数 y'.

解 两边取对数得

$$\ln x+\ln y=y+\ln(x+1)+\ln(x+2)$$

两边同时对 x 求导得

$$\frac{1}{x}+\frac{1}{y}\cdot y'=y'+\frac{1}{x+1}+\frac{1}{x+2}$$

$$\left(\frac{1}{y}-1\right)\cdot y'=\frac{1}{x+1}+\frac{1}{x+2}-\frac{1}{x}$$

$$y'=\frac{y}{1-y}\cdot\left(\frac{1}{x+1}+\frac{1}{x+2}-\frac{1}{x}\right)$$

由例 2.3.4 可得，对于形如 $y=u^v(u>0)$ 的幂指函数，其中 u、v 是 x 的函数，可利用对数求导法求导数.

例 2.3.4 求 $y=x^{\sin x}(x>0)$ 的导数 y'.

解 两边取对数得 $\ln y=\sin x\cdot\ln x$.

两边 x 对求导，注意 y 到 y 是 x 的函数，得

$$\frac{1}{y}y'=\cos x\cdot\ln x+\sin x\cdot\frac{1}{x}$$

$$y'=y(\cos x\cdot\ln x+\sin x\cdot\frac{1}{x})=x^{\sin x}(\cos x\cdot\ln x+\sin x\cdot\frac{1}{x})$$

练习 2.3.1

1. 求下列隐函数的导数 y'.

(1) $xy+e^{xy}-2=0$　　(2) $3x^2+4y^2-1=0$

(3) $y=x\cdot e^y+1$　　(4) $xy=e^{x+y}$

2. 用对数求导法求下列函数的导数.

(1) $y=x^x$　　(2) $e^y=xy(x+1)(x+2)$

第四节　高阶导数

一、引入

函数 $y=f(x)$ 的导数 $y=f'(x)$ 仍然是 x 的函数. 把函数 $y=f'(x)$ 的导数叫作 $y=f(x)$ 的二阶导数,记为 $\frac{d^2y}{dx^2}$ 或 y''.

类似的,可得三阶导数,四阶导数,…,n 阶导数,记为

$$\frac{d^3y}{dx^3}\text{或 } y''',\frac{d^4y}{dx^4}\text{或 } y^{(4)},\cdots,\frac{d^ny}{dx^n}\text{或 } y^{(n)}.$$

我们把二阶及二阶以上的导数统称为高阶导数. 而把 $y=f(x)$ 的导数 $y=f'(x)$ 叫作 $y=f(x)$ 的一阶导数.

二、高阶导数的求法

求高阶导数,可以通过多次逐阶求导得到,仍可应用前面学过的求导方法来计算高阶导数.

物理意义:如果函数 $y=f(x)$ 表达的是物体的运动方程,则其一阶导数 $y=f'(x)$ 表示物体的运动速度,而二阶导数 $y=f''(x)$ 表示物体运动的加速度.

几何意义:如果函数 $y=f(x)$ 表达的是曲线的方程,则其一阶导数 $y=f'(x)$ 表示曲线的切线斜率,而二阶导数 $y=f''(x)$ 则表示曲线的凹凸性(详见本章第九节函数图像的凹凸性).

本节导学:
内容:①高阶导数的定义;②高阶导数的求法.
重点:会求函数的高阶导数.
注意二阶导数的表示方法 $\frac{d^2y}{dx^2}$ 中 2 的书写位置. 其他高阶导数的表示法也要注意数字阶的位置. 四阶或以上的高阶导数应将阶数括起来,以区别于幂运算.

例 2.4.1　设 $f(x)=x^3+2x^2-5x+1$,求 $f''(x)$.

解　$f'(x)=3x^2+4x-5$

$f''(x)=6x+4$

例 2.4.2　已知 $y=xe^x$,求 y''.

解　$y'=e^x+xe^x=e^x(1+x)$

$y''=e^x(1+x)+e^x\cdot 1=e^x(2+x)$.

例 2.4.3　已知 $y=e^x$,求 $y^{(n)}$.

解　$y'=e^x,y''=e^x,\cdots,y^{(n)}=e^x$

例 2.4.4　已知 $y=\sin x$,求 $y^{(n)}$.

解　$y'=(\sin x)'=\cos x=\sin\left(x+\frac{\pi}{2}\right)$

$$y''=\cos\left(x+\frac{\pi}{2}\right)=\sin\left[\left(x+\frac{\pi}{2}\right)+\frac{\pi}{2}\right]=\sin\left(x+2\cdot\frac{\pi}{2}\right)$$

$$y'''=\cos\left(x+2\cdot\frac{\pi}{2}\right)=\sin\left[\left(x+2\cdot\frac{\pi}{2}\right)+\frac{\pi}{2}\right]=\sin\left(x+3\cdot\frac{\pi}{2}\right)$$

⋮

例 2.4.4 解题说明:
求 n 阶导数时,可通过先求出的几个各阶导数来找出规律,从而得到 n 阶导数.

$$y^{(n)}=\sin\left(x+n\cdot\frac{\pi}{2}\right)$$

练习 2.4.1

1. 求函数 $y=(x^3+1)^2$ 的二阶导数 y''.
2. 已知函数 $y=6x^5+4x^3-3x^3+2x^2-x+1$,求 $y^{(5)}$ 与 $y^{(6)}$.
3. 已知函数 $y=\ln(1+x)$,求 $y^{(n)}$.

第五节　微分及其近似计算

本节导学

内容:①微分的概念;②微分的几何意义;③微分基本公式及法则;④微分的近似计算.

重点:①掌握微分与导数的关系;②理解微分的几何意义,并会进行微分的近似计算;③会利用导数运算或微分法则计算微分问题.

一、引入

如图 2.5.1 所示,边长为 x 的正方形金属薄片,受热后边长增加 Δx,其面积增加了多少?

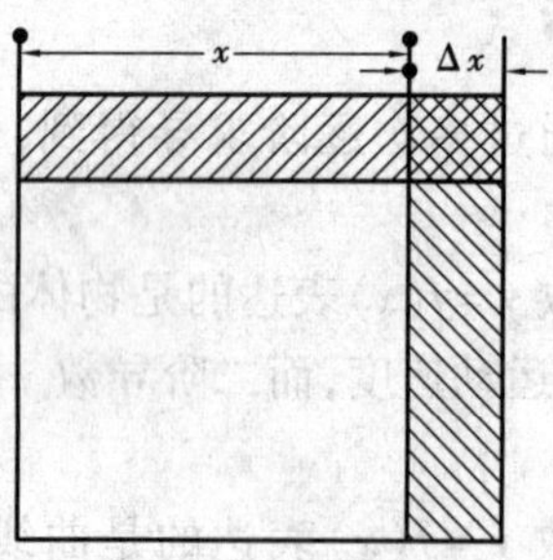

图 2.5.1

设正方形面积为 y,那么受热后面积的增量 Δy 为:

$$\Delta y=(x+\Delta x)^2-x^2=2x\cdot\Delta x+(\Delta x)^2$$

当 Δx 非常小的时候,面积增量的主要部分是 $2x\cdot\Delta x$,而 $(\Delta x)^2$ 可以忽略不计. 由此可见,当 Δx 很小时,面积的增量 Δy 可近似地用主要部分 $2x\cdot\Delta x$ 来代替,即 $\Delta y\approx 2x\cdot\Delta x$.

二、微分

定义 1　函数 $y=f(x)$ 在 x 处的增量 $\Delta y=f(x+\Delta x)-f(x)$ 的主要部分 $f'(x)\Delta x$ 称为**函数在 x 处的微分**,记为 dy 或 $df(x)$,即 $dy=f'(x)\Delta x$ 或 $df(x)=f'(x)\Delta x$.

通常把自变量 x 的增量 Δx 称为**自变量的微分**,记为 dx,即 $dx=\Delta x$. 显然,函数 $y=f(x)$ 的微分可以为 $dy=f'(x)dx$,这就是求微分的方法.

由于可以由 $dy=f'(x)dx$ 变形得到 $\frac{dy}{dx}=f'(x)$,所以可把导数看成函数微分 dy 与自变量微分 dx 之商,因此导数也叫**微商**.

如果函数 $y=f(x)$ 在 x 处有微分 dy 时,称 $y=f(x)$ 在 x 处可微. 函数

可导则一定可微,函数可微则一定可导.

例 2.5.1　计算函数 $y=x^2$ 在点 x 的微分 dy.

解　$y'=2x$,故 $dy=2xdx$

例 2.5.2　计算函数 $y=x^3$ 在 $x=1,\Delta x=0.01$ 处的微分.

解　$y'=3x^2, dy=3x^2dx$

$$dy\Big|_{\substack{x=1\\ \Delta x=0.01}}=3x^2\,dx\Big|_{\substack{x=1\\ \Delta x=0.01}}=3\times1^2\times0.01=0.03$$

例 2.5.1 给出了函数在流动点处微分的求法.

例 2.5.2 给出了函数在固定点处微分的求法.

练习 2.5.1

1. 填空题.

(1) $d(e^x+x^2-\sin x)=$ ________ dx　(2) d ________ $=\dfrac{1}{x^2+1}dx$

(3) d ________ $=xdx$

2. 求函数 $y=3x^2+2x-5$ 的微分 dy.

3. 求函数 $y=x-x^3$ 在 $x=2,\Delta x=0.01$ 处的微分.

三、微分的几何意义

在函数 $y=f(x)$ 上取横坐标为 x 的一点 P,过 P 点作曲线的切线 PT. 设该切线的倾斜角为 θ,给 x 以增量 Δx,那么对应于横坐标 $x+\Delta x$,曲线与切线上分别有点 Q 与 T. 显而易见,$\Delta y=QN$, $dy=TN$,所以函数 $y=f(x)$ 在 x 处关于 Δx 的微分 dy 表示曲线在 P 点的切线当 x 有增量 Δx 时切线纵坐标的增量.

由图 2.5.2 可看出,当 $|\Delta x|$ 很小时,函数的微分 dy 可以近似替代函数的增量 Δy,即 $\Delta y\approx dy$.

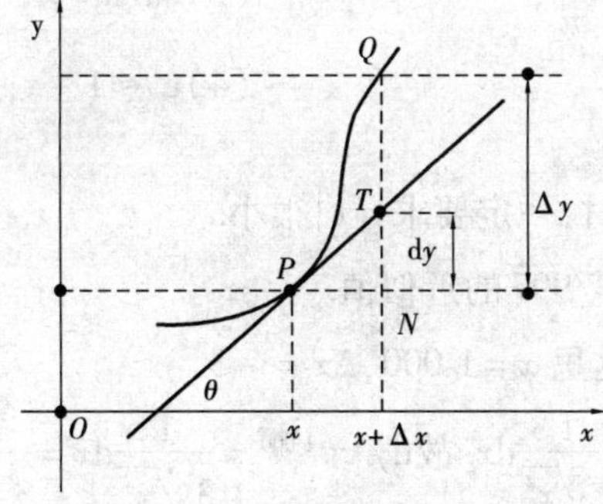

图 2.5.2

四、基本初等函数的微分公式与微分运算法则

由函数微分的计算方法 $dy=f'(x)dx$ 可知道,只要先求出导数 $f'(x)$,再乘以 dx 即可,所以很容易得到微分公式与微分运算法则.

1. 基本初等函数的微分公式

(1) $d(C)=0$(C 为常数);　　(2) $d(x^n)=nx^{n-1}dx$;

(3) $d(a^x)=a^x\ln a dx$; (4) $d(e^x)=e^x dx$;

(5) $d(\log_a x)=\dfrac{1}{x\ln a}dx$; (6) $d(\ln a)=\dfrac{1}{x}dx$;

(7) $d(\sin x)=\cos x dx$; (8) $d(\cos x)=-\sin x dx$;

(9) $d(\tan x)=\sec^2 x dx$; (10) $d(\cot x)=-\csc^2 x dx$;

(11) $d(\sec x)=\sec x\tan x dx$; (12) $d(\csc x)=-\csc x\cot x dx$;

(13) $d(\arcsin x)=\dfrac{1}{\sqrt{1-x^2}}dx$; (14) $d(\arccos x)=-\dfrac{1}{\sqrt{1-x^2}}dx$;

(15) $d(\arctan x)=\dfrac{1}{1+x^2}dx$; (16) $d(\text{arccot}\, x)=-\dfrac{1}{1+x^2}dx$.

2.微分的四则运算法则

(1) $d(u\pm v)=du\pm dv$; (2) $d(uv)=vdu+udv$;

(3) $d(Cu)=Cdu$(C为常数); (4) $d\left(\dfrac{u}{v}\right)=\dfrac{vdu-udv}{v^2}(v\neq 0)$.

五、微分的近似计算

若函数 $y=f(x)$ 在点 x_0 处可导且 $f'(x_0)\neq 0$,且当 $|\Delta x|$ 很小时有 $\Delta y=f(x_0+\Delta x)-f(x_0)\approx dy=f'(x)dx$,即

$$f(x_0+\Delta x)\approx f(x_0)+f'(x_0)\Delta x$$

如果令 $x_0+\Delta x=x$,则上式可写为

$$f(x)\approx f(x_0)+f'(x_0)(x-x_0)$$

特别的,$|x|$ 很小时上式还可以写为 $f(x)\approx f(0)+f'(0)x$.

当 $|x|$ 很小时,有几个在工程上常用的近似公式:

(1) $\sqrt[n]{1+x}\approx 1+\dfrac{x}{n}$; (2) $\sin x\approx x$;

(3) $\tan x\approx x$; (4) $e^x\approx 1+x$;

(5) $\ln(1+x)\approx x$.

可由近似公式 $\sqrt[n]{1+x}\approx 1+\dfrac{x}{n}$ 求解.

注意:近似计算时,一定要求 $|x|$ 很小.

例 2.5.3 计算 $\sqrt[3]{997}$ 的近似值.

解 设 $y=\sqrt[3]{x}$,这里 $x=1\,000$,$\Delta x=-3$.

$$y'=\frac{1}{3\sqrt[3]{x^2}},dy=\frac{1}{3\sqrt[3]{x^2}}dx.\text{故}dy\Big|_{\substack{x=1\,000\\dx=-3}}=\frac{1}{3\sqrt[3]{x^2}}dx=\frac{-3}{3\sqrt[3]{1\,000^2}}=-0.01$$

所以 $\sqrt[3]{997}\approx\sqrt[3]{1\,000}+dy\Big|_{\substack{x=1\,000\\dx=-3}}=10+(-0.01)=9.99$

例 2.5.3 解题说明:由于 $\sqrt[3]{997}=\sqrt[3]{1\,000(1-\frac{3}{1\,000})}=10\sqrt[3]{1+(-0.003)}$ 这里 $|x|=|-0.003|$ 很小,故 $\sqrt[3]{997}\approx 10\left[1+\dfrac{1}{3}\cdot(-0.001)\right]=9.99$.

例 2.5.4 有一批半径为 1 cm 的球,为了提高表面的光洁度,要镀上一层铜,厚度为 0.01 cm,估计每只球需用铜多少?(铜的密度为 8.9 g/cm^3)

解 球体体积为 $v=\dfrac{4}{3}\pi R^3$,这里 $R=1$ cm,$\Delta R=0.01$ cm.

$\Delta v\approx dv=4\pi R^2 dR$

$\Delta v\big|_{\substack{R=1\\ \Delta R=0.01}} \approx \mathrm{d}v\big|_{\substack{R=1\\ \mathrm{d}R=0.01}} = 4\pi R^2 \mathrm{d}R\big|_{\substack{R=1\\ \mathrm{d}R=0.01}} = 4\pi \times (1\ \mathrm{cm})^2 \times 0.01\ \mathrm{cm} \approx 0.13\ \mathrm{cm}^3$

故需要用铜约为 $0.13\ \mathrm{cm}^3 \times 8.9\ \mathrm{g/cm} \approx 1.16\ \mathrm{g}$.

练习 2.5.2

1. 计算三角函数 $\sin 89°$的近似值.

2. 计算 $\sqrt[5]{1.05}$的近似值.

3. 有一个外高为 20 cm、底圆半径为 10 cm、体壁厚度为 0.1 cm 的圆柱体盒子,估计其体积为多少?

第六节　洛必达法则

本节导学

内容:①两种未定式;②洛必达法则定理;③洛必达法则的应用;④其他未定式的转化求法.

重点:①明确两种未定式$\frac{0}{0}$型或$\frac{\infty}{\infty}$型的概念;②熟练掌握洛必达法则和适用类型;③会利用洛必达法则求解极限.

洛必达

(1661—1704 年),法国数学家.

一、引入

如果当 $x\to a$(或 $x\to\infty$)时,两个函数 $f(x)$ 与 $g(x)$ 都趋于零或趋于无穷大,那么极限 $\lim\limits_{\substack{x\to a\\(x\to\infty)}}\frac{f(x)}{g(x)}$可能存在,也可能不存在.通常把这种极限叫作未定义,并分别简记为$\frac{0}{0}$型或$\frac{\infty}{\infty}$型.例如$\lim\limits_{x\to 0}\frac{\sin x}{x}$就是未定式$\frac{0}{0}$型的一个例子,在第一章中我们已经知道它是一个重要极限,其值为 1,本节将介绍一种新方法求解出它的极限值.

二、洛必达法则

如果函数 $f(x)$ 与 $g(x)$ 满足下列条件:

(1) $\lim\limits_{\substack{x\to x_0\\(x\to\infty)}} f(x)=0$, $\lim\limits_{\substack{x\to x_0\\(x\to\infty)}} g(x)=0$(或 $\lim\limits_{\substack{x\to x_0\\(x\to\infty)}} f(x)=\infty$, $\lim\limits_{\substack{x\to x_0\\(x\to\infty)}} g(x)=\infty$);

(2)在点 x_0 的某一邻域(x_0 点可除外)内,$f'(x)$ 与 $g'(x)$ 都存在,且 $g'(x)\neq 0$;

(3) $\lim\limits_{\substack{x\to x_0\\(x\to\infty)}}\frac{f'(x)}{g'(x)}=A$(或$\infty$),则 $\lim\limits_{\substack{x\to x_0\\(x\to\infty)}}\frac{f(x)}{g(x)}=\lim\limits_{\substack{x\to x_0\\(x\to\infty)}}\frac{f'(x)}{g'(x)}=A$(或$\infty$).

注意:(1)如果 $\lim\limits_{\substack{x\to x_0\\(x\to\infty)}}\frac{f'(x)}{g'(x)}$仍然为$\frac{0}{0}$型或$\frac{\infty}{\infty}$型未定式,但只要仍满足洛必达法则的条件,可以继续用洛必达法则.即有:

$$\lim_{\substack{x\to x_0\\(x\to\infty)}}\frac{f(x)}{g(x)}=\lim_{\substack{x\to x_0\\(x\to\infty)}}\frac{f'(x)}{g'(x)}=\lim_{\substack{x\to x_0\\(x\to\infty)}}\frac{f''(x)}{g''(x)}$$

(2)如果极限中的无穷小用等价无穷小替换后可以简化,则先用等价无穷小简化,再用洛必达法则计算.

三、洛必达法则的应用

例 2.6.1 分析：这是$\frac{0}{0}$型，可用洛必达法则求得.

例 2.6.1 求$\lim\limits_{x\to 1}\frac{x+x^2+x^3-3}{x-1}$.

解 原式$=\lim\limits_{x\to 1}\frac{1+2x+3x^2}{1}=6$

例 2.6.2 解题说明：这是$\frac{0}{0}$型，可用洛必达法则去求，且可多次使用洛必达法则. 能化简的则一定要化简.

例 2.6.2 求$\lim\limits_{x\to 0}\frac{1-\cos x}{x^2}$.

解 原式$=\lim\limits_{x\to 0}\frac{\sin x}{2x}=\lim\limits_{x\to 0}\frac{\cos x}{2}=\frac{1}{2}$

例 2.6.3 求$\lim\limits_{x\to +\infty}\frac{\ln ax}{\ln bx}(a>0,b>0)$.

解 原式$=\lim\limits_{x\to +\infty}\frac{\frac{a}{ax}}{\frac{b}{bx}}=1$

例 2.6.4 解题说明：这是$\frac{\infty}{\infty}$型，且能多次用洛必达法则.

例 2.6.4 求$\lim\limits_{x\to +\infty}\frac{x^3}{e^x}$.

解 原式$=\lim\limits_{x\to +\infty}\frac{3x^2}{e^x}=\lim\limits_{x\to \infty}\frac{6x}{e^x}=\lim\limits_{x\to \infty}\frac{6}{e^x}=0$

有 3 种情况不能使用洛必达法则.

第一种情况：$\frac{0}{0}$型. 经过反复多次使用洛必达法则后仍然是$\frac{0}{0}$型，且计算式却越来越复杂，感觉上是永无止境的，则不能使用洛必达法则. 如：

例 2.6.5 解题说明：这里当$x\to\infty$时，有$e^{-\frac{1}{x}}-1\sim-\frac{1}{x}$.

例 2.6.5 求$\lim\limits_{x\to \infty}\frac{e^{-\frac{1}{x}}-1}{\frac{1}{x}}$.

分析：这是$\frac{0}{0}$型. 若用洛必达法则，则得$\lim\limits_{x\to\infty}\frac{e^{-\frac{1}{x}}\cdot\frac{1}{x^2}}{-\frac{1}{x^2}}$，还是$\frac{0}{0}$型；继续用洛必达法则，则得$\lim\limits_{x\to\infty}\frac{e^{-\frac{1}{x}}\cdot\frac{1}{x^4}-2e^{-\frac{1}{x}}\cdot\frac{1}{x^3}}{2\cdot\frac{1}{x^3}}$，这仍然是$\frac{0}{0}$型；若还继续用洛必达法则，则还会是$\frac{0}{0}$型……显然这是计算不出结果的. 正确做法是先约分化简，再行处理.

解法 1 原式$=\lim\limits_{x\to\infty}\frac{e^{-\frac{1}{x}}\cdot\frac{1}{x^2}}{-\frac{1}{x^2}}=\lim\limits_{x\to\infty}(-e^{-\frac{1}{x}})=-1$

本题也可以用等价无穷小来替换化简：

解法 2　原式 $=\lim\limits_{x\to\infty}\dfrac{-\dfrac{1}{x}}{\dfrac{1}{x}}=-1$

第二种情况：若极限中有如 sin ∞ 或 cos ∞ 等有界函数时，大部分情况下不能用洛必达法则. 如：

例 2.6.6　求 $\lim\limits_{x\to+\infty}\dfrac{x+\sin x}{x}$.

这是$\dfrac{\infty}{\infty}$型. 若用洛必达法则，则会有：

$$\lim_{x\to+\infty}\frac{x+\sin x}{x}=\lim_{x\to+\infty}\frac{1+\cos x}{1}$$

该极限不能求出.

正确做法是：

解　原式 $=\lim\limits_{x\to+\infty}\left(1+\dfrac{\sin x}{x}\right)=1+\lim\limits_{x\to+\infty}\left(\dfrac{1}{x}\cdot\sin x\right)=1+0=1$

例 2.6.6 解题说明：这里运用到了“有界函数与无穷小的乘积仍然是无穷小”这条性质.

第三种情况：是$\dfrac{\infty}{\infty}$型. 经过多次使用洛必达法则和化简后，又回到原来起点的，不能使用洛必达法则. 如：

例 2.6.7　$\lim\limits_{x\to+\infty}\dfrac{\sqrt{x^2+1}}{x}$.

这是$\dfrac{\infty}{\infty}$型. 若用洛必达法则，则会有：

$$\lim_{x\to+\infty}\frac{\sqrt{x^2+1}}{x}=\lim_{x\to+\infty}\frac{\dfrac{2x}{2\sqrt{x^2+1}}}{1}=\lim_{x\to+\infty}\frac{x}{\sqrt{x^2+1}}$$

$$=\lim_{x\to+\infty}\frac{1}{\dfrac{2x}{2\sqrt{x^2+1}}}=\lim_{x\to+\infty}\frac{\sqrt{x^2+1}}{x}$$

正确做法是：

解　原式 $=\lim\limits_{x\to+\infty}\dfrac{\sqrt{1+\dfrac{1}{x^2}}}{1}=1$

练习 2.6.1

1. 求 $\lim\limits_{x\to e}\dfrac{e^x-x^e}{x-e}$.
2. 求 $\lim\limits_{x\to n}\dfrac{x-n}{\sin\pi x}$（$n$ 为正整数）.
3. 求 $\lim\limits_{x\to0^+}\dfrac{\ln\sin 3x}{\ln\sin x}$.
4. 求 $\lim\limits_{x\to0}\dfrac{x-\sin x}{x^3}$.
5. 求 $\lim\limits_{x\to0}\dfrac{x(e^x-1)}{1-\cos x}$.

四、其他未定式

除了$\frac{0}{0}$型与$\frac{\infty}{\infty}$型两种未定式外，还有$0\cdot\infty,\infty-\infty,0^0,1^\infty,\infty^0$5种其他未定式，它们都可转化为$\frac{0}{0}$型或$\frac{\infty}{\infty}$型.

1. $0\cdot\infty$型

可理解为：$0\cdot\infty\Rightarrow\frac{1}{\infty}\cdot\infty\Rightarrow\frac{\infty}{\infty}$ 或 $0\cdot\infty\Rightarrow 0\cdot\frac{1}{0}\Rightarrow\frac{0}{0}$

例 2.6.8　求$\lim\limits_{x\to0^+}x\ln x$.

解　$$\text{原式}=\lim_{x\to0^+}\frac{\ln x}{\frac{1}{x}}=\lim_{x\to0^+}\frac{\frac{1}{x}}{-\frac{1}{x^2}}=\lim_{x\to0^+}(-x)=0$$

2. $\infty-\infty$型

可理解为：$\infty-\infty\Rightarrow\frac{1}{0}-\frac{1}{0}\Rightarrow\frac{0-0}{0\cdot0}\Rightarrow\frac{0}{0}$

例 2.6.9　求$\lim\limits_{x\to0}\left(\frac{1}{x}-\frac{1}{e^x-1}\right)$.

例 2.6.9 解题说明：这里 $x\to0$ 时，$e^x-1\sim x$.

解　$$\text{原式}=\lim_{x\to0}\frac{e^x-1-x}{x(e^x-1)}=\lim_{x\to0}\frac{e^x-x-1}{x\cdot x}=\lim_{x\to0}\frac{e^x-x-1}{x^2}$$
$$=\lim_{x\to0}\frac{e^x-1}{2x}=\lim_{x\to0}\frac{e^x}{2}=\frac{1}{2}$$

3. 0^0、1^∞、∞^0型未定式

$$\text{理解：}\left.\begin{matrix}0^0\\1^\infty\\\infty^0\end{matrix}\right\}\xrightarrow{\text{取对数}}\left\{\begin{matrix}0\cdot\ln0\\\infty\cdot\ln1\\0\cdot\ln\infty\end{matrix}\right\}\to0\cdot\infty$$

例 2.6.10　求$\lim\limits_{x\to0^+}x^x$.

解　$$\text{原式}=\lim_{x\to0^+}e^{\ln x^x}=\lim_{x\to0^+}e^{x\ln x}=e^{\lim\limits_{x\to0^+}\frac{\ln x}{\frac{1}{x}}}=e^{\lim\limits_{x\to0^+}\frac{\frac{1}{x}}{-\frac{1}{x^2}}}$$
$$=e^{\lim\limits_{x\to0^+}(-x)}=e^0=1.$$

例 2.6.11　求$\lim\limits_{x\to0}\left(\frac{a^x+b^x+c^x}{3}\right)^{\frac{1}{x}}$　$(a、b、c>0)$.

解　$$\text{原式}=\lim_{x\to0}e^{\frac{1}{x}\ln\frac{a^x+b^x+c^x}{3}}=e^{\lim\limits_{x\to0}\frac{\ln(a^x+b^x+c^x)-\ln3}{x}}$$
$$=e^{\lim\limits_{x\to0}\frac{\frac{1}{a^x+b^x+c^x}(a^x\ln a+b^x\ln b+c^x\ln c)}{1}}=e^{\frac{1}{3}(\ln a+\ln b+\ln c)}$$
$$=e^{\ln(abc)^{\frac{1}{3}}}=\sqrt[3]{abc}$$

例 2.6.12　求$\lim\limits_{x\to+\infty}x^{\frac{1}{x}}$.

解　原式 $=\lim\limits_{x\to+\infty}\mathrm{e}^{\frac{1}{x}\ln x}=\mathrm{e}^{\lim\limits_{x\to+\infty}\frac{\ln x}{x}}=\mathrm{e}^{\lim\limits_{x\to+\infty}\frac{\frac{1}{x}}{1}}=\mathrm{e}^{0}=1$

练习 2.6.2

1. 求 $\lim\limits_{x\to0^+}\sin x\ln x$.　　2. 求 $\lim\limits_{x\to0}\left(\dfrac{1}{\sin x}-\dfrac{1}{x}\right)$.

3. 求 $\lim\limits_{x\to0^+}x^{\sin x}$.　　4. 求 $\lim\limits_{x\to1}x^{\frac{1}{1-x}}$.

5. 求 $\lim\limits_{x\to0^+}\left(\dfrac{1}{x}\right)^{\sin x}$.

第七节　函数的单调性

本节导学
内容：①函数单调性判别法；②单调性的应用.
重点：会利用函数单调性的判别法判定函数的单调性.

一、引入

函数在区间上单调性的判别：根据定义，在区间内任取两点 x_1、x_2（$x_1>x_2$），如果 $f(x_1)>f(x_2)$，则为函数单调增加，反之为函数单调减少. 观察图 2.7.1，单调增加（单调减少）的函数图形是一条呈上升（或下降）的曲线，这时曲线上各点处分切线斜是非负的（或非正的）. 由此可见，函数的单调性与导数的符号有着密切的联系. 反过来，能否用导数的符号来判定函数的单调性呢？

二、函数单调性的判定法

定理　设函数 $y=f(x)$ 在 $[a,b]$ 上连续，在 (a,b) 内可导. 函数 $f(x)$ 在 (a,b) 内单调增加（或单调减少）的充分必要条件是在 (a,b) 内 $f'(x)>0$（或 $f'(x)<0$）.

如果把这个判定法的闭区间换成其他各种区间（包括无穷区间），那么结论也成立.

理解：

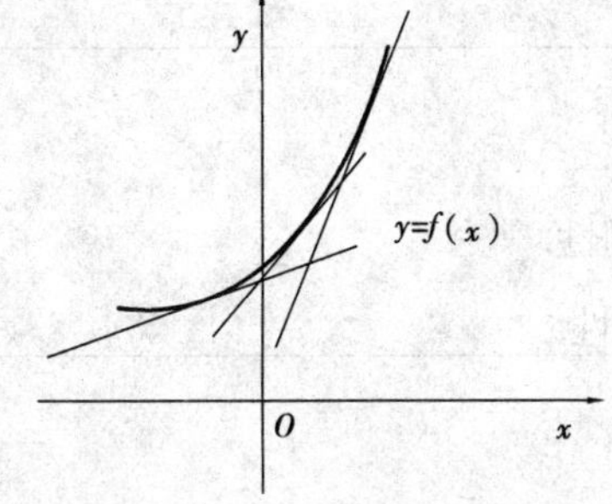

(a) $f'(x)>0\Leftrightarrow$ 函数单调增加

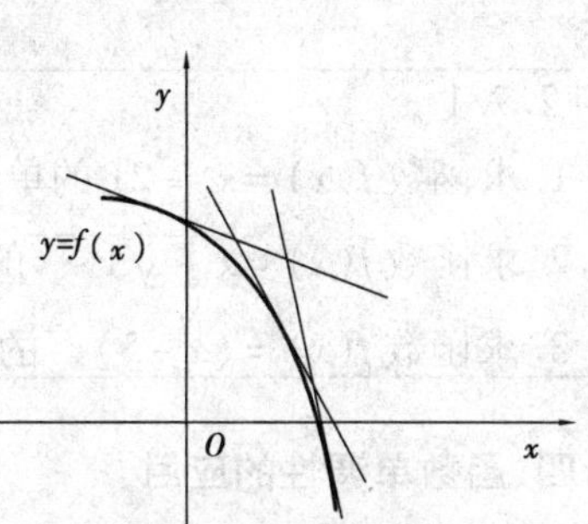

(b) $f'(x)<0\Leftrightarrow$ 函数单调减少

图 2.7.1

例 2.7.2 解题说明：这里“↗”表示函数单调增加；而“↘”表示函数单调减少.

说明：谈到单调性时必须指明与之对应的单调区间；同样，谈到单调区间时，也应指明与之对应的单调性.

三、函数单调性判别法应用

例 2.7.1 判断函数 $f(x)=e^x-x-2$ 的单调性.

解 函数的定义域为 $(-\infty,+\infty)$，且 $f'(x)=e^x-1$.

令 $f'(x)=0$，得 $x=0$.

在 $(-\infty,0)$ 内，由于 $f'(x)<0$，所以 $f(x)=e^x-x-2$ 单调减少；

在 $(0,+\infty)$ 内，由于 $f'(x)>0$，所以 $f(x)=e^x-x-2$ 单调增加.

例 2.7.2 确定函数 $f(x)=\frac{1}{3}x^3-\frac{3}{2}x^2+2x+\frac{1}{2}$ 的单调区间.

解 函数的定义域为 $(-\infty,+\infty)$，且

$f'(x)=x^2-3x+2=(x-1)(x-2)$

令 $f'(x)=0$，得 $x=1,x=2$.

列表：

x	$(-\infty,1)$	1	$(1,2)$	2	$(2,+\infty)$
$f'(x)$	+	0	−	0	+
$f(x)$	↗		↘		↗

所以，函数 $f(x)$ 在 $(-\infty,1)$ 和 $(2,+\infty)$ 为单调增加，在 $(1,2)$ 为单调减少.

我们称满足 $f'(x)=0$ 的点 $x=x_0$ 为驻点，称 $f'(x_0)$ 不存在的点 $x=x_0$ 为不可导点.

一般来说，函数的驻点和不可导点都有可能是函数单调区间的分界点. 因此得到求函数单调区间的一般步骤为：

(1)确定函数的定义域；

(2)求出 $f'(x)=0$ 的点（即驻点）和 $f'(x_0)$ 不存在的点（即不可导点），并将定义域分为若干个部分区间；

(3)列表确定 $f'(x)$ 在各个部分区间的符号，从而确定 $f(x)$ 的单调性.

练习 2.7.1

1. 求函数 $f(x)=x^2-2x$ 的单调性.
2. 求函数 $f(x)=x+\sqrt{1-x}$ 的单调性.
3. 求函数 $f(x)=(x-5)x^{\frac{2}{3}}$ 的单调性.

四、函数单调性的应用

闭区间上，如果函数单调增加，则起点的函数值为最小值，终点的函数值为最大值；如果函数单调减少，则起点的函数值为最大值，终点的函数值为最小值. 利用这一特性可以判断函数值的大小，如图 2.7.2 所示.

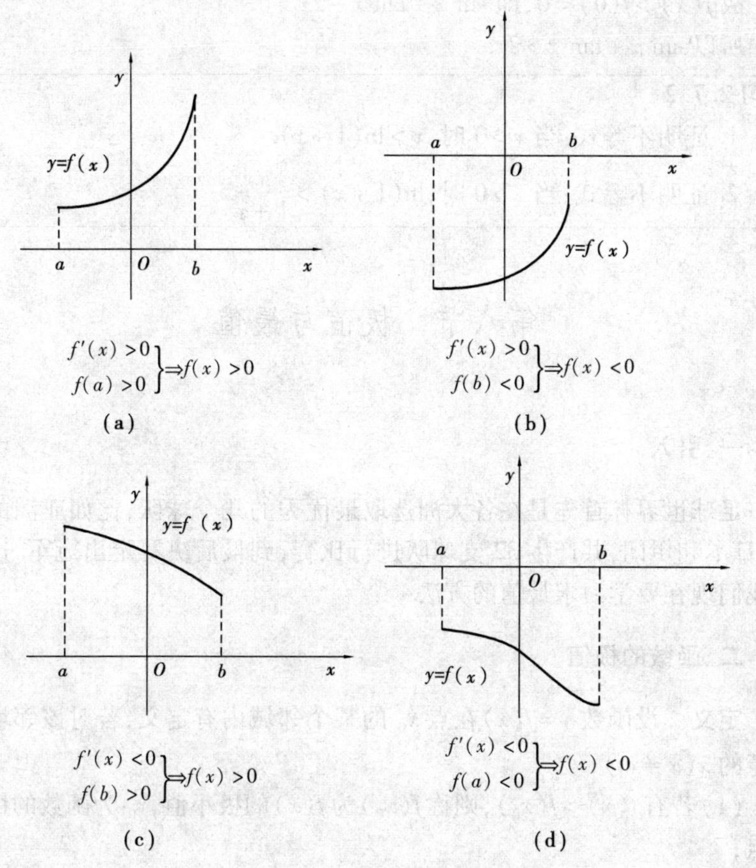

图 2.7.2

例 2.7.3　证明:当 $x>1$ 时,$e^x>ex$.

证明　构造函数 $f(x)=e^x-ex$,则 $f'(x)=e^x-e$,当 $x>1$ 时,$f'(x)>0$,且 $f(1)=0$.

故 $f(x)>f(1)=0$,即 $e^x-ex>0$,所以 $e^x>ex$.

例 2.7.3 解题说明:①根据题目条件与结论的特点,构造相关的函数 $f(x)$;②寻找相关定理的条件;③得到相关定理的结论;④综合分析,即可得到题目的结果.

例 2.7.4　证明:当 $x>1$ 时,$x\ln x>x-1$.

证明　设 $f(x)=x\ln x-(x-1)$,则 $f'(x)=\ln x$.

当 $x>1$ 时,$f'(x)>0$,且 $f(1)=0$.

故 $f(x)>f(1)=0$,即 $x\ln x-(x-1)>0$,$x\ln x>x-1$.

例 2.7.5　证明:当 $0<x<\dfrac{\pi}{2}$ 时,$\sin x+\tan x>2x$.

证明　设 $f(x)=\sin x+\tan x-2x$,则

$$f'(x)=\cos x+\sec^2x-2=\cos x-\cos^2x+\left(\frac{1}{\cos^2x}-2+\cos^2x\right)$$

$$=\cos x(1-\cos x)+\left(\frac{1}{\cos x}-\cos x\right)^2$$

当 $0<x<\dfrac{\pi}{2}$ 时,$f'(x)>0$,且 $f(0)=0$.

故$f(x)>f(0)=0$,即 $\sin x+\tan x-2x>0$

所以 $\sin x+\tan x>2x$.

练习 2.7.2

1. 证明不等式:当 $x>0$ 时,$x>\ln(1+x)$.

2. 证明不等式:当 $x>0$ 时,$\ln(1+x)>\frac{x}{1+x}$.

第八节 极值与最值

本节导学

内容:①函数极值的概念,并会利用单调性判别函数的极值;②函数的最值.

重点:①正确区别极值与最值的概念;②会利用求极值的方法求解函数的极值;③掌握求最值的比较法和特殊情形判别法.

一、引入

足球世界杯首先是在各大洲选取最优秀的几个球队,比如亚洲的韩国、日本和伊朗,共产生32支球队进行比赛,到最后决赛定出冠军.这也是我们现在要学习求最值的方法.

二、函数的极值

定义 设函数 $y=f(x)$ 在点 x_0 的某个邻域内有定义,若对该邻域内任意的 $x(x\neq x_0)$,

(1)若有$f(x)>f(x_0)$,则称$f(x_0)$为$f(x)$的极小值,x_0 为函数的极小值点;

(2)若有$f(x)<f(x_0)$,则称$f(x_0)$为$f(x)$的极大值,x_0 为函数的极大值点.

函数的极大值和极小值统称为极值,极大值点和极小值点统称为极值点.

说明:(1)极值是局部概念;(2)极值只能出现在开区间内,不能出现在端点处;(3)极值可以有多个,极大值与极小值无大小关系.

虽然从定义中知道极值,但直接用定义来具体地把极值求出来,显然操作性不强.

由图2.8.1可知,单调性发生改变的分界点 x_0 就一定是极值点 x_0.它有两种情况:(1)为驻点,即$f'(x)=0$的点;(2)为不可导点,即$f'(x_0)$不存在的点.

这里需要特别强调的是:只要是极值点,它左右两边的单调性一定会改变.但如果在某点的左右两边的单调性未改变,即使这个点为驻点(或不可导点),它也不是极值点,如图2.8.2所示.

虽然 $y'(0)=0$,即 $x=0$ 为驻点,它左右两边的单调性未改变,既不是局部最大值也不是局部最小值,所以 $x=0$ 不是极值点.

图2.8.3中,虽然$f'(x_0)$不存在,即 $x=x_0$ 点为不可导点,但它的左右两边的单调性未改变,所以不是极值点.

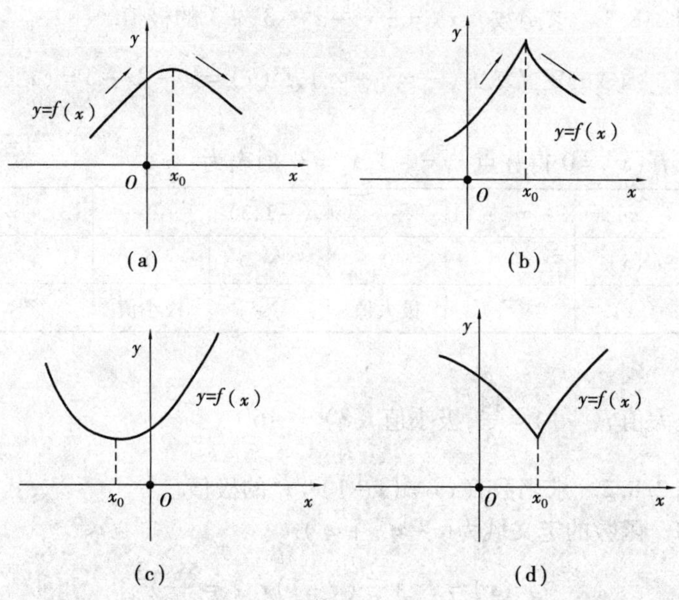

图 2.8.1

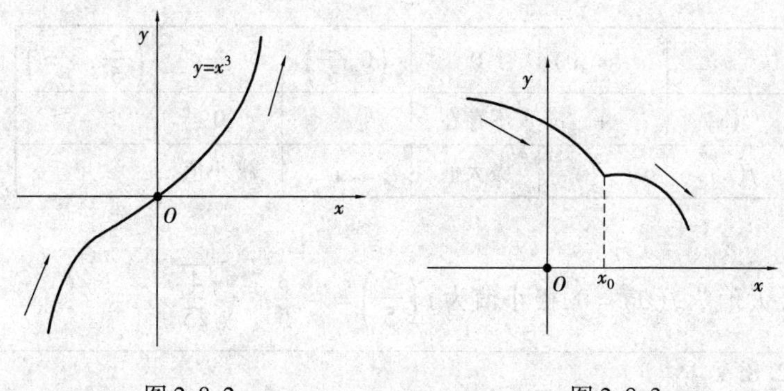

图 2.8.2　　　　图 2.8.3

定理　(极值的充分条件Ⅰ)

设函数 $y=f(x)$ 在点 x_0 处连续,在点 x_0 的去心邻域内可导,

(1)如果当 $x<x_0$ 时,$f'(x)>0$;而当 $x<x_0$ 时,$f'(x)<0$,则 $f(x)$ 在 x_0 处取得极大值.

(2)如果当 $x<x_0$ 时,$f'(x)<0$;而当 $x<x_0$ 时,$f'(x)>0$,则 $f(x)$ 在 x_0 处取得极小值.

(3)如果 x_0 左右两边的 $f'(x)$ 符号相同,则 $f(x)$ 在 x_0 处无极值.

可以按下列步骤求函数 $f(x)$ 的极值:

(1)确定函数的定义域;

(2)求导数 $f'(x)$;

(3)求驻点与不可导点;

(4)列表分析,应用极值的充分条件来判断极值点;

(5)求出各极值点处的函数值,求出极值.

例 2.8.1　求函数 $f(x)=\frac{1}{3}x^3-x^2-3x+3$ 的极值.

解　函数的定义域为 $(-\infty,+\infty)$，$f'(x)=x^2-2x-3=(x-3)(x+1)$.

令 $f'(x)=0$ 得驻点 $x_1=-1$，$x_2=3$. 列表为：

x	$(-\infty,-1)$	-1	$(-1,3)$	3	$(3,+\infty)$
$f'(x)$	+	0	−	0	+
$f(x)$	↗	极大值	↘	极小值	↗

极大值 $f(-1)=\frac{14}{3}$，极小值 $f(3)=-6$.

例 2.8.2　求函数 $f(x)=(x-1)\sqrt[3]{x^2}$ 的极值.

解　函数的定义域为 $(-\infty,+\infty)$.

$$f'(x)=x^{\frac{2}{3}}+\frac{2}{3}(x-1)x^{-\frac{1}{3}}=\frac{5x-2}{3\sqrt[3]{x}}$$

显然有驻点 $x_1=\frac{2}{5}$ 和不可导点 $x_2=0$. 列表为：

x	$(-\infty,0)$	0	$\left(0,\frac{2}{5}\right)$	$\frac{2}{5}$	$\left(\frac{2}{5},+\infty\right)$
$f'(x)$	+	不存在	−	0	+
$f(x)$	↗	极大值	↘	极小值	↗

极大值为 $f(0)=0$，极小值为 $f\left(\frac{2}{5}\right)=-\frac{3}{5}\cdot\sqrt[3]{\frac{4}{25}}$.

练习 2.8.1

1. 求函数 $f(x)=2x^3-3x^2$ 的极值.
2. 求函数 $f(x)=\frac{2x}{1+x^2}$ 的极值.
3. 求函数 $y=x-\frac{3}{2}\sqrt[3]{x^2}$ 的极值.

三、函数的最值

考察图 2.8.4.

显然，函数的最值不能出现在函数的单调区间内. 因为函数如果是单调的，则两端点就应该是最值. 这样，对于一个闭区间上的连续函数 $f(x)$，它的最值就只能在极值点和端点处取得. 因此，只要能求出所有的极值和端点值，再比较它们的大小，就能得到最大值与最小值.

求最值的步骤：

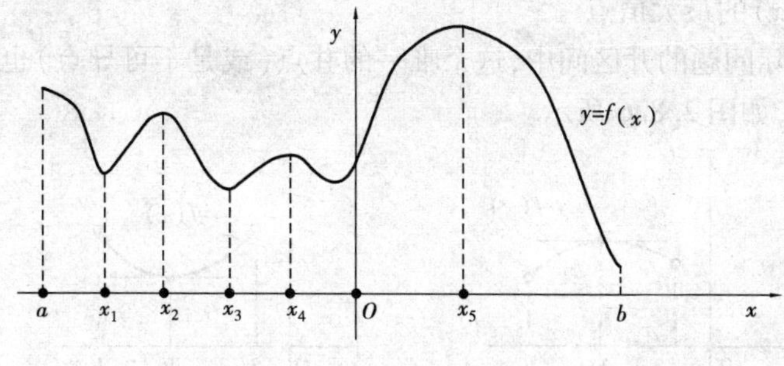

2.8.4

求最值第2步说明：为了避免对极值的考察，可以把有可能出现极值点的函数值都计算出来，因为最终还是要比较大小来决定最值的．这样就可以简化过程．

(1)首先求出函数$f(x)$在(a,b)内的驻点和不可导点；

(2)再计算$f(x)$在驻点、不可导点及端点a与b处的函数值；

(3)比较这些函数值的大小，即可求出最大值与最小值．

例 2.8.3　求函数$f(x)=x^3-5x^2+8x-4$在$\left[\frac{3}{2},3\right]$上的最大值与最小值．

解　$f'(x)=3x^2-10x+8=(x-2)(3x-4)$．

令$f'(x)=0$，得驻点$x_1=\frac{4}{3}$(舍去，因不在$\left(\frac{3}{2},3\right)$内)，$x_2=2$．

而$f(\frac{3}{2})=\frac{1}{8}$，$f(2)=0$，$f(3)=2$．比较大小可知：函数$f(x)$在$\left[\frac{3}{2},3\right]$上的最大值为$f(3)=2$；最小值为$f(2)=0$．

求最值时还可能会出现的两种特殊情形：

(1)如果函数$f(x)$在$[a,b]$上单调，则在两端点处分别取得最大值与最小值，如图2.8.5所示．

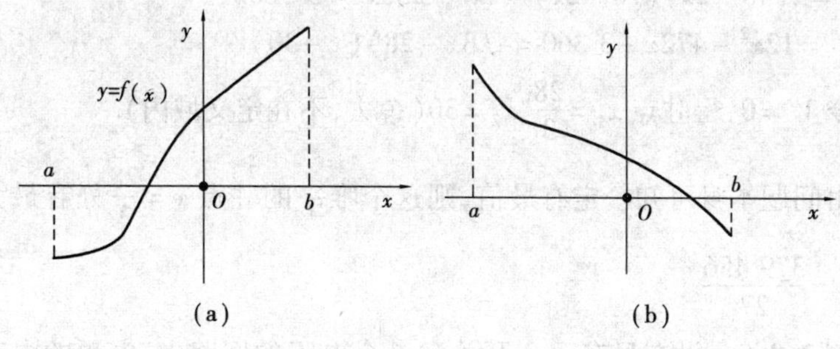

图2.8.5

(a)图在$[a,b]$上单调增加，则起点的函数值为最小值，终点的函数值为最大值．

(b)图在$[a,b]$上单调减少，则起点的函数值为最大值，终点的函数值为最小值．

(2)如果函数$f(x)$在确定区间内，x_0是$f(x)$的唯一的驻点(或是不可导点)，则当x_0是极小值点时就是$f(x)$的最小值点；当x_0是极大值点

时就是 $f(x)$ 的最大值点.

在实际问题的开区间中,这个唯一的驻点(或是不可导点)也是所求的最值点,如图 2.8.6 所示.

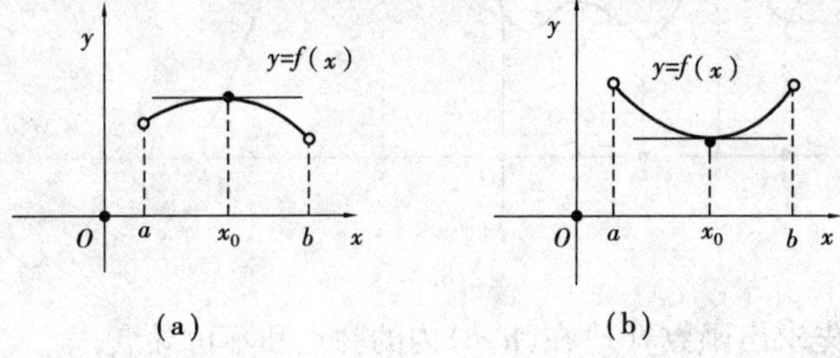

图 2.8.6

例 2.8.4 将一块尺寸为 48×70 的矩形铁皮剪去四角小正方形后折成一个无盖长方形铁盒,如图 2.8.7 所示,求铁盒的最大容积.

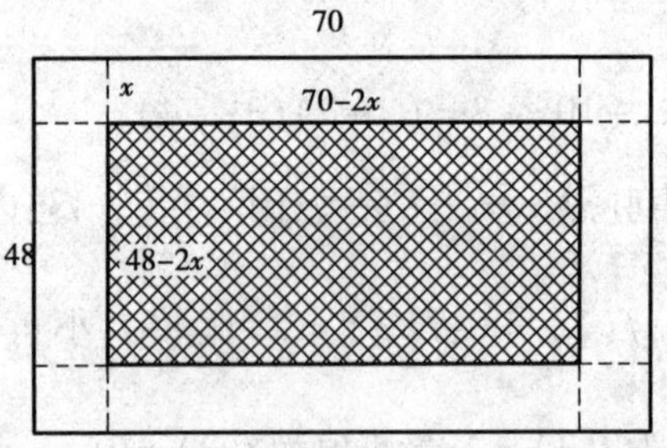

图 2.8.7

解 设剪去的正方形的边长为 $x(0<x<24)$,盒子的体积为 V,依题意有:

$$V=x(48-2x)(70-2x)=4x^3-236x^2+3\,360x$$

$$V'=12x^2-472x+3\,360=4(3x-28)(x-30)$$

令 $V'=0$,得驻点 $x_1=\dfrac{28}{3}$,$x_2=30$(舍去,不在定义域内).

由问题本身可知一定有最值,则这个唯一的驻点 $x=\dfrac{28}{3}$ 处有最大值 $f\left(\dfrac{28}{3}\right)=\dfrac{379\,456}{27}$.

例 2.8.5 设在只有一个开关和一个电阻的回路中,电源的电动势为 E,内阻为 r(E、r 均为常量),如图 2.8.8 所示. 问负载电阻 R 多大时,输出功率最大?

解 消耗在电阻 R 上的功率为 $P=I^2R$,其中 I 是回路中的电流,由欧姆定律知 $I=\dfrac{E}{R+r}$,所以 $P=\dfrac{E^2R}{(R+r)^2}$ $(0<R<+\infty)$.

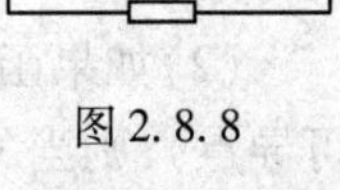

图 2.8.8

$$\frac{\mathrm{d}P}{\mathrm{d}R}=\frac{E\ (R+r)^2-2E^2R(R+r)}{(R+r)^4}=\frac{E^2}{(R+r)^3}(r-R)$$

令$\frac{\mathrm{d}P}{\mathrm{d}R}=0$得唯一的驻点 $R=r$. 由于实际中最大输出功率一定存在，所以当 $R=r$ 时，取得最大输出功率 $P=\frac{E^2}{4R}$.

练习 2.8.2

1. 求函数$f(x)=x^3+2x-1$在$[0,2]$上的最大值与最小值.

2. 求函数$f(x)=x^3-3x^2+1$在$[-3,3]$上的最大值与最小值.

3. 在靠着围墙边修建成一个用一堵墙隔开的两居室长方形小屋，现有砖块只够砌 25 m 长的墙壁，问怎样围才能使这两居室面积最大？

第九节　函数图像的描绘

本节导学

内容：①曲线的凹凸性；②渐近线；③函数图像的描绘.

重点：①会判别函数曲线的凹凸性；②会求函数曲线的渐近线.

一、引入

在解决一些数学问题，利用“数形结合”的方法常给解题带来很大的方便，但是对有些函数，画出图形是很难的. 本节将主要讲解如何画出一个函数的草图，以便于研究函数的性质.

二、曲线的凹凸性

考察图 2.9.1，注意曲线的凹凸方向和切线的相对位置.

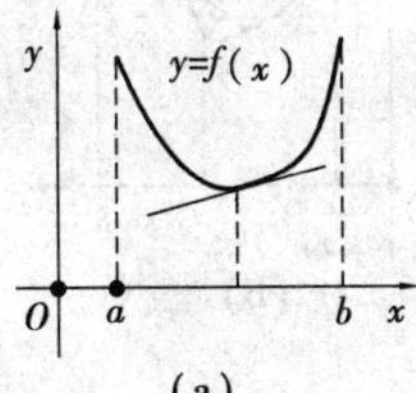

(a)

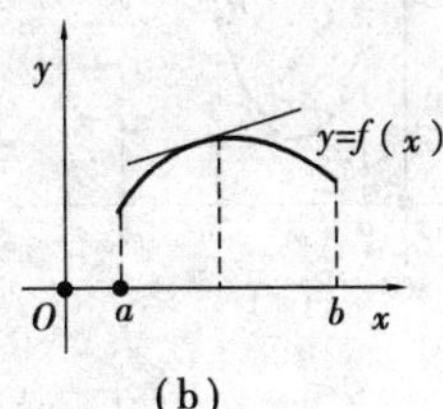

(b)

图 2.9.1

识别凹凸性与凹凸区间：

凹弧的某一部分仍然是凹弧，如图 2.9.2(a)所示

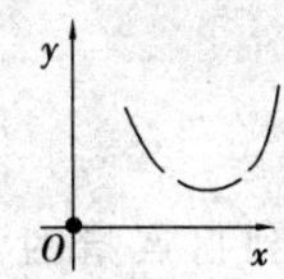

图 2.9.2(a)

凸弧的某一部分仍然是凸弧，如图 2.9.2(b)所示.

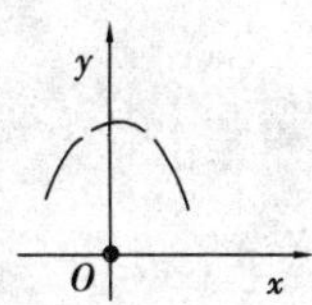

图 2.9.2(b)

定义　在某区间(a,b)内，如果曲线始终位于其任意一点处切线的上方，则称曲线在(a,b)内是**凹弧**，此区间(a,b)称为**凹区间**；如果曲线始终位于其任意一点处切线的下方，则称曲线在(a,b)内是**凸弧**，此区间(a,b)称为**凸区间**.

三、曲线的凹凸性判定定理

定理　（曲线的凹凸性判定定理）

设函数$f(x)$在区间(a,b)内具有二阶导数，那么

(1)若在(a,b)内$f''(x)>0$,则曲线$y=f(x)$在(a,b)内是凹弧;

(2)若在(a,b)内$f''(x)<0$,则曲线$y=f(x)$在(a,b)内是凸弧.

观察图2.9.3,注意函数的切线斜率值大小的变化规律.

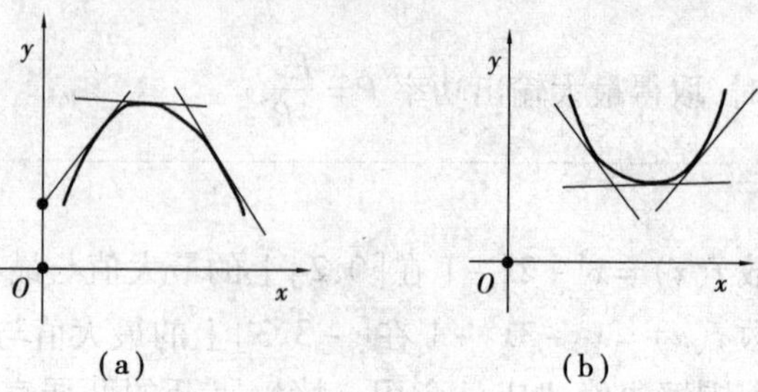

图2.9.3

通过以上函数的图形可以看出:

判断方法:
$f''(x)<0\Leftrightarrow$凸弧;
$f''(x)>0\Leftrightarrow$凹弧.

(1)如果是凸弧,则在该区间上的曲线的切线斜率值的变化是越来越小,即$f''(x)<0$;

(2)如果是凹弧,则在该区间上的曲线的切线斜率值的变化是越来越大,即$f''(x)>0$.

例2.9.1 求曲线$y=x^3-\dfrac{9}{2}x^2+6x+1$的凹凸性.

解 $y'=3x^2-9x+6, y''=6x-9$.

当$y''>0$即$x>\dfrac{3}{2}$时,曲线是凹弧;当$y''<0$即$x<\dfrac{3}{2}$时,曲线是凸弧.

再来看图2.9.4,注意凹弧与凸弧的分界点.

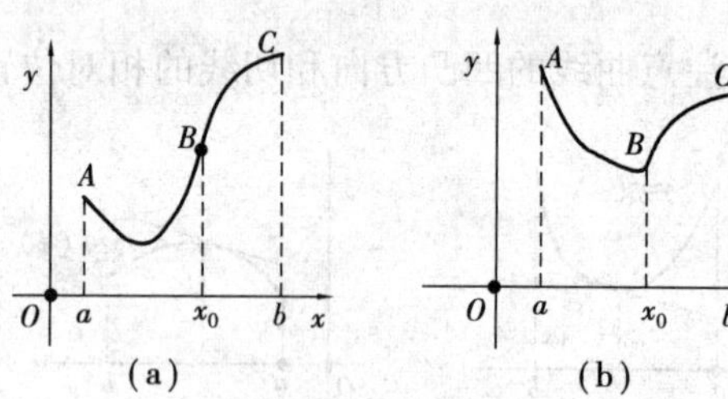

图2.9.4

注意到拐点指的是$(x_0,f(x_0))$,而不是指自变量x的取值x_0.这与前文中的驻点有所不同.

我们把连续曲线$y=f(x)$上凹弧与凸弧的分界点称为曲线$y=f(x)$的**拐点**.

容易知道,拐点处的二阶导数值要么等于零,要么不存在.但是,反过来,却不一定是拐点.

求拐点的一般步骤:

(1)先求出$f''(x)$.

(2)找出$f''(x)=0$的点与$f''(x)$不存在的点.

(3)判断这些点左右两边的凹凸性是否不一致.若不一致,则点$(x_0,f(x_0))$是拐点;若一致,则点$(x_0,f(x_0))$不是拐点.

例 2.9.2　求曲线 $y=x^3+3x^2-x+1$ 的拐点.

解　$y'=3x^2+6x-1, y''=6x+6$.

令 $y''=0$ 得 $x_1=-1$，此时 $y(-1)=4$.

在 $(-\infty,-1)$ 内，$y''<0$；在 $(-1,+\infty)$ 内，$y''>0$.

故点 $(-1,4)$ 为曲线的拐点.

例 2.9.3　讨论曲线 $y=\sqrt[3]{x-1}+1$ 的凹凸性与拐点.

解　$y'=\dfrac{1}{3\sqrt[3]{(x-1)^2}}$，　$y''=-\dfrac{2}{9\sqrt[3]{(x-1)^5}}$. 当 $x=1$ 时，函数 $y=\sqrt[3]{x-1}+1$ 连续，但 y' 与 y'' 都不存在. 此时 $y(1)=1$. 在 $(-\infty,1)$ 内，$y''>0$，曲线是凹弧；在 $(1,+\infty)$ 内，$y''<0$，曲线是凸弧. 故点 $(1,1)$ 是曲线的拐点.

练习 2.9.1

1. 设函数 $f(x)$ 在 (a,b) 内恒有 $f'(x)>0, f''(x)<0$，则曲线 $y=f(x)$ 在 (a,b) 内（　　）.

A. 单调减少，凸弧　　　　B. 单调增加，凸弧

C. 单调减少，凹弧　　　　D. 单调增加，凹弧

2. 求函数 $y=(x-1)^2$ 在区间 $(1,4)$ 内的凹凸性.

3. 求曲线 $y=(x-1)^3-1$ 的拐点.

四、渐近线

观察图 2.9.5，发现当 $x\to+\infty$ 时，$f(x)-(ax+b)\to 0$.

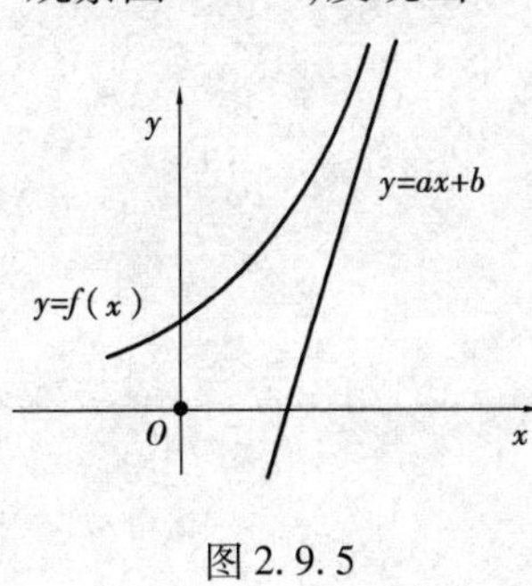

图 2.9.5

定义　如果曲线上的动点沿着曲线无限远离坐标原点时，该点与某条直线的距离趋于零，则称该直线为曲线的渐近线.

定义补充说明：远离坐标原点是指 $x\to\infty$ 或 $y\to\infty$.

渐近线可分为水平渐近线、铅直渐近线和斜渐近线三种.

定义

(1) 如果 $\lim\limits_{x\to\infty} f(x)=b$，则称直线 $y=b$ 为曲线 $y=f(x)$ 的一条水平渐近线.

(2) 如果 $\lim\limits_{x\to x_0} f(x)=\infty$，则称直线 $x=x_0$ 为曲线 $y=f(x)$ 的一条铅直渐近线.

(3) 如果 $\lim\limits_{x\to\infty}[f(x)-(ax+b)]=0$，则称直线 $y=ax+b$ 为曲线 $y=f(x)$ 的一条斜渐近线，且 $a=\lim\limits_{x\to\infty}\dfrac{f(x)}{x}, b=\lim\limits_{x\to\infty}[f(x)-ax]$.

由(3)知，特殊情况下，当 $a=0$ 时，渐近线 $y=ax+b$ 就变为水平渐近线.

渐近线的求法：

首先，考虑是否有铅直渐近线. 如函数式中含有分母，则由分母等于

零得到直线 $x=x_0$,这就是所求铅直渐近线.

其次,再考虑是否有斜渐近线与水平渐近线. 通过计算 $a=\lim\limits_{x\to\infty}\frac{f(x)}{x}$ 与 $b=\lim\limits_{x\to\infty}[f(x)-ax]$,就能得到渐近线 $y=ax+b$. 如 $a=0$,渐近线 $y=b$ 就变为水平渐近线.

例 2.9.4　求曲线 $y=\frac{1}{x-1}$的渐近线.

解　$\lim\limits_{x\to1}\frac{1}{x-1}=\infty$,所以直线 $x=1$ 是曲线 $y=\frac{1}{x-1}$的铅直渐近线.

又 $a=\lim\limits_{x\to\infty}\frac{\frac{1}{x-1}}{x}=0$, $b=\lim\limits_{x\to\infty}\frac{1}{x-1}=0$.

所以 $y=0$ 是曲线 $y=\frac{1}{x-1}$的水平渐近线.

例 2.9.5 解题说明:求铅直渐近线时,必须$\begin{cases}分母=0\\分子\neq0\end{cases}$,此时才有$\lim\limits_{x\to x_0}f(x)=\infty$.

例 2.9.5　求曲线 $y=\frac{2x^3+x-1}{x^2-5x+6}$的渐近线.

解　令 $x^2-5x+6=0$,得两条铅直渐近线 $x_1=2$ 与 $x=3$.

又 $a=\lim\limits_{x\to\infty}\frac{\frac{2x^3+x-1}{x^2-5x+6}}{x}=2$, $b=\lim\limits_{x\to\infty}\left(\frac{2x^3+x-1}{x^2-5x+6}-2x\right)=10$.

所以 $y=2x+10$ 是曲线 $y=\frac{2x^3+x-1}{x^2-5x+6}$的斜渐近线.

第 2 小题解题需要注意,$x=2$ 不能为铅直渐近线. 因为

$\lim\limits_{x\to2}\frac{x^2-4}{x^2+x-6}$

$=\lim\limits_{x\to2}\frac{(x+2)(x-2)}{(x+3)(x-2)}$

$=\lim\limits_{x\to2}\frac{x+2}{x+3}$

$=\frac{4}{5}$并不趋近∞.

练习 2.9.2

1. 求曲线 $y=\frac{x^2}{x-2}$的渐近线.

2. 求曲线 $y=\frac{x^2-4}{x^2+x-6}$的渐近线.

3. 求曲线 $y=\frac{1}{x^2+1}$的渐近线.

五、函数图像的描绘

通过对函数的单调性、极值、曲线的凹凸性与拐点及渐近线的研究,我们就可以比较准确地作出函数地图形.

一般步骤如下:

(1)确定函数的定义域,判断函数的奇偶性与周期性;

(2)求函数的一阶导数,确定函数的单调性与极值点;

(3)求函数的二阶导数,确定函数的凹凸性与拐点;

(4)确定函数的渐近线;

(5)补充一些特殊点;

(6)描点后再根据曲线在各区间的单调性、凹凸性,用光滑的曲线连

接起来,即可得到函数的图像.

例 2.9.6　描绘函数 $y=\mathrm{e}^{-x^2}$的图像.

解　函数的定义域为$(-\infty,+\infty)$. 函数是偶函数,其图像关于 y 轴对称.

$y'=2x\mathrm{e}^{-x^2}$,令 $y'=0$ 得到驻点 $x=0$.

$y''=2(2x^2-1)\mathrm{e}^{-x^2}$,令 $y''=0$,得 $x=\pm\dfrac{\sqrt{2}}{2}$. 列表为:

x	$\left(-\infty,-\frac{\sqrt{2}}{2}\right)$	$-\frac{\sqrt{2}}{2}$	$\left(-\frac{\sqrt{2}}{2},0\right)$	0	$\left(0,\frac{\sqrt{2}}{2}\right)$	$\frac{\sqrt{2}}{2}$	$\left(\frac{\sqrt{2}}{2},+\infty\right)$
$y'(x)$	+	+	+	0	−	−	−
$y''(x)$	+	0	−	−	−	0	+
$y(x)$	↗	拐点	↗	极大值	↘	拐点	↘

$\lim\limits_{x\to\infty}\mathrm{e}^{-x^2}=0$,所以曲线有水平渐近线 $y=0$.

极大值 $y(0)=1$. 拐点有$\left(-\dfrac{\sqrt{2}}{2},\dfrac{\sqrt{\mathrm{e}}}{\mathrm{e}}\right)$与$\left(\dfrac{\sqrt{2}}{2},\dfrac{\sqrt{\mathrm{e}}}{\mathrm{e}}\right)$.

综合上述分析,用光滑的曲线描绘出函数的图像,如图 2.9.6 所示.

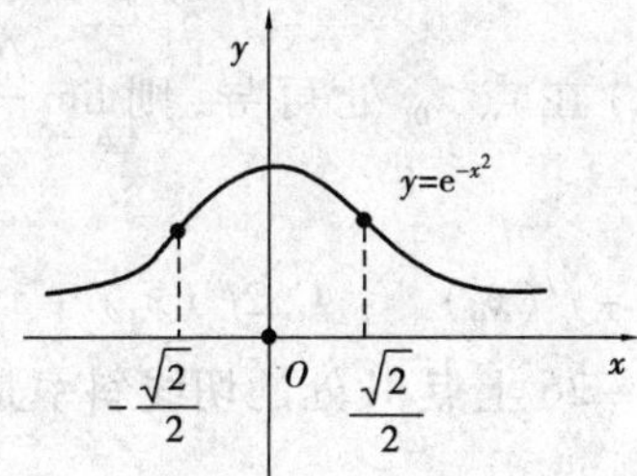

图 2.9.6

练习 2.9.3

描绘函数 $y=x^3+x+1$ 的图形.

内容小结

一、知识小结

1. 本章基本知识点

导数概念,导数的几何意义,可导与连续的关系,四则运算求导法则,复合函数求导法则,隐函数求导法则,参数方程求导法则,基本初等函数导数公式,微分,微分的近似计算,高阶导数,洛必达法则,函数的单调性，函数的极值与最值，凸凹性，拐点，渐近线，绘图方法.

2. 基本公式

(1)基本初等函数的导数公式和微分公式.

(2)微分基本公式：$dy=f'(x)dx$.

二、学习要求

(1)理解和掌握导数与微分概念，以及它们的几何意义.

(2)熟练地运用导数公式求函数的导数.

(3)会求一些函数的高阶导数.

(4)会利用导数判断函数的单调性.

(5)会利用导数求函数的极值和最值.

(6)了解应用导数绘制函数的图形.

复习题

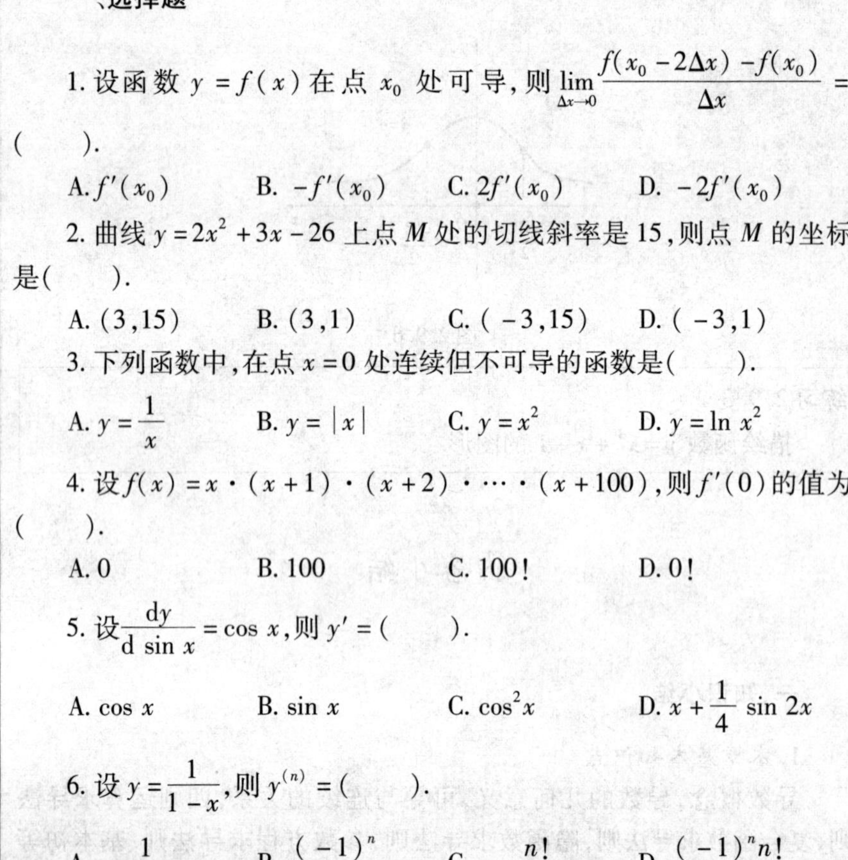

一、选择题

1. 设函数 $y=f(x)$ 在点 x_0 处可导，则 $\lim\limits_{\Delta x\to 0}\dfrac{f(x_0-2\Delta x)-f(x_0)}{\Delta x}=$ (　　).

A. $f'(x_0)$　　B. $-f'(x_0)$　　C. $2f'(x_0)$　　D. $-2f'(x_0)$

2. 曲线 $y=2x^2+3x-26$ 上点 M 处的切线斜率是 15，则点 M 的坐标是(　　).

A. (3,15)　　B. (3,1)　　C. (−3,15)　　D. (−3,1)

3. 下列函数中，在点 $x=0$ 处连续但不可导的函数是(　　).

A. $y=\dfrac{1}{x}$　　B. $y=|x|$　　C. $y=x^2$　　D. $y=\ln x^2$

4. 设 $f(x)=x\cdot(x+1)\cdot(x+2)\cdot\cdots\cdot(x+100)$，则 $f'(0)$ 的值为(　　).

A. 0　　B. 100　　C. 100!　　D. 0!

5. 设 $\dfrac{dy}{d\sin x}=\cos x$，则 $y'=$ (　　).

A. $\cos x$　　B. $\sin x$　　C. $\cos^2 x$　　D. $x+\dfrac{1}{4}\sin 2x$

6. 设 $y=\dfrac{1}{1-x}$，则 $y^{(n)}=$ (　　).

A. $\dfrac{1}{(1-x)^n}$　　B. $\dfrac{(-1)^n}{(1-x)^n}$　　C. $\dfrac{n!}{(1-x)^{n+1}}$　　D. $\dfrac{(-1)^n n!}{(1-x)^{n+1}}$

7. 设 $y=\frac{\ln x}{x}$,则 $\mathrm{d}y=($　　$)$.

A. $\frac{1-\ln x}{x^2}$　　B. $\frac{1-\ln x}{x^2}\mathrm{d}x$　　C. $\frac{\ln x-1}{x^2}$　　D. $\frac{\ln x-1}{x^2}\mathrm{d}x$

8. 下列极限中,能使用洛必达法则的有(　　).

A. $\lim\limits_{x\to0}\frac{x^2\sin\frac{1}{x}}{\sin x}$　　B. $\lim\limits_{x\to+\infty}x\left(\frac{\pi}{2}-\arctan x\right)$

C. $\lim\limits_{x\to\infty}\frac{x-\sin x}{x+\sin x}$　　D. $\lim\limits_{x\to\infty}\frac{x\sin x}{x^2}$

9. 设 $f(0)=g(0)$,当 $x>0$ 时,$f'(x)>g'(x)$,则有(　　).

A. $f(x)>g(x)$　　B. $f(x)\geqslant g(x)$

C. $f(x)<g(x)$　　D. $f(x)\leqslant g(x)$

10. 函数 $y=f(x)$ 在 $x=x_0$ 处取得极值,则必有(　　).

A. $f''(x_0)<0$　　B. $f''(x_0)>0$

C. $f'(x_0)=0$ 或 $f'(x_0)$ 不存在　　D. $f''(x_0)=0$

11. 函数 $y=x^2+1$ 在区间 $(-1,1)$ 内的最大值是(　　).

A. 0　　B. 1　　C. 2　　D. 不存在

二、解答题

1. 设 $y=x^3\cdot3^x+\mathrm{e}^3$,求 y'.

2. 已知 $y=\arctan x+x\ln x$,求 y''.

3. 已知 $y=\mathrm{e}^{1-3x}\cos x$,求 $\mathrm{d}y$.

4. 求 $\mathrm{e}^{1.01}$ 的近似值.

5. 求 $\lim\limits_{x\to0}\frac{\tan x-\sin x}{x-\sin x}$.

6. 讨论函数 $f(x)=2x^3-9x^2+12x-3$ 的单调区间.

7. 求函数 $f(x)=1-x-\frac{4}{(x+2)^2}$ 在区间 $[-1,2]$ 上的最大值和最小值.

第三章
不定积分

第二章讨论了如何求一个函数的导数问题,本章将讨论它的相反问题,如何求一个可导函数,使它的导函数等于已知函数,即求函数的不定积分.

本章将由原函数概念引出不定积分的定义,介绍不定积分的性质,并重点对不定积分的计算方法进行讨论分析.

本节导学

内容:①不定积分的概念;②不定积分的几何意义;③基本积分公式;④不定积分的性质.

重点:①掌握不定积分与原函数的关系;②熟练掌握不定积分的基本公式;③掌握不定积分的直求、变形等基本方法.

第一节　不定积分的概念和性质

一、引入

前面可以求出一个已知可导函数的导数,即函数$\xrightarrow{\text{求导}}$导数.

反过来,如果已知某个函数的导数,那么能否求出该函数呢?

二、原函数

定义　设函数$f(x)$在某区间I内有定义,如果存在函数$F(x)$,使得在区间I内的任一点x都有$F'(x)=f(x)$或$dF(x)=f(x)dx$,则称函数$F(x)$为函数$f(x)$在区间I内的一个**原函数**.

定理1说明初等函数在其定义域内一定有原函数.

定理1　(原函数存在定理)　如果函数$f(x)$在区间I内连续,则函数$f(x)$在区间I内的原函数一定存在.

定理2　如果$F(x)$是函数$f(x)$在某区间I内的一个原函数,则$F(x)+C$是$f(x)$在区间I内的全部原函数.

三、不定积分

由于是全体原函数,所以一定要写上常数C.

定义　函数$f(x)$在区间I内的全体原函数$F(x)+C$(C为常数)叫作函数$f(x)$在区间I内的**不定积分**,记为$\int f(x)dx$,即$\int f(x)dx=F(x)+C$.其

中“$\int$”叫**积分号**，$f(x)$ 称为**被积函数**，$f(x)\mathrm{d}x$ 称为**积分表达式**，x 称为**积分变量**，C 为**积分常数**.

显然，不定积分既是表达一个结果，那就是全体原函数，同时又是表达一个运算，那就是求导运算的逆运算. 即

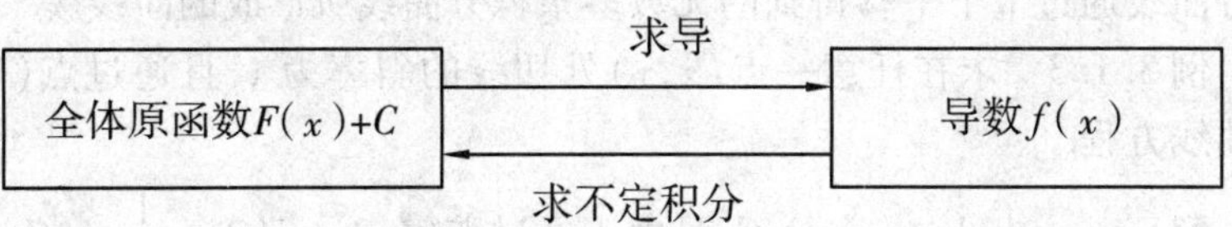

于是有以下性质：

性质说明：注意到后面积分时，要写上常数 C.

(1) $\left[\int f(x)\mathrm{d}x\right]' = f(x)$ 或 $\mathrm{d}\int f(x)\mathrm{d}x = f(x)\mathrm{d}x$；

(2) $\int F'(x)\mathrm{d}x = F(x) + C$ 或 $\int \mathrm{d}F(x) = F(x) + C$.

例 3.1.1　由导数的基本公式，计算下列不定积分.

(1) $\int \cos x\mathrm{d}x$　　(2) $\int \mathrm{e}^x\mathrm{d}x$

解　(1) 因为 $(\sin x)' = \cos x$，所以 $\sin x$ 只是 $\cos x$ 的一个原函数，而不定积分是指全体原函数，故 $\int \cos x\mathrm{d}x = \sin x + C$.

(2) 因为 $(\mathrm{e}^x)' = \mathrm{e}^x$，所以 $\int \mathrm{e}^x\mathrm{d}x = \mathrm{e}^x + C$.

例 3.1.2　计算下列各式.

(1) $\left[\int x\mathrm{e}^x\mathrm{d}x\right]'$　(2) $\mathrm{d}\int \arctan x\mathrm{d}x$　(3) $\int (3x^2+1)'\mathrm{d}x$

解：(1) $\left[\int x\mathrm{e}^x\mathrm{d}x\right]' = xe^x$

(2) $\mathrm{d}\int \arctan x\mathrm{d}x = \arctan x\mathrm{d}x$

(3) $\int (3x^2+1)'\mathrm{d}x = \int (3x^2)'\mathrm{d}x = 3x^2 + C$

练习 3.1.1

1. 填空：

(1) $\mathrm{d}(\underline{\qquad\qquad}) = (x+1)\mathrm{d}x$；

(2) $\int (\underline{\qquad\qquad})\mathrm{d}x = \cos x + C$；

(3) 若 $\int f(x)\mathrm{d}x = 3e^{\frac{x}{3}} + C$，则 $f(x) = \underline{\qquad\qquad}$.

填空题解答技巧（抓三点）：①看形状；②调系数；③加常数.

2. 由求导运算与求不定积分互为逆运算的关系，计算下列不定积分.

(1) $\int 3x^2\mathrm{d}x$　　(2) $\int 3^x\ln 3\mathrm{d}x$

3. 计算下列各式.

(1) $\left[\int (3x^2+2x+1)\mathrm{d}x\right]'$　　(2) $\mathrm{d}\int \ln x\,\mathrm{d}x$

四、不定积分的几何意义

在平面直角坐标系下，$f(x)$的任意一个原函数$F(x)$的图形是一条积分曲线$y=F(x)$，而$f(x)$的全体原函数$F(x)+C$则是由$y=F(x)$这条积分曲线通过上下平移得到的无数多条积分曲线所形成的曲线簇.

例 3.1.3 求在任意一点(x,y)处切线的斜率为x，且通过点$(1,2)$的曲线方程.

解 $y=\int x\mathrm{d}x=\frac{x^2}{2}+C$，又由于经过点$(1,2)$，即$2=\frac{1^2}{2}+C$，所以$C=\frac{3}{2}$，故所求曲线方程为$y=\frac{x^2}{2}+\frac{3}{2}$.

2 小题提示："静止时"可理解为当$t=0$时，距离$s=0$.

练习 3.1.2

1. 设曲线通过$(1,2)$点，且任一点(x,y)处的切线斜率等于$2x$，求此曲线方程.

2. 一物体从静止开始作直线运动，经t秒后的速度为$3t^2$(m/s)，经3 s后，物体离开出发点的距离是多少？

五、基本积分公式（第一组积分公式）

(1) $\int k\mathrm{d}x=kx+C$（k为常数）；

(2) $\int x^n\mathrm{d}x=\frac{1}{n+1}x^{n+1}+C\ (n\neq-1)$；

(3) $\int\frac{1}{x}\mathrm{d}x=\ln|x|+C$；

(4) $\int \mathrm{e}^x\mathrm{d}x=e^x+C$；

(5) $\int a^x\mathrm{d}x=\frac{a^x}{\ln a}+C$；

(6) $\int\cos x\mathrm{d}x=\sin x+C$；

(7) $\int\sin x\mathrm{d}x=-\cos x+C$；

(8) $\int\frac{1}{\cos^2x}\mathrm{d}x=\int\sec^2x\mathrm{d}x=\tan x+C$；

(9) $\int\frac{1}{\sin^2x}\mathrm{d}x=\int\csc^2x\mathrm{d}x=-\cot x+C$；

(10) $\int\sec x\tan x\mathrm{d}x=\sec x+C$；

(11) $\int\csc x\cot x\mathrm{d}x=-\csc x+C$；

(12) $\int\frac{1}{1+x^2}\mathrm{d}x=\arctan x+C$；

(13) $\int \frac{1}{\sqrt{1-x^2}}dx = \arcsin x + C.$

六、不定积分的性质

性质 1　$\int kf(x)dx = k\int f(x)dx (k \neq 0).$

性质 2　$\int [f_1(x) \pm f_2(x)]dx = \int f_1(x)dx \pm \int f_2(x)dx.$

性质 2 还可以推广到有限多个函数的和差.

直接利用基本积分公式和性质来求积分的方法称为**直接积分法**.

例 3.1.4　求 $\int (3e^x + 2\cos x)dx.$

解　原式 $= \int 3e^x dx + \int 2\cos x dx$

$= 3\int e^x dx + 2\int \cos x dx = 3e^x + 2\cos x + C$

由于几个任意常数的和仍然是任意常数，所以这里在结果中只要一个任意常数就行了.

例 3.1.5　求 $\int e^x(1 + e^{-x})dx.$

解　原式 $= \int (e^x + 1)dx = \int e^x dx + \int dx = e^x + x + C$

例 3.1.5 采用乘积的方法.

例 3.1.6　求 $\int \frac{(x-1)^2}{x}dx.$

解　原式 $= \int \frac{x^2 - 2x + 1}{x}dx = \int (x - 2 + \frac{1}{x})dx$

$= \int x dx - 2\int dx + \int \frac{1}{x}dx = \frac{x^2}{2} - 2x + \ln|x| + C$

例 3.1.6 采用除的方法.

例 3.1.7　求 $\int \frac{2x^2 + 1}{x^2(1 + x^2)}dx.$

解　原式 $= \int \frac{(x^2 + 1) + x^2}{x^2(1 + x^2)}dx = \int \frac{1}{x^2}dx + \int \frac{1}{1 + x^2}dx$

$= -\frac{1}{x} + \arctan x + C$

例 3.1.7、例 3.1.8、例 3.1.9 都采用分拆的方法.

例 3.1.8　求 $\int \tan^2 x dx.$

解　原式 $= \int (\sec^2 x - 1)dx = \int \sec^2 x dx - \int dx = \tan x - x + C$

例 3.1.9　$\int \frac{1}{\sin^2 x \cos^2 x}dx.$

解　原式 $= \int \frac{\sin^2 x + \cos^2 x}{\sin^2 x \cos^2 x}dx$

$= \int \left(\frac{1}{\cos^2 x} + \frac{1}{\sin^2 x}\right)dx$

$= \int (\sec^2 x + \csc^2 x)dx = \tan x - \cot x + C$

练习 3.1.3

求下列不定积分：

(1) $\int x(x^2-x+1)\mathrm{d}x$　　(2) $\int \sec x(\sec x+\tan x)\mathrm{d}x$

(3) $\int \frac{x^2}{x^2+1}\mathrm{d}x$　　(4) $\int \frac{\sin 2x}{\cos x}\mathrm{d}x$

(5) $\int \frac{(x+1)^2}{x(x^2+1)}\mathrm{d}x$

第二节　换元积分法

本节导学

内容：①第一类换元积分法；②第二类换元积分法.

重点：①掌握第一类换元积分法常见类型；②掌握凑微法的分析方法；③掌握第二类换元积分法的去根式简单应用.

一、引入

看下面计算，注意到它们间的对应关系.

例子：$\int \cos \boxed{2x}\, \mathrm{d}\boxed{2x} = \sin \boxed{2x} + C$

公式：$\int \cos \boxed{u}\, \mathrm{d}\boxed{u} = \sin \boxed{u} + C$

但是如果是 $\int \cos 2x\mathrm{d}x$ 这样的积分，又该怎样来计算呢？

可以先做变换 $\mathrm{d}x=\frac{1}{2}\mathrm{d}2x$（凑微分），理解为 $2x$ 这个整体作为积分变量，同时 $\cos 2x$ 中的 $2x$ 也作为整体，看成是自变量. 这样，通过变形就达到了两点：一是作为整体的自变量与作为整体的积分变量必须相同，这样就可以将整体换元；二是换元后还必须是基本积分公式. 于是就会有：

$$\int \cos 2x\mathrm{d}x = \int \cos 2x \cdot \frac{1}{2}\mathrm{d}2x \xlongequal{令 2x=u} \frac{1}{2}\int \cos u\mathrm{d}u$$

$$= \frac{1}{2}\sin u + C \xlongequal{让 u=2x 换回} \frac{1}{2}\sin 2x + C$$

二、第一类换元积分法

第一类换元法抓要点：①整体自变量与整体积分变量相同后便于换元；②换元之后必须是一个基本积分公式.

上面的方法可以用来求不定积分，于是有下面定理：

定理（第一类换元积分法）

设 $\int f(u)\mathrm{d}u = F(u)+C$，且 $u=\varphi(x)$ 可导，则有：

$$\int f[\varphi(x)]\cdot\varphi'(x)\mathrm{d}x = \int f[\varphi(x)]\cdot\mathrm{d}\varphi(x) \xlongequal{令 \varphi(x)=u} \int f(u)\cdot\mathrm{d}u = F(u)+C \xlongequal{让 u=\varphi(x) 换回} F[\varphi(x)]+C.$$

此方法的重点是拼凑成一个新的微分 $\mathrm{d}\varphi(x)$，且能满足一个基本积分公式. 所以，该方法又称为**凑微分法**.

例 3.2.1　求$\int e^{2x}dx$.

解　原式 $=\int e^{2x}\cdot\frac{1}{2}d2x=\frac{1}{2}\int e^{2x}d2x$

$$\xlongequal{令\ 2x=u}\frac{1}{2}\int e^{u}du=\frac{1}{2}e^{u}+C\xlongequal{让\ u=2x\ 换回}\frac{1}{2}e^{2x}+C$$

例 3.2.2　求$\int\tan x dx$.

解　原式 $=\int\frac{\sin x}{\cos x}dx=\int\frac{1}{\cos x}\cdot\sin x dx$

$$=-\int\frac{1}{\cos x}d\cos x\xlongequal{令\ \cos x=u}-\int\frac{1}{u}du$$

$$=-\ln|u|+C\xlongequal{让\ u=\cos x\ 换回}-\ln|\cos x|+C$$

类似地可得:$\int\cot x dx=\ln|\sin x|+C$

例 3.2.3　求$\int 2x\cos x^{2}dx$.

解　原式 $=\int\cos x^{2}dx^{2}=\sin x^{2}+C$

例 3.2.4　求$\int\frac{1}{x\ln x}dx$.

解　原式 $=\int\frac{1}{\ln x}\cdot\frac{1}{x}dx=\int\frac{1}{\ln x}\cdot d\ln x=\ln|\ln x|+C$

例 3.2.5　求$\int\frac{dx}{x(1+2\ln x)}$.

解　原式 $=\int\frac{1}{1+2\ln x}\cdot\frac{1}{x}dx=\int\frac{1}{1+2\ln x}d\ln x$

$$=\frac{1}{2}\int\frac{1}{1+2\ln x}d2\ln x=\frac{1}{2}\int\frac{1}{1+2\ln x}d(1+2\ln x)$$

$$=\frac{1}{2}\ln|1+2\ln x|+C$$

例 3.2.6　求$\int\frac{e^{x}}{1+e^{x}}dx$.

解　原式 $=\int\frac{1}{1+e^{x}}\cdot e^{x}dx=\int\frac{1}{1+e^{x}}de^{x}$

$$=\int\frac{1}{1+e^{x}}d(1+e^{x})=\ln(1+e^{x})+C$$

思考题:

求$\int\frac{1}{1+e^{x}}dx$.

例 3.2.7　**求**$\int\frac{2x}{\sqrt{a^{2}-x^{2}}}dx$.

解　原式 $=\int\frac{1}{\sqrt{a^{2}-x^{2}}}dx^{2}=-\int\frac{1}{\sqrt{a^{2}-x^{2}}}d(-x^{2})$

例 3.2.1、例 3.2.2 换元后再回代求解,熟练后,后面换元步骤可简化.

例 3.2.4、例 3.2.5 解题说明:凑微分时,有时可以多次进行拼凑,其结果必须满足一个基本积分公式.

思考题:注意到

$\frac{1}{1+e^{x}}=\frac{(1+e^{x})-e^{x}}{1+e^{x}}$

$=1-\frac{e^{x}}{1+e^{x}}$.

$$= -\int (a^2 - x^2)^{-\frac{1}{2}} \mathrm{d}(a^2 - x^2)$$

$$= -2(a^2 - x^2)^{\frac{1}{2}} + C = -2\sqrt{a^2 - x^2} + C$$

例 3.2.8 求$\int \frac{1}{\sqrt{a^2 - x^2}}\mathrm{d}x (a > 0)$.

解 原式 $= \int \frac{1}{a} \cdot \frac{1}{\sqrt{1 - \left(\frac{x}{a}\right)^2}}\mathrm{d}x = \int \frac{1}{\sqrt{1 - \left(\frac{x}{a}\right)^2}} \cdot \mathrm{d}\,\frac{x}{a}$

$$= \arcsin\frac{x}{a} + C$$

例 3.2.9 求$\int \frac{1}{a^2 + x^2}\mathrm{d}x\ (a > 0)$.

解 原式 $= \int \frac{1}{a^2} \cdot \frac{1}{1 + \left(\frac{x}{a}\right)^2}\mathrm{d}x = \frac{1}{a}\int \frac{1}{1 + \left(\frac{x}{a}\right)^2}\mathrm{d}\,\frac{x}{a}$

$$= \frac{1}{a}\arctan\frac{x}{a} + C$$

例 3.2.10 求$\int \frac{1}{x^2 - 4}\mathrm{d}x$.

解 原式 $= \int \frac{1}{(x+2)(x-2)}\mathrm{d}x = \frac{1}{4}\int\left(\frac{1}{x-2} - \frac{1}{x+2}\right)\mathrm{d}x$

$$= \frac{1}{4}(\ln|x-2| - \ln|x+2|) + C$$

$$= \frac{1}{4}\ln\left|\frac{x-2}{x+2}\right| + C$$

同理可得:$\int \frac{1}{x^2 - a^2}\mathrm{d}x = \frac{1}{2a}\ln\left|\frac{x-a}{x+a}\right| + C \quad (a > 0)$

例 3.2.11 解题说明:令 $\frac{x+1}{(x+3)(x-1)} = \frac{A}{x+3} + \frac{B}{x-1}$,可解得 $A = \frac{1}{2}, B = \frac{1}{2}$.

例 3.2.11 求$\int \frac{x+1}{x^2 + 2x - 3}\mathrm{d}x$.

解 原式 $= \int \frac{x+1}{(x+3)(x-1)}\mathrm{d}x = \frac{1}{2}\int\left(\frac{1}{x+3} + \frac{1}{x-1}\right)\mathrm{d}x$

$$= \frac{1}{2}(\ln|x+3| + \ln|x-1|) + C$$

$$= \frac{1}{2}\ln|(x+3)(x-1)| + C = \ln\sqrt{|x^2 + 2x - 3|} + C$$

例 3.2.12,注意到这里的分母 $x^2 + 2x + 3 = (x+1)^2 + 2$ 在实数范围内不可以分解因式.

例 3.2.12 求$\int \frac{x+2}{x^2 + 2x + 3}\mathrm{d}x$.

解 原式 $= \frac{1}{2}\int \frac{2x+2}{x^2 + 2x + 3}\mathrm{d}x + \int \frac{1}{x^2 + 2x + 3}\mathrm{d}x$

$$= \frac{1}{2}\int \frac{1}{x^2 + 2x + 3}\mathrm{d}(x^2 + 2x) + \int \frac{1}{(x+1)^2 + 2}\mathrm{d}x$$

$$= \frac{1}{2}\int \frac{1}{x^2 + 2x + 3}\mathrm{d}(x^2 + 2x + 3) +$$

$$\int \frac{1}{(x+1)^2+(\sqrt{2})^2}\mathrm{d}(x+1)$$

$$=\frac{1}{2}\ln(x^2+2x+3)+\frac{\sqrt{2}}{2}\arctan\frac{\sqrt{2}}{2}(x+1)+C$$

例 3.2.13　求$\int \csc x\mathrm{d}x$.

解法 1:原式 $=\int \frac{1}{\sin x}\mathrm{d}x=\int \frac{\sin^2\frac{x}{2}+\cos^2\frac{x}{2}}{2\sin\frac{x}{2}\cos\frac{x}{2}}\mathrm{d}x$

$$=\int\left(\tan\frac{x}{2}+\cot\frac{x}{2}\right)\mathrm{d}\,\frac{x}{2}$$

$$=-\ln\left|\cos\frac{x}{2}\right|+\ln\left|\sin\frac{x}{2}\right|+C$$

$$=\ln\left|\tan\frac{x}{2}\right|+C=\ln\left|\frac{1-\cos x}{\sin x}\right|+C$$

$$=\ln|\csc x-\cot x|+C$$

解法 2:原式 $=\int \frac{\sin x}{\sin^2 x}\mathrm{d}x=-\int \frac{1}{1-\cos^2 x}\mathrm{d}\cos x$

$$=\int \frac{1}{\cos^2 x-1}\mathrm{d}\cos x=\frac{1}{2}\ln\left|\frac{\cos x-1}{\cos x+1}\right|+C$$

$$=\frac{1}{2}\ln\left|\frac{(\cos x-1)^2}{\cos^2 x-1}\right|+C=\frac{1}{2}\ln\left|\frac{1-\cos x}{\sin x}\right|^2+C$$

$$=\ln|\csc x-\cot x|+C$$

解法 3:原式 $=\int \frac{\csc x(\csc x-\cot x)}{\csc x-\cot x}\mathrm{d}\,x$

$$=\int \frac{1}{\csc x-\cot x}\cdot(\csc^2 x-\csc x\cot x)\mathrm{d}x$$

$$=\int \frac{1}{\csc x-\cot x}\mathrm{d}(\csc x-\cot x)$$

$$=\ln|\csc x-\cot x|+C$$

例 3.2.13 的几种解法说明了运用积分方法的多样性与灵活性. 类似地可得:$\int \sec x\mathrm{d}x=\ln|\sec x+\tan x|+C$

例 3.2.13 解题说明:

这里$\frac{1-\cos x}{\sin x}$

$=\frac{2\sin^2\frac{x}{2}}{2\sin\frac{x}{2}\cos\frac{x}{2}}$

$=\tan\frac{x}{2}$.

解法 2 说明

这里运用公式

$\int \frac{1}{x^2-a^2}\mathrm{d}x$

$=\frac{1}{2a}\ln\left|\frac{x-a}{x+a}\right|+C.$

例 3.2.14　$\int \cos x\cos 3x\mathrm{d}x$.

解　原式 $=\frac{1}{2}\int[\cos(x+3x)+\cos(x-3x)]\mathrm{d}x$

$$=\frac{1}{2}\int(\cos 4x+\cos 2x)\mathrm{d}x=\frac{1}{2}\int\cos 4x\mathrm{d}x+\frac{1}{2}\int\cos 2x\mathrm{d}x$$

$$=\frac{1}{8}\sin 4x+\frac{1}{4}\sin 2x+C$$

例 3.2.14 解题说明:

由 $\sin(\alpha\pm\beta)$

$=\sin\alpha\cos\beta\pm$

$\cos\alpha\sin\beta$ 与

$\cos(\alpha\pm\beta)$

$=\cos\alpha\cos\beta\mp$

$\sin\alpha\sin\beta$ 可得到积化和差公式.

凑微分法是一种很重要的方法. 熟练地掌握凑微分法重点在于拼凑

成新的微分.常用的凑微分形式主要有如下式子:

(1) $dx=\frac{1}{a}d(ax+b)$ (a,b 为常数); (2) $xdx=\frac{1}{2}dx^2$;

(3) $\frac{1}{x}dx=d\ln x$; (4) $\frac{1}{\sqrt{x}}dx=2d\sqrt{x}$;

(5) $\frac{1}{x^2}dx=-d\frac{1}{x}$; (6) $e^x dx=de^x$;

(7) $\cos xdx=d\sin x$; (8) $\sin x\,dx=-d\cos x$;

(9) $\sec^2 xdx=d\tan x$; (10) $\csc^2 xdx=-d\cot x$;

(11) $\sec x\tan xdx=d\sec x$; (12) $\csc x\cot xdx=-d\csc x$;

(13) $\frac{1}{\sqrt{1-x^2}}dx=d\arcsin x$; (14) $\frac{1}{1+x^2}dx=d\arctan x$.

练习 3.2.1

1. 填上适当的系数,使等式成立.

(1) $dx=$ ________ $d3x$ (2) $xdx=$ ________ $d(1-2x^2)$

(3) $\sin 2xdx=$ ________ $d\cos 2x$

(4) $e^x dx=$ ________ $d(2e^x+1)$

2. 设 $f(x)=e^x$,则 $\int\frac{f'(\ln x)}{x}dx=$ ( ).

A. $-\frac{1}{x}+C$ B. $-x+C$

C. $\frac{1}{x}+C$ D. $x+C$

3. 求下列不定积分.

3 题(5)小题提示:$\frac{dx}{x(x^3+4)}=\frac{1}{x^4\left(1+\frac{1}{x^3}\right)}$,而 $\frac{1}{x^4}dx=-\frac{1}{3}d\frac{1}{x^3}$.

(1) $\int(2x+1)^5dx$ (2) $\int\frac{1}{1-x}dx$

(3) $\int e^{-2x}dx$ (4) $\int\frac{4x^3}{1+x^4}dx$

(5) $\int\frac{dx}{x(x^3+4)}$ (6) $\int x\sin x^2dx$

(7) $\int\frac{1}{x(1-\ln x)}dx$ (8) $\int e^{e^x+x}dx$

(9) $\int\frac{\cos\sqrt{t}}{\sqrt{t}}dt$ (10) $\int x\sqrt{1-x^2}dx$

(11) $\int\frac{2x+4}{x^2+4x-5}dx$ (12) $\int\frac{2x+4}{x^2+4x+5}dx$;

(13) $\int\frac{1}{e^{-x}+e^x}dx$ (14) $\int\cos^3 x\sin xdx$

(15) $\int\frac{\sin x}{1+\cos^2 x}dx$ (16) $\int\cos^2 xdx$

(17) $\int\frac{\sin 2x}{\cos^2 x}dx$ (18) $\int\sin^2 x\cos^3 xdx$

三、第二类换元积分法

还有一些不定积分不能用第一类换元积分法来计算,但可以通过另外的换元方法来计算,针对的对象主要是含有根号的不定积分. 这种换元方法称为第二类换元积分法.

定理(第二类换元积分法)

设 $x = \psi(t)$ 可导,且有反函数 $t = \psi^{-1}(x)$,$\int f[\psi(t)] \cdot \psi'(t)\mathrm{d}t = F(t) + C$. 则

$$\int f(x)\,\mathrm{d}x = \int f[\psi(t)] \cdot \mathrm{d}\psi(t) = \int f[\psi(t)] \cdot \psi'(t) \cdot \mathrm{d}t = F(t) + C = F[\psi^{-1}(x)] + C$$

第二类换元积分法常用于 $R(\sqrt[m]{x},\sqrt[n]{x})$ 型. 作代换 $\sqrt[l]{x} = t$(l 是 m、n 的最小公倍数).

注意:不定积分求出后,要将变量 t 还原为 x.

例 3.2.15　求 $\int x\sqrt{1-x}\,\mathrm{d}x$.

解　令 $\sqrt{1-x} = t$,则 $x = 1-t^2$,$\mathrm{d}x = -2t\mathrm{d}t$. 于是

$$\int x\sqrt{1-x}\,\mathrm{d}x = \int (1-t^2) \cdot t \cdot (-2t\mathrm{d}t)$$

$$= \int (2t^4 - 2t^2)\,\mathrm{d}t = \frac{2}{5}t^5 - \frac{2}{3}t^3 + C$$

$$\xlongequal{\text{让 } t = \sqrt{1-x} \text{ 换回}} \frac{2}{5}(1-x)^2\sqrt{1-x} - \frac{2}{3}(1-x)\sqrt{1-x} + C$$

例 3.2.15 解题说明:注意换元时往往要用到一组式子.

例 3.2.16　求 $\int \frac{1}{\sqrt{x}(1+\sqrt[3]{x})}\mathrm{d}x$.

解　令 $\sqrt[6]{t} = t$,则 $x = t^6$,$\mathrm{d}x = 6t^5\mathrm{d}t$. 于是

$$\int \frac{1}{\sqrt{x}(1+\sqrt[3]{x})}\mathrm{d}x = \int \frac{1}{t^3(1+t^2)} \cdot 6t^5\mathrm{d}t$$

$$= 6\int \frac{t^2}{1+t^2}\mathrm{d}t = 6\int\left(1 - \frac{1}{1+t^2}\right)\mathrm{d}t$$

$$= 6t - 6\arctan t + C = 6\sqrt[6]{x} - 6\arctan\sqrt[6]{x} + C$$

例 3.2.15、例 3.2.16 解题归纳:当被积函数中含有根式,且被开方数中变量的次数是 1 次时,可以直接令根式等于 t 来达到消除根号的目的.

练习 3.2.2

求下列不定积分:

(1) $\int \frac{1}{1+\sqrt{2x}}\mathrm{d}x$　　(2) $\int \frac{1}{x\sqrt{x-1}}\mathrm{d}x$

(3) $\int \frac{1}{\sqrt{x}(1+\sqrt{x})}\mathrm{d}x$　　(4) $\int \frac{1}{\sqrt{x}+\sqrt[4]{x}}\mathrm{d}x$

四、第二组积分公式

我们把前面利用换元积分法得到的一些结论作为第二组积分公式,以方便使用.

(1) $\int \tan x\mathrm{d}x = -\ln|\cos x| + C$;

(2) $\int \cot x\mathrm{d}x = \ln|\sin x| + C$;

(3) $\int \sec x\mathrm{d}x = \ln|\sec x + \tan x| + C$;

(4) $\int \csc x\mathrm{d}x = \ln|\csc x - \cot x| + C$;

(5) $\int \frac{1}{x^2 + a^2}\mathrm{d}x = \frac{1}{a}\arctan\frac{x}{a} + C$;

(6) $\int \frac{1}{x^2 - a^2}\mathrm{d}x = \frac{1}{2a}\ln\left|\frac{x-a}{x+a}\right| + C$;

(7) $\int \frac{1}{\sqrt{a^2 - x^2}}\mathrm{d}x = \arcsin\frac{x}{a} + C$;

(8) $\int \frac{1}{\sqrt{x^2 + a^2}}\mathrm{d}x = \ln|x + \sqrt{x^2 + a^2}| + C$;

(9) $\int \frac{1}{\sqrt{x^2 - a^2}}\mathrm{d}x = \ln|x + \sqrt{x^2 - a^2}| + C$.

第三节　分部积分法

本节导学

内容：分部积分法.

重点：①分部积分法的基本公式；②掌握分部积分法中函数 $u(x)$、$v(x)$ 的选择方法.

一、引入

前面学习了直接积分法，换元积分法.这些方法一般情况下都能很好地解决不定积分的计算，但仍然有一些不定积分不能解决，例如求不定积分 $\int x\cos x\mathrm{d}x$，这时就要考虑分部积分法了.

二、分部积分法

分部积分公式：

$$\int u(x)\mathrm{d}v(x) = u(x)v(x) - \int v(x)\mathrm{d}u(x)$$

运用分部积分法时，要点就是合理地选取 $u(x)$ 与 $\mathrm{d}v(x)$：

(1)要求 $v(x)$ 容易由凑微分法求出；

(2) 要求 $\int v(x)\mathrm{d}u(x)$ 比 $\int u(x)\mathrm{d}v(x)$ 更容易计算；

(3) $u(x)$、$v(x)$ 的基本选择方法.

如果被积函数是幂函数与正(余)弦函数、指数函数的乘积，就可以考虑用分部积分法，并设幂函数为 $u(x)$，其余部分为 $\mathrm{d}v(x)$.

如果被积函数是幂函数与对数函数、反三角函数的乘积，就可以考虑用分部积分法，并设对数函数或反三角函数为 $u(x)$，其余部分为 $\mathrm{d}v(x)$.

例 3.3.1　求 $\int x\cos x\mathrm{d}x$.

解　原式 $= \int \boxed{x}\,\mathrm{d}\boxed{\sin x} = \boxed{x}\,\boxed{\sin x} - \int \boxed{\sin x}\,\mathrm{d}\boxed{x}$

$$\int \boxed{u(x)}\,\mathrm{d}\boxed{v(x)} = \boxed{u(x)}\,\boxed{v(x)} - \int \boxed{v(x)}\,\mathrm{d}\boxed{u(x)}$$

$= x\sin x + \cos x + C$

例 3.3.1 注意如果选择 $u(x)=\cos x$，$\mathrm{d}v(x)=x\mathrm{d}x=\mathrm{d}\left(\frac{1}{2}x^2\right)$，则会出现：$\int x\cos x\mathrm{d}x = \frac{1}{2}\int \cos x\cdot \mathrm{d}x^2 = \frac{1}{2}x^2\cos x - \frac{1}{2}\int x^2\mathrm{d}\cos x = \frac{1}{2}x^2\cos x + \frac{1}{2}\int x^2\sin x\mathrm{d}x$ 后段的不定积分会越来越复杂，无法积出. 这说明不定积分的选择方式 $u(x)$ 与 $\mathrm{d}v(x)$ 上出现了错误.

例 3.3.2　求 $\int x\arctan x\mathrm{d}x$.

解：原式 $= \frac{1}{2}\int \arctan x\mathrm{d}x^2 = \frac{1}{2}x^2\arctan x - \frac{1}{2}\int x^2\mathrm{d}\arctan x$

$= \frac{1}{2}x^2\arctan x - \frac{1}{2}\int \frac{x^2}{1+x^2}\mathrm{d}x$

$= \frac{1}{2}x^2\arctan x - \frac{1}{2}\int \left(1-\frac{1}{1+x^2}\right)\mathrm{d}x$

$= \frac{1}{2}x^2\arctan x - \frac{1}{2}x + \frac{1}{2}\arctan x + C$

例 3.3.3　求 $\int \ln x\mathrm{d}x$.

解　原式 $= x\ln x - \int x\mathrm{d}\ln x = x\ln x - \int x\cdot\frac{1}{x}\mathrm{d}x = x\ln x - x + C$

例 3.3.4　求 $\int x^2\cos x\mathrm{d}x$.

例 3.3.4 多次使用了分部积分法.

解　原式 $= \int x^2\mathrm{d}\sin x = x^2\sin x - \int \sin x\mathrm{d}x^2$

$= x^2\sin x - \int 2x\sin x\mathrm{d}x = x^2\sin x + 2\int x\mathrm{d}\cos x$

$= x^2\sin x + 2x\cos x - 2\int \cos x\mathrm{d}x$

$= x^2\sin x + 2x\cos x - 2\sin x + C$

例 3.3.5　求 $\int \mathrm{e}^x\sin x\mathrm{d}x$.

例 3.3.5 运用了循环积分的解法.

例 3.3.3 也能用循环积分法. 如果这样理解：$u(x)=x\arctan x$，$\mathrm{d}v(x)=\mathrm{d}x$.

解　原式 $= \int \sin x\mathrm{d}\mathrm{e}^x = \mathrm{e}^x\sin x - \int \mathrm{e}^x\mathrm{d}\sin x$

$= \mathrm{e}^x\sin x - \int \mathrm{e}^x\cos x\mathrm{d}x = \mathrm{e}^x\sin x - \int \cos x\mathrm{d}\mathrm{e}^x$

$= \mathrm{e}^x\sin x - \mathrm{e}^x\cos x + \int \mathrm{e}^x\mathrm{d}\cos x$

$= \mathrm{e}^x\sin x - \mathrm{e}^x\cos x - \int \mathrm{e}^x\sin x\mathrm{d}x$

注意到这里可看成是一个方程. 移项后可得：

$$2\int e^x\sin x dx = e^x\sin x - e^x\cos x + 2C$$

故$\int e^x\sin x dx = \frac{1}{2}e^x\sin x - \frac{1}{2}e^x\cos x + C$

像这里出现了“循环”现象的积分,我们通常称为**循环积分**.

例 3. 3. 6 灵活应用换元积分法与分部积分法.

例 3. 3. 6 求 $\int e^{\sqrt[3]{x}}dx$.

解 令$\sqrt[3]{x}=t$,则 $x=t^3$,$dx=3t^2dt$. 于是

$$\begin{aligned}\int e^x\sin x dx &= \int e^t\cdot 3t^2dt = 3\int t^2de^t\\&= 3t^2e^t - 3\int e^t\cdot dt^2 = 3t^2\cdot e^t - 3\int 2t\cdot e^tdt\\&= 3t^2e^t - 6\int tde^t = 3t^2e^t - 6te^t + 6\int e^tdt\\&= 3t^2e^t - 6te^t + 6e^t + C\\&= 3\sqrt[3]{x^2}e^{\sqrt[3]{x}} - 6\sqrt[3]{x}e^{\sqrt[3]{x}} + 6e^{\sqrt[3]{x}} + C\end{aligned}$$

例 3. 3. 6 注意最后换元回来.

有时候,一个不定积分也可以有多种计算方法,计算出的结果也可能不同,但只要能验证右边函数的导数等于左边的被积函数,则都是正确的,它们之间最多相差一个常数. 如：

例 3. 3. 7 求$\int \frac{e^{2x}}{\sqrt{e^x+1}}dx$.

解法 1:原式$=\int \frac{e^x}{\sqrt{e^x+1}}de^x = \int \frac{(e^x+1)-1}{\sqrt{e^x+1}}d(e^x+1)$

$$\begin{aligned}&= \int\left(\sqrt{e^x+1} - \frac{1}{\sqrt{e^x+1}}\right)d(e^x+1)\\&= \frac{2}{3}(e^x+1)^{\frac{3}{2}} - 2\sqrt{e^x+1} + C\end{aligned}$$

解法 2:设$\sqrt{e^x+1}=u$,则 $x=\ln(u^2-1)$,$dx=\frac{2u}{u^2-1}du$. 于是

$$\begin{aligned}\int \frac{e^{2x}}{\sqrt{e^x+1}}dx &= \int \frac{(u^2-1)^2}{u}\cdot\frac{2u}{u^2-1}du\\&= 2\int(u^2-1)du = \frac{2}{3}u^3 - 2u + C\\&= \frac{2}{3}(e^x+1)^{\frac{3}{2}} - 2\sqrt{e^x+1} + C\end{aligned}$$

解法 3:原式$=\int \frac{e^x}{\sqrt{e^x+1}}de^x = 2\int e^x d\sqrt{e^x+1}$

$$\begin{aligned}&= 2e^x\sqrt{e^x+1} - 2\int\sqrt{e^x+1}\,de^x\\&= 2e^x\sqrt{e^x+1} - 2\int(e^x+1)^{\frac{1}{2}}d(e^x+1)\end{aligned}$$

$$= 2e^x\sqrt{e^x+1} - \frac{4}{3}(e^x+1)^{\frac{3}{2}} + C$$

通过对不定积分几种求解方法的学习,我们认识到求不定积分,通常是指用初等函数来表示不定积分的原函数. 但这并不能说明所有的原函数都是初等函数. 例如:$\int e^{-x^2}dx$,$\int\sqrt{1+x^3}dx$,$\int\frac{1}{\ln x}dx$,$\int\frac{\sin x}{x}dx$,$\int\sin x^2dx$等,其原函数都不是初等函数. 人们习惯上把这种情形称为“积不出”.

练习 3.3.1

(1) 求$\int xe^x dx$;　　(2) 求$\int x\ln x dx$;

(3) 求$\int\arctan x dx$;　　(4) 求$\int x^2e^x dx$;

(5) 求$\int x^2\sin x dx$;　　(6) 求$\int e^x\cos x dx$;

(7) 求$\int e^{\sqrt{x}}dx$.

内容小结

一、知识小结

1. 本章基本知识点

原函数与不定积分,不定积分的基本积分公式,不定积分的性质,不定积分的第一类换元积分法(凑微分法),第二类换元积分法,不定积分的分部积分法.

2. 基本公式

(1)第一组基本积分公式与第二组积分公式.

(2)分部积分公式:$\int u(x)dv(x) = u(x)v(x) - \int v(x)du(x)$.

3. 基本方法

(1)直接积分法;

(2)换元积分法;

(3)分部积分法.

二、学习要求

(1)理解原函数与不定积分的概念.

(2)熟练掌握不定积分的性质.

(3)熟记基本积分公式.

(4)熟练应用换元积分法求不定积分.

(5)熟练应用分部积分法求不定积分.

复习题

一、选择题

1. 设$f(x)$的一个原函数为$\ln x$，则$f(x)=($　　$)$.

A. e^x　　B. $\frac{1}{x}$　　C. $-\frac{1}{x^2}$　　D. $x\ln x$

2. 若$\int f(x)dx = 3e^{\frac{x}{3}} + C$，则$f(x) = ($　　$)$.

A. $3e^{\frac{x}{3}}$　　B. $9e^{\frac{x}{3}}$　　C. $e^{\frac{x}{3}}+C$　　D. $e^{\frac{x}{3}}$

3. $\int \frac{x}{16+x^4}dx = ($　　$)$.

A. $8\arctan\frac{x^2}{4}+C$　　B. $8\arctan\frac{x^2}{2}+C$

C. $\frac{1}{8}\arctan\frac{x^2}{2}+C$　　D. $\frac{1}{8}\arctan\frac{x^2}{4}+C$

4. 若$\int f(x)dx = x + C$，则$\int f(1-x)dx = ($　　$)$.

A. $1-x+C$　　B. $-x+C$

C. $x+C$　　D. $\frac{1}{2}(1-x)^2+C$

5. $\int(\sin\frac{\pi}{4}+1)dx = ($　　$)$.

A. $-\cos\frac{\pi}{4}+x+C$　　B. $-\frac{4}{\pi}\cos\frac{\pi}{4}+x+C$

C. $x\sin\frac{\pi}{4}+1+C$　　D. $x\sin\frac{\pi}{4}+x+C$

6. $\int d(1-\cos x) = ($　　$)$.

A. $1-\cos x$　　B. $x-\sin x+C$

C. $-\cos x+C$　　D. $\sin x+C$

7. 已知$I=\int\frac{dx}{3-4x}$，则$I=($　　$)$.

A. $-\frac{1}{4}\ln|3-4x|$　　B. $\ln|3-4x|+C$

C. $\frac{1}{4}\ln|3-4x|+C$　　D. $-\frac{1}{4}\ln|3-4x|+C$

二、解答题

1. 求不定积分$\int(e^x+x^e)dx$.

2. 求不定积分$\int \frac{\sin 2x}{\cos^2 x}dx$.

3. 求不定积分$\int \frac{1}{\sin x \cos x}dx$.

4. 求不定积分$\int e^{e^x+x}dx$.

5. 求不定积分$\int \frac{1}{\sqrt{x}(1+x)}dx$.

6. 求不定积分$\int \frac{1}{x \ln x}dx$.

7. 求不定积分$\int x^2 e^{-x}dx$.

第四章
定积分及其应用

本章将讨论积分学的另一个基本问题——定积分问题. 本章先从几何问题出发引进定积分的概念,然后讨论它的性质与计算方法,并利用定积分的知识来分析和解决几何、物理中的问题.

本章将介绍定积分的定义、牛顿-莱布尼茨公式、定积分的计算方法以及定积分的应用.

本节导学

内容:①定积分的定义及几何意义;②定积分的性质.

重点:①了解定积分的概念;②熟练掌握定积分的几何意义,会将定积分与几何意义相互转换;③会用积分的性质计算、比较定积分.

第一节 定积分的概念和性质

一、引入

1. 曲边梯形的面积

由连续曲线 $y=f(x)\,(f(x)\geqslant 0)$,直线 $x=a$,$x=b$ 和 x 轴($y=0$)所围成的平面图形,称为曲边梯形,如图 4.1.1 所示. 如何来求这个曲边梯形的面积呢?

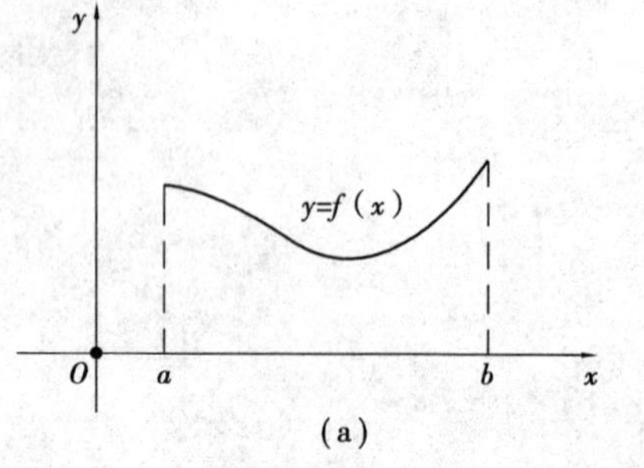

(a)

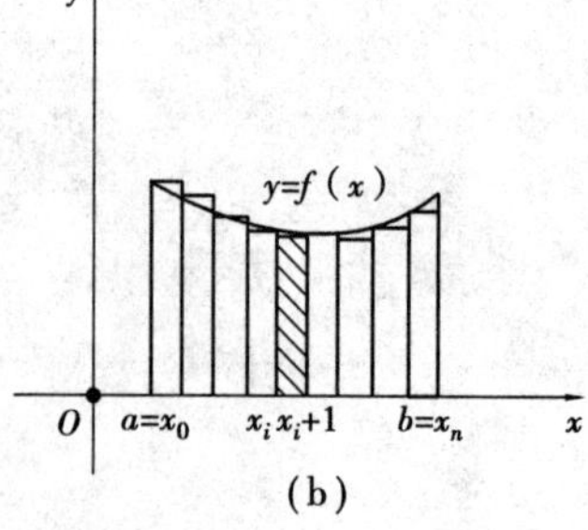

(b)

图 4.1.1

计算曲边梯形面积的思路:用矩形面积近似取代曲边梯形面积,小矩形越多,矩形总面积越接近曲边梯形的面积. 极限状态下,矩形总面积就等于曲边梯形面积.

具体做法可分为四步:

(1)分割. 在区间 $[a,b]$ 内任意添加 $n-1$ 个分点:

$$a = x_0 < x_1 < x_2 < \cdots < x_{n-1} < x_n = b$$

将区间 $[a,b]$ 分成 n 个小区间 $[x_0,x_1]$,$[x_1,x_2]$,$\cdots$,$[x_{n-1},x_n]$. 它们

的区间长度依次为：

$$\Delta x_1 = x_1 - x_0, \Delta x_2 = x_2 - x_1, \cdots, \Delta x_n = x_n - x_{n-1}$$

记第 i 个小区间的长度为 $\Delta x_i = x_i - x_{i-1}(i=1,2,\cdots,n)$. 过每个分点作平行于 y 轴的直线，便把曲边梯形分成了 n 个小曲边梯形，并记它们的面积分别为 $\Delta A_1, \Delta A_2, \cdots, \Delta A_n$.

(2)近似. 在每个小区间 $[x_{i-1}, x_i](i=1,2,\cdots,n)$ 内任取一点 $\xi_i(x_{i-1} \leqslant \xi_i \leqslant x_i)$，以宽为 Δx_i、高为 $f(\xi_i)$ 的小矩形的面积来近似代替这个小曲边梯形的面积，即 $\Delta A_i \approx f(\xi_i)\Delta x_i(i=1,2,\cdots,n)$.

(3)求和. 把 n 个小矩形的面积相加，即可求得整个曲边梯形的面积 A 的近似值，即 $A = \sum\limits_{i=1}^{n} \Delta A_i \approx \sum\limits_{i=1}^{n} f(\xi_i)\Delta x_i$.

(4)取极限. 当所有小区间的长度都趋近于零时，即它们的最大值 $\lambda = \max\{\Delta x_1, \Delta x_2, \cdots, \Delta x_n\}$ 趋近于零时，近似值的极限便是曲边梯形面积的准确值，即 $A = \lim\limits_{\lambda \to 0} \sum\limits_{i=1}^{n} f(\xi_i)\Delta x_i$.

2. 变速直线运动的路程

物体做直线运动，其速度 $u(t)$ 是 t 的一个连续函数，求物体在时间段 $[a,b]$ 内所经过的路程 S.

对定积分的理解为一个有堆积、积累的思想过程.

求解步骤如下：

(1)分割. 在时间区间 $[a,b]$ 任意分割成 n 个小区间，设分点为 $a = t_0 < t_1 < t_2 < \cdots < t_{n-1} < t_n = b$. 记第 i 个小区间的长度为 $\Delta t_i = t_i - t_{i-1}(i = 1,2,\cdots,n)$，并设物体在第 i 个时间小段 $[t_{i-1}, t_i]$ 内所经过的路程为 $\Delta S_i(i=1,2,\cdots,n)$.

(2)近似. 在每个时间小段 $[t_{i-1}, t_i](i=1,2,\cdots,n)$ 内任取一个时刻 $\tau_i(t_{i-1} \leqslant \tau_i \leqslant t_i)$，以物体在时刻 τ_i 的速度 $v(\tau_i)$ 去近似代替变化的速度 $v(t)$，即得到物体在这个时间小段里所经过路程 ΔS_i 的一个近似值：$\Delta S_i \approx v(\tau_i)\Delta t_i(i=1,2,\cdots,n)$.

(3)求和. 把这些近似值都加起来，就得到了 S 的一个近似值，即 $S = \sum\limits_{i=1}^{n} \Delta S_i \approx \sum\limits_{i=1}^{n} v(\tau_i)\Delta t_i$.

(4)取极限. 当所有时间小段的长度都趋近于零时，即它们的最大值 $\lambda = \max\{\Delta t_1, \Delta t_2, \cdots, \Delta t_n\}$ 趋近于零时，近似值的极限便是路程 S 的准确值，即 $S = \lim\limits_{\lambda \to 0} \sum\limits_{i=1}^{n} v(\tau_i)\Delta t_i$.

二、定积分的定义

在上述两个例子中，虽然所要求的对象不同(一个是几何量曲边梯形的面积，另一个是物理量变速直线运动的路程)，但是计算的方法和步骤却都是相同的，并最终归结为求一个和式的极限. 还有许多重要的实际问题也同样地归结为这种求和式的极限. 为此，我们从中抽象出数学

定义说明：可以结合求曲边梯形面积上加以理解.

模型，引入下述定积分的概念.

定义 设函数 $f(x)$ 在区间 $[a,b]$ 上连续且有界，在 $[a,b]$ 内任意插入 $n-1$ 个分点 $a=x_0<x_1<x_2<\cdots<x_{n-1}<x_n=b$，将区间 $[a,b]$ 分成 n 个小区间 $[x_0,x_1],[x_1,x_2],\cdots,[x_{n-1},x_n]$. 各个小区间的长度为 $\Delta x_i=x_i-x_{i-1}(i=1,2,\cdots,n)$. 在每个小区间 $[x_{i-1},x_i]$ 上任取一点 $\xi_i(x_{i-1}\leqslant\xi_i\leqslant x_i)$，作乘积 $f(\xi_i)\Delta x_i(i=1,2,\cdots,n)$，并求和 $S_n=\sum\limits_{i=1}^{n}f(\xi_i)\Delta x_i$. 取 $\lambda=\max\{\Delta x_1,\Delta x_2,\cdots,\Delta x_n\}$，如果当 $\lambda\to 0$ 时和 S 的极限存在，则称之为函数 $f(x)$ 在区间 $[a,b]$ 的**定积分**，并记作

$$\int_a^b f(x)\,\mathrm{d}x=\lim_{\lambda\to 0}\sum_{i=1}^{n}f(\xi_i)\Delta x_i$$

其中，$f(x)$ 称为**被积函数**，$f(x)\mathrm{d}x$ 称为**被积表达式**，x 称为**积分变量**，a 称为**积分下限**，b 称为**积分上限**，$[a,b]$ 称为**积分区间**. 如果函数 $f(x)$ 在 $[a,b]$ 上的定积分存在，就称 $f(x)$ 在 $[a,b]$ 上**可积**.

注意几点：

(1)定积分是一个数量，它与被积函数有关，与积分区间有关，而与积分变量无关. 即

$$\int_a^b f(x)\,\mathrm{d}x=\int_a^b f(u)\,\mathrm{d}u=\int_a^b f(t)\,\mathrm{d}t$$

(2)补充规定：

① 当 $a=b$ 时，$\int_a^b f(x)\,\mathrm{d}x=0$；

② $\int_a^b f(x)\,\mathrm{d}x=-\int_b^a f(x)\,\mathrm{d}x$.

三、定积分存在定理

函数 $f(x)$ 在 $[a,b]$ 上满足怎样的条件才使得 $f(x)$ 在 $[a,b]$ 上一定可积呢？有以下两个充分条件可以解答这个问题.

定理1 若函数 $f(x)$ 在 $[a,b]$ 上连续，则 $f(x)$ 在区间 $[a,b]$ 上可积.

定理2 若函数 $f(x)$ 在区间 $[a,b]$ 上有界，且只有有限个第一类间断点，则 $f(x)$ 在区间 $[a,b]$ 上可积.

四、定积分的几何意义

若函数 $f(x)$ 在 $[a,b]$ 上有 $f(x)\geqslant 0$，则 $\int_a^b f(x)\,\mathrm{d}x$ 表示曲边梯形面积的正值.

若函数 $f(x)$ 在 $[a,b]$ 上有 $f(x)\leqslant 0$，则 $\int_a^b f(x)\,\mathrm{d}x$ 表示曲边梯形面积的负值.

若函数 $f(x)$ 在 $[a,b]$ 上有正有负时，则定积分 $\int_a^b f(x)\,\mathrm{d}x$ 表示曲线 $y=f(x)$ 在 x 轴上方部分的面积的正值与下方部分的面积的负值的代数

和,如图 4.1.2.

$$\int_a^b f(x)\,\mathrm{d}x = A_1 - A_2 + A_3 - A_4 + A_5$$

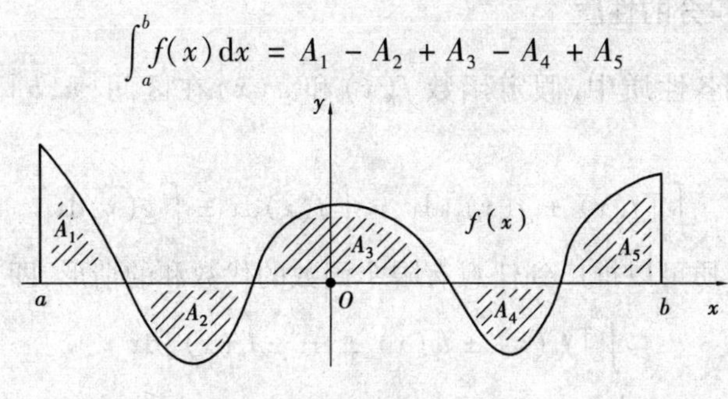

图 4.1.2

例 4.1.1　利用定积分的几何意义计算定积分 $\int_0^1 \sqrt{1-x^2}\,\mathrm{d}x$.

例 4.1.1 解题说明:若定积分的图形是一个特殊的几何图形,则可利用规则图形计算出面积.

解　由于该定积分表达的是一个圆心在原点、半径为 1 的圆在第一象限内的几何图形的面积,如图 4.1.3 所示,而该面积为 $\frac{\pi}{4}$,所以

$$\int_0^1 \sqrt{1-x^2}\,\mathrm{d}x = \frac{\pi}{4}$$

例 4.1.2　利用定积分的几何意义计算定积分 $\int_{-\pi}^{\pi} \sin x\mathrm{d}x$.

解　曲线 $y=\sin x$ 在 $[-\pi,\pi]$ 上所形成的图形关于原点对称,如图 4.1.4 所示,则该图形在 x 轴上方部分的面积与在 x 轴下方部分的面积相等,所以 $\int_{-\pi}^{\pi} \sin x\mathrm{d}x = 0$.

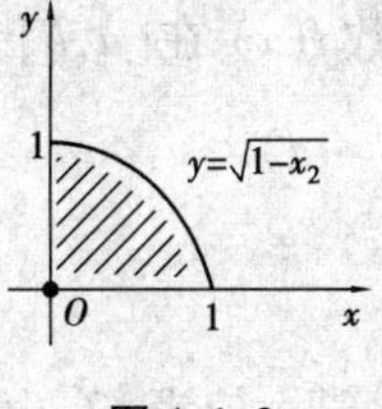

图 4.1.3

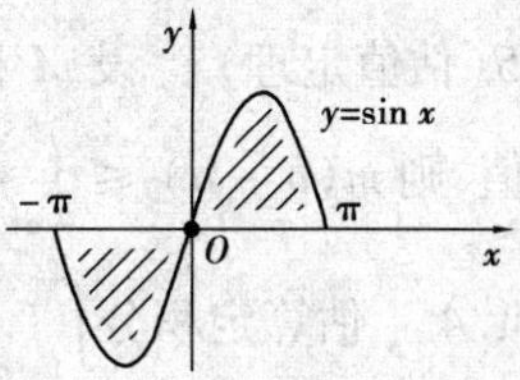

图 4.1.4

例 4.1.2 解题说明:若是奇函数在对称区间上的定积分,则它的值为 0(互为相反数的两端点所形成的闭区间叫对称区间).

练习 4.1.1

1. 用定积分表示由曲线 $y=x^2+1$ 与直线 $x=1$ 及 x 轴、y 轴所围成的曲边梯形的面积.

2. 利用定积分的几何意义判断下列定积分的值的符号是正还是负(不须计算).

(1) $\int_0^{\frac{\pi}{2}} x\sin x\mathrm{d}x$　　(2) $\int_{-1}^{0} x^3\mathrm{d}x$

(3) $\int_1^2 \ln x\mathrm{d}x$　　(4) $\int_{-1}^{2} x^2\mathrm{d}x$

3. 利用定积分的几何意义计算下列定积分.

(1) $\int_1^2 (2x+1)\mathrm{d}x$　　(2) $\int_{-1}^{1} x^3\mathrm{d}x$

函数 $f(x)$ 和 $g(x)$ 在区间 $[a,b]$ 上都是连续的就意味着 $f(x)$ 和 $g(x)$ 在区间 $[a,b]$ 上都是可积的.

性质 1 表明函数的代数和的定积分等于它们的定积分的代数和.

性质 2 表明被积函数中的常数因子可移到积分号外.

五、定积分的性质

在下列各性质中,假定函数 $f(x)$ 和 $g(x)$ 在区间 $[a,b]$ 上都是连续的.

性质 1 $\int_a^b [f(x) \pm g(x)]\mathrm{d}x = \int_a^b f(x)\mathrm{d}x \pm \int_a^b g(x)\mathrm{d}x$.

这个性质可以推广到任意有限个函数的代数和的情形,即

$$\int_a^b [f_1(x) \pm f_2(x) \pm \cdots \pm f_n(x)]\mathrm{d}x$$

$$= \int_a^b f_1(x)\mathrm{d}x \pm \int_a^b f_2(x)\mathrm{d}x \pm \cdots \pm \int_a^b f_n(x)\mathrm{d}x$$

性质 2 $\int_a^b kf(x)\mathrm{d}x = k\int_a^b f(x)\mathrm{d}x$($k$ 为常数).

性质 3(积分的可加性) 设 $a < c < b$,则 $\int_a^b f(x)\mathrm{d}x = \int_a^c f(x)\mathrm{d}x + \int_c^b f(x)\mathrm{d}x$.

性质 4(定积分的单调性质) 如果在 $[a,b]$ 上,有 $f(x) \leqslant g(x)$,则 $\int_a^b f(x)\mathrm{d}x \leqslant \int_a^b g(x)\mathrm{d}x$.

例 4.1.3 比较 $\int_0^1 x\mathrm{d}x$ 与 $\int_0^1 x^2\mathrm{d}x$ 的大小.

解 在 $[0,1]$ 上,有 $x > x^2$,所以 $\int_0^1 x\mathrm{d}x > \int_0^1 x^2\mathrm{d}x$.

性质 5(估值定理) 设 M 和 m 分别是函数 $f(x)$ 在 $[a,b]$ 上的最大值及最小值,则 $m(b-a) \leqslant \int_a^b f(x)\mathrm{d}x \leqslant M(b-a)$.

例 4.1.4 解题说明:在 $[1,4]$ 上,函数 x^2+1 是单调增加的. 起点的函数值为最小值,终点的函数值为最大值.

例 4.1.4 估算定积分 $\int_1^4 (x^2+1)\mathrm{d}x$.

解 在 $[1,4]$ 上,函数 x^2+1 的最小值为 2,最大值为 17. 由定积分的估值定理,则有:

$$2 \times (4-1) \leqslant \int_1^4 (x^2+1)\mathrm{d}x \leqslant 17 \times (4-1)$$

即
$$6 \leqslant \int_1^4 (x^2+1)\mathrm{d}x \leqslant 51$$

性质 6(积分中值定理) 如果函数 $f(x)$ 在闭区间 $[a,b]$ 上连续,则在区间 $[a,b]$ 上至少有一点 ξ,使得 $\int_a^b f(x)\mathrm{d}x = f(\xi)(b-a) \quad (a \leqslant \xi \leqslant b)$.

说明:这几个性质都可以通过定积分所表示的几何图形来加以理解.

练习 4.1.2

1. 设 $f(x)$ 仅在[0,2] 上可积,则必有 $\int_0^2 f(x)\,dx = (\quad)$.

A. $\int_0^{-1} f(x)\,dx + \int_{-1}^2 f(x)\,dx$　　B. $\int_0^3 f(x)\,dx + \int_3^2 f(x)\,dx$

C. $\int_0^1 f(x)\,dx + \int_1^2 f(x)\,dx$　　D. $\int_2^1 f(x)\,dx + \int_1^0 f(x)\,dx$

2. 根据定积分的性质,比较下列积分的大小.

(1) $\int_1^2 x\,dx$ 和 $\int_1^2 x^2\,dx$　　(2) $\int_1^e \ln x\,dx$ 和 $\int_1^e \ln^2 x\,dx$

(3) $\int_3^4 \ln x\,dx$ 和 $\int_3^4 \ln^2 x\,dx$

3. 估算下列各定积分的值.

(1) $\int_1^2 e^x\,dx$　　(2) $\int_0^{\frac{\pi}{2}} (1+\cos x)\,dx$

第二节　牛顿-莱布尼茨公式

本节导学

内容:①变上限定积分;②微积分基本公式,即牛顿-莱布尼茨公式.

重点:①会利用变上限定积分的性质求导;②熟练掌握牛顿-莱布尼茨公式计算定积分.

一、引入

上一节学习了定积分的定义. 直接利用定义来求定积分是很困难的,例如求简单的二次幂函数 $f(x) = x^2$ 的定积分 $\int_0^1 x^2\,dx$ 是一件很不容易的事. 如果被积函数是其他复杂的函数,其困难就更大了,为此需要寻求一种简便易行的计算方法. 下面首先介绍变上限的定积分求导,然后再得到微积分的基本公式 —— 牛顿 - 莱布尼茨公式.

二、牛顿-莱布尼茨公式

定理　设函数 $f(x)$ 在区间 $[a,b]$ 上连续,$F(x)$ 是 $f(x)$ 的一个原函数,

$$\int_a^b f(x)\,dx = F(x)\big|_a^b = F(b) - F(a) \qquad (4.2.1)$$

为牛顿-莱布尼茨公式.

牛顿-莱布尼茨公式也称为微积分基本公式.

其中,$F(x)\big|_a^b$ 表示 $F(b)-F(a)$. 这里 $F(x)$ 与 $\int_a^x f(t)\,dt$ 都是 $f(x)$ 的原函数.

用牛顿-莱布尼茨公式计算定积分可分为两个步骤:

(1)先求被积函数的不定积分,得到一个原函数 $F(x)$;

(2)再计算 $F(x)\big|_a^b = F(b) - F(a)$.

牛顿-莱布尼茨公式的重要作用是将定积分与不定积分这两个完全不相关的问题有机地联系了起来,并得到了较为便捷的定积分计算方法.

例 4.2.1　求定积分 $\int_0^1 x\,dx$.

牛顿(1642—1727),英国物理学家、数学家和天文学家.他创立了经典力学体系,发现了牛顿运动定律和万有引力定理.他用三棱镜分析日光;在数学领域,创立了微积分的理论;天文学方面创制了反射望远镜,考察了行星运动规律.

莱布尼茨(1646—1716)德国哲学家、数学家.他发明了微积分,并发明了微积分中使用的数学符号,并在法律、管理、历史、文学、逻辑等方面都作出过卓越贡献.

本节导学

内容:定积分的换元积分法.

重点:①掌握定积分的换元积分法换元必换限;②掌握奇偶函数在对称区间上定积分求法.

解 原式 $=\left.\dfrac{x^2}{2}\right|_0^1=\dfrac{1^2}{2}-\dfrac{0^2}{2}=\dfrac{1}{2}$

例 4.2.2 求定积分 $\int_0^{\pi}(1+\cos x)\mathrm{d}x$.

解 原式 $=(x+\sin x)\big|_0^{\pi}=(\pi+\sin\pi)-(0+\sin 0)=\pi$

例 4.2.3 设 $f(x)=\begin{cases}x^2 & (0\leqslant x\leqslant 2)\\ x+1 & (2<x\leqslant 4)\end{cases}$,求定积分 $\int_0^4 f(x)\mathrm{d}x$.

解 原式 $=\int_0^2 f(x)\mathrm{d}x+\int_2^4 f(x)\mathrm{d}x$

$$=\int_0^2 x^2\mathrm{d}x+\int_2^4(x+1)\mathrm{d}x=\left.\frac{x^3}{3}\right|_0^2+\left.\left(\frac{x^2}{2}+x\right)\right|_2^4$$

$$=\frac{8}{3}+8=\frac{32}{3}$$

例 4.2.4 求定积分 $\int_{-1}^1\sqrt{x^2}\mathrm{d}x$.

解 原式 $=\int_{-1}^1|x|\mathrm{d}x=\int_{-1}^0|x|\mathrm{d}x+\int_0^1|x|\mathrm{d}x$

$$=\int_{-1}^0(-x)\mathrm{d}x+\int_0^1 x\mathrm{d}x=-\left.\frac{x^2}{2}\right|_{-1}^0+\left.\frac{x^2}{2}\right|_0^1$$

$$=\frac{1}{2}+\frac{1}{2}=1$$

练习 4.2.1

1. 利用牛顿-莱布尼茨公式计算下列定积分.

(1) $\int_{\frac{1}{\sqrt{3}}}^{\sqrt{3}}\dfrac{1}{1+x^2}\mathrm{d}x$　　(2) $\int_0^2(x^2-x+1)\mathrm{d}x$

(3) $\int_1^2\left(x+\dfrac{1}{x}\right)^2\mathrm{d}x$　　(4) $\int_0^1\dfrac{x^4+x^2+1}{1+x^2}\mathrm{d}x$

2. 设 $f(x)=\begin{cases}2x+1 & (x\leqslant 1)\\ 3x^2 & (x>1)\end{cases}$,求 $\int_0^2 f(x)\mathrm{d}x$.

第三节　定积分的换元积分法

一、引入

上一章学习了不定积分的换元法,例如求解不定积分 $\int\dfrac{\sqrt{x}}{1+\sqrt{x}}\mathrm{d}x$,可设 $t=\sqrt{x}$,从而化简不定积分进行计算.如果将不定积分 $\int\dfrac{\sqrt{x}}{1+\sqrt{x}}\mathrm{d}x$ 改为

定积分$\int_0^4 \frac{\sqrt{x}}{1+\sqrt{x}}dx$,那么应该如何计算?能否采用换元法呢?

二、定积分的换元积分法

定理　若函数$f(x)$在区间$[a,b]$上连续,函数$x=\varphi(t)$满足下列条件:

(1)$x=\varphi(t)$在区间$[\alpha,\beta]$上单值且有连续的导数$\varphi'(t)$;

(2)当t由α变到β时,$\varphi(t)$从$\varphi(\alpha)=a$变到$\varphi(\beta)=b$,则有$\int_a^b f(x)dx=\int_\alpha^\beta f[\varphi(t)]\cdot\varphi'(t)dt$.

定积分的换元积分法要点是:**换元换限**.

例4.3.1　求$\int_0^{\frac{\pi}{2}}\sin^4 x\cdot\cos x dx$.

解　原式$=\int_0^{\frac{\pi}{2}}\sin^4 x d\sin x \xlongequal{令\sin x=u}\int_0^1 u^4 du=\frac{u^5}{5}\Big|_0^1=\frac{1}{5}$

例4.3.1解题说明:当$x=0$时,$u=0$;当$x=\frac{\pi}{2}$时,$u=1$.

例4.3.2　求$\int_0^{\ln 2}e^x(1+e^x)^2dx$.

解　原式$=\int_0^{\ln 2}(1+e^x)^2de^x=\int_0^{\ln 2}(1+e^x)^2d(1+e^x)$

$$\xlongequal{令1+e^x=u}\int_2^3 u^2du=\frac{u^3}{3}\Big|_2^3=\frac{19}{3}$$

例4.3.2解题说明:当$x=0$时,$u=2$;$x=\ln 2$时,$u=3$.

例4.3.3　求$\int_0^4\frac{\sqrt{x}}{1+\sqrt{x}}dx$.

解　设$\sqrt{x}=t$,则$x=t^2$,$dx=2tdt$. 当$x=0$时,$t=0$;当$x=4$时,$t=2$. 于是

$$\int_0^4\frac{\sqrt{x}}{1+\sqrt{x}}dx=\int_0^2\frac{t}{1+t}\cdot 2tdt$$

$$=\int_0^2\left(2t-2+\frac{2}{1+t}\right)dt=\left[t^2-2t+2\ln(1+t)\right]\Big|_0^2$$

$$=2\ln 3$$

例4.3.4　求$\int_0^2\sqrt{4-x^2}dx$.

解　令$x=2\sin t$,则$dx=2\cos tdt$. 当$x=0$时,$t=0$;$x=2$时,$t=\frac{\pi}{2}$. 于是

$$\int_0^2\sqrt{4-x^2}dx=\int_0^{\frac{\pi}{2}}\sqrt{4-(2\sin t)^2}\cdot 2\cos tdt$$

$$=\int_0^{\frac{\pi}{2}}2\cos t\cdot 2\cos tdt=2\int_0^{\frac{\pi}{2}}(1+\cos 2t)dt$$

$$=(2t+\sin 2t)\Big|_0^{\frac{\pi}{2}}=\pi$$

例4.3.4解题说明:$2\cos^2 t=1+\cos 2t$. 显然,使用定积分的换元积分法比先用不定积分求出原函数,再用牛顿-莱布尼茨公式要简捷. 因为它省略掉了通过换元后还要再换回来的过程,同时,叙述更清晰了.

练习 4.3.1

求下列定积分.

(1) $\int_0^{\ln 2} e^x \sqrt{e^x - 1}\,dx$　　(2) $\int_1^9 \frac{\sqrt{x}}{\sqrt{x} - 1}dx$

(3) $\int_{-1}^1 \frac{x}{\sqrt{5 - 4x}}dx$　　(4) $\int_0^1 x^2\sqrt{1 - x^2}\,dx$

(5) $\int_0^3 \frac{x}{\sqrt{4 + x^2}}dx$

例4.3.5 解题说明：如何解题：①思维上可抓定积分变化前与变化后的上下限关系：要么是 $a\to a;0\to 0$（即令 $x=t$），要么是 $a\to 0;0\to a$（即令 $x+t=a$）. 显然这里用 $x+t=a$ 合适. ②把较为复杂的被积函数 $f(a-x)$ 如何转为 $f(t)$.

例 4.3.5　设 $f(x)$ 在 $[0,a]$ 上连续. 证明：

(1) $\int_0^a f(x)\,dx = \int_0^a f(a - x)\,dx$；

(2) $\int_0^a f(x)\,dx = \frac{1}{2}\int_0^a [f(x) + f(a - x)]\,dx$.

证明　令 $a-x=t$，则 $x=a-t$，$dx=-dt$. 当 $x=0$ 时，$t=a$；当 $x=a$ 时，$t=0$. 于是

(1) $\int_0^a f(a - x)\,dx = \int_a^0 f(t)(-dt) = \int_0^a f(t)\,dt = \int_0^a f(x)\,dx$

(2) $\frac{1}{2}\int_0^a [f(x) + f(a - x)]\,dx = \frac{1}{2}\left[\int_0^a f(x)\,dx + \int_0^a f(a - x)\,dx\right]$

$$= \int_0^a f(x)\,dx$$

例4.3.6　解题说明：应用例4.3.5的结论解答例4.3.6.

例 4.3.6　求 $I = \int_0^{\frac{\pi}{2}} \frac{\sin x}{\sin x + \cos x}dx$.

解
$$I = \frac{1}{2}\int_0^{\frac{\pi}{2}}\left[\frac{\sin x}{\sin x + \cos x} + \frac{\sin\left(\frac{\pi}{2} - x\right)}{\sin\left(\frac{\pi}{2} - x\right) + \cos\left(\frac{\pi}{2} - x\right)}\right]dx$$

$$= \frac{1}{2}\int_0^{\frac{\pi}{2}}\left[\frac{\sin x}{\sin x + \cos x} + \frac{\cos x}{\cos x + \sin x}\right]dx$$

$$= \frac{1}{2}\int_0^{\frac{\pi}{2}}\frac{\sin x + \cos x}{\sin x + \cos x}dx = \frac{1}{2}\int_0^{\frac{\pi}{2}}dx$$

$$= \frac{1}{2}x\Big|_0^{\frac{\pi}{2}} = \frac{\pi}{4}$$

例4.3.7 解题说明：这里被积函数 $xf(\sin x)$ 较 $\pi f(\sin x)$ 复杂. 可考虑到 $\sin x = \sin(\pi - x)$，如 $x\cdot f(\sin x) = x\cdot f[\sin(\pi - x)]$. 这样就可令 $x+t=\pi$. 这里同样有①$\pi\to\pi, 0\to 0$；或是②$\pi\to 0, 0\to\pi$. 显然，解答时应选择②.

例 4.3.7　设 $f(x)$ 为连续函数. 证明：$\int_0^\pi xf(\sin x)\,dx = \frac{1}{2}\int_0^\pi \pi f(\sin x)\,dx$.

证明一　令 $\pi-x=t$，则 $x=\pi-t$，$dx=-dt$. 当 $x=0$ 时，$t=\pi$；当 $x=\pi$ 时，$t=0$. 于是

$$\int_0^\pi xf(\sin x)\,dx = \int_0^\pi xf[\sin(\pi - x)]\,dx$$

$$= \int_\pi^0 (\pi - t)f(\sin t)\cdot(-dt) = \int_0^\pi (\pi - t)f(\sin t)\,dt$$

$$= \int_0^{\pi} \pi f(\sin t)\,dt - \int_0^{\pi} t f(\sin t)\,dt$$

$$= \int_0^{\pi} \pi f(\sin x)\,dx - \int_0^{\pi} x f(\sin x)\,dx$$

这是一个循环积分.移项后,有

$$2\int_0^{\pi} x f(\sin x)\,dx = \int_0^{\pi} \pi f(\sin x)\,dx$$

$$\int_0^{\pi} x f(\sin x)\,dx = \frac{1}{2}\int_0^{\pi} \pi f(\sin x)\,dx$$

证明二　(应用例 4.3.5 之结论)

$$\int_0^{\pi} x f(\sin x)\,dx = \frac{1}{2}\int_0^{\pi} \{x f(\sin x) + (\pi - x) f[\sin(\pi - x)]\}\,dx$$

$$= \frac{1}{2}\int_0^{\pi} [x f(\sin x) + (\pi - x) f(\sin x)]\,dx$$

$$= \frac{1}{2}\int_0^{\pi} \pi f(\sin x)\,dx$$

例 4.3.8　求 $I = \int_0^{\pi} \frac{x \sin x}{1 + \cos^2 x}dx$.

例 4.3.8 解题说明：应用例 4.3.7 之结论.

解　$I = \int_0^{\pi} \frac{x \sin x}{1 + \cos^2 x}dx$

$$= \frac{1}{2}\int_0^{\pi} \pi \cdot \frac{\sin x}{1 + \cos^2 x}dx = -\frac{\pi}{2}\int_0^{\pi} \frac{1}{1 + \cos^2 x}d\cos x$$

$$= -\frac{\pi}{2} \cdot \arctan(\cos x)\Big|_0^{\pi} = \frac{\pi^2}{4}$$

例 4.3.9　证明: $\int_0^4 e^{x(4-x)}dx = 2\int_0^2 e^{x(4-x)}dx$.

例 4.3.9 解题说明：这里要证明的两个定积分的被积函数相同,因此要抓变化前与变化后的上下限进行突破:
①$2 \to 4$, $0 \to 2$ (可令 $t - x = 2$)
或是②$2 \to 2$, $0 \to 4$ (可令 $x + t = 4$),应用后可发现②较合适.思考用①去做会怎样?

证明　由于 $\int_0^4 e^{x(4-x)}dx = \int_0^2 e^{x(4-x)}dx + \int_2^4 e^{x(4-x)}dx$,因此,只需证明 $\int_0^2 e^{x(4-x)}dx = \int_0^4 e^{x(4-x)}dx$ 即可.令 $4 - x = t$,则 $x = 4 - t$, $dx = -dt$.

当 $x = 2$ 时, $t = 2$;当 $x = 4$ 时, $t = 0$.于是

$$\int_2^4 e^{x(4-x)}dx = \int_2^0 e^{(4-t)t}(-dt) = \int_0^2 e^{t(4-t)}dt = \int_0^2 e^{x(4-x)}dx$$

练习 4.3.2

1. 设 $f(x)$ 在 $[-a, a]$ 上连续,证明:

(1)若 $f(x)$ 是偶函数,则 $\int_{-a}^{a} f(x)\,dx = 2\int_0^a f(x)\,dx$;

(2)若 $f(x)$ 是奇函数,则 $\int_{-a}^{a} f(x)\,dx = 0$.

2. 求 $\int_{-\frac{\pi}{2}}^{\frac{\pi}{2}} (x^8 \sin x + \cos x)\,dx$.

3. 证明: $\int_0^a x^3 f(x^2)\,dx = \frac{1}{2}\int_0^{a^2} x f(x)\,dx$.

第四节　定积分的分部积分法

本节导学
内容：定积分的分部积分法.
重点：① 掌握分部积分法公式的形式；② 掌握 $u(x)$ 与 $v(x)$ 的选择技巧.
解题要领：
和不定积分的分部积分一样，重点是要抓住合适的 $u(x)$ 与 $v(x)$. 运用定积分的分部积分公式时，要对已积分出的函数进行取值计算.

定积分的分部积分公式：

$$\int_a^b u(x)\mathrm{d}v(x) = u(x)v(x)\Big|_a^b - \int_a^b v(x)\mathrm{d}u(x)$$

例 4.4.1　求 $\int_0^1 x\mathrm{e}^x\mathrm{d}x$.

解　原式 $= \int_0^1 x\mathrm{d}\mathrm{e}^x = x\cdot\mathrm{e}^x\Big|_0^1 - \int_0^1 \mathrm{e}^x\mathrm{d}x$

$= \mathrm{e} - \mathrm{e}^x\Big|_0^1 = \mathrm{e} - (\mathrm{e}-1) = 1$

例 4.4.2　求 $\int_1^5 \ln x\mathrm{d}x$.

解　原式 $= x\ln x\Big|_1^5 - \int_1^5 x\mathrm{d}\ln x$

$= 5\ln 5 - \int_1^5 x\cdot\frac{1}{x}\mathrm{d}x = 5\ln 5 - \int_1^5 \mathrm{d}x = 5\ln 5 - x\Big|_1^5$

$= 5\ln 5 - 4$

例 4.4.3 解题说明：定积分的换元积分法与分部积分法兼用.

例 4.4.3　求 $\int_0^1 \mathrm{e}^{\sqrt{x}}\mathrm{d}x$.

解　令 $\sqrt{x}=t$，则 $x=t^2$，$\mathrm{d}x=2t\mathrm{d}t$. 当 $x=0$ 时，$t=0$；当 $x=1$ 时，$t=1$. 于是

$$\int_0^1 \mathrm{e}^{\sqrt{x}}\mathrm{d}x = \int_0^1 \mathrm{e}^t\cdot 2t\mathrm{d}t = 2\int_0^1 t\mathrm{d}\mathrm{e}^t = 2t\mathrm{e}^t\Big|_0^1 - 2\int_0^1 \mathrm{e}^t\mathrm{d}t$$

$$= 2\mathrm{e} - 2\mathrm{e}^t\Big|_0^1 = 2\mathrm{e} - (2\mathrm{e}-2) = 2$$

例 4.4.4 解题说明：这是一个定积分的循环积分.

例 4.4.4　求 $\int_0^{\frac{\pi}{2}} \mathrm{e}^x\cos x\mathrm{d}x$.

解　原式 $= \int_0^{\frac{\pi}{2}} \mathrm{e}^x\mathrm{d}\sin x = \mathrm{e}^x\sin x\Big|_0^{\frac{\pi}{2}} - \int_0^{\frac{\pi}{2}} \sin x\mathrm{d}\mathrm{e}^x$

$= \mathrm{e}^{\frac{\pi}{2}} - \int_0^{\frac{\pi}{2}} \mathrm{e}^x\sin x\mathrm{d}x = \mathrm{e}^{\frac{\pi}{2}} + \int_0^{\frac{\pi}{2}} \mathrm{e}^x\mathrm{d}\cos x$

$= \mathrm{e}^{\frac{\pi}{2}} + \mathrm{e}^x\cos x\Big|_0^{\frac{\pi}{2}} - \int_0^{\frac{\pi}{2}} \cos x\mathrm{d}e^x$

$= \mathrm{e}^{\frac{\pi}{2}} - 1 - \int_0^{\frac{\pi}{2}} \mathrm{e}^x\cos x\mathrm{d}x$

移项，得　$2\int_0^{\frac{\pi}{2}} \mathrm{e}^x\cos x\mathrm{d}x = \mathrm{e}^{\frac{\pi}{2}} - 1$

所以　$\int_0^{\frac{\pi}{2}} \mathrm{e}^x\cos x\mathrm{d}x = \frac{1}{2}\mathrm{e}^{\frac{\pi}{2}} - \frac{1}{2}$

例 4.4.5　证明：

$$I_n=\int_0^{\frac{\pi}{2}}\sin^n x\mathrm{d}x=\begin{cases}\dfrac{(n-1)!!}{n!!}\cdot\dfrac{\pi}{2} & (n\text{ 为正偶数})\\[2ex] \dfrac{(n-1)!!}{n!!} & (n\text{ 为正奇数,且 }n\geqslant 3)\end{cases}$$

证明　$I_n=\int_0^{\frac{\pi}{2}}\sin^n x\mathrm{d}x=-\int_0^{\frac{\pi}{2}}\sin^{n-1}x\mathrm{d}\cos x$

$$=-\cos x\sin^{n-1}x\Big|_0^{\frac{\pi}{2}}+\int_0^{\frac{\pi}{2}}\cos x\mathrm{d}\sin^{n-1}x$$

$$=(n-1)\int_0^{\frac{\pi}{2}}\sin^{n-2}x\cos^2 x\mathrm{d}x$$

$$=(n-1)\int_0^{\frac{\pi}{2}}\sin^{n-2}x(1-\sin^2 x)\mathrm{d}x$$

$$=(n-1)\int_0^{\frac{\pi}{2}}\sin^{n-2}x\mathrm{d}x-(n-1)\int_0^{\frac{\pi}{2}}\sin^n x\mathrm{d}x$$

$$=(n-1)I_{n-2}-(n-1)I_n$$

移项,整理得 $I_n=\dfrac{n-1}{n}I_{n-2}$. 注意到 $I_0=\int_0^{\frac{\pi}{2}}\mathrm{d}x=\dfrac{\pi}{2}$,$I_1=\int_0^{\frac{\pi}{2}}\sin x\mathrm{d}x=1$.

于是当 $n\geqslant 2$ 为偶数时,有

$$I_n=\frac{n-1}{n}\cdot\frac{n-3}{n-2}\cdot\cdots\cdot\frac{3}{4}\cdot\frac{1}{2}\cdot I_2=\frac{(n-1)!!}{n!!}\cdot\frac{\pi}{2}$$

当 $n\geqslant 3$ 为奇数时,有

$$I_n=\frac{n-1}{n}\cdot\frac{n-3}{n-2}\cdot\cdots\cdot\frac{4}{5}\cdot\frac{2}{3}\cdot I_1=\frac{(n-1)!!}{n!!}$$

例 4.4.6　求下列定积分.

(1) $\int_0^{\frac{\pi}{2}}\sin^6 x\mathrm{d}x$　　(2) $\int_{-\frac{\pi}{2}}^{\frac{\pi}{2}}\cos^5 x\mathrm{d}x$

解　(1) $\int_0^{\frac{\pi}{2}}\sin^6 x\mathrm{d}x=\dfrac{5!!}{6!!}\cdot\dfrac{\pi}{2}=\dfrac{15\pi}{96}$

(2) $\int_{-\frac{\pi}{2}}^{\frac{\pi}{2}}\cos^5 x\mathrm{d}x=2\int_0^{\frac{\pi}{2}}\cos^5 x\mathrm{d}x=2\cdot\dfrac{4!!}{5!!}=\dfrac{16}{15}$

练习 4.4.1

1. 求下列定积分.

(1) $\int_0^{\frac{\pi}{2}}x\cos x\mathrm{d}x$　　(2) $\int_1^{\mathrm{e}}x\ln x\mathrm{d}x$

(3) $\int_0^{\frac{1}{2}}\arcsin x\mathrm{d}x$　　(4) $\int_0^{\frac{\pi}{2}}\mathrm{e}^x\sin x\mathrm{d}x$

2. 求 $\int_0^{\frac{\pi}{2}}\sin^7 x\mathrm{d}x$.

例 4.4.5 之结论可作为公式.

这里应用分部积分公式，让 $u=\sin^{n-1}x$, $\mathrm{d}v=\mathrm{d}\cos x$.

$I_n=\dfrac{n-1}{n}I_{n-2}$,这是一个递推公式. 即

$I_{n-2}=\dfrac{n-3}{n-2}I_{n-4}$,

$I_{n-4}=\dfrac{n-5}{n-4}I_{n-6}$,…

例 4.4.6 解题说明：应用例 4.4.5 之结论解答.

$\int_0^{\frac{\pi}{2}}\cos^5 x\mathrm{d}x$

$=\int_0^{\frac{\pi}{2}}\sin^5 x\mathrm{d}x$

$=\dfrac{4!!}{5!!}$

第五节　定积分的应用

本节导学

内容：①微元法；②定积分在几何、物理上的应用.

重点：①掌握微元法的基本思想；②会用定积分计算几何图形的面积及旋转体体积；③了解定积分在求曲线弧长及物理上的应用.

定积分充分地体现了许许多多的微小量进行了无限的堆积.

微元法的核心是找出微元. 常用的方法是在微小的区间小段上以直代曲、以规则代替不规则、以匀速代替变速等，从而找到较为简捷的微元. 常见的微元有：面积微元 dA，体积微元 dV，力微元 dF，功微元 dW.

X 型和 Y 型图形都要抓**四线两平行**.

既画出图形上的面积微元——小矩形；又写出面积微元的表达式.

一、引入

通过对曲边梯形面积与变速直线运动的路程等问题的分析研究，我们得到了定积分. 这说明使用定积分计算需满足以下三个条件：

(1)全量 I 只与函数 $f(x)$ 和变化区间 $[a,b]$ 有关；

(2)全量 I 在区间 $[a,b]$ 上具有可加性；

(3)全量 I 中的部分量 ΔI_i 可近似地表示成 $f(\xi_i)\Delta x_i$.

应用定积分的几个步骤：

(1)找微元. 将积分变量 x 的变化区间 $[a,b]$ 分成若干小区间，并让最长的区间小段趋近 0(即所有区间小段的长度都趋近 0). 任取其中一小段 $[x,x+\mathrm{d}x]$，并求出它所对应部分量 ΔI 的近似值 $\Delta I\approx f(x)\mathrm{d}x$. 这里 $f(x)\mathrm{d}x$ 叫作全量 I 的**微元**，记作 $\mathrm{d}I=f(x)\mathrm{d}x$.

(2)得积分. 找到微元后就可以得到积分：$I=\int_a^b f(x)\mathrm{d}x$.

这种积分方法被称为**微元法**.

二、定积分在几何学上的应用

1. 直角坐标系下平面图形的面积

由直线 $x=a,x=b\ (a<b)$ 及两条连续曲线 $y=f_1(x)$，$y=f_2(x)$ $(f_1(x)\leqslant f_2(x))$ 所围成的平面图形称为 X 型图形(图 4.5.1)；由直线 $y=c,y=\mathrm{d}\ (c<\mathrm{d})$ 及两条连续曲线 $x=g_1(y)$，$x=g_2(y)$ $(g_1(y)\leqslant g_2(y))$ 所围成的平面图形称为 Y 型图形(图 4.5.2).

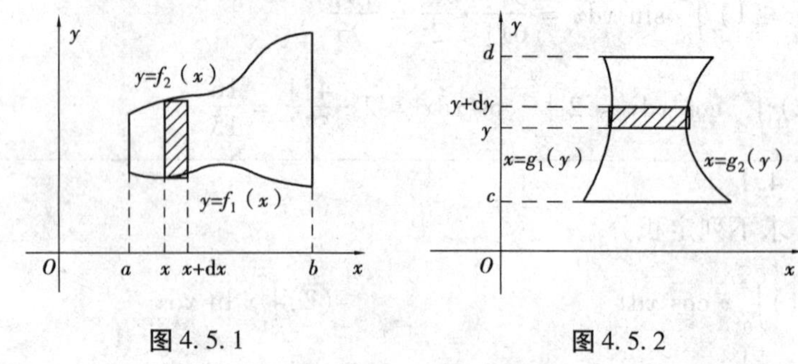

图 4.5.1　　图 4.5.2

图 4.5.1 中，面积微元 $\mathrm{d}A=[f_2(x)-f_1(x)]\mathrm{d}x$，面积 $A=\int_a^b[f_2(x)-f_1(x)]\mathrm{d}x$.

图 4.5.2 中，面积微元 $\mathrm{d}A=[g_2(y)-g_1(y)]\mathrm{d}y$，面积 $A=\int_c^{\mathrm{d}}[g_2(y)-$

$g_1(y)]\mathrm{d}y$.

用微元法分析 X 型平面图形的面积：

先在区间$[a,b]$上任取一点 x，再取一区间小段$[x,x+\mathrm{d}x]$. 以高为$f_2(x)-f_1(x)$，底为 $\mathrm{d}x$ 的小矩形作为面积微元 $\mathrm{d}A$. 最后让所有这样的小矩形都在$[a,b]$上进行堆积，形成定积分 A.

$$A=\int_a^b[f_2(x)-f_1(x)]\mathrm{d}x$$

同样道理，可分析 Y 型平面图形的面积.

对于既非 X 型又非 Y 型的平面图形，可以进行适当的分割，划分成许多个 X 型和 Y 型图形，然后利用对应的方法去求面积.

例 4.5.1　求椭圆形$\frac{x^2}{a^2}+\frac{y^2}{b^2}=1$ 的面积 A.

解　如图 4.5.3 所示.

$$\mathrm{d}A=b\sqrt{1-\frac{x^2}{a^2}}\mathrm{d}x$$

$$A=4\int_0^a b\sqrt{1-\frac{x^2}{a^2}}\mathrm{d}x=\frac{4b}{a}\int_0^a\sqrt{a^2-x^2}\mathrm{d}x=\frac{4b}{a}\cdot\frac{\pi a^2}{4}=\pi ab$$

例 4.5.1 解题说明：$\int_0^a\sqrt{a^2-x^2}\mathrm{d}x=\frac{\pi a^2}{4}$ 也可以通过其图形是一个半径为 a 的$\frac{1}{4}$圆来进行计算.

例 4.5.2　求抛物线 $y^2=2x$ 与直线 $y=x-4$ 所围成图形的面积 A.

解　如图 4.5.4 所示.

例 4.5.2 解题说明：抓“四线两平行”，确定其为 Y 型图形.

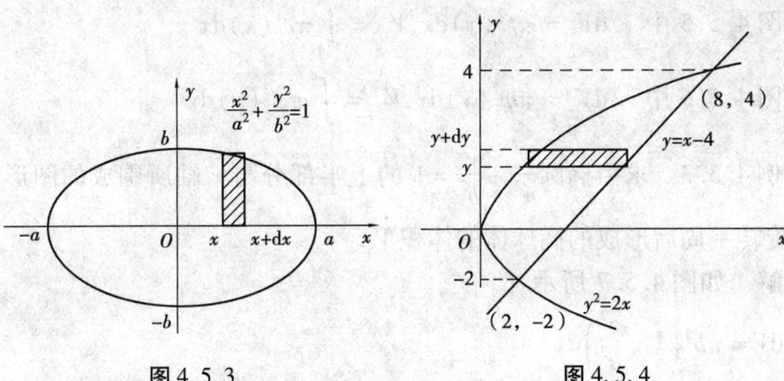

图 4.5.3　　图 4.5.4

解方程组$\begin{cases}y^2=2x\\y-x-4\end{cases}$，得两交点$(2,-2)$与$(8,4)$.

$$\mathrm{d}A=\left[(y+4)-\frac{y^2}{2}\right]\mathrm{d}y$$

$$A=\int_{-2}^4\left[(y+4)-\frac{y^2}{2}\right]\mathrm{d}y=\left(\frac{y^2}{2}+4y-\frac{y^3}{6}\right)\Bigg|_{-2}^4=18$$

一般情形下，求平面图形面积的步骤有：①画图形（包括标注出小矩形）；②写微元；③算积分.

练习 4.5.1

1. 求由曲线 $xy=1$ 与直线 $x=1$，$x=3$ 及 x 轴所围成的平面图形的面积 A.

2. 求由抛物线 $y=x^2$ 与 $y=2-x$ 所围成的平面图形的面积 A.

3. 求由抛物线 $y^2=2x$ 与 $y=2-2x$ 所围成的平面图形的面积 A.

2. 旋转体的体积

旋转体是一个平面图形绕该平面内一条定直线旋转一周而生成的立体. 该定直线称为旋转轴.

用微元法分析旋转体的体积:

(1)画图形,抓微元. 图形上的体积微元是一个由对应平面图形上的小矩形同样地跟着旋转一周所得到的小圆柱体.

(2)写出体积微元表达式.

(3)算积分,得到旋转体的体积.

绕 x 轴旋转一周得到的旋转体的体积用 V_x 表示.

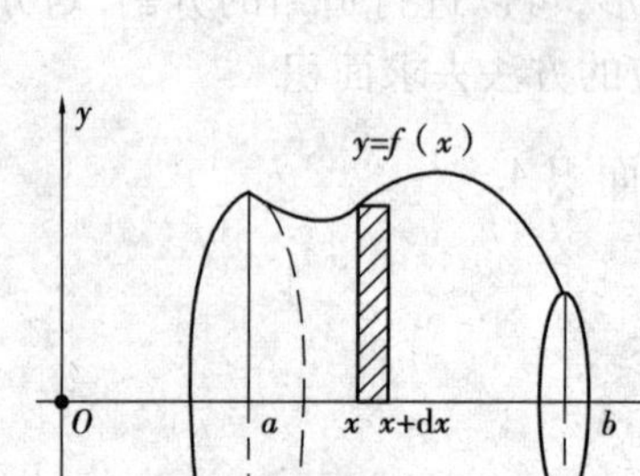

图 4.5.5

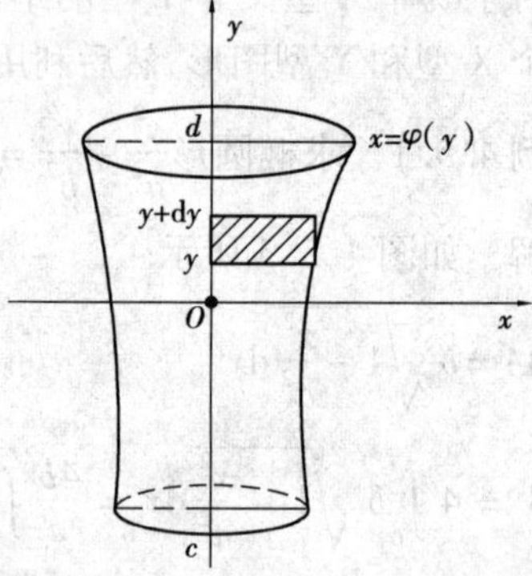

图 4.5.6

图 4.5.5 中　$dV = \pi f^2(x)\,dx, V_x = \int_a^b \pi f^2(x)\,dx$

图 4.5.6 中　$dV = \pi\varphi^2(y)\,dy, V_y = \int_c^d \pi\varphi^2(y)\,dy$

例 4.5.3　求由椭圆 $\frac{x^2}{a^2}+\frac{y^2}{b^2}=1$ 的上半部分与 x 轴所围成的图形绕 x 轴旋转一周后形成的椭球体的体积 V_x.

椭圆 $\frac{x^2}{a^2}+\frac{y^2}{b^2}=1$ 绕 y 轴旋转一周后的椭球体的体积 $V_y=\frac{4}{3}\pi a^2 b$

解　如图 4.5.7 所示.

$$dV=\pi b^2\left(1-\frac{x^2}{a^2}\right)dx$$

$$V_x = \int_{-a}^{a}\pi b^2\left(1-\frac{x^2}{a^2}\right)dx = \frac{\pi b^2}{a^2}\int_{-a}^{a}(a^2-x^2)\,dx = \frac{\pi b^2}{a^2}\left(a^2x-\frac{x^3}{3}\right)\Big|_{-a}^{a} = \frac{4}{3}\pi ab^2$$

例 4.5.4　求由抛物线 $y=x^2$,直线 $x=2$ 及 x 轴所围成的平面图形绕 y 轴旋转一周所得的旋转体的体积 V_y.

解　如图 4.5.8 所示.

$$dV=[\pi 2^2-\pi y]\,dy=(4\pi-\pi y)\,dy$$

$$V_y = \int_0^4(4\pi-\pi y)\,dy = \left(4\pi y-\frac{\pi}{2}y^2\right)\Big|_0^4 = 8\pi$$

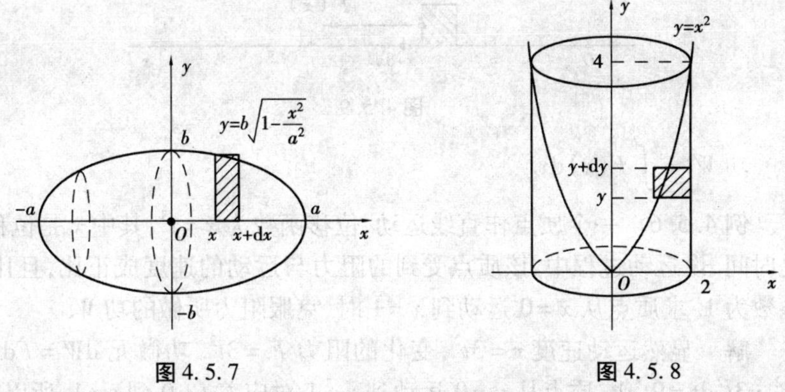

图 4.5.7　　　　图 4.5.8

练习 4.5.2

1. 求由曲线 $y=x^2-4$ 与 $y=0$ 所围成的图形绕 x 轴旋转一周所得的旋转体的体积 V_x.

2. 求由曲线 $y^2=x$ 与 $y=x^2$ 所围成的图形绕 y 轴旋转一周所得的旋转体的体积 V_y.

3. 直角坐标系中的曲线弧长

设函数 $y=f(x)$ 具有一阶连续导数，计算曲线 $y=f(x)$ 上相应于从 a 到 b 的一段弧长.

在变化区间任取一个区间小段 $[x,x+\mathrm{d}x]$，与之相应的小段弧的长度可以用该曲线在点 $(x,f(x))$ 处的切线上相应的一小段直线的长度来近似代替，从而得到弧长微元.

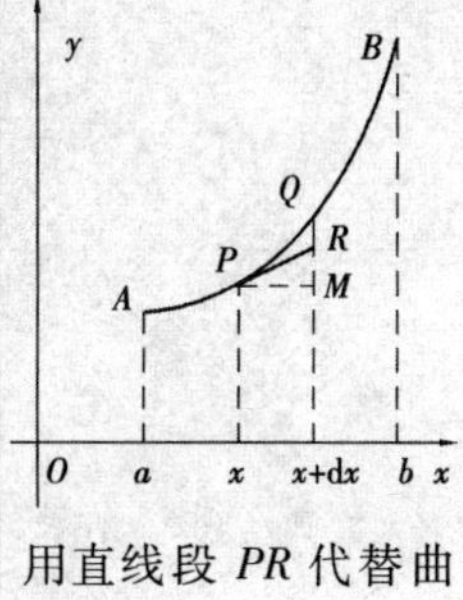

用直线段 PR 代替曲线 $\widehat{PQ}$.

$\mathrm{d}s=\sqrt{(\mathrm{d}x)^2+(\mathrm{d}y)^2}=\sqrt{1+y'^2}\,\mathrm{d}x$，故弧长 $s=\int_a^b\sqrt{1+y'^2}\,\mathrm{d}x$.

例 4.5.5　求曲线 $y=\frac{1}{4}x^2-\frac{1}{2}\ln x\,(1\leqslant x\leqslant \mathrm{e})$ 的弧长 s.

解　$y'=\frac{1}{2}x-\frac{1}{2x}=\frac{1}{2}\left(x-\frac{1}{x}\right)$

$$\mathrm{d}s=\sqrt{1+y'^2}\,\mathrm{d}x=\sqrt{1+\left[\frac{1}{2}\left(x-\frac{1}{x}\right)\right]^2}\,\mathrm{d}x=\sqrt{\frac{1}{4}\left(x+\frac{1}{x}\right)^2}\,\mathrm{d}x$$

$$=\frac{1}{2}\left(x+\frac{1}{x}\right)\mathrm{d}x$$

所求弧长 $s=\frac{1}{2}\int_1^{\mathrm{e}}\left(x+\frac{1}{x}\right)\mathrm{d}x=\frac{1}{2}\left(\frac{x^2}{2}+\ln x\right)\Big|_1^{\mathrm{e}}=\frac{1}{4}(\mathrm{e}^2+1)$

三、定积分在物理学上的应用

1. 变力做功

如图 4.5.9 所示，物体在变力 $F=F(x)$ 的作用下作直线运动从点 $x=a$ 移动到点 $x=b$.

功微元 $\mathrm{d}W=F(x)\cdot\mathrm{d}x$.

理解许许多多区间小段上的堆积，这当然是定积分. 在区间小段 $[x,x+\mathrm{d}x]$ 上可看成是恒力在做功.

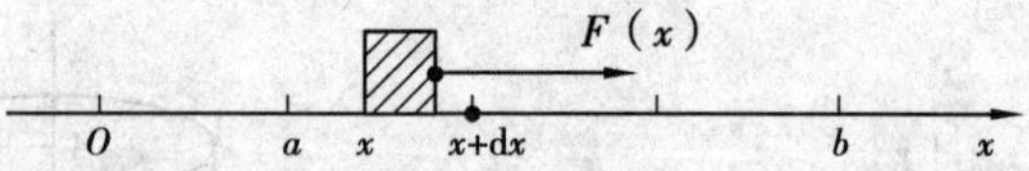

图 4.5.9

功 $W = \int_a^b F(x)\,\mathrm{d}x$.

例 4.5.6　一个质点作直线运动,位移函数为 $x = t^3$,其中 x 是位移,t 是时间. 设运动过程中,该质点受到的阻力与运动的速度成正比,且比例系数为 1. 求质点从 $x = 0$ 运动到 $x = 1$ 时,克服阻力所做的功 W.

解　显然运动速度 $v = 3t^2$,变化的阻力 $F = 3t^2$. 功微元 $\mathrm{d}W = F\mathrm{d}x = 3t^2 \cdot 3t^2\mathrm{d}t = 9t^4\mathrm{d}t$. 质点从 $x = 0$ 运动到 $x = 1$ 对应着 $t = 0$ 到 $t = 1$. 所以

$$W = \int_0^1 9t^4\mathrm{d}t = \frac{9t^5}{5}\bigg|_0^1 = \frac{9}{5}$$

2. 水压力

例 4.5.7　一矩形的水闸门,宽为 3 m,高为 2 m,水面与闸门顶部平齐,求闸门的一侧受到水的压力.(水密度为 $\rho = 10^3\ \mathrm{kg/m^3}$,$g = 10\ \mathrm{m/s^2}$)

解　如图 4.5.10 所示.

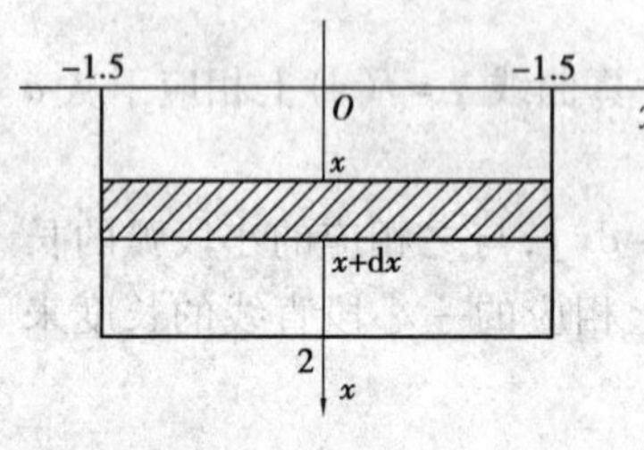

图 4.5.10

$$\mathrm{d}F = \rho g x 3\mathrm{d}x = 10^3 \times 10 \times 3 \cdot x\mathrm{d}x = 3 \times 10^4 x\mathrm{d}x$$

$$F = \int_0^2 3 \times 10^4 x\mathrm{d}x = \frac{3}{2} \times 10^4 \cdot x^2 \bigg|_0^2 = 6 \times 10^4(\mathrm{N})$$

3. 电流流量

例 4.5.8　已知通过导线某截面的交流电流 $I(t) = 20\sin 50t$,求在一个周期内通过截面的电量 Q.

解　由题设可知,交流电周期 $T = \frac{2\pi}{50}$. 电流流量微元 $\mathrm{d}Q = 20\sin 50t\mathrm{d}t$.

所以

$$Q = \int_0^{\frac{2\pi}{50}} 20\sin 50t \cdot \mathrm{d}t = \frac{2}{5}(-\cos 50t)\bigg|_0^{\frac{2\pi}{50}} = 0$$

练习 4.5.3

1. 弹簧在拉伸过程中所用的力 F 与伸长量 s 成正比,即 $F = ks$(k 为比例系数). 如果把弹簧拉伸 6 cm,计算所做的功.

2. 有一竖直的水闸门,形状为等腰梯形,上底长为 6 m,下底长为 4 m,高为 6 m. 当水面齐闸门顶时,求闸门一侧所受的压力.

3. 设一圆锥形贮水池,深 15 m,口径为 20 m,盛满水. 现将水全部吸尽,问要做多少功?

内容小结

一、知识小结

1. 本章基本知识点

定积分的概念与性质，牛顿-莱布尼茨公式，定积分的换元积分法，分部积分法，定积分求平面图形的面积，定积分求旋转体的体积以及定积分求变力做功等.

2. 基本公式

(1)牛顿-莱布尼茨公式：

$$\int_a^b f(x)\,dx = F(x)\big|_a^b = F(b) - F(a)$$

(2)定积分的分部积分公式：

$$\int_a^b u(x)\,dv(x) = u(x)v(x)\big|_a^b - \int_a^b v(x)\,du(x)$$

3. 基本方法

(1)定积分的计算方法有：直接用牛顿-莱布尼茨公式进行计算；利用换元法进行计算；利用分部积分法进行计算.

(2)定积分的应用主要是用微元法解答.

二、学习要求

(1)理解定积分的概念.

(2)熟练掌握定积分的性质.

(3)熟练运用牛顿-莱布尼茨公式计算定积分.

(4)掌握定积分在几何学上的应用.

复习题

一、选择题

1. 设函数 $f(x)$ 在区间 $[0,4]$ 上可积，则必有 $\int_0^3 f(x)\,dx =$ (　　).

A. $\int_0^2 f(x)\,dx + \int_2^3 f(x)\,dx$　　B. $\int_0^5 f(x)\,dx + \int_5^3 f(x)\,dx$

C. $\int_0^{-1} f(x)\,dx + \int_{-1}^1 f(x)\,dx$　　D. $\int_0^{10} f(x)\,dx + \int_{10}^3 f(x)\,dx$

2. 由定积分的几何意义，则 $\int_{-1}^1 \sqrt{1-x^2}\,dx =$ (　　).

A. π　　B. $\frac{\pi}{2}$　　C. 1　　D. 0

3. 设 $I_1=\int_0^1 x\mathrm{d}x, I_2=\int_1^2 x^2\mathrm{d}x$，则(　　).

A. $I_1 \geqslant I_2$　　B. $I_1 > I_2$　　C. $I_1 \leqslant I_2$　　D. $I_1 < I_2$

4. $\int_{-a}^{a} x[f(x)+f(-x)]\mathrm{d}x=$ (　　).

A. $4\int_{-a}^{a} xf(x)\mathrm{d}x$　　B. $2\int_{-a}^{a} x[f(x)+f(-x)]\mathrm{d}x$

C. 0　　D. 以上都不正确

5. 下列积分中，值为零的是(　　).

A. $\int_{-1}^{1}\mathrm{d}x$　　B. $\int_{-1}^{1}x^2\mathrm{d}x$

C. $\int_{-1}^{1}x\sin x\mathrm{d}x$　　D. $\int_{-1}^{1}x^2\sin x\mathrm{d}x$

二、解答题

1. 求$\int_0^{\ln 3}\frac{\mathrm{d}x}{\sqrt{1+\mathrm{e}^x}}$.

2. 求定积分$\int_1^2(2x+1)\mathrm{d}x$.

3. 求定积分$\int_0^8\frac{1}{1+\sqrt[3]{x}}\mathrm{d}x$.

4. 设 $b>0$，且$\int_1^b \ln x\mathrm{d}x=1$，求 b 的值.

5. 设函数$f(x)$ 连续，$f(x)=4x-\int_0^1 f(x)\mathrm{d}x$. 求$f(x)$ 与$\int_0^1 f(x)\mathrm{d}x$.

三、应用题

1. 求由 $y=x^2, y=4$ 及 $y=x$ 所围成图形的面积.

2. 计算由曲线 $y=x^2, x=y^2$ 所围成图形绕 y 轴旋转所得立体的体积.

四、证明题

1. 设$f(x)=x^2-\int_0^a f(x)\mathrm{d}x$，且$a$是不等于$-1$的常数，证明$\int_0^a f(x)\mathrm{d}x=\frac{a^3}{3(a+1)}$.

2. 证明：$\int_0^1\frac{\mathrm{d}x}{\arccos x}=\int_0^{\frac{\pi}{2}}\frac{\sin x}{x}\mathrm{d}x$.

第五章
常微分方程

常微分方程有着深刻而生动的实际背景,它从生产实践与科学技术中产生,而又成为科学技术中分析问题与解决问题的一个强有力的工具.在实际问题中,求某些变量之间的函数关系时,往往不能直接找到这些函数的关系,但有时却易于建立这些变量的导数或微分关系,即微分方程.如果这些方程可求解,就可求得所求的函数关系了.本章主要介绍微分方程的一些基本概念和变量可分离微分方程、一阶线性微分方程等简单常用的微分方程的解法.

第一节　微分方程的基本概念

本节导学

内容:①微分方程的定义、阶;②微分方程的解、通解、初始条件及特解.

重点:①理解微分方程概念;②会判别微分方程的阶;③会计算或验证微分方程的通解及特解.

一、引入

所谓**方程**,是指那些含有未知量的等式,它表达了未知量所必须满足的某种条件.方程的类型繁多,其分类主要依据对未知量所施加的数学运算.

对未知量所施加代数运算的方程,称为**代数方程**.例如:

$$x^2+2x+5=0$$

$$\sqrt{x^2-x+1}-x=1$$

$$\frac{2}{3+x}-\frac{x+1}{x}=2$$

未知量为超越函数的方程,称为超越方程.例如:

$$\sin x+\cos x=1$$

$$\mathrm{e}^x=x^2+1$$

微分方程与上述方程不同,它的未知量是未知函数,而施加于**未知函数的运算是导数或微分**.

二、微分方程的概念

定义 1 凡含有未知函数的导数或微分的方程称为**微分方程**.

例如：

$y'=3xy$ （x 为自变量,y 为未知函数）

$y'+x(y')^2-y=1$ （x 为自变量,y 为未知函数）

$\frac{d^2s}{dt^2}+s\frac{ds}{dt}+\frac{s}{t}=\sin t$ （s,t 那个为自变量任意）

$\frac{\partial z}{\partial x}=3x+2y$ （x,y 为自变量,z 为未知函数）

阶是常微分方程分类的一个基本依据.

微分方程包括**常微分方程**和**偏微分方程**. **常微分方程**中的未知函数都是一元函数,未知函数的导数自然是对仅有的自变量的导数,如上面例子中的前三个就是常微分方程. **偏微分方程**中的未知函数都是多元函数,方程中要出现未知函数的偏导数,上面例子中的后一个就是偏微分方程. 本章只讨论常微分方程.

定义 2 微分方程中出现的未知函数的导数的最高阶数,称为**微分方程的阶**. 例如,上面例子中的前两个是一阶微分方程,第三个是二阶微分方程.

一阶常微分方程的一般形式可表示为：

$F(x,y,y')=0$ （y'必须出现,x,y 可以不必出现）n 阶常微分方程的一般形式可表示为：

$F(x,y,y',y'',\cdots,y^{(n)})=0$

（$y^{(n)}$必须出现,$x,y,y',\cdots,y^{(n-1)}$可以不必出现）

三、微分方程的通解与特解

定义 3 将一个函数代入微分方程后,能使方程成为恒等式,那么这个函数称为该微分方程的**解**.

例 5.1.1 验证函数 $y=3\sin x-4\cos x$ 为微分方程 $y''+y=0$ 的解.

解 求所给函数的导数：

$$y'=3\cos x+4\sin x$$

$$y''=-3\sin x+4\cos x$$

将 y''及 y 代入方程 $y''+y=0$,得

$$-3\sin x+4\cos x+3\sin x-4\cos x\equiv 0$$

因此函数 $y=3\sin x-4\cos x$ 是微分方程 $y''+y=0$ 的解.

微分方程的每一个解都对应着平面内的一条曲线,并且称为微分方程的积分曲线,而微分方程的无穷多个解所对应的一簇积分曲线称为微分方程的积分曲线簇.

独立的任意常数即不可以合并使个数减少.

定义 4 若微分方程的解中含有独立的任意常数,且任意常数的个数与微分方程的阶数相同,这样的解称为该微分方程的**通解**.

例如：函数 $y=Ce^x$ 为一阶微分方程 $y'=y$ 的通解；

函数 $y=e^x+C_1x+C_2$ 为二阶微分方程 $y''=e^x$ 的通解.

在实际问题中,往往要求微分方程满足某种特定条件下的解,这种特定的条件称为**初始条件**.

设微分方程中的未知函数为 $y=y(x)$,通常一阶微分方程的初始条件为：

$$x = x_0\text{时},y=y_0$$

或写成

$$y|_{x=x_0}=y_0$$

其中,x_0、y_0 是给定的值.

二阶微分方程的初始条件为：

$$x = x_0\text{时 } y=y_0,y'=y_0'$$

或写成

$$y|_{x=x_0}=y_0,y'|_{x=x_0}=y_0'$$

其中 x_0、y_0 和 y_0' 都是给定的值.

定义 5　将初始条件代入通解后,确定了通解中的任意常数的特定值后就得到微分方程的**特解**.

例如,对于方程 $y'=2x$,初始条件 $y|_{x=0}=1$ 可确定其通解 $y=x^2+C$ 中的任意常数 $C=1$,从而得到其特解 $y=x^2+1$.

通常,我们把求微分方程满足初始条件的特解的这类问题称为**初值问题**. 例如,求一阶微分方程 $y'=f(x,y)$ 满足初始条件 $y|_{x=x_0}=y_0$ 的特解这样一个问题,称为一阶微分方程的初值问题,记作

$$\begin{cases}y'=f(x,y)\\ y|_{x=x_0}=y_0\end{cases}$$

二阶微分方程 $y''=f(x,y,y')$ 满足初始条件 $y|_{x=x_0}=y_0,y'|_{x=x_0}=y_0'$ 的**初值问题**,记作

$$\begin{cases}y''=f(x,y,y')\\ y|_{x=x_0}=y_0,y'|_{x=x_0}=y_0'\end{cases}$$

例 5.1.2　一曲线通过点(1,2),且该曲线上任意一点 $M(x,y)$ 处的切线的斜率为 $2x$,求曲线的方程.

解　设所求曲线的方程为 $y=y(x)$,由导数的几何意义知

$$\frac{dy}{dx}=2x \tag{5.1.1}$$

将式(5.1.1)两端积分得

$$y = \int 2x dx$$

即

$$y=x^2+C \tag{5.1.2}$$

其中,C 是任意常数.

此外,未知函数 $y=y(x)$ 应满足下列条件：

$$x=1\text{ 时},y=2 \tag{5.1.3}$$

把条件代入式(5.1.2)得

$$2=1^2+C$$
$$C=1$$

把 $C=1$ 代入式(5.1.2)得所求曲线方程为

$$y=x^2+1 \tag{5.1.4}$$

例5.1.2中，式(5.1.1)为**微分方程**，式(5.1.2)为该微分方程(5.1.1)的**通解**，式(5.1.3)为该微分方程须满足的**初始条件**，式(5.1.4)为该微分方程满足初始条件(5.1.3)的**特解**.

练习 5.1.1

1. 指出下列式子中哪些是微分方程？哪些不是微分方程？

(1) $y'=4x+5$　　(2) $\dfrac{dy}{dx}=x^2+1$

(3) $x^2dy+(3y-1)dx$　　(4) $dy=(x^2+2)dx$

(5) $y''=x+y'$　　(6) $\dfrac{d^2s}{dt^2}=\sin t$

2. 指出下列微分方程的阶数.

(1) $(y')^2-2yy'+x=0$

(2) $x^2y''-xy'+y=0$

(3) $x^2y'''+y''+xy^2=0$

(4) $\dfrac{d^2y}{dx^2}=x+y$

3. 判断下列各题中的函数是否为所给微分方程的解.

(1) $y=e^x, xy'-y\ln y=0$

(2) $\arctan(x+y)=y, y'=(x+y)^{-2}$

(3) $y=x, e^{x-y}\dfrac{dy}{dx}=1$

(4) $y=2\cos x-3\sin x, y'+y=0$

4. 函数 $y=e^{-x}(x+C)$ 是微分方程 $y'+y=e^{-x}$ 的通解，求满足初始条件 $y|_{x=0}=5$ 的特解.

5. 已知曲线在任意点 (x,y) 的切线斜率等于该点横坐标的平方，写出曲线的微分方程.

第二节　变量可分离的微分方程

本节导学
内容：①变量可分离的微分方程的一般形式；②齐次方程的形式及其求解方法.
重点：熟练掌握变量可分离的微分方程的求解方法.

一、引入

一阶微分方程的一般形式：

$$F(x,y,y')=0 \text{ 或 } y'=f(x,y)$$

有时也写成如下的对称形式：

$$P(x,y)\mathrm{d}x=Q(x,y)\mathrm{d}y$$

一阶微分方程的基本类型有变量可分离的微分方程和一阶线性微分方程.

例如求微分方程$\frac{\mathrm{d}y}{\mathrm{d}x}=2xy$，可将两个变量$x$、$y$分离在方程的两边，再积分进行求解，即接下来要介绍的变量可分离的微分方程.

二、变量可分离的微分方程

变量可分离的微分方程是一类最简单的一阶微分方程.
其一般形式：

$$\frac{\mathrm{d}y}{\mathrm{d}x}=f(x)\cdot g(y) \tag{5.2.1}$$

或

$$P(x)M(y)\mathrm{d}x=Q(x)N(y)\mathrm{d}y \tag{5.2.2}$$

其中，$f(x)$，$P(x)$，$Q(x)$，$g(y)$，$M(y)$，$N(y)$分别是x与y的连续函数.

未知函数和未知函数的导数都是一次的微分方程为一阶线性微分方程.

当$g(y)\neq 0$，可以将方程(5.2.1)变形为：

$$\frac{1}{g(y)}\mathrm{d}y=f(x)\mathrm{d}x$$

当$M(y)\neq 0$、$Q(y)\neq 0$，可以将方程(5.2.2)变形为：

$$\frac{N(y)}{M(y)}\mathrm{d}y=\frac{P(x)}{Q(x)}\mathrm{d}x$$

我们把微分方程写成一端只含y的函数和$\mathrm{d}y$，另一端只含x的函数和$\mathrm{d}x$，这样变量就分离在方程的两边. 然后两边积分，得

$$\int\frac{1}{g(y)}\mathrm{d}y=\int f(x)\mathrm{d}x \text{ 或} \int\frac{N(y)}{M(y)}\mathrm{d}y=\int\frac{P(x)}{Q(x)}\mathrm{d}x$$

求出积分得原方程的通解.

例 5.2.1　求微分方程$\frac{\mathrm{d}y}{\mathrm{d}x}=2xy$的通解.

解　当$y\neq 0$时，分离变量为

$$\frac{\mathrm{d}y}{y}=2x\mathrm{d}x$$

两边积分

$$\int \frac{\mathrm{d}y}{y} = \int 2x\mathrm{d}x\text{，得 } \ln|y| = x^2 + C_1$$

即微分方程的通解为

$$y = Ce^{x^2}\text{（其中 } C = e^{C_1} \text{ 为任意常数）}$$

显然，$y=0$ 是原方程的一个特解，这里允许 $C=0$，所以 $y=0$ 就包含在通解之中.

解微分方程时，常用任意 C 来代替任意常数 e^c、$\ln C$、$\frac{1}{2}C^2$ 等，也经常在开始就把任意常数 C 记为 e^c、$\ln C$、$\frac{1}{2}C^2$，这样使结果简洁明了.

例 5.2.2 求微分方程 $x(y^2-1)\mathrm{d}x + y(x^2-1)\mathrm{d}y = 0$ 的通解.

解 当 $y\neq 0, x\neq 0$ 时，分离变量得

$$\frac{y}{y^2-1}\mathrm{d}y = -\frac{x}{x^2-1}\mathrm{d}x$$

两边积分

$$\int \frac{y}{y^2-1}\mathrm{d}y = \int -\frac{x}{x^2-1}\mathrm{d}x$$

得

$$\ln|y^2-1| = -\ln|x^2-1| + \ln C\text{（}C\text{ 为任意常数）}$$

即原方程的通解为 $(x^2-1)(y^2-1) = C$.

$y=\pm 1$ 是方程的两个特解，这里允许 $C=0$，所以 $y=\pm 1$ 包含在通解之中.

这里的 y 和 x 的函数关系隐含在 $(x^2-1)(y^2-1)=C$ 中，这类通解称为原方程的隐式通解.

例 5.2.3 求微分方程 $y^2\cos x\mathrm{d}x - \mathrm{d}y = 0$ 的通解.

解 当 $y\neq 0$ 时，分离变量得

$$\frac{\mathrm{d}y}{y^2} = \cos x\mathrm{d}x$$

两边积分得

$$\int \frac{\mathrm{d}y}{y^2} = \int \cos x\mathrm{d}x$$

得

$$-\frac{1}{y} = \sin x + C$$

于是原方程的通解为

$$y = -\frac{1}{\sin x + C}\text{（}C\text{ 为任意常数）}$$

另外，$y\neq 0$ 显然也是原方程的解，但它没有被包含在通解中，这种解称为奇解，我们不讨论这类解.

通解不一定是一切解.

三、齐次方程

齐次方程的一般形式是

$$y' = f\left(\frac{y}{x}\right) \quad \text{或} \quad \frac{\mathrm{d}y}{\mathrm{d}x} = f\left(\frac{y}{x}\right) \tag{5.2.3}$$

这里 $f\left(\frac{y}{x}\right)$ 是关于 $\frac{y}{x}$ 这个整体变量的一元连续函数. 求解齐次方程，首先作变量代换令 $u=\frac{y}{x}$，即

$$y = ux$$

因为 y 是 x 的函数，令 $u=\frac{y}{x}$ 后，u 也是一个关于 x 的函数. 所以

$y=ux$两边分别对 x 求导，得

$$\frac{dy}{dx}=u+x\frac{du}{dx}$$

将$\frac{dy}{dx}=u+x\frac{du}{dx}$，$u=\frac{y}{x}$代入方程(5.2.3)，得

$$u+x\frac{du}{dx}=f(u)$$

即
$$x\frac{du}{dx}=f(u)-u \text{ 或 } \frac{du}{f(u)-u}=\frac{dx}{x}$$

这是一个关于新未知函数 u 的、变量可分离的微分方程，按照变量可分离的微分方程的求解方法求解，只是最后要将 u 换回$\frac{y}{x}$即可得原方程的通解

$$\int\frac{du}{f(u)-u}=\ln|x|+C$$

例 5.2.4　求微分方程 $x^2\frac{dy}{dx}=xy-y^2$ 的通解.

解　原方程变形为：

$$\frac{dy}{dx}=\frac{y}{x}-\left(\frac{y}{x}\right)^2 \tag{5.2.4}$$

令 $u=\frac{y}{x}$，得 $y=ux$，$\frac{dy}{dx}=u+x\frac{du}{dx}$

代入式(5.2.4)得 $u+x\frac{du}{dx}=u-u^2$

即
$$x\frac{du}{dx}=-u^2$$

当 $u\neq0$ 时，分离变量得 $-\frac{du}{u^2}=\frac{dx}{x}$

两边积分得$\frac{1}{u}=\ln|x|+C$，即

$$u=\frac{1}{\ln|x|+C}$$

将 $u=\frac{y}{x}$代入上式化简得原方程的通解

$$y=\frac{x}{\ln|x|+C}$$

$u=0$ 为方程的一个解，从而 $y=0$ 为原方程的解.

练习 5.2.1

1. 求下列微分方程的通解.

(1) $\frac{dy}{dx}=y\ln y$　　(2) $\frac{dy}{dx}=e^{x-y}$

(3) $\sqrt{1-x^2}y'=\sqrt{1-y^2}$　　(4) $\tan y dx-\cot x dy=0$

(5) $3x^2+5x-5y'=0$　　(6) $y dx+(x^2-4x)dy=0$

2. 求下列微分方程的通解.

(1) $2xy dx+(x^2-y^2)dy=0$　　(2) $(x+2y)dx-x dy=0$

(3) $x\frac{dy}{dx}=y\ln\frac{y}{x}$　　(4) $xy'=\sqrt{y^2-x^2}+y$

3. 求下列微分方程满足所给初始条件的特解.

(1) $y'=e^{2x-y}, y|_{x=0}=0$

(2) $x dy+2y dx=0, y|_{x=2}=1$

(3) $y'=\frac{x}{y}+\frac{y}{x}, y|_{x=1}=2$

第三节　一阶线性微分方程

本节导学

内容:①一阶线性微分方程的一般形式;②一阶齐次线性方程和一阶非齐次线性方程概念;③求解方法:常数变易法、公式法、“积分因子”法.

重点:①会利用公式法求解一阶齐次线性方程;②会利用公式法和积分因子法求解一阶非齐次线性方程.

一、引入

一阶线性微分方程的一般形式是

$$\frac{dy}{dx}+p(x)y=Q(x) \tag{5.3.1}$$

当 $Q(x)=0$ 时,方程

$$\frac{dy}{dx}+p(x)y=0 \tag{5.3.2}$$

为一阶齐次线性方程.

当 $Q(x)\neq 0$ 时,方程(5.3.1)为一阶非齐次线性方程.

通常,方程(5.3.2)称为一阶非齐次线性方程(5.3.1)所对应的一阶齐次线性方程.

二、一阶线性微分方程的解法

一阶齐次线性方程比一阶非齐次线性方程易分离变量,易于求解,所以先求一阶齐次线性方程(5.3.2)的通解.

方程变形为

$$\frac{dy}{y}=-p(x)dx$$

两端积分得

$$\ln y = -\int p(x)\mathrm{d}x + \ln C$$

即 $$y = C\mathrm{e}^{-\int p(x)\mathrm{d}x}\ (C\text{ 为任意常数})$$

这是一阶齐次线性方程(5.3.2)的通解. 下面再求一阶非齐次线性方程(5.3.1)的通解.

我们采用**常数变易法**求一阶非齐次线性方程(5.3.1)的通解,该方法是把齐次线性方程的通解中的任意常数 C 换成 x 的未知函数 $C(x)$. 即令

$$y = C(x)\mathrm{e}^{-\int p(x)\mathrm{d}x} \tag{5.3.3}$$

于是 $$\frac{\mathrm{d}y}{\mathrm{d}x} = \mathrm{e}^{-\int p(x)\mathrm{d}x}C'(x) - C(x)p(x)\mathrm{e}^{-\int p(x)\mathrm{d}x} \tag{5.3.4}$$

将上面两式代入方程(5.3.1),得

$$\frac{\mathrm{d}y}{\mathrm{d}x} = \mathrm{e}^{-\int p(x)\mathrm{d}x}C'(x) - C(x)p(x)\mathrm{e}^{-\int p(x)\mathrm{d}x} + p(x)C(x)\mathrm{e}^{-\int p(x)\mathrm{d}x} = Q(x)$$

从而 $$\mathrm{e}^{-\int p(x)\mathrm{d}x}C'(x) = Q(x)$$

或 $$C'(x) = Q(x)\mathrm{e}^{\int p(x)\mathrm{d}x}$$

两边积分,得

$$C(x) = \int Q(x)\mathrm{e}^{\int p(x)\mathrm{d}x}\mathrm{d}x + C.$$

将上式代入式(5.3.3),得

$$y = \mathrm{e}^{-\int p(x)\mathrm{d}x}\left[\int Q(x)\mathrm{e}^{\int p(x)\mathrm{d}x}\mathrm{d}x + C\right] \tag{5.3.5}$$

式(5.3.5)称为一阶非齐次线性方程(5.3.1)的**通解公式**.

> 一阶非齐次线性方程的通解
> $y = C\mathrm{e}^{-\int p(x)\mathrm{d}x} + \mathrm{e}^{-\int p(x)\mathrm{d}x}\int Q(x)\mathrm{e}^{\int p(x)\mathrm{d}x}\mathrm{d}x$
> **即为齐次线性方程的通解与**非齐次线性方程的一个特解之和.

例 5.3.1　求微分方程$\dfrac{\mathrm{d}y}{\mathrm{d}x} = \dfrac{2y}{x} + \dfrac{x}{2}$的通解.

解　用通解公式求解,由方程知 $p(x) = -\dfrac{2}{x}$,$Q(x) = \dfrac{x}{2}$,代入通解公式,得

$$\begin{aligned} y &= \mathrm{e}^{\int \frac{2}{x}\mathrm{d}x}\left(\int \frac{x}{2}\mathrm{e}^{-\int \frac{2}{x}\mathrm{d}x}\mathrm{d}x + C\right) \\ &= \mathrm{e}^{\ln x^2}\left(\int \frac{x}{2}\cdot x^{-2} + C\right) \\ &= x^2\left(\int \frac{1}{2x} + C\right) \\ &= x^2\left(\frac{1}{2}\ln x + C\right) \end{aligned}$$

> 例 5.3.1 使用了公式法,即求解一阶线性微分方程可以直接用通解公式求解.

例 5.3.2　求解微分方程 $\dfrac{\mathrm{d}y}{\mathrm{d}x} = \dfrac{1}{x+y}$的通解.

解　把方程变形为 $$\frac{\mathrm{d}x}{\mathrm{d}y} = x + y \tag{5.3.6}$$

先求式(5.3.6)所对应的齐次线性方程的通解:

> 例 5.3.2 分析
> 方程$\dfrac{\mathrm{d}y}{\mathrm{d}x} = \dfrac{1}{x+y}$既不是变量可分离的方程,也不是一阶线性微分方程,即未知函数 y 不是一次函数. 但是我们把方程变为以 y 为自变量,x 为未知函数的一阶非齐次线性方程
> $\dfrac{\mathrm{d}x}{\mathrm{d}y} = x + y$

$$\frac{\mathrm{d}x}{\mathrm{d}y}-x=0$$

分离变量，得 $$\frac{\mathrm{d}x}{x}=\mathrm{d}y$$

两边积分，得 $$x=C\mathrm{e}^{y}$$

用常数变易法，求方程(5.3.6)的通解，令 $x=C(y)\mathrm{e}^{y}$，于是

$$\frac{\mathrm{d}x}{\mathrm{d}y}=\mathrm{e}^{y}C'(y)+C(y)\mathrm{e}^{y}$$

代入方程(5.3.6)化简，得 $C'(y)=\mathrm{e}^{-y}y$

两边积分，得 $C(y)=-\mathrm{e}^{-y}y-\mathrm{e}^{-y}+C$

故得方程(5.3.6)的通解为

$$x=(-y\mathrm{e}^{-y}-\mathrm{e}^{-y}+C)\mathrm{e}^{y}=-y-1+c\mathrm{e}^{y}$$

求解一阶线性微分方程既可以用常数变易法，也可以用公式法，即

$$y=\mathrm{e}^{-\int p(x)\mathrm{d}x}\left[\int Q(x)\mathrm{e}^{\int p(x)\mathrm{d}x}\mathrm{d}x+C\right]$$

求解可以直接用公式. 用公式法和“积分因子”法要将方程化为一般形式避免出错.

三、积分因子法

求解一阶线性微分方程，还可以用“**积分因子**”**法**.

用积分因子 $\mathrm{e}^{\int p(x)\mathrm{d}x}$ 同乘以方程的两端，得

$$y'\mathrm{e}^{\int p(x)\mathrm{d}x}+yp(x)\mathrm{e}^{\int p(x)\mathrm{d}x}=Q(x)\mathrm{e}^{\int p(x)\mathrm{d}x}$$

由乘积的导数公式知上式左边是 $(y\mathrm{e}^{\int p(x)\mathrm{d}x})'$，由此可得

$$(y\mathrm{e}^{\int p(x)\mathrm{d}x})'=Q(x)\mathrm{e}^{\int p(x)\mathrm{d}x}$$

两端积分后再同乘以 $\mathrm{e}^{-\int p(x)\mathrm{d}x}$，即得方程的通解.

如例 5.3.1 用“积分因子”法求解：

由方程知 $p(x)=-\dfrac{2}{x}, Q(x)=\dfrac{x}{2}$. 用积分因子

$$\mathrm{e}^{\int p(x)\mathrm{d}x}=\mathrm{e}^{\int(-\frac{2}{x})\mathrm{d}x}=x^{-2}$$

同乘以方程的两端得 $$(yx^{-2})'=\frac{x}{2}\cdot x^{-2}$$

两边积分，得

$$yx^{-2}=\frac{1}{2}\ln x+C$$

原方程的通解为

$$y=x^{2}\left(\frac{1}{2}\ln x+C\right)$$

练习 5.3.1

1. 求下列微分方程的通解.

(1) $y' + 2xy = 4x$ (2) $y' - \frac{1}{x-2}y = 2(x-2)^2$

(3) $\frac{dy}{dx} = \frac{2y}{6x - y^2}$ (4) $y' + y\cos x = xe^{-\sin x}$

(5) $\frac{dy}{dx} + y = e^{-x}$ (6) $xy' + y = x^2 + 3x + 2$

2. 求下列各题的初值问题.

(1) $\frac{dy}{dx} + \frac{y}{x} = \frac{\sin x}{x}, y|_{x=\pi} = 1$

(2) $\frac{dy}{dx} + 3y = 8, y|_{x=0} = 2$

(3) $y' - y\tan x = \sec x, y|_{x=0} = 0$

(4) $y' + \frac{1-2x}{x^2}y = 1, y|_{x=1} = 2$

内容小结

一、微分方程的基本概念

微分方程:含有未知函数的导数或微分的方程称为微分方程.

微分方程的阶:微分方程中出现的未知函数的导数的最高阶数称为微分方程的阶.

微分方程的解:如果函数 $y = y(x)$ 代入微分方程中能使微分方程成为恒等式,那么这个函数 $y = y(x)$ 称为该微分方程的解.

微分方程的通解:若微分方程的解中含有独立的任意常数,且任意常数的个数与阶数相同,这样的解称为该微分方程的通解.

微分方程的特解:确定了通解中任意常数的值,所得到的解就是微分方程的一特解.

初值问题:设 $x_0, y_0, y_0', \cdots, y_0^{(n-1)}$ 为一组确定的值,求 n 阶微分方程满足初始条件 $y|_{x=x_0} = y_0, y'|_{x=x_0} = y_0', \cdots, y^{(n-1)}|_{x=x_0} = y_0^{(n-1)}$ 的特解问题叫做微分方程的初值问题.

二、变量可分离的一阶微分方程的一般形式及其解法

1. 变量可分离的微分方程

一般形式 $\frac{dy}{dx} = f(x)g(y)$ 或 $y = f(x)g(x)$

解法:分离变量得

$$\frac{1}{g(y)}\mathrm{d}y=f(x)\mathrm{d}x$$

两边积分,得

$$\int\frac{1}{g(y)}\mathrm{d}y = \int f(x)\mathrm{d}x$$

2. 齐次方程

一般形式　$y'=f\left(\frac{y}{x}\right)$或$\frac{\mathrm{d}y}{\mathrm{d}x}=f\left(\frac{y}{x}\right)$

解法:令 $u=\frac{y}{x}$,则 $y=ux,\frac{\mathrm{d}y}{\mathrm{d}x}=u+x\frac{\mathrm{d}u}{\mathrm{d}x}$,从而原方程化为以 x 为变量,以 u 为未知函数的可分离变量的微分方程.

$$x\frac{\mathrm{d}u}{\mathrm{d}x}=f(u)-u \text{ 或 } \frac{\mathrm{d}u}{f(u)-u}=\frac{\mathrm{d}x}{x}$$

三、一阶线性微分方程的一般形式及其解法

一般形式　$\frac{\mathrm{d}y}{\mathrm{d}x}+p(x)y=Q(x)$　(5.4.1)

解法一　常数变易法

(1)先求方程(5.4.1)对应的齐次方程 $\frac{\mathrm{d}y}{\mathrm{d}x}+p(x)y=0$,得其通解 $y=C\mathrm{e}^{-\int p(x)\mathrm{d}x}$;

(2)再将其中的常数 C 换成 $C(x)$,即令 $y=C(x)\mathrm{e}^{-\int p(x)\mathrm{d}x}$,然后代入方程(5.4.1),求出 $C(x)$即得原微分方程的通解.

解法二　公式法

微分方程(5.4.1)的通解为

$$y=\mathrm{e}^{-\int p(x)\mathrm{d}x}\left[\int Q(x)\mathrm{e}^{\int p(x)\mathrm{d}x}\mathrm{d}x+C\right]$$

解法三　"积分因子"法

(1)用积分因子 $\mathrm{e}^{\int p(x)\mathrm{d}x}$ 同乘以方程的两端,得

$$y'\mathrm{e}^{\int p(x)\mathrm{d}x}+yp(x)\mathrm{e}^{\int p(x)\mathrm{d}x}=Q(x)\mathrm{e}^{\int p(x)\mathrm{d}x}$$

(2)由乘积的导数公式知上式的左边是 $(y\mathrm{e}^{\int p(x)\mathrm{d}x})'$,由此可得

$$(y\mathrm{e}^{\int p(x)\mathrm{d}x})'=Q(x)\mathrm{e}^{\int p(x)\mathrm{d}x}$$

(3)两端积分后再同乘以 $\mathrm{e}^{-\int p(x)\mathrm{d}x}$,即得方程的通解.

复习题

一、选择题

1. 方程 $x+y-2+(1-x)y'=0$ 是(　　).

A. 可分离变量的微分方程　　B. 一阶齐次微分方程

C. 一阶齐次线性微分方程　　D. 一阶非齐次线性微分方程

2. 下列方程中,可分离变量的是(　　).

A. $\sin(xy)dx+e^y dy=0$　　B. $x\sin y dx+y^2 dy=0$

C. $(1+xy)dx+y^2 dy=0$　　D. $\sin(x+y)dx+e^{xy}dy=0$

3. $y'=y$ 的通解为(　　).

A. $y=x$　　B. $y=cx$

C. $y=e^x$　　D. $y=ce^x$

4. 给定一阶微分方程 $\frac{dy}{dx}=2x$,下列结果正确的是(　　).

A. 通解为 $y=Cx^2$

B. 通过点(1,4)的特解是 $y=x^2-15$

C. 满足 $\int_0^1 y dx=2$ 的解为 $y=x^2+\frac{5}{3}$

D. 与直线 $y=2x+3$ 相切的解为 $y=x^2+1$

5. 下列方程是一阶线性微分方程的是(　　).

A. $y'-x\sin y=10$　　B. $y dx=(x+y^2)dy$

C. $x dx=(x+y)dy$　　D. $y'=x^3y^2+3$

6. 下列微分方程是齐次微分方程的是(　　).

A. $x^2y'-y=\sqrt{x^2-y^2}$　　B. $xy'-y=\sqrt{x^2+y^2}$

C. $xy'+y^2=x^2-xy$　　D. $y'=x^3y^2+3$

7. 下列微分方程是齐次微分方程的是(　　).

A. $(x^2+xy)dx=(y^2+2xy)(dx-dy)$

B. $(e^{2x}+2y)dx+(ye^x+2x)dy=0$

C. $y'=2y+x^2\sin y$

D. $y'-(\sin x+1)y=5$

8. 微分方程 $y'=y$ 满足初始条件 $y|_{x=0}=2$ 的特解是(　　).

A. $y=e^x+1$　　B. $y=e^{2x}$

C. $y=2e^{2x}$　　D. $y=2e^x$

9. 微分方程 $xy'-y\ln y=0$ 满足 $y(1)=e$ 的特解是(　　).

A. $y=ex$　　B. $y=e^x$

C. $y=xe^{2x-1}$　　D. $y=e\ln x$

10. 下列方程中，以 $y=\sin 2x$ 为特解的微分方程是(　　).

A. $y''+y=0$　　B. $y''+2y=0$

C. $y''+4y=0$　　D. $y''-4y=0$

二、填空题

1. 以函数 $y=Cx^2+x$（C 为任意常数）为通解的微分方程是________.

2. $xy'''+2x^2y'^2+x^3y=x^4=1$ 是________阶微分方程.

3. 微分方程$\dfrac{dy}{dx}=\dfrac{y^2}{xy-x-y}$不是一阶线性微分方程，但将 x 看作因变量，而将 y 看作自变量，则方程可化为一阶线性微分方程________，进而用此方法可求得该方程的通解为________.

4. 满足条件$f(x)+2\int_0^x f(x)\,dx=x^2$ 的微分方程是________.

三、求下列各微分方程的通解

1. $2x^2yy'=y^2+1$　　2. $xy'-y\ln y=0$

3. $3x^2+5x-2yy'=0$　　4. $(x^3+y^3)dx-3xy^2dy=0$

5. $(y+1)^2\dfrac{dy}{dx}+x^3=0$　　6. $(x^2+y^2)dx-xydy=0$

7. $y'+y\cos x=e^{-\sin x}$　　8. $\dfrac{dy}{dx}=\dfrac{y^2}{xy-x-y}$

9. $xy'+y=x^2+3x+2$　　10. $y'+2y=1$

11. $y'=\dfrac{y}{x}+\tan\dfrac{y}{x}$　　12. $ydx+(x-y^3)dy=0$

四、求下列微分方程满足所给初始条件的特解

1. $(y+3)dx+\cot x dy=0, y|_{x=0}=1$.

2. $y'\sin^2 x=y\ln y, y|_{x=\frac{\pi}{2}}=e$.

3. $\cos y dx+(1+e^{-x})\sin y dy=0, y|_{x=0}=\dfrac{\pi}{4}$.

4. $y'=\dfrac{x}{y}+\dfrac{y}{x}, y|_{x=1}=2$.

5. $\dfrac{dy}{dx}+3y=8, y|_{x=0}=2$.

第六章
多元函数微积分

一元函数反映了一个变量依赖于另一变量的情形,而在许多实际问题中,往往是一个变量依赖于多个变量的情形,从而产生了多元函数. 多元函数微积分与一元函数微积分有许多相似之处,它是一元函数微积分的推广与完善,当然,在某些方面也存在差异.

本章将介绍多元函数的极限、偏导、微分等,多元复合函数求导法则,二重积分的概念与性质,二重积分的计算方法等.

第一节　多元函数的极限与连续

本节导学

内容:①了解空间直角坐标系;②了解多元函数的概念;③会求二重极限;④理解二元导数的连续性.

重点:一元函数求极限的思想在二元函数求极限上的推广和应用.

一、引入

平面上的一个点可用一对有序实数来表示,平面上的一条曲线可用一元函数来表达. 那么,空间上的一个点该怎样来表示呢? 空间上的曲面又会怎样来表达呢?

二、空间直角坐标系

空间过一点 O 作 3 条两两相互垂直的数轴,依次记为 x **轴**(**横轴**)、y **轴**(**纵轴**)、和 z **轴**(**数轴**),统称为坐标轴. 点 O 称为坐标原点. 这样就构成了**空间直角坐标系**,记为 $Oxyz$ 坐标系,如图 6.1.1 所示.

通常情况下规定空间直角坐标系满足右手系规则:

(1)伸开右手,让右手四指指向为 x 轴的正方向;

(2)转动四指,让四指指向 y 轴的正方向;

(3)竖起大拇指,它所指的方向就是 z 轴的正方向.

三条坐标轴中的任意两条可以确定一个平面,称为**坐标面**,分别称为 xOy 平面,xOz 平面,yOz 平面.

三个坐标面将空间分成了八个部分,每一个部分称为一个**卦限**,把含有三个坐标轴正半轴的那个卦限称为第Ⅰ卦限，在平面 xOy 上方的其他三个卦限依次逆时针方向顺次称为第Ⅱ、Ⅲ、Ⅳ卦限. 在这四个卦限对应平面 xOy 下方的卦限顺次称为第Ⅴ、Ⅵ、Ⅶ、Ⅷ卦限.

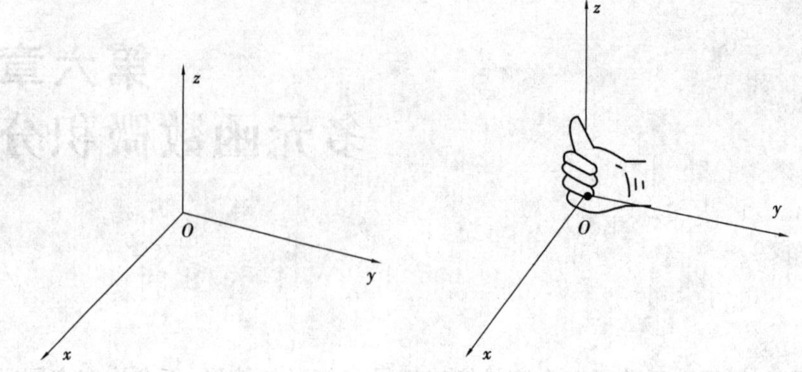

图 6.1.1　　图 6.1.2

空间坐标系的建立，使得空间的任意一个点 M 与三个有序实数 x、y、z 之间建立了一一对应关系.

空间点 M 所对应的有序实数 x,y,z 称为坐标，记为 $M(x,y,z)$.

空间两点 $M_1(x_1,y_1,z_1)$，$M_2(x_2,y_2,z_2)$ 之间的距离 d 为

$$d=\sqrt{(x_2-x_1)^2+(y_2-y_1)^2+(z_2-z_1)^2}$$

空间曲面 S 往往可用三元方程 $F(x,y,z)=0$ 来表示.

常见的几个曲面方程有：

(1)球面方程：$(x-a)^2+(y-b)^2+(z-c)^2=r^2$；

(2)平面方程：$Ax+By+Cz+D=0$；

(3)柱面方程：圆柱面方程 $x^2+y^2=1$，抛物柱面方程 $y=x^2$ 等.

三、多元函数的概念

在实际问题中，往往会遇到多个变量之间的依赖关系，如

(1)长方形的面积 A 与它的长 a 和宽 b 的关系为：$A=ab$；

(2)长方体的体积 V 与它的长 a 和宽 b 及高 c 的关系为：$V=abc$.

"元"指的是自变量. "一元"指的是只含有一个自变量. 二元函数 $z=f(x,y)$ 中，x,y 是自变量，称为两个元，而 z 为因变量.

像这样，当几个变量各取定了一个数值时，按照某种确定的对应关系，可以求得一个因变量的相应的值，这样的函数就是多元函数.

二元函数：$z=f(x,y)$；

三元函数：$w=f(x,y,z)$；

四元函数：$u=f(x,y,z,w)$；

⋮

二元及二元以上的函数都被称为多元函数.

对于二元函数 $z=f(x,y)$ 来说，由 xOy 平面上的一条或几条曲线所围成的一部分平面或整个平面，称为平面区域，简称**区域**. 围成区域的曲线称为区域的**边界**；边界上的点称为**边界点**；包括边界的区域称为**闭区**

域;不包括边界的区域称为**开区域**.

区域内任意两点之间的距离始终不超过某一个常数 $M(M>0)$,称这个区域为**有界区域**,否则称为**无界区域**.

二元函数 $z=f(x,y)$ 的定义域是指平面 xOy 上能让函数 $z=f(x,y)$ 有意义的所有点 (x,y) 的集合.从几何图形上看,函数 $z=f(x,y)$ 通常表示一张曲面,而定义域正是这张曲面在 xOy 平面上的投影,如图 6.1.3 所示.

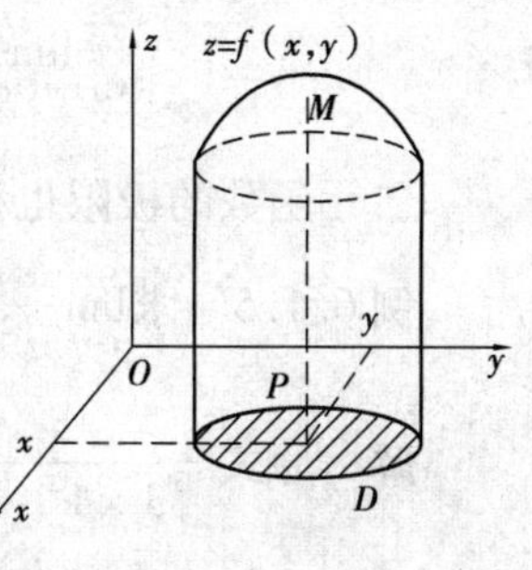

图 6.1.3

例 6.1.1　求 $z=\ln(x+y)$ 的定义域.

解　函数 $z=\ln(x+y)$ 的定义域为 $\{(x,y)\mid x+y>0\}$.

例 6.1.1 解题说明:
①$z=\ln(x+y)$ 中自变量 x、y 满足不等式 $x+y>0$.
②定义域中,要将 x 与 y 作为一个点 (x,y) 来记录.

例 6.1.2　求函数 $z=\ln(y-x)+\dfrac{\sqrt{x}}{\sqrt{1-x^2-y^2}}$ 的定义域.

解　所求定义域为:$\left\{(x,y)\left|\begin{cases}y-x>0\\x\geqslant 0\\x^2+y^2<1\end{cases}\right.\right\}$

多元函数中最典型的是二元函数,而二元函数的微积分大多能从一元函数的微积分中推广得到.

求多元函数的函数值也如同一元函数求函数值一般.

例 6.1.3　已知函数 $z=\sqrt{9-x^2-y^2}$,求 $f(-2,1)$.

解　$f(-2,1)=\sqrt{9-(-2)^2-1^2}=2$

例 6.1.3 解题说明:
$f(-2,1)=z(-2,1)$,因为 $z=f(x,y)$.

例 6.1.4　已知 $f(x,y)=\dfrac{2xy}{x^2+y^2}$,求 $f\left(1,\dfrac{y}{x}\right)$.

解　$f\left(1,\dfrac{y}{x}\right)=\dfrac{2\times 1\times\dfrac{y}{x}}{1^2+\left(\dfrac{y}{x}\right)^2}=\dfrac{2xy}{x^2+y^2}$

练习 6.1.1

1. 求下列函数的定义域.

(1) $z=\dfrac{1}{\sqrt{2-x^2-y^2}}$　　(2) $z=\arcsin(1-y)+\ln(x-y)$

2. 设 $f(x,y)=\dfrac{y}{x^2+y^2}$,求 $f(0,1)$.

3. 设 $f(x+y,x-y)=x^2-y^2$,求 $f(x,y)$.

四、二元函数的极限

一元函数 $y=f(x)$ 中的动点 x 在 x 轴上趋近定点 x_0 时只有两个方向:一个是左方趋近,另一个是右方趋近.但是,二元函数 $z=f(x,y)$ 中的动点 (x,y) 在 xOy 平面上趋近于定点 (x_0,y_0) 却有无数多个方向.

定义　设函数 $z=f(x,y)$ 在点 $P_0(x_0,y_0)$ 的某一去心邻域内有定义,

如果动点 $P(x,y)$ 以任意方式趋近于点 $P_0(x_0,y_0)$ 时，函数的对应值 $f(x,y)$ 总趋近于一个确定的常数 A，则称 A 为函数 $z=f(x,y)$ 当 $(x,y)\to(x_0,y_0)$ 时的**极限**. 记作

$$\lim_{(x,y)\to(x_0,y_0)} f(x,y)=A \text{ 或} \lim_{\substack{x\to x_0\\ y\to y_0}} f(x,y)=A.$$

二元函数的极限也称为**二重极限**.

例 6.1.5 求 $\lim\limits_{\substack{x\to1\\ y\to2}}\dfrac{x+y}{3x^2-2xy+y^2}$.

解 原式 $=\dfrac{1+2}{3\times1^2-2\times1\times2+2^2}=1$

例 6.1.6 解题说明：将 xy 看成一个整体. 此时应用重要极限 $\lim\limits_{X\to0}\dfrac{\sin X}{X}=1$，得到 $\lim\limits_{\substack{x\to0\\ y\to2}}\dfrac{\sin(xy)}{xy}=1$.

例 6.1.6 求 $\lim\limits_{\substack{x\to0\\ y\to2}}\dfrac{\sin(xy)}{x}$.

解 原式 $=\lim\limits_{\substack{x\to0\\ y\to2}}\dfrac{\sin(xy)}{xy}\cdot y=\lim\limits_{\substack{x\to0\\ y\to2}}\dfrac{\sin(xy)}{xy}\cdot\lim\limits_{y\to2}y$

$=1\times2=2$

例 6.1.7 解题说明：无穷小与有界函数的乘积仍然是无穷小.

例 6.1.7 设 $f(x,y)=(x^2+y^2)\sin\dfrac{1}{x^2+y^2}(x^2+y^2\neq0)$，求 $\lim\limits_{\substack{x\to0\\ y\to0}}f(x,y)$.

解 因为当 $x\to0,y\to0$ 时，$x^2+y^2\to0$，x^2+y^2 为无穷小，此时 $\sin\dfrac{1}{x^2+y^2}$ 为有界函数.

所以 $\lim\limits_{\substack{x\to0\\ y\to0}}f(x,y)=\lim\limits_{\substack{x\to0\\ y\to0}}(x^2+y^2)\sin\dfrac{1}{x^2+y^2}=0$

一元函数求极限的方法可以一一引入到二重极限中，但同时也要注意到多方向趋近固定点时是否为唯一常数的问题. 若有唯一的常数 A，则有极限 A，否则就没有极限.

例 6.1.8 解题说明：抓住各个方向趋近固定点. 直线 $y=kx$ 既经过固定点 $(0,0)$，又可以随着 k 的变化而改变直线的方向.

例 6.1.8 求 $\lim\limits_{\substack{x\to0\\ y\to0}}\dfrac{xy}{x^2+y^2}$.

解 令 $y=kx$，于是

原式 $=\lim\limits_{x\to0}\dfrac{x\cdot kx}{x^2+(kx)^2}=\dfrac{k}{1+k^2}$.

由于 k 的任意性，所以 $\dfrac{k}{1+k^2}$ 不恒定.

所以 $\lim\limits_{\substack{x\to0\\ y\to0}}\dfrac{xy}{x^2+y^2}$ 无极限.

练习 6.1.2

1. 求 $\lim\limits_{\substack{x\to1\\ y\to2}}\dfrac{x+y}{x-y}$.
2. 求 $\lim\limits_{\substack{x\to0\\ y\to0}}\dfrac{\sqrt{xy+1}-1}{xy}$.
3. 求 $\lim\limits_{\substack{x\to0\\ y\to2}}(1+xy)^{\frac{1}{x}}$.

五、二元函数的连续性

定义 如果当$(x,y)\to(x_0,y_0)$时，函数$f(x,y)$的极限存在，且等于它在该点处的函数值$f(x_0,y_0)$，即$\lim\limits_{\substack{x\to x_0\\y\to y_0}}f(x,y)=f(x_0,y_0)$，则称函数$f(x,y)$在点$(x_0,y_0)$处**连续**. 点$(x_0,y_0)$也称为函数$f(x,y)$的一个**连续点**，否则就称为函数$f(x,y)$的**间断点**.

如果函数$f(x,y)$在区域D内的每一点都连续，那么就称函数在D内连续.

和一元函数类似，多元连续函数有以下重要结论：

(1)在有界闭区间D上连续的多元函数必有最大值和最小值.

(2)一切多元初等函数在其定义域内都是连续的.

第二节 偏导数

本节导学

内容：①偏导数与求偏导数的方法；②会求较简单函数的高阶偏导数.

重点：理解求偏导数的方法.

一、引入

一元函数中研究函数的变化率得到导数. 同样，对于二元函数也能根据对变化率的研究得到偏导数. 它是基于其中一个自变量固定不变时，函数关于另外一个自变量的变化率问题. 此时，二元函数实际上已可看成是一元函数. 这就是二元函数的偏导数问题.

二、偏导数

1. 定义

固定点处的偏导数的定义.

设函数$z=f(x,y)$在点(x_0,y_0)的某一邻域内有定义，当y固定在y_0处，而x在x_0处有增量Δx时，相应的函数的增量为$\Delta z_x=f(x_0+\Delta x,y_0)-f(x_0,y_0)$，如果

$$\lim_{\Delta x\to 0}\frac{\Delta z_x}{\Delta x}=\lim_{\Delta x\to 0}\frac{f(x_0+\Delta x,y_0)-f(x_0,y_0)}{\Delta x}$$

存在，则称此极限为函数$z=f(x,y)$在点(x_0,y_0)处**对x的偏导数**，记作

$$\frac{\partial z}{\partial x}\Big|_{(x_0,y_0)},\frac{\partial f}{\partial x}\Big|_{(x_0,y_0)},f'_x(x_0,y_0)\text{或}z'_x(x_0,y_0).$$

偏导数记号$\frac{\partial z}{\partial x}$是一个整体，不能孤立地分开成$\partial z$与$\partial x$去理解. ∂z与∂x没有实际意义.

即
$$f'_x(x_0,y_0)=\lim_{\Delta x\to 0}\frac{f(x_0+\Delta x,y_0)-f(x_0,y_0)}{\Delta x}$$

类似地，可以定义函数$z=f(x,y)$在点(x_0,y_0)处**对y的偏导数**.

即
$$f'_y(x_0,y_0)=\lim_{\Delta y\to 0}\frac{f(x_0,y_0+\Delta y)-f(x_0,y_0)}{\Delta y}$$

流动点处的偏导数的定义.

$f'_x=f'_x(x,y)$.

记作 $\frac{\partial z}{\partial y}\Big|_{(x_0,y_0)},\frac{\partial f}{\partial y}\Big|_{(x_0,y_0)},f'_y(x_0,y_0)$或$z'_y(x_0,y_0)$

如果函数$z=f(x,y)$在点(x_0,y_0)处对x和y的偏导数都存在时,我们称$f(x,y)$在点(x_0,y_0)处可偏导.

如果函数$z=f(x,y)$在区域D内每一点(x,y)都可偏导,$f(x,y)$关于x和y的偏导数仍然是x、y的函数,就称它们为$f(x,y)$的**偏导函数**,记为

$$f'_x,\frac{\partial z}{\partial x},\frac{\partial f}{\partial x}\text{或 }z'_x;f'_y,\frac{\partial z}{\partial y},\frac{\partial f}{\partial y}\text{或 }z'_y$$

在不至于混淆的情况下,常把偏导函数简称为**偏导数**.

对于二元以上的函数,用同样的方法可以定义偏导数.例如,三元函数$w=f(x,y,z)$处对x的偏导数可定义为

$$f'_x(x,y,z)=\lim_{\Delta x\to 0}\frac{f(x+\Delta x,y,z)-f(x,y,z)}{\Delta x}$$

2.求偏导数的方法

二元函数$z=f(x,y)$求偏导:

(1)对x求偏导数,将变量y看为常数,只将x看为自变量去求导.

(2)对y求偏导数,将变量x看为常数,只将y看为自变量去求导.

多元函数求偏导数也是如此:对"谁"求偏导数,就将其看成自变量,其他变量都看成是常数.

例6.2.1解题说明:求固定点处的偏导数的步骤:
①先求流动点处的偏导数;
②代入固定点的取值得到固定点的偏导数.

例6.2.1 求$z=x^2+3xy+y^2$在点$(1,2)$处的偏导数.

解 $\frac{\partial z}{\partial x}=2x+3y,\frac{\partial z}{\partial y}=3x+2y$

$$\frac{\partial z}{\partial x}\Big|_{(1,2)}=2\times 1+3\times 2=8,\frac{\partial z}{\partial y}\Big|_{(1,2)}=3\times 1+2\times 2=7$$

例6.2.2 设$z=x^y(x>0,x\neq 1)$,求证:$\frac{x}{y}\frac{\partial z}{\partial x}+\frac{1}{\ln x}\frac{\partial z}{\partial y}=2z$.

证明 $\frac{\partial z}{\partial x}=yx^{y-1},\frac{\partial z}{\partial y}=x^y\ln x$

故 $\frac{x}{y}\frac{\partial z}{\partial x}+\frac{1}{\ln x}\frac{\partial z}{\partial y}=\frac{x}{y}yx^{y-1}+\frac{1}{\ln x}x^y\ln x=2x^y=2z$

例6.2.3 求$r=\sqrt{x^2+y^2+z^2}$的偏导数.

解 $\frac{\partial r}{\partial x}=\frac{2x}{2\sqrt{x^2+y^2+z^2}}=\frac{x}{\sqrt{x^2+y^2+z^2}}$

$$\frac{\partial r}{\partial y}=\frac{2y}{2\sqrt{x^2+y^2+z^2}}=\frac{y}{\sqrt{x^2+y^2+z^2}}$$

$$\frac{\partial r}{\partial z}=\frac{2z}{2\sqrt{x^2+y^2+z^2}}=\frac{z}{\sqrt{x^2+y^2+z^2}}$$

例 6.2.4　已知理想气体的状态方程 $PV=RT$(R 为常量). 求证: $\frac{\partial P}{\partial V}\frac{\partial V}{\partial T}\frac{\partial T}{\partial P}=-1$.

证明　因为 $P=\frac{RT}{V},\frac{\partial P}{\partial V}=-\frac{RT}{V^2};V=\frac{RT}{p},\frac{\partial V}{\partial T}=\frac{R}{P};T=\frac{PV}{R},\frac{\partial T}{\partial P}=\frac{V}{R}$.

所以　$\frac{\partial P}{\partial V}\frac{\partial V}{\partial T}\frac{\partial T}{\partial P}=-\frac{RT}{V^2}\cdot\frac{R}{P}\cdot\frac{V}{R}=-\frac{RT}{PV}=-1$

例 6.2.4 解题说明: $\frac{\partial P}{\partial V}$只能由 $P=\frac{RT}{V}$得到. 因为这二者都是让 P 作函数变量. 同样, $\frac{\partial V}{\partial T}$只能由 $V=\frac{RT}{p}$得到; $\frac{\partial T}{\partial P}$只能由 $T=\frac{PV}{R}$得到.

例 6.2.4 同时还说明 $\frac{\partial P}{\partial V}$等偏导数是一个整体记号. 否则, $\frac{\partial P}{\partial V}\frac{\partial V}{\partial T}\frac{\partial T}{\partial P}$的结果就不能是 -1.

练习 6.2.1

1. 求下列函数的偏导数.

(1) $z=x^3+2x^2y-xy^2+y^3$　　(2) $f(x,y)=xy-\frac{x}{y}$

(3) $f(x,y)=\arctan\frac{x}{y}$　　(4) $u=\frac{xy}{z}$

2. 设 $f(x,y)=x^2y^2-2y+1$, 求 $f_x'(1,2),f_y'(0,1)$.

三、高阶偏导数

设函数 $z=f(x,y)$ 在区域 D 内具有偏导数 $\frac{\partial z}{\partial x}=f_x'(x,y)$, $\frac{\partial z}{\partial y}=f_y'(x,y)$. 一般说来, 在 D 内, $f_x'(x,y)$, $f_y'(x,y)$ 仍然是 x、y 的函数. 如果这两个函数的偏导数也存在, 则称它们是函数 $z=f(x,y)$ 的二阶偏导数. 二元函数依照对变量求导的次序不同有下列四个二阶偏导数:

$$\frac{\partial}{\partial x}\left(\frac{\partial z}{\partial x}\right)=\frac{\partial^2 z}{\partial x^2}=f''_{xx},\frac{\partial}{\partial y}\left(\frac{\partial z}{\partial x}\right)=\frac{\partial^2 z}{\partial x\partial y}=f''_{xy},$$

$$\frac{\partial}{\partial x}\left(\frac{\partial z}{\partial y}\right)=\frac{\partial^2 z}{\partial y\partial x}=f''_{yx},\frac{\partial}{\partial y}\left(\frac{\partial z}{\partial y}\right)=\frac{\partial^2 z}{\partial y^2}=f''_{yy}$$

$f''_{xx}=f''_{xx}(x,y)$. $\frac{\partial}{\partial x}\left(\frac{\partial z}{\partial x}\right)=\frac{\partial\left(\frac{\partial z}{\partial x}\right)}{\partial x}$, 它表明让 $\frac{\partial z}{\partial x}$ 作为函数变量对自变量 x 求偏导.

其中, f''_{xy} 和 f''_{yx} 称为**二阶混合偏导数**.

同样可得三阶、四阶以及 n 阶偏导数.

通常把二阶及二阶以上的各阶偏导数统称为**高阶偏导数**, 而 f_x' 与 f_y' 又可称为函数 $z=f(x,y)$ 的**一阶偏导数**.

例 6.2.5　设 $z=x^3y^2-3xy^2-xy+1$, 求 $\frac{\partial^2 z}{\partial x^2}$、$\frac{\partial^2 z}{\partial x\partial y}$、$\frac{\partial^2 z}{\partial y\partial x}$、$\frac{\partial^2 z}{\partial y^2}$ 及 $\frac{\partial^3 z}{\partial x^3}$.

解　$\frac{\partial z}{\partial x}=3x^2y^2-3y^2-y,\frac{\partial z}{\partial y}=2x^3y-6xy-x,$

$$\frac{\partial^2 z}{\partial x^2}=6xy^2,\frac{\partial^2 z}{\partial x\partial y}=6x^2y-6y-1,$$

$$\frac{\partial^2 z}{\partial y\partial x}=6x^2y-6y-1,\frac{\partial^2 z}{\partial y^2}=2x^3-6x,\frac{\partial^3 z}{\partial x^3}=6y^2$$

结论: 二阶混合偏导数在连续的条件下与求导的次序无关.

练习 6.2.2

1. 求 $f(x,y)=x^2y^2-2x$ 的二阶偏导数.

2. 求 $z=x\ln(x+y)$ 的二阶偏导数.

第三节　全微分及其近似计算

本节导学
内容：①理解全微分的概念；
②会求全微分；
③会运用全微分求近似值.
重点：会求全微分.

一、引入

一元函数 $y=f(x)$ 的微分为 $dy=f'(x)dx$. 对于二元函数 $z=f(x,y)$ 来说，如何来确定它的全微分呢？本节将解答这类问题.

二、全微分

设矩形铁板的长为 x，宽为 y，其面积 $A=xy$. 当铁板加热时膨胀，长增加了 Δx，宽增加了 Δy，如图 6.3.1 所示. 称 $(x+\Delta x)(y+\Delta y)-xy=y\Delta x+x\Delta y+\Delta x\Delta y$ 为面积的全增量，记为 ΔA，即

$$\Delta A=(x+\Delta x)(y+\Delta y)-xy=y\Delta x+x\Delta y+\Delta x\Delta y$$

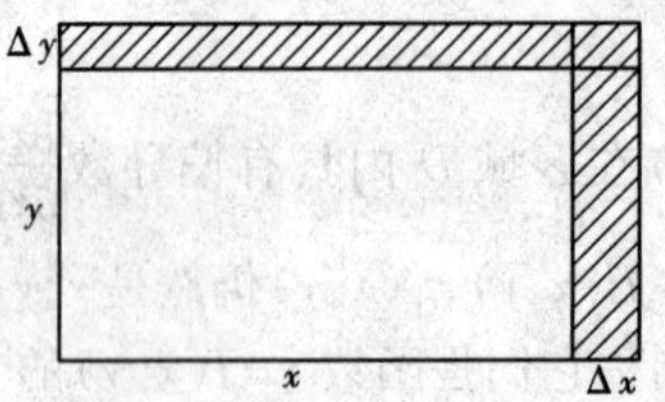

图 6.3.1

显然，全增量的主要部分为 $y\Delta x+x\Delta y$，我们称它为函数 $A=xy$ 在点 (x,y) 处的**全微分** dA，即 $dA=y\Delta x+x\cdot\Delta y$.

这里 $y=\frac{\partial A}{\partial x}$，$x=\frac{\partial A}{\partial y}$，并记 $dx=\Delta x$，$dy=\Delta y$，即全微分 $dA=\frac{\partial A}{\partial x}dx+\frac{\partial A}{\partial y}dy$.

全增量与全微分之间的关系为：$\Delta A\approx dA$.

对于二元函数 $z=f(x,y)$，在点 (x,y) 处的全增量为 $\Delta z=f(x+\Delta x,y+\Delta y)-f(x,y)$；在点 (x,y) 处的全微分为 $dz=\frac{\partial z}{\partial x}dx+\frac{\partial z}{\partial y}dy$. 这里 $\Delta z\approx dz$.

$\frac{\partial z}{\partial x}dx$ 为在 x 方向上的偏微分；$\frac{\partial z}{\partial y}dy$ 为在 y 方向上的偏微分. 显然，全微分是函数在各个自变量方向上的偏微分之和.

如果函数 $z=f(x,y)$ 在点 (x,y) 处的某邻域内偏导数 $\frac{\partial z}{\partial x}$，$\frac{\partial z}{\partial y}$ 都存在，则称函数 $z=f(x,y)$ 在点 (x,y) 处可微.

全微分可推广到多元函数上. 如若三元函数 $w=f(x,y,z)$ 可微，其全微分为

$$dw=\frac{\partial w}{\partial x}dx+\frac{\partial w}{\partial y}dy+\frac{\partial w}{\partial z}dz$$

例 6.3.1　求函数 $z=4xy^2+5x^2y$ 在点 $(1,2)$ 处的全微分.

解　$\frac{\partial z}{\partial x}=4y^2+10xy,\frac{\partial z}{\partial y}=8xy+5x^2$

$$\left.\frac{\partial z}{\partial x}\right|_{(1,2)}=4\times 2^2+10\times 1\times 2=36$$

$$\left.\frac{\partial z}{\partial y}\right|_{(1,2)}=8\times 1\times 2+5\times 1^2=21$$

所以 $\mathrm{d}z|_{(1,2)}=36\mathrm{d}x+21\mathrm{d}y$

求全微分的步骤：①先求出各个自变量方向上的偏导数；②再求出各个自变量方向上的偏微分的和，即得到全微分.

例 6.3.2　求函数 $w=x+\sin\frac{y}{2}+\mathrm{e}^{yz}$ 的全微分.

解　$\frac{\partial w}{\partial x}=1,\frac{\partial w}{\partial y}=\frac{1}{2}\cos\frac{y}{2}+z\mathrm{e}^{yz},\frac{\partial w}{\partial z}=y\mathrm{e}^{yz}$

所以
$$\mathrm{d}w=\mathrm{d}x+\left(\frac{1}{2}\cos\frac{y}{2}+z\mathrm{e}^{yz}\right)\mathrm{d}y+y\mathrm{e}^{yz}\mathrm{d}z$$

练习 6.3.1

1. 设 $z=xy+\frac{x}{y}$，求全微分 $\mathrm{d}z$.
2. 求函数 $z=\ln(1+x^2+y^2)$ 当 $x=1,y=2$ 时的全微分.
3. 求函数 $z=\frac{x}{y}$ 当 $x=2,y=1,\Delta x=0.1,\Delta y=-0.2$ 时的全增量和全微分.

三、全微分在近似计算中的应用

当二元函数 $z=f(x,y)$ 在点 (x,y) 处的两个偏导数 f'_x,f'_y 连续，并且 $|\Delta x|,|\Delta y|$ 都较小时，有近似等式

$$\Delta z\approx \mathrm{d}z=f'_x\mathrm{d}x+f'_y\mathrm{d}y=f'_x\Delta x+f'_y\Delta y$$

由于 $\Delta z=f(x+\Delta x,y+\Delta y)-f(x,y)$，故

$$f(x+\Delta x,y+\Delta y)\approx f(x,y)+f'_x\Delta x+f'_y\Delta y$$

我们常常用上式来计算函数的近似值.

例 6.3.3　求 $\sqrt{1.02^3+1.97^3}$ 的近似值.

解　设 $f(x,y)=\sqrt{x^3+y^3}$. 这里 $x=1,y=2,\Delta x=0.02,\Delta y=-0.03$.

$$f'_x=\frac{3x^2}{2\sqrt{x^3+y^3}},f'_y=\frac{3y^2}{2\sqrt{x^3+y^3}}$$

$$\mathrm{d}f=\frac{3x^2}{2\sqrt{x^3+y^3}}\mathrm{d}x+\frac{3y^2}{2\sqrt{x^3+y^3}}\mathrm{d}y$$

$$=\frac{3x^2}{2\sqrt{x^3+y^3}}\Delta x+\frac{3y^2}{2\sqrt{x^3+y^3}}\Delta y$$

$$\mathrm{d}f(1,2)=\frac{3\times 1^2}{2\sqrt{1^3+2^3}}\times 0.02+\frac{3\times 2^2}{2\sqrt{1^3+2^3}}\times(-0.03)=-0.05$$

$$f(1.02,1.97)\approx f(1,2)+\mathrm{d}f(1,2)=\sqrt{1^3+2^3}+(-0.05)=2.95$$

例 6.3.4 要做一个无盖的圆柱形容器,其内径为 2 m,高为 4 m,厚度为 0.01 m,求需用多少材料?

解 设圆柱体的底面半径为 r,高为 h,体积为 V,则 $V=\pi r^2 h$,$\frac{\partial V}{\partial r}=2\pi rh$,$\frac{\partial V}{\partial h}=\pi r^2$,$dV=2\pi rh dr+\pi r^2 dh$,$\Delta V\approx dV$.

$$\Delta V\Big|_{\substack{r=1\\h=4\\\Delta r=0.01\\\Delta h=0.01}}\approx dV\Big|_{\substack{r=1\\h=4\\dr=0.01\\dh=0.01}}=2\pi\times 1\times 4\times 0.01+\pi\times 1^2\times 0.01=0.09\pi(\text{m}^3)$$

即需用材料 $0.09\pi\text{m}^3$.

练习 6.3.2

1. 计算 $1.97^{1.05}$ 的近似值($\ln 2\approx 0.693$).

2. 一个底半径为 2.01 m,高为 1.01 m 的圆锥形铁坯. 精确加工后变成底半径为 2 m,高为 1 m 的圆锥形成品. 问削去的铁屑有多大质量?(铁的密度为 7.8 t/m^3.)

第四节 多元复合函数与隐函数的求导法则

本节导学

内容:①树杈图与链式法则;

②会求多元复合函数的偏导数;

③会求隐函数的偏导数.

重点:理解多元函数的树杈图和链式法则.

一、引入

前面学习过一元复合函数 $y=f[u(x)]$. 同样,设 $z=f(u,v)$,$u=u(x,y)$,$v=v(x,y)$,则称 $z=f[u(x,y),v(x,y)]$是二元复合函数. 其中,x,y 是自变量元,u,v 是中间变量. 而多元复合函数的求导实际是一元复合函数求导的推广.

二、多元复合函数的求导法则

1. 树杈图

为了更好地掌握多元复合函数的结构图,我们常常形象地把它画成**树杈图**. 例如:

(1)$z=f(u,v)$,$u=u(x,y)$,$v=v(x,y)$. 树杈图如图6.4.1所示.

(2)$w=f[u(x,y),v(x,y),z(x,y)]$. 树杈图如图 6.4.2 所示.

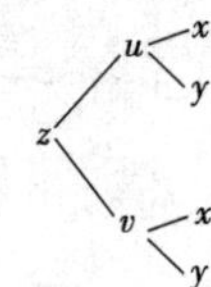

图 6.4.1

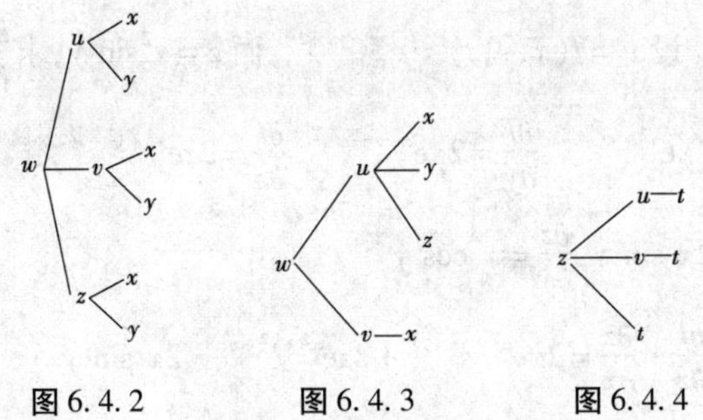

图6.4.2　　图6.4.3　　图6.4.4

(3) $w=f[u(x,y,z),v(x)]$. 树杈图如图6.4.3所示.

(4) $z=f[u(t),v(t),t]$. 树杈图如图6.4.4所示.

从树杈图上可以清楚地看到哪些是中间变量,哪些是自变量,从函数变量开始到每一个自变量各有几条路径.

2. 多元复合函数求导法则

多元复合函数对某个自变量的偏导数等于对这个自变量的各条路径的偏导数之和.

如二元复合函数 $z=f[u(x,y),v(x,y)]$ 的偏导数为:

$$\frac{\partial z}{\partial x}=\frac{\partial z}{\partial u}\cdot\frac{\partial u}{\partial x}+\frac{\partial z}{\partial v}\cdot\frac{\partial v}{\partial x},\frac{\partial z}{\partial y}=\frac{\partial z}{\partial u}\cdot\frac{\partial u}{\partial y}+\frac{\partial z}{\partial v}\cdot\frac{\partial v}{\partial y}$$

三元复合函数 $w=f[u(x,y,z),v(x)]$ 的偏导数为:

$$\frac{\partial w}{\partial x}=\frac{\partial w}{\partial u}\cdot\frac{\partial u}{\partial x}+\frac{\partial w}{\partial v}\cdot\frac{\mathrm{d}u}{\mathrm{d}x},\frac{\partial w}{\partial y}=\frac{\partial w}{\partial u}\cdot\frac{\partial u}{\partial y},\frac{\partial w}{\partial z}=\frac{\partial w}{\partial u}\cdot\frac{\partial u}{\partial z}$$

其实,有中间变量的每一条路径相当于是一个复合函数.

我们形象地称这些多元复合函数的求偏导法则为**链式法则**.

当然,不同结构的多元复合函数的链式法则是不一样的,这点从它的树杈图上可以清楚地看出来. 我们也能根据它的树杈图写出链式法则.

注意:由于函数 $v=v(x)$ 里只有一个自变量,所以就只有导数 $\frac{\mathrm{d}v}{\mathrm{d}x}$,而不存在偏导数 $\frac{\partial v}{\partial x}$.

例6.4.1　设 $z=\mathrm{e}^u\sin v$,而 $u=xy,v=x+y$,求 $\frac{\partial z}{\partial x}$ 和 $\frac{\partial z}{\partial y}$.

解　$\frac{\partial z}{\partial u}=\mathrm{e}^u\sin v,\frac{\partial z}{\partial v}=\mathrm{e}^u\cos v$

$\frac{\partial u}{\partial x}=y,\frac{\partial u}{\partial y}=x$

$\frac{\partial v}{\partial x}=1,\frac{\partial v}{\partial y}=1$

所以 $\frac{\partial z}{\partial x}=\frac{\partial z}{\partial u}\frac{\partial u}{\partial x}+\frac{\partial z}{\partial v}\frac{\partial v}{\partial x}$

$=\mathrm{e}^u\sin v\cdot y+\mathrm{e}^u\cos v\cdot 1$

$=\mathrm{e}^{xy}[y\sin(x+y)+\cos(x+y)]$

$\frac{\partial z}{\partial y}=\frac{\partial z}{\partial u}\frac{\partial u}{\partial y}+\frac{\partial z}{\partial v}\frac{\partial v}{\partial y}$

$=\mathrm{e}^u\sin v\cdot x+\mathrm{e}^u\cos v\cdot 1$

$=\mathrm{e}^{xy}[x\sin(x+y)+\cos(x+y)]$

例6.4.2 解题说明:注意区分整体对 x 或 y 的偏导与部分对 x 或 y 的偏导在记号上的区别:$\frac{\partial u}{\partial x}$代表整体对 x 的偏导,而$\frac{\partial f}{\partial x}$仅仅只代表 u 对 x 的第一条路径的偏导.

例 6.4.2 设 $u=f(x,y,z)=\mathrm{e}^{x^2+y^2+z^2}$,而 $z=x^2\sin y$,求$\frac{\partial u}{\partial x}$和$\frac{\partial u}{\partial y}$.

解 $\frac{\partial f}{\partial x}=2x\mathrm{e}^{x^2+y^2+z^2},\frac{\partial f}{\partial y}=2y\mathrm{e}^{x^2+y^2+z^2},\frac{\partial f}{\partial z}=2z\mathrm{e}^{x^2+y^2+z^2}$,

$\frac{\partial z}{\partial x}=2x\sin y,\frac{\partial z}{\partial y}=x^2\cos y$

所以$\frac{\partial u}{\partial x}=\frac{\partial f}{\partial x}+\frac{\partial f}{\partial z}\cdot\frac{\partial z}{\partial x}=2x\mathrm{e}^{x^2+y^2+z^2}+2z\mathrm{e}^{x^2+y^2+z^2}\cdot 2x\sin y$

$=\mathrm{e}^{x^2+y^2+z^2}(2x+4xz\sin y)$

$\frac{\partial u}{\partial y}=\frac{\partial f}{\partial y}+\frac{\partial f}{\partial z}\cdot\frac{\partial z}{\partial y}=2y\mathrm{e}^{x^2+y^2+z^2}+2z\mathrm{e}^{x^2+y^2+z^2}\cdot x^2\cos y$

$=\mathrm{e}^{x^2+y^2+z^2}(2y+2x^2z\cos y)$

例 6.4.3 设 $z=\mathrm{e}^u+\sin v$,而 $u=x^2+3y^2,v=2y^2-y$,求$\frac{\partial z}{\partial x}$和$\frac{\partial z}{\partial y}$.

解 $\frac{\partial z}{\partial u}=\mathrm{e}^u$, $\frac{\partial z}{\partial v}=\cos v$; $\frac{\partial u}{\partial x}=2x$, $\frac{\partial u}{\partial y}=6y$;

$\frac{\mathrm{d}v}{\mathrm{d}y}=4y-1$

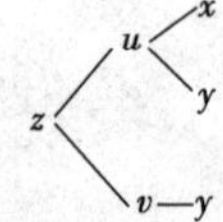

注意到这里 $v=2y^2-y$ 只有一个自变量,所以有$\frac{\mathrm{d}v}{\mathrm{d}y}=4y-1$.

所以$\frac{\partial z}{\partial x}=\frac{\partial z}{\partial u}\cdot\frac{\partial u}{\partial x}=\mathrm{e}^u\cdot 2x=2x\mathrm{e}^{x^2+3y^2}$

$\frac{\partial z}{\partial y}=\frac{\partial z}{\partial u}\frac{\partial u}{\partial y}+\frac{\partial z}{\partial v}\frac{\mathrm{d}v}{\mathrm{d}y}$

$=\mathrm{e}^u\cdot 6y+\cos v(4y-1)$

$=6y\mathrm{e}^{x^2+3y^2}+(4y-1)\cos(2y^2-y)$

复合函数 $z=f[u(t),v(t),w(t)]$ 实际上是 t 的一元函数,所以对 x 的导数$\frac{\mathrm{d}z}{\mathrm{d}x}$称为**全导数**.

例 6.4.4 设 $z=uv+\sin t$,而 $u=\mathrm{e}^t,v=\cos t$,求全导数$\frac{\mathrm{d}z}{\mathrm{d}t}$.

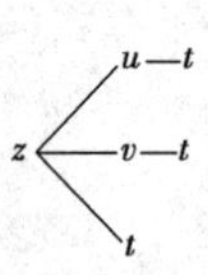

解 $\frac{\partial z}{\partial u}=v,\frac{\partial z}{\partial v}=u,\frac{\partial z}{\partial t}=\cos t;\frac{\mathrm{d}u}{\mathrm{d}t}=\mathrm{e}^t;\frac{\mathrm{d}v}{\mathrm{d}t}=-\sin t$

故$\frac{\mathrm{d}z}{\mathrm{d}t}=\frac{\partial z}{\partial u}\frac{\mathrm{d}u}{\mathrm{d}t}+\frac{\partial z}{\partial v}\frac{\mathrm{d}v}{\mathrm{d}t}+\frac{\partial z}{\partial t}$

$=v\mathrm{e}^t+u(-\sin t)+\cos t=\mathrm{e}^t\cos t-\mathrm{e}^t\sin t+\cos t$

练习 6.4.1

1. 设 $z=u^2+uv+v^2$,而 $u=x+y,v=x-y$,求$\frac{\partial z}{\partial x}$和$\frac{\partial z}{\partial y}$.

2. 设 $z=\mathrm{e}^{x-2y}$,而 $x=\sin t,y=t^3$,求全导数$\frac{\mathrm{d}z}{\mathrm{d}t}$.

三、隐函数的求导公式

一元函数中,我们学习了隐函数的求导法则. 对于多元隐函数,我们应用多元复合函数的求导法则得到隐函数的求导公式.

设方程 $F(x,y,z)=0$ 确定了隐函数 $z=z(x,y)$. $F(x,y,z)$ 具有连续偏导数 F'_x、F'_y、F'_z，且 $F'_z\neq 0$. 将 $z=z(x,y)$ 带入 $F(x,y,z)=0$，得 $F(x,y,z(x,y))=0$，两边都对 x 求偏导数得 $F'_x+F'_z\cdot\frac{\partial z}{\partial x}=0$，故$\frac{\partial z}{\partial x}=-\frac{F'_x}{F'_z}$.

两边都对 y 求偏导数得 $F'_y+F'_z\cdot\frac{\partial z}{\partial y}=0$，故$\frac{\partial z}{\partial y}=-\frac{F'_y}{F'_z}$.

于是得到了二元隐函数 $F(x,y,z)=0$ 的求偏导公式：

$$\boxed{\frac{\partial z}{\partial x}=-\frac{F'_x}{F'_z},\frac{\partial z}{\partial y}=-\frac{F'_y}{F'_z}}$$

同理可推广到多元隐函数中，如三元隐函数 $F(x,y,z,w)=0$ 的求偏导公式：

$$\boxed{\frac{\partial w}{\partial x}=-\frac{F'_x}{F'_w},\frac{\partial w}{\partial y}=-\frac{F'_y}{F'_w},\frac{\partial w}{\partial z}=-\frac{F'_z}{F'_w}}$$

一元隐函数 $F(x,y)=0$ 的导数$\frac{\mathrm{d}y}{\mathrm{d}x}=-\frac{F'_x}{F'_y}$.

例 6.4.5　设 $x^2+y^2+z^2-14z=0$，求$\frac{\partial z}{\partial x}$和$\frac{\partial z}{\partial y}$.

解　令 $F(x,y,z)=x^2+y^2+z^2-14z$，则

$F'_x=2x,F'_y=2y,F'_z=2z-14$

故$\frac{\partial z}{\partial x}=-\frac{F'_x}{F'_z}=-\frac{2x}{2z-14}=\frac{x}{7-z}$

$\frac{\partial z}{\partial y}=-\frac{F'_y}{F'_z}=-\frac{2y}{2z-14}=\frac{y}{7-z}$

例 6.4.6　给定方程 $x^2+y^2=4$，求由此确定的 y 为 x 的函数的导数$\frac{\mathrm{d}y}{\mathrm{d}x}$.

解　令 $F(x,y)=x^2+y^2-4$，则 $F'_x=2x,F'_y=2y$

所以$\frac{\mathrm{d}y}{\mathrm{d}x}=-\frac{F'_x}{F'_y}=-\frac{2x}{2y}=-\frac{x}{y}$

练习 6.4.2

1. 设 $x+2y+2z-2\sqrt{xyz}=0$，求$\frac{\partial z}{\partial x}$和$\frac{\partial z}{\partial y}$.

2. 设 $x^2-4x+y^2-2z^2=0$，求$\frac{\partial x}{\partial y}$和$\frac{\partial x}{\partial z}$.

3. 设 $xy-\ln y=a$，求$\frac{\mathrm{d}y}{\mathrm{d}x}$.

第五节 多元函数的极值

本节导学

内容：①求解二元函数的极值；

②求解二元函数的最值；

③了解拉格朗日乘数法.

重点：理解求二元函数极值的步骤.

一、引入

如何求解二元函数$f(x,y)=x^3-y^3+3x^2+3y^2-9x$的极值呢？与一元函数类似，多元函数也有极值和最值.

二、多元函数的极值及最值

1. 定义

设函数$z=f(x,y)$在$P_0(x_0,y_0)$的某个邻域内有定义，如果对于该邻域内异于点$P_0(x_0,y_0)$的任何点(x,y)，都有$f(x,y)<f(x_0,y_0)$（或$f(x,y)>f(x_0,y_0)$）成立，则称函数$f(x,y)$在点$P_0(x_0,y_0)$处有**极大值**（或**极小值**）$f(x_0,y_0)$. 极大值与极小值统称为**极值**，而点(x_0,y_0)称为$f(x,y)$的**极值点**.

2. 找极值的方法

定理1（极值存在的必要条件）

设函数$z=f(x,y)$在点(x_0,y_0)处可微，且在(x_0,y_0)处有极值，则该点处的两个偏导数都为零，即$\begin{cases}f'_x(x_0,y_0)=0\\f'_y(x_0,y_0)=0\end{cases}$.

习惯上，人们把满足$\begin{cases}f'_x(x_0,y_0)=0\\f'_y(x_0,y_0)=0\end{cases}$的点$(x_0,y_0)$也称为**驻点**.

两个偏导数都为零作为极值存在的必要条件，可从图像上理解.

显然，在可微的条件下，极值点藏身于驻点之中.

定理2（极值存在的充分条件）

设函数$z=f(x,y)$在点(x_0,y_0)的某个邻域内具有一阶及二阶连续偏导数，且(x_0,y_0)为驻点，即$\begin{cases}f'_x(x_0,y_0)=0\\f'_y(x_0,y_0)=0\end{cases}$. 记

$f''_{xx}(x_0,y_0)$、$f''_{xy}(x_0,y_0)$、$f''_{yy}(x_0,y_0)$等均为二阶偏导数.

$f''_{xx}(x_0,y_0)$是指$f'_x(x,y)$在(x_0,y_0)点处进一步再对x求偏导. $f''_{xy}(x_0,y_0)$、$f''_{yy}(x_0,y_0)$同理.

$A=f''_{xx}(x_0,y_0)$，$B=f''_{xy}(x_0,y_0)$，$C=f''_{yy}(x_0,y_0)$. 则在点(x_0,y_0)处有：

(1) 当$B^2-AC<0$时有极值，且当$A<0$时有极大值；当$A>0$时，有极小值；

(2) 当$B^2-AC>0$时，无极值；

(3) 当$B^2-AC=0$时，极值或有或无.

3. 求二元函数极值的步骤

(1) 求驻点（解方程组$\begin{cases}f'_x=0\\f'_y=0\end{cases}$，所有实数解即为驻点）；

(2)计算各驻点处的A,B,C(先求出$f''_{xx},f''_{xy},f''_{yy}$,再分别代入每一个驻点,求得$A,B,C$);

(3)辨别B^2-AC的符号,得结论(各驻点是否为极值);

(4)算极值(是极值点的计算出各极值大小).

例6.5.1　求函数$f(x,y)=x^3-y^3+3x^2+3y^2-9x$的极值.

解　解方程组$\begin{cases}f'_x=3x^2+6x-9=0\\ f'_y=-3y^2+6y=0\end{cases}$得四个驻点:(1,0)、(1,2)、(-3,0)、(-3,2).

$f''_{xx}=6x+6,f''_{xy}=0,f''_{yy}=-6y+6$

在点(1,0)处,$B^2-AC=-72<0$,且$A=12>0$,所以有极小值$f(1,0)=-5$;

在点(1,2)处,$B^2-AC=72>0$,所以无极小值;

在点(-3,0)处,$B^2-AC=72>0$,所以无极小值;

在点(-3,2)处,$B^2-AC=-72<0$,且$A=-12<0$,所以有极大值$f(-3,2)=31$.

4. 求最值

有时候,对于有界闭区域上连续的二元函数,我们常常要求它的最大值和最小值.

同一元函数类似,二元函数的最值同样只存在于边界线上或极值点之中.

例6.5.2　求函数$f(x,y)=\sqrt{4-x^2-y^2}$在圆域$x^2+y^2\leqslant 1$的最大值与最小值.

解　解方程组$\begin{cases}\dfrac{\partial f}{\partial x}=-\dfrac{x}{\sqrt{4-x^2-y^2}}=0\\ \dfrac{\partial f}{\partial y}=-\dfrac{y}{\sqrt{4-x^2-y^2}}=0\end{cases}$得唯一驻点(0,0),且$f(0,0)=2$.

又函数$f(x,y)=\sqrt{4-x^2-y^2}$在圆域的边界$x^2+y^2=1$上任一点的函数值都为$\sqrt{3}$.

比较边界线上点的函数值与驻点的函数值的大小,有最大值$f(0,0)=2$,最小值为$\sqrt{3}$.

但有时从实际问题本身的特征中知道,函数在特定的开区域D内一定有最值,而此时恰好也只有唯一的驻点,那么该驻点处的函数值就是所求的最值,可以不再进行检验.

三、条件极值

在前面极值问题的讨论中,除了对自变量在定义域之内的条件外再没有其他任何限制条件,这类极值问题称为**无条件极值**;还有其他附加条件的极值,我们称之为**条件极值**.

条件极值$\begin{cases}z=f(x,y)\\\varphi(x,y)=0\end{cases}$通常有两种解决方案:其一是将$\varphi(x,y)=0$中解出$x$或$y$,再代入$z=f(x,y)$中,使之转化为一个无条件极值问题;其二是用拉格朗日乘数法.

用拉格朗日乘数法可求函数$z=f(x,y)$在约束条件$\varphi(x,y)=0$下的极值,其步骤为:

(1)构造拉格朗日函数:$L(x,y,\lambda)=f(x,y)+\lambda\varphi(x,y)$,参数$\lambda$称为**拉格朗日乘子**.

(2)让函数$L(x,y,\lambda)$分别对x、y、λ求偏导数,并解方程组$\begin{cases}L'_x=f'_x+\lambda\varphi'_x=0\\L'_y=f'_y+\lambda\varphi'_y=0\\L'_\lambda=\varphi(x,y)=0\end{cases}$得到驻点$(x,y)$.

(3)判断驻点(x,y)是否为极值点.

很多时候,条件极值转化为无条件极值往往是很困难的,甚至是不可能的.

例 6.5.3 求表面积为$6a^2$而体积为最大的长方体的体积.

解 设长方体三棱长分别为x、y、z,体积为V.则有

$$\begin{cases}V=xyz(x>0,y>0,z>0)\\\varphi(x,y,z)=2(xy+yz+xz)-6a^2=0\end{cases}$$

作拉格朗日函数

$$\begin{aligned}L(x,y,z,\lambda)&=V(x,y,z)+\lambda\varphi(x,y,z)\\&=xyz+2\lambda(xy+yz+xz)-\lambda a^2\end{aligned}$$

分别对x、y、z、λ求偏导数,并解方程组:

$$\begin{cases}yz+2\lambda(y+z)=0\\xz+2\lambda(x+z)=0\\xy+2\lambda(x+y)=0\\2(xy+yz+xz)-6a^2=0\end{cases}$$

得唯一驻点(a,a,a).

而实际问题本身有最大值,则该驻点就是最大值点.所以当$x=y=z=a$时,长方体体积最大,且最大值为$V(a,a,a)=a^3$.

练习 6.5.1

1. 求函数 $f(x,y)=(6x-x^2)(4y-y^2)$ 的极值.

2. 求函数 $z=xy+\frac{5}{x}+\frac{2}{y}(x>0,y>0)$ 的极值.

3. 求函数 $f(x,y)=x^2+2xy+3y^2$ 在区域 D 上的最大值和最小值. 其中 D 是以点 $P(-1,2)$、$Q(-1,1)$、$R(2,1)$ 为顶点的三角形闭区域，如图 6.5.1 所示.

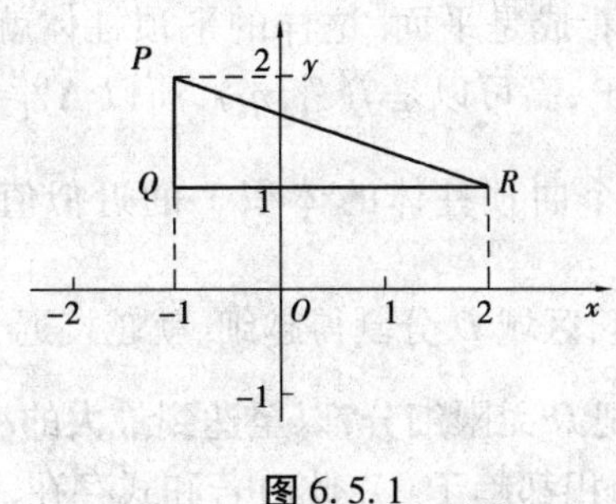

图 6.5.1

第六节　二重积分的概念和性质

本节导学

内容：①曲顶柱体的体积；②二重积分的概念；③二重积分的性质.

一、引入

我们用计算曲顶柱体的体积和平面薄片的质量为引例来导出二重积分的概念.

1. 曲顶柱体的体积

如图 6.6.1 所示，在空间直角坐标系下有这样的一个空间立方体，它是以二元函数 $z=f(x,y)$ 定义的有界闭区域 D 为底，以在 D 上的二元函数 $z=f(x,y)$ 为顶，侧面是以 D 的边界曲线为准线，而母线平行 z 轴的柱面而形成的空间体，其体积为 V. 我们称这样的空间体为曲顶柱体.

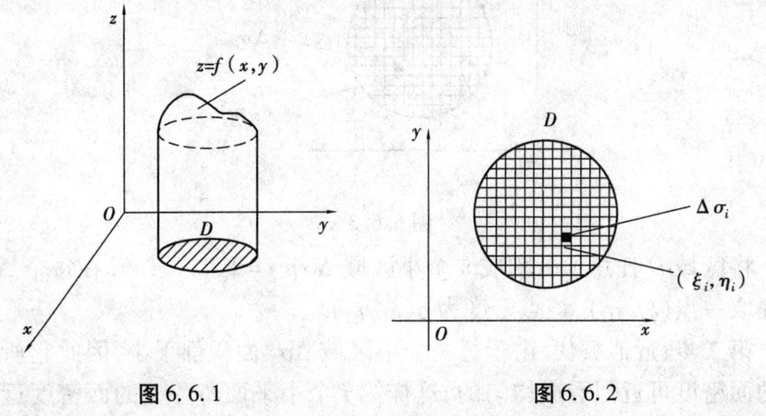

图 6.6.1　　　　图 6.6.2

如同前面所讲的曲边梯形一样，也可以用“四步骤”来求曲顶柱体的

体积 V:

第一步:分割. 将区域 D 任意地分割成 n 个小区域 $\Delta\sigma_i(i=1,2,\cdots,n)$,并以这些小区域为底,其边界曲线为准线,作母线平行于 z 轴的柱面,这样的柱面将原来的曲顶柱体分割成 n 个小曲顶柱体,其体积可记为 $\Delta V_i(i=1,2,\cdots,n)$. 显然 $V=\sum\limits_{i=1}^{n}\Delta V_i$.

第二步:近似替代. 由于每一个小区域 $\Delta\sigma_i$ 面积都很小,因此它所对应的顶部曲面可近似看成是平面. 这样的平顶柱体就取代了曲顶柱体. 平顶柱体的底还是 $\Delta\sigma_i$,高可以是 $f(\xi_i,\eta_i)$,所以 $\Delta V_i\approx f(\xi_i,\eta_i)\Delta\sigma_i$.

第三步:求和. 整个曲顶柱体的体积 V 的近似值为 $V=\sum\limits_{i=1}^{n}\Delta V_i\approx\sum\limits_{i=1}^{n}f(\xi_i,\eta_i)\Delta\sigma_i$. 显然,区域 D 分割得越细,就越接近于真实值.

第四步:取极限. 把 D 无限细分,以至达到最大的小区域的面积 $\lambda\to0$(即每一个小区域的面积都趋于0). 此时若和式存在,则该极限就是所求曲顶柱体的体积 V,即

$$V=\lim_{\lambda\to0}\sum_{i=1}^{n}f(\xi_i,\eta_i)\Delta\sigma_i$$

2. 平面薄片的质量

设有一平面薄片占有 xOy 平面上的区域 D,它在点 (x,y) 处的面密度 $\rho(x,y)$,这里 $\rho(x,y)>0$,且在 D 上是连续的. 怎样来计算该平面薄片的质量 M 呢?

如果薄片的质量是均匀分布的,即面密度 ρ 为一个常量,那么薄片的质量可用公式求出:$M=\rho\sigma$. 这里 σ 是区域 D 的面积. 但现在面密度 $\rho(x,y)$ 是变量,是不均匀的,那又该怎样计算呢? 同样可用"四步骤"来加以解决.

第一步:分割,如图 6.6.3 所示.

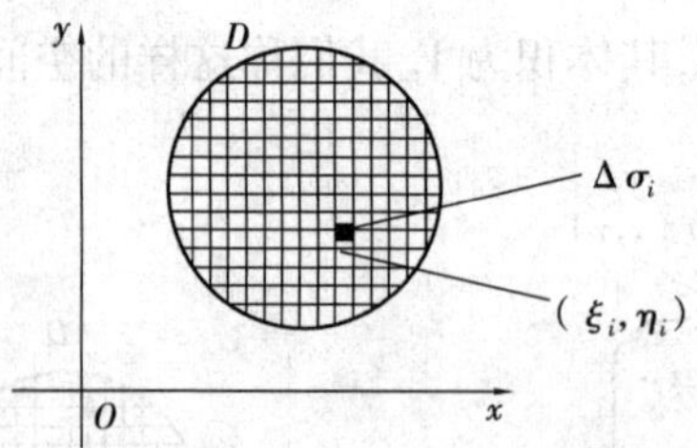

图 6.6.3

将区域 D 任意地分割成 n 个小区域 $\Delta\sigma_i(i=1,2,\cdots,n)$. 在每个 $\Delta\sigma_i$ 上任取一点 (ξ_i,η_i),该点密度为 $\rho(\xi_i,\eta_i)$.

第二步:近似替代. 由于每一个小区域 $\Delta\sigma_i$ 面积都很小,因此它所对应的面密度可近似看成均匀的. 这样第 i 个小平面薄片上的面密度近似为 $\rho(\xi_i,\eta_i)$,面积为 $\Delta\sigma_i$,所以第 i 个小平面薄片上的质量 ΔM_i 可近似

为：$\Delta M_i \approx \rho(\xi_i,\eta_i)\Delta\sigma_i$.

第三步：求和. 整个平面薄片的质量 M 的近似值为 $M = \sum_{i=1}^{n}\Delta M_i \approx \sum_{i=1}^{n}\rho(\xi_i,\eta_i)\Delta\sigma_i$. 同样的，区域 D 分割得越细越小，就越接近于真实值.

第四步：取极限. 把 D 无限细分，以至于达到最大的小区域的面积 $\lambda \to 0$（即每一个小区域的面积都趋于0）. 此时整个平面薄片的质量 M 为：$M = \lim\limits_{\lambda\to 0}\sum_{i=1}^{n}\rho(\xi_i,\eta_i)\Delta\sigma_i$.

二、二重积分的概念

从上面两例中可看出：问题虽然不同，但解决的方法却是相同的. 它们都归结于求二元函数在平面闭区域上的和式的极限. 这一点和定积分完全一样. 因此，我们有：

定义　设 $z=f(x,y)$ 是定义在有界闭区域 D 上的有界函数，将区域 D 任意地分割成 n 个小区域 $\Delta\sigma_i(i=1,2,\cdots,n)$，在每个 $\Delta\sigma_i$ 上任取一点 (ξ_i,η_i)，作乘积 $f(\xi_i,\eta_i)\Delta\sigma_i(i=1,2,\cdots,n)$，并作和 $\sum_{i=1}^{n}f(\xi_i,\eta_i)\Delta\sigma_i$，记 λ 为 $\Delta\sigma_i$ 中面积最大的一个. 若极限 $\lim\limits_{\lambda\to 0}\sum_{i=1}^{n}f(\xi_i,\eta_i)\Delta\sigma_i$ 存在，则称此极限值为函数 $f(x,y)$ 在区域 D 上的**二重积分**，记为 $\iint\limits_D f(x,y)\,\mathrm{d}\sigma$，即

$$\iint\limits_D f(x,y)\,\mathrm{d}\sigma = \lim_{\lambda\to 0}\sum_{i=1}^{n}f(\xi_i,\eta_i)\Delta\sigma_i$$

其中，$f(x,y)$ 称为**被积函数**，$f(x,y)\,\mathrm{d}\sigma$ 称为**被积表达式**，$\mathrm{d}\sigma$ 称为**面积元素**，x 与 y 为**积分变量**，D 为**积分区域**.

注意：

(1) $z=f(x,y)$ 在闭区域 D 上连续时，它的二重积分总存在，既不依赖于区域 D 的不同分割，也不依赖于 (ξ_i,η_i) 的不同取法.

(2) $\iint\limits_D f(x,y)\,\mathrm{d}\sigma$ 中的面积元素 $\mathrm{d}\sigma$ 象征和式中的 $\Delta\sigma_i$，在定义中对区域 D 的划分是任意的. 但如果是用平行于坐标轴的直线来划分 D，则有矩形区域 $\Delta\sigma_i = \Delta x_i \cdot \Delta y_i$. 因此，在直角坐标系下，面积元素 $\mathrm{d}\sigma = \mathrm{d}x\mathrm{d}y$. 二重积分也可以记为 $\iint\limits_D f(x,y)\,\mathrm{d}x\mathrm{d}y$.

(3) 二重积分 $\iint\limits_D f(x,y)\,\mathrm{d}\sigma$ 的几何意义：当 $f(x,y)\geqslant 0$ 时，$\iint\limits_D f(x,y)\,\mathrm{d}\sigma$ 表示曲顶柱体体积的正值；当 $f(x,y)<0$ 时，$\iint\limits_D f(x,y)\,\mathrm{d}\sigma$ 表示曲顶柱体体积的负值；当 $f(x,y)$ 在 D 上有正有负时，$\iint\limits_D f(x,y)\,\mathrm{d}\sigma$ 表示在 D 上 $f(x,y)\geqslant 0$

时曲顶柱体体积的正值与在 D 上 $f(x,y)<0$ 时曲顶柱体体积的负值的代数和.

三、二重积分的性质

二重积分同定积分一样有类似的性质:

性质1(线性性质) 设 α、β 为常数,则

$$\iint\limits_D [\alpha f(x,y) \pm \beta g(x,y)]\,\mathrm{d}\sigma = \alpha\iint\limits_D f(x,y)\,\mathrm{d}\sigma \pm \beta\iint\limits_D g(x,y)\,\mathrm{d}\sigma$$

性质2(积分区域可加性) 设 $D=D_1+D_2$,则

$$\iint\limits_D f(x,y)\,\mathrm{d}\sigma = \iint\limits_{D_1} f(x,y)\,\mathrm{d}\sigma + \iint\limits_{D_2} f(x,y)\,\mathrm{d}\sigma$$

性质3 $\iint\limits_D \mathrm{d}\sigma = \sigma$, 其中 σ 为区域 D 的面积.

例6.6.1 设 D 是由 $\{(x,y)\mid 1\leqslant x^2+y^2\leqslant 9\}$ 所确定的闭区域, 求 $\iint\limits_D \mathrm{d}x\mathrm{d}y$.

解 由于 D 的面积为 8π,故 $\iint\limits_D \mathrm{d}x\mathrm{d}y = 8\pi$.

性质4 在 D 上设有 $f(x,y)\leqslant g(x,y)$,则有

$$\iint\limits_D f(x,y)\,\mathrm{d}\sigma \leqslant \iint\limits_D g(x,y)\,\mathrm{d}\sigma$$

$$\left|\iint\limits_D f(x,y)\,\mathrm{d}\sigma\right| \leqslant \iint\limits_D |f(x,y)|\,\mathrm{d}\sigma$$

性质5(估值定理) 设 M、m 分别是函数 $f(x,y)$ 在有界闭区域 D 上的最大值和最小值,σ 是 D 的面积,则有

$$m\sigma \leqslant \iint\limits_D f(x,y)\,\mathrm{d}\sigma \leqslant M\sigma$$

例6.6.2 估计二重积分 $I=\iint\limits_D (x^2+4y^2+9)\,\mathrm{d}\sigma$ 的值,其中 $D=\{(x,y)\mid x^2+y^2\leqslant 4\}$.

解 由于 $x^2+y^2+9\leqslant x^2+4y^2+9\leqslant 4(x^2+y^2)+9$. 在 D 上则有 $0\leqslant x^2+y^2\leqslant 4$,故 $9\leqslant x^2+4y^2+9\leqslant 25$.

又区域 D 的面积 $\sigma=4\pi$. 由估值定理,有 $9\sigma\leqslant I\leqslant 25\sigma$,即 $36\pi\leqslant \iint\limits_D (x^2+4y^2+9)\,\mathrm{d}\sigma\leqslant 100\pi$.

性质6(中值定理) 设 $f(x,y)$ 在闭区域 D 上连续,则在 D 上至少存在一点 (ξ,η),使得

$$\iint\limits_D f(x,y)\,\mathrm{d}\sigma = f(\xi,\eta)\sigma.$$

练习 6.6.1

1. 在 xOy 平面的闭区域 D 上有一平面薄片. 如果薄片上分布着面密度为 $\rho(x,y)$ 的电荷，且在 D 上连续，则该薄片上的全部电荷 Q 可用二重积分表示为________________.

2. 设 D 是由 $\{(x,y)\mid x^2+y^2\leqslant 2\}$ 所确定的闭区域，则 $\iint\limits_D \mathrm{d}x\mathrm{d}y=$ (　　).

A. 2π　　B. $4\pi^2$　　C. 4π　　D. 16π

3. 设 D 是由直线 $y=x, y=\frac{1}{2}x, y=2$ 所围成的闭区域，则 $\iint\limits_D \mathrm{d}x\mathrm{d}y=$ (　　).

A. $\frac{1}{4}$　　B. 1　　C. $\frac{1}{2}$　　D. 2

4. 比较 $\iint\limits_D (x+y)^2\mathrm{d}\sigma$ 与 $\iint\limits_D (x+y)^3\mathrm{d}\sigma$ 的大小，其中 D 是由 x 轴，y 轴与 $x+y=1$ 所围成的闭区域.

4 小题提示：

D 上：$0\leqslant x+y\leqslant 1$.

第七节　二重积分的计算

本节导学

内容：①X 型与 Y 型区域；②化二重积分为二次积分；③改变二次积分的积分次序.

重点：利用二次积分计算二重积分.

一、引入

按二重积分的定义去计算是很繁杂的，常用的方法是化二重积分为二次积分.

二、X 型区域、Y 型区域

首先我们来看 X 型区域与 Y 型区域.

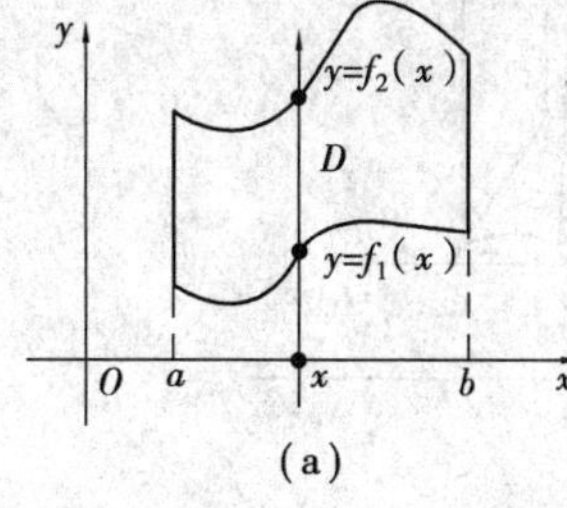

(a)

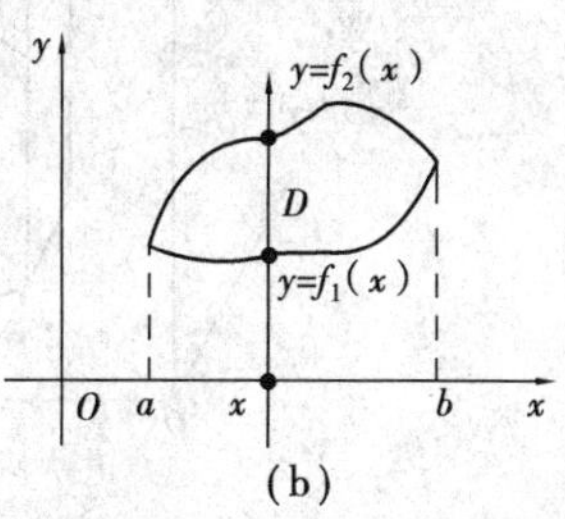

(b)

图 6.7.1

如图 6.7.1 所示，区域 D 可表示为$\begin{cases}a\leqslant x\leqslant b\\ f_1(x)\leqslant y\leqslant f_2(x)\end{cases}$，这种区域称为 **X 型区域**.

X 型区域的特点是：穿越区域内部且垂直于 x 轴的直线与该区域的上下两个边界线的交点不超过两个.

如何写出 X 型区域的具体表达式：①根据“四线两平行”确定是 X 型区域. ②画一条既要穿越区域又要垂直于 x 轴的直线，标明和 x 轴、区域的下边界、区域的上边界的交点. ③让该直线整体从左边向右边移动. 显然只能有：$a\leqslant x\leqslant b$. ④再看该直线本身的点，在区域内的点的纵坐标肯定是介于上下边界的两个交点之间，即 $f_1(x)\leqslant y\leqslant f_2(x)$. 于是有区域表达式为

$\begin{cases}a\leqslant x\leqslant b\\ f_1(x)\leqslant y\leqslant f_2(x)\end{cases}$

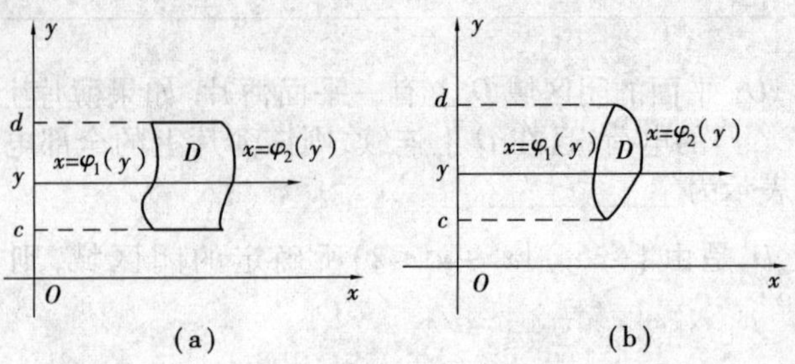

图 6.7.2

如图 6.7.2 所示，区域 D 可表示为$\begin{cases}\varphi_1(y)\leqslant x\leqslant\varphi_2(y)\\ c\leqslant y\leqslant d\end{cases}$，这种区域称为 **Y 型区域**.

Y 型区域的特点是：穿越区域内部且垂直于 y 轴的直线与该区域的左右两个边界线的交点不超过两个.

三、化二重积分为二次积分

再来看看二重积分所表达的曲顶柱体：

如果二重积分的区域 D 为 X 型区域，把曲顶柱体想象成萝卜，想象用刀把它切开成许许多多的小萝卜片. 如图 6.7.3 所示（当然它们每一片都非常薄，都趋近于 0）. 刀面所在的平面垂直于 x 轴. 这样与区域 D 相交的直线就是 X 型区域中的穿越直线. 显然，曲顶柱体的体积可以看成是在 x 轴上对这些许许多多的小萝卜片的定积分，即 $V=\int_a^b A(x)\,\mathrm{d}x$. 这里 $A(x)$ 是其中一小片的截面面积. 在这个截面上，横坐标 x 都相同，为不变化的量，而 y 与 $f(x,y)$ 才是变化的量. 该截面是一个曲边梯形，所以有 $A(x)=\int_{f_1(x)}^{f_2(x)}f(x,y)\,\mathrm{d}y$.

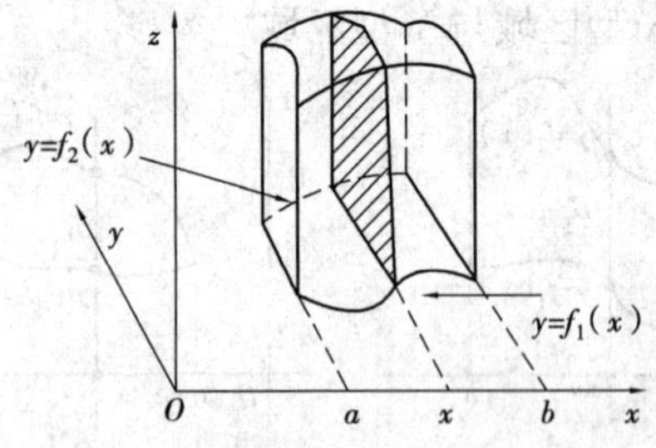

图 6.7.3

特别指明：这里 $A(x)=\int_{f_1(x)}^{f_2(x)}f(x,y)\mathrm{d}y$ 它只对 y 进行积分，而把 x 看成是常量.

由此可见，该曲顶柱体的体积为

$$V=\int_a^b A(x)\,\mathrm{d}x=\int_a^b\left[\int_{f_1(x)}^{f_2(x)}f(x,y)\,\mathrm{d}y\right]\mathrm{d}x$$

习惯上可简记为

$$\int_a^b\left[\int_{f_1(x)}^{f_2(x)}f(x,y)\,\mathrm{d}y\right]\mathrm{d}x=\int_a^b\mathrm{d}x\int_{f_1(x)}^{f_2(x)}f(x,y)\,\mathrm{d}y$$

它表示的积分次序是先对 y 的积分，后才是对 x 的积分，这样就将二重积分化为了二次积分.

对于积分区域 D 是 Y 型区域 $\begin{cases}\varphi_1(y)\leqslant x\leqslant\varphi_2(y)\\ c\leqslant y\leqslant d\end{cases}$ 的二重积分也可同理得到：

$$\iint_D f(x,y)\,\mathrm{d}\sigma=\int_c^d\left[\int_{\varphi_1(y)}^{\varphi_2(y)}f(x,y)\,\mathrm{d}x\right]\mathrm{d}y=\int_c^d\mathrm{d}y\int_{\varphi_1(y)}^{\varphi_2(y)}f(x,y)\,\mathrm{d}x$$

只不过这次的积分次序是先对 x 进行积分，后才是对 y 进行积分.

如果积分区域 D 既不是 X 型区域，也不是 Y 型区域，这时可用分割的方法将区域 D 分成若干部分，使得每个部分区域要么是 X 型，要么是 Y 型. 最后利用二重积分对积分区域的可加性就可求得.

二重积分的计算方法是化二重积分为二次积分.

例 6.7.1 将二重积分 $\iint_D f(x,y)\,\mathrm{d}\sigma$ 表示二次积分，式中 D 由直线 $y=1$、$x=2$ 及 $y=x$ 围成.

例 6.7.1 解题说明：①画出区域 D 的图形，确定选取 X 型区域还是 Y 型区域，并写出具体表达式；②化二重积分为二次积分；③依次计算各个积分.

解 如图 6.7.4 所示.

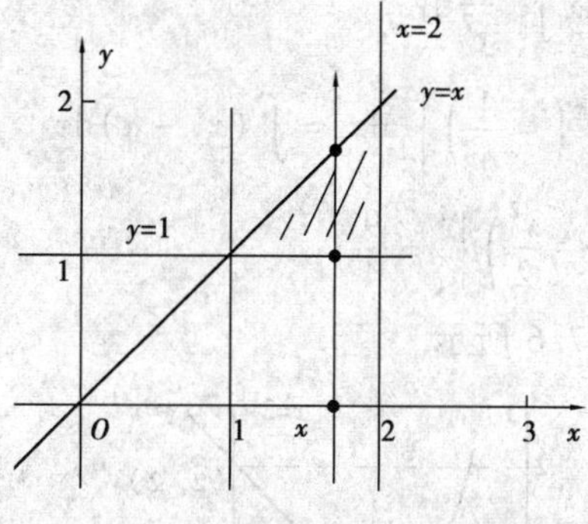

图 6.7.4

D 为 $\begin{cases}1\leqslant x\leqslant 2\\ 1\leqslant y\leqslant x\end{cases}$

$$\iint_D f(x,y)\,\mathrm{d}\sigma=\int_1^2\mathrm{d}x\int_1^x f(x,y)\,\mathrm{d}y.$$

思考：如果将 D 选为 Y 型，又会怎样？

例 6.7.2 计算积分 $\iint_D\frac{x^2}{1+y^2}\mathrm{d}\sigma$，$D$ 为 $\begin{cases}1\leqslant x\leqslant 2\\ 0\leqslant y\leqslant 1\end{cases}$.

解
$$\iint_D\frac{x^2}{1+y^2}\mathrm{d}\sigma=\int_1^2\mathrm{d}x\int_0^1\frac{x^2}{1+y^2}\mathrm{d}y=\int_1^2 x^2\arctan y\Big|_0^1\mathrm{d}x=\frac{\pi}{4}\int_1^2x^2\mathrm{d}x=\frac{\pi}{4}\cdot\frac{x^3}{3}\Big|_1^2=\frac{7\pi}{12}$$

例 6.7.3 解题说明:解法一用的是 X 型区域,积分次序是先对 y 积分,后才是对 x 进行积分.

解法二用的是 Y 型区域,积分次序则是先对 x 积分,后对 y 进行积分.

例 6.7.3 计算 $\iint\limits_D \frac{x^2}{y^2}\mathrm{d}x\mathrm{d}y$. 其中,$D$ 是由直线 $x=2$、$y=x$ 及曲线 $xy=1$ 围成的区域.

解法一:如图 6.7.5 所示.

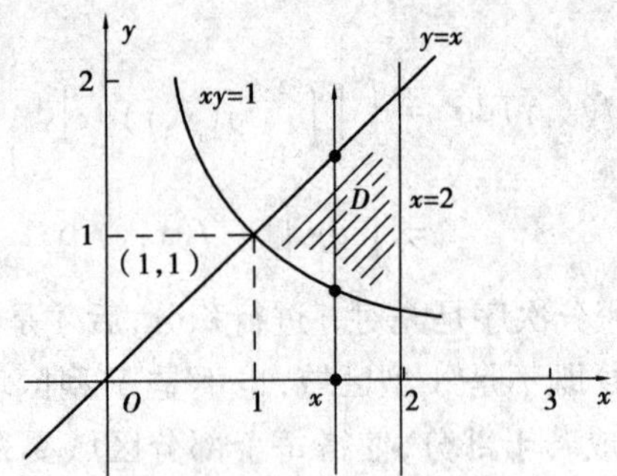

图 6.7.5

$$D\text{ 为}\begin{cases}1\leqslant x\leqslant 2\\ \frac{1}{x}\leqslant y\leqslant x\end{cases}$$

$$\begin{aligned}\iint\limits_D \frac{x^2}{y^2}\mathrm{d}x\mathrm{d}y &= \int_1^2 \mathrm{d}x\int_{\frac{1}{x}}^{x}\frac{x^2}{y^2}\mathrm{d}y\\ &= \int_1^2 x^2\left(-\frac{1}{y}\right)\Big|_{\frac{1}{x}}^{x}\mathrm{d}x = \int_1^2 (x^3-x)\mathrm{d}x\\ &= \left(\frac{x^4}{4}-\frac{x^2}{2}\right)\Big|_1^2 = \frac{9}{4}\end{aligned}$$

解法二:如图 6.7.6 所示.

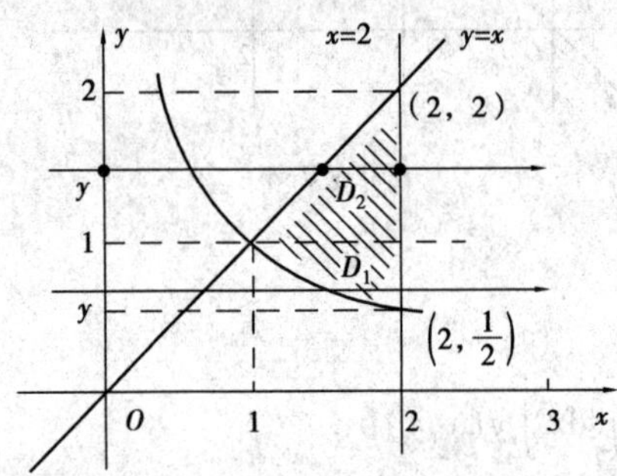

图 6.7.6

$$D=D_1+D_2,D_1\text{ 为}\begin{cases}\frac{1}{y}\leqslant x\leqslant 2\\ \frac{1}{2}\leqslant y\leqslant 1\end{cases},D_2\text{ 为}\begin{cases}y\leqslant x\leqslant 2\\ 1\leqslant y\leqslant 2\end{cases}$$

$$\begin{aligned}\iint\limits_D \frac{x^2}{y^2}\mathrm{d}x\mathrm{d}y &= \iint\limits_{D_1}\frac{x^2}{y^2}\mathrm{d}x\mathrm{d}y+\iint\limits_{D_2}\frac{x^2}{y^2}\mathrm{d}x\mathrm{d}y\\ &= \int_{\frac{1}{2}}^{1}\mathrm{d}y\int_{\frac{1}{y}}^{2}\frac{x^2}{y^2}\mathrm{d}x+\int_1^2\mathrm{d}y\int_y^2\frac{x^2}{y^2}\mathrm{d}x\end{aligned}$$

$$= \int_{\frac{1}{2}}^{1} \frac{x^3}{3y^2}\Big|_{\frac{1}{y}}^{2} dy + \int_{1}^{2} \frac{x^3}{3y^2}\Big|_{y}^{2} dy$$

$$= \int_{\frac{1}{2}}^{1} \left(\frac{8}{3y^2} - \frac{1}{3y^5}\right) dy + \int_{1}^{2} \left(\frac{8}{3y^2} - \frac{y}{3}\right) dy$$

$$= \left(-\frac{8}{3y} + \frac{1}{12y^4}\right)\Big|_{\frac{1}{2}}^{1} + \left(-\frac{8}{3y} - \frac{y^2}{6}\right)\Big|_{1}^{2} = \frac{17}{12} + \frac{5}{6} = \frac{9}{4}$$

可以看出,合理选取对 x、y 的积分次序,有时会使得计算较为简单.

例 6.7.4　求二次积分 $\int_0^1 dx \int_x^1 \sin y^2 dy$.

例 6.7.4 解题说明:
①根据已有的二次积分确定使用的区域类型是 X 型(Y 型);
②画出区域 D 的图形;
③改用 Y 型(X 型),并写出其具体表达式;
④改变积分次序,写出新的二次积分.

分析:由于 $\int \sin y^2 dy$ 不能用初等函数表达,因此 $\int_x^1 \sin y^2 dy$ 就不好计算. 但如果将区域 D: $\begin{cases} 0 \leqslant x \leqslant 1 \\ x \leqslant y \leqslant 1 \end{cases}$ 由 X 型区域改换成 Y 型区域 $\begin{cases} 0 \leqslant x \leqslant y \\ 0 \leqslant y \leqslant 1 \end{cases}$,如图 6.7.7 所示,则会有

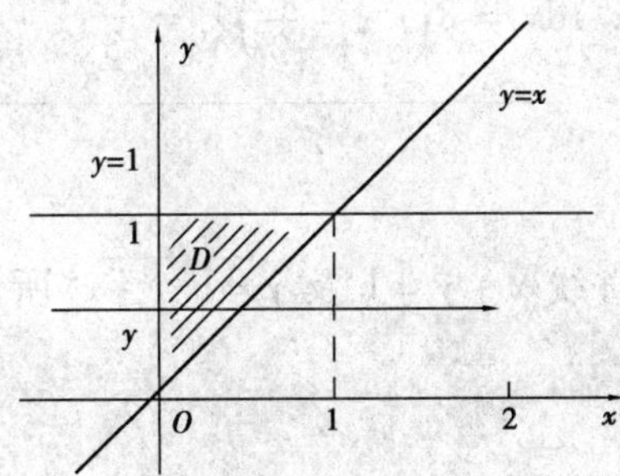

图 6.7.7

$$\int_0^1 dx \int_x^1 \sin y^2 dy = \int_0^1 dy \int_0^y \sin y^2 dx$$

$$= \int_0^1 \sin y^2 \cdot x \Big|_0^y dy = \int_0^1 y \sin y^2 dy$$

$$= -\frac{1}{2}\cos y^2 \Big|_0^1 = \frac{1}{2} - \frac{1}{2}\cos 1$$

例 6.7.4 说明合理、恰当地选择积分次序有时是计算二重积分的关键.

例 6.7.5　求两个底圆半径相等的直交圆柱所围成立体的体积.

解　设圆柱底圆半径为 r,两个圆柱面分别为 $x^2 + z^2 = r^2$ 及 $x^2 + y^2 = r^2$. 由于立体对坐标面的对称性,所求体积是位于第 I 卦限的体积 V_1 的 8 倍,第 I 卦限的立体的积分区域 D_1 为

$$\begin{cases} 0 \leqslant x \leqslant r \\ 0 \leqslant y \leqslant \sqrt{r^2 - x^2} \end{cases}$$

它的曲顶为 $z = \sqrt{r^2 - x^2}$,如图 6.7.8 所示.

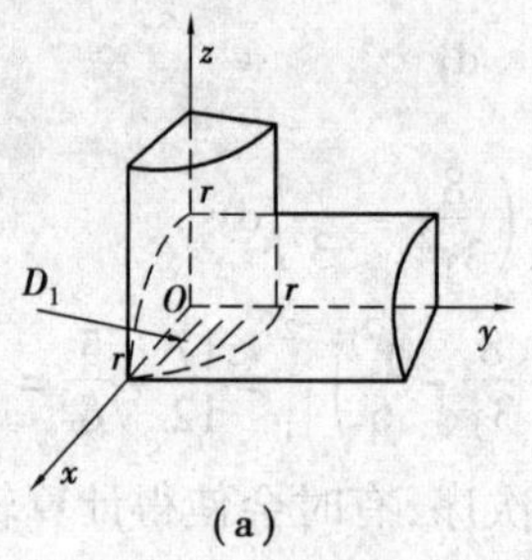

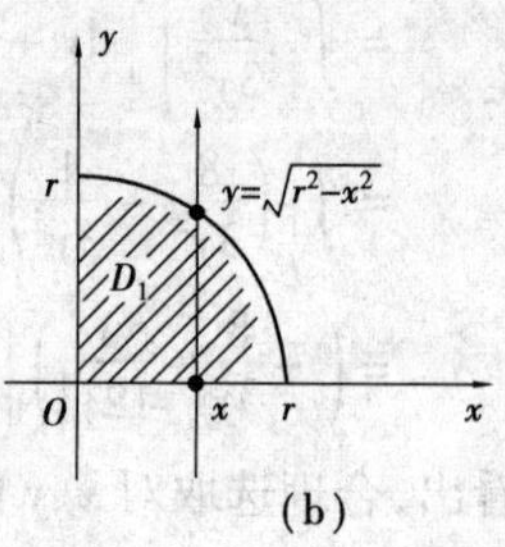

图 6.7.8

于是 $V=8\iint\limits_{D_1}\sqrt{r^2-x^2}\,\mathrm{d}\sigma$

$$=8\int_0^r\mathrm{d}x\int_0^{\sqrt{r^2-x^2}}\sqrt{r^2-x^2}\,\mathrm{d}y=8\int_0^r\sqrt{r^2-x^2}\cdot y\Big|_0^{\sqrt{r^2-x^2}}\mathrm{d}x$$

$$=8\int_0^r(r^2-x^2)\,\mathrm{d}x=8\left(r^2x-\frac{x^3}{3}\right)\Big|_0^r=\frac{16}{3}r^3$$

练习 6.7.1

1. 填空题

(1)设 D 是由直线 $x+y=1$ 及 $y=\sqrt{1-x^2}$ 所围成的闭区域,则 $\iint\limits_D\mathrm{d}x\mathrm{d}y=$ ________.

(2)交换积分次序,则

$\int_0^1\mathrm{d}x\int_0^{1-x}f(x,y)\,\mathrm{d}y=$ ____________.

2. 计算 $\iint\limits_D(2x-y)\,\mathrm{d}\sigma$. 其中,$D$ 为 $\begin{cases}1\leqslant x\leqslant 2\\0\leqslant y\leqslant 1\end{cases}$.

3. 计算 $\int_0^1\mathrm{d}x\int_0^x(3x+2y)\,\mathrm{d}y$.

4. 计算二重积分 $\iint\limits_D 2xy\,\mathrm{d}x\mathrm{d}y$. 其中,$D$ 是由抛物线 $y=x^2$,直线 $x=2$、$y=2-x$ 所围成的闭区域.

内容小结

一、知识小结

1. 本章基本知识点

多元函数的概念,二元函数的极限,偏导数,全微分,全微分在近似计算中的应用,多元复合函数求偏导,隐函数求偏导,二元函数的极值与最值,二重积分的概念和性质,二重积分的计算.

2. 基本公式与法则

(1)多元复合函数的链式法则.

(2)隐函数 $F(x,y,z)=0$ 的求偏导公式:$\frac{\partial z}{\partial x}=-\frac{F_x}{F_z},\frac{\partial z}{\partial y}=-\frac{F_y}{F_z}$.

(3)基本方法:化二重积分为二次积分来计算二重积分.

二、学习要求

1. 了解多元函数的概念;了解二元函数的极限.
2. 会求偏导数.
3. 会求全微分及其近似计算.
4. 会求隐函数的导数.
5. 会求二元函数的极值.
6. 会用二次积分方法来解答二重积分.

复习题

一、填空题

1. 设函数 $z=|xy-1|+\frac{y-2}{x}$,则 $z(1,1)=$________.

2. 设 $f(x+y,x-y)=x^2-y^2$,则 $f(x,y)=$________.

3. 函数 $z=\ln(y^2-2x+1)$ 的定义域为________.

4. 函数 $z=\frac{1}{\sqrt{x+y}}+\frac{1}{\sqrt{x-y}}$ 的定义域为________.

5. 若 $z=5x^2y^3$,则 $\left.\frac{\partial z}{\partial y}\right|_{(1,-1)}=$________.

6. 若 $u=e^{xyz}$,则 $\left.\frac{\partial u}{\partial x}\right|_{(1,1,1)}=$________.

7. 设 $z=uv+\sin t$,而 $u=e^t,v=\cos t$,则 $\frac{dz}{dt}=$________.

8. 设 D 是平面区域 $\{a^2\leqslant x^2+y^2\leqslant b^2$,其中 $0<a<b\}$,则 $\iint\limits_D dxdy=$ ________.

9. 二重积分 $I=\int_0^2 dx\int_{\frac{x}{2}}^{3-x}f(x,y)dy$,交换积分顺序,则 $I=$________.

二、选择题

1. 设 $z=\cos x^2y$,则 $\frac{\partial z}{\partial y}=$(　　).

A. $\sin x^2y$　　B. $x^2\sin x^2y$　　C. $-\sin x^2y$　　D. $-x^2\sin x^2y$

2. 设 $u=e^{xyz}$,则 $du=($　　$)$.

A. $yze^{xyz}dx$　　B. $yze^{xyz}dy$

C. $yze^{xyz}dz$　　D. $e^{xyz}(yzdx+zxdy+xydz)$

3. 若 $x+\ln y-\ln z=0$,则 $\frac{\partial z}{\partial x}=($　　$)$.

A. 1　　B. e^x　　C. ye^x　　D. y

4. 设 $z=x^3-3x-y$,则它在点(1,0)处(　　).

A. 取得最大值　　B. 无极值

C. 取得最小值　　D. 无法判断是否有极值

5. 设 D 是平面区域 $\{0\leqslant x\leqslant\sqrt{2},1\leqslant y\leqslant e\}$,则二重积分

$\iint\limits_D \frac{x}{y}dxdy=($　　$)$.

A. 1　　B. $\frac{\sqrt{2}}{2}$　　C. e　　D. $\frac{1}{2}$

6. 设积分区域 D 是由直线 $y=x,y=0,x=1$ 围成,则 $\iint\limits_D dxdy=$ (　　).

A. $\int_0^1 dx\int_0^x dy$　　B. $\int_0^1 dy\int_0^y dx$　　C. $\int_0^1 dx\int_x^0 dy$　　D. $\int_0^1 dx\int_x^y dy$

三、解答题

1. 求二重极限 $\lim\limits_{(x,y)\to(0,0)}\frac{2-\sqrt{xy+4}}{xy}$.

2. 设 $z=x^4+y^4-4x^2y^2$,求 $\frac{\partial z}{\partial x},\frac{\partial z}{\partial y}$.

3. 设 $f(x,y)=x^2y^2-2y$,求 $f''_{yy}(1,1)$.

4. 设 $z=xy+\frac{x}{y}$,求 dz.

5. 设 $z(x,y)$ 是由方程 $x^2+y^2+z^2=4z$ 所确定的隐函数,求 $\frac{\partial z}{\partial x}$.

6. 求 $f(x,y)=x^2+3y^2+4x-9y+3$ 的极值.

7. 更换二重积分 $\int_0^1 dy\int_y^1 e^{-x^2}dx$ 的顺序,并计算其值.

四、综合题

1. 设有一无盖圆柱形容器,容器的壁与底的厚度均为 0.1 cm,内高为 20 cm,内半径为 4 cm,求容器外壳体积的近似值.

2. 计算 $\iint\limits_D(1-x-y)dxdy$. 其中,$D$ 由 $y=0,x=0$ 及 $x+y=1$ 围成.

第七章
无穷级数

在许多技术问题中，常要求将无穷多个数相加，这种加法式子就叫做无穷级数. 无穷级数是表示函数、研究函数的性质以及进行数值计算的一种工具，是高等数学的重要组成部分.

本章主要是在极限理论的基础上，重点介绍常数项级数的基本知识，并由此推出幂级数的基本理论.

第一节　常数项级数的概念与性质

本节导学
内容：①常数项级数；②常数项级数的和及敛散性；③几个常见级数的敛散性；④性质.
重点：常数项级数的性质.

一、引入

一个皮球从 1 m 高处落到一个水平的表面上不断地弹跳，每次弹起的高度是前次高度的 r 倍，r 是小于 1 的正数，求这个皮球上下移动的总距离.

若不计阻力影响，理论上皮球永远不会停下来，总距离是

$$s=1+2r+2r^2+\cdots+2r^n+\cdots$$

二、常数项级数的概念

1. 定义

定义 1　如果给定一个数列 $u_1,u_2,u_3,\cdots,u_n,\cdots$ 则称

$$u_1+u_2+u_3+\cdots+u_n+\cdots \tag{7.1.1}$$

为一个(常数项) **无穷级数**，简称(常数项) **级数**，记作 $\sum\limits_{n=1}^{\infty}u_n$，其中第 n 项 u_n 称为级数的**一般项**或**通项**.

级数抓两点：①有无穷多项；②有连续求和 $\sum$.

2. 几个常见的级数

(1)几何级数 $\sum\limits_{n=0}^{\infty}r^n=1+r+r^2+\cdots+r^n+\cdots$

(2) P-级数 $\sum\limits_{n=1}^{\infty}\frac{1}{n^p}=1+\frac{1}{2^p}+\cdots+\frac{1}{n^p}+\cdots$

(3)调和级数 $\sum\limits_{n=1}^{\infty}\frac{1}{n}=1+\frac{1}{2}+\frac{1}{3}\cdots+\frac{1}{n}+\cdots$

(4)莱布尼茨交错级数 $\sum\limits_{n=1}^{\infty}(-1)^{n-1}\cdot\frac{1}{n}=1-\frac{1}{2}+\frac{1}{3}-\frac{1}{4}+\frac{1}{5}-\frac{1}{6}+\cdots$

3. 敛散性

定义 2 级数(7.1.1)前 n 项的和

$$s_n=u_1+u_2+u_3+\cdots+u_n=\sum_{k=1}^{n}u_k$$

称为级数前 n 项的**部分和**. 当 n 依次取 1,2,3,…时,它们构成一个新数列

$$s_1=u_1,s_2=u_1+u_2,s_3=u_1+u_2+u_3,\cdots$$
$$s_n=u_1+u_2+u_3+\cdots+u_n,\cdots$$

称为级数(7.1.1)的**部分和数列**,记作$\{s_n\}$.

根据数列有没有极限,我们引入级数(7.1.1)的收敛和发散的概念.

利用定义来判断级数的敛散性的步骤:①先计算部分和 s_n;②再计算$\lim\limits_{s\to\infty}s_n$,从而判断敛散性.

定义 3 如果级数 $\sum\limits_{n=1}^{\infty}u_n$ 的部分和数列$\{s_n\}$有极限,即存在常数 s 使得$\lim\limits_{s\to\infty}s_n=s$,则称级数 $\sum\limits_{n=1}^{\infty}u_n$ **收敛**,且收敛于 s,并称 s 为该级数的和,记作 $s=\sum\limits_{n=1}^{\infty}u_n=u_1+u_2+u_3+\cdots+u_n+\cdots$. 如果$\sum\limits_{n=1}^{\infty}u_n$ 的部分和数列$\{s_n\}$没有极限,则称级数 $\sum\limits_{n=1}^{\infty}u_n$ **发散**. 判断级数是收敛还是发散的特性成为级数的**敛散性**.

例 7.1.1 判别级数 $\sum\limits_{n=1}^{\infty}\frac{1}{n(n+1)}=\frac{1}{1\cdot2}+\frac{1}{2\cdot3}+\cdots+\frac{1}{n(n+1)}+\cdots$ 的敛散性.

解 级数的前 n 项的部分和

$$s_n=\frac{1}{1\cdot2}+\frac{1}{2\cdot3}+\cdots+\frac{1}{n(n+1)}+\cdots$$
$$=\left(1-\frac{1}{2}\right)+\left(\frac{1}{2}-\frac{1}{3}\right)+\cdots+\left(\frac{1}{n}-\frac{1}{n+1}\right)=1-\frac{1}{n+1}$$

由于$\lim\limits_{n\to\infty}S_n=\lim\limits_{n\to\infty}\left(1-\frac{1}{n+1}\right)=1$,所以该级数收敛且收敛于 1.

例 7.1.2 讨论几何级数(等比级数)

$\sum\limits_{n=0}^{\infty}aq^n=a+aq+aq^2+\cdots+aq^n+\cdots$ 的敛散性,其中 $a\neq0,q\neq0$, q 叫做级数的公比.

解 (1)当$|q|\neq1$ 时,部分和

$$s_n = a + aq + aq^2 + \cdots + aq^{n-1} = \frac{a(1-q^n)}{1-q}$$

若$|q| < 1$，则由$\lim\limits_{n\to\infty} q^n = 0$，得$\lim\limits_{n\to\infty} s^n = \frac{a}{1-q}$，从而级数收敛，其和为$\frac{a}{1-q}$.

若$|q| > 1$，则由$\lim\limits_{n\to\infty} q^n = \infty$，得$\lim\limits_{n\to\infty} s^n = \infty$，从而级数发散.

(2)当$|q| = 1$时，若$q = 1$，则级数为$a + a + a + \cdots + a + \cdots$此时$s_n = na$，故$\lim\limits_{n\to\infty} s^n = \infty$，从而级数发散.

若$q = -1$，则级数为$a - a + a - \cdots + (-1)^{n-1} a + \cdots$此时$s_n = \begin{cases} a, (n\text{为偶数}) \\ 0, (n\text{为奇数}) \end{cases}$，从而$\lim\limits_{n\to\infty} s^n$不存在，所以级数发散.

综上所述，等比级数$\sum\limits_{n=0}^{\infty} aq^n$，当公比$|q| < 1$时收敛，其和为$\frac{a}{1-q}$；$|q| \geqslant 1$时发散.

例 7.1.3　证明调和级数$\sum\limits_{n=1}^{\infty} \frac{1}{n}$发散.

证明　级数的前n项的部分和为$s_n = 1 + \frac{1}{2} + \frac{1}{3} + \cdots + \frac{1}{n}$，因为$\lim\limits_{n\to\infty} s_n$不易直接计算，所以利用不等式$x > \ln(1+x)\ (x>0)$，得

$$s_n = 1 + \frac{1}{2} + \frac{1}{3} + \cdots + \frac{1}{n}$$

$$> \ln(1+1) + \ln\left(1+\frac{1}{2}\right) + \ln\left(1+\frac{1}{3}\right) + \cdots + \ln\left(1+\frac{1}{n}\right) = \ln(1+n)$$

由于$\lim\limits_{n\to\infty} \ln(1+n) = +\infty$，得$\lim\limits_{n\to\infty} s_n = +\infty$，所以调和级数$\sum\limits_{n=1}^{\infty} \frac{1}{n}$发散.

几个常见级数的敛散性：

①几何级数$\sum\limits_{n=0}^{\infty} r^n$，当$|r| < 1$时收敛，当$|r| \geqslant 1$时发散.

②P-级数$\sum\limits_{n=0}^{\infty} \frac{1}{n^p}$，当$|P| > 1$时收敛，当$|P| \leqslant 1$时发散.

③调和级数$\sum\limits_{n=1}^{\infty} \frac{1}{n}$发散.

④莱布尼茨交错级数$\sum\limits_{n=1}^{\infty} (-1)^{n-1} \cdot \frac{1}{n}$收敛.

练习 7.1.1　写出下列级数的部分和s_n，并说明其敛散性.

(1) $\sum\limits_{n=1}^{\infty} (\sqrt{n+1} - \sqrt{n})$

(2) $\frac{1}{1\times3} + \frac{1}{3\times5} + \frac{1}{5\times7} + \cdots + \frac{1}{(2n-1)\times(2n+1)} + \cdots$

三、常数项级数的基本性质

性质 1　在级数中增加或去掉有限项，不影响级数的敛散性，但一般会改变收敛级数的和.

性质 2　若级数$\sum\limits_{n=1}^{\infty} u_n$、$\sum\limits_{n=1}^{\infty} v_n$分别收敛$u$、$v$，则级数$\sum\limits_{n=1}^{\infty} (au_n \pm bv_n)$也收敛于$au \pm bv$.

性质3 在收敛级数 $\sum_{n=1}^{\infty} u_n$ 中任意加括号，不改变收敛性与级数的和.

性质3中特别强调是收敛级数. 如若不是，则可能会出现：$\sum_{n=1}^{\infty}(-1)^n=\begin{cases}-1(\text{当 } n \text{ 为奇数})\\0\quad(\text{当 } n \text{ 为偶数})\end{cases}$ 而若这样加上括号后有 $((-1)+1)+((-1)+1)+((-1)+1)+\cdots=0$ 却是收敛的.

性质4 （级数收敛的必要条件）若级数 $\sum_{n=1}^{\infty} u_n$ 收敛，则它的一般项 u_n 必定趋于零，即 $\lim\limits_{n\to\infty} u_n=0$.

注意：通项趋于零仅是级数收敛的必要条件，不是充分条件，即虽有 $\lim\limits_{n\to\infty} u_n=0$，但级数 $\sum_{n=1}^{\infty} u_n$ 未必一定收敛. 如例7.1.3中调和级数 $\sum_{n=1}^{\infty}\frac{1}{n}$ 的通项 $\frac{1}{n}$ 趋于零，但该级数却是发散的.

例7.1.4 讨论级数 $\sum_{n=1}^{\infty}\frac{n}{2n-1}$ 的敛散性.

解 因为 $u_n=\frac{n}{2n-1}$，而 $\lim\limits_{n\to\infty} u_n=\lim\limits_{n\to\infty}\frac{n}{2n-1}=\frac{1}{2}\neq 0$，所以级数 $\sum_{n=1}^{\infty}\frac{n}{2n-1}$ 一定发散.

练习7.1.2 利用级数的基本性质，判别下列级数的敛散性：

(1) $\sum_{n=1}^{\infty}\frac{3}{10^n}$ (2) $\sum_{n=1}^{\infty}\left(\frac{1}{2^n}+\frac{1}{3^n}\right)$

(3) $\sum_{n=1}^{\infty}\left(\frac{2}{n}-\frac{1}{2^n}\right)$ (4) $\sum_{n=1}^{\infty}\frac{1}{3n}$

(5) $\sum_{n=1}^{\infty}(-1)^n\frac{n}{n+1}$ (6) $\sum_{n=1}^{\infty}\frac{1}{n+10}$

(7) $\sum_{n=1}^{\infty}\frac{2+(-1)^n}{2^n}$ (8) $\sum_{n=1}^{\infty} n\sin\frac{\pi}{n}$

第二节 常数项级数的判别法

本节导学

内容：①正项级数判敛法；②莱布尼茨交错级数判敛法；③绝对收敛法.

重点：会运用比值法判别正项级数的敛散性.

根据定义来判定级数的收敛性，是将许多无穷个数的求和运算归于有限和的运算以及部分和的极限运算. 然而，即使许多常见的级数，完成有限和的计算也不是一件容易的事情. 鉴于此，我们需要有一些判定级数敛散性的方法，该项工作是很有价值的，一旦明确级数是收敛的，就可以用部分和的值来近似级数的和.

一、正项级数及其敛散性判别法

1. 引入

先讨论一种简单的各项都是正数或者零的级数，这种级数叫**正项级数**.

在正项级数 $\sum_{n=1}^{\infty} u_n$ 中，由于 $u_n\geqslant 0$，所以正项级数的部分和数列是单调增加的. 只要其部分和数列 $\{s_n\}$ 有界，则 $\lim\limits_{n\to\infty} s_n$ 一定存在，即级数收敛，反之亦然.

定理 1　正项级数收敛的充分必要条件是其部分和数列$\{s_n\}$有界.

判断正项级数敛散性的方法通常有比较法、比值法、根值法.

2. 比较判别法

定理 2　(比较判别法)设 $\sum_{n=1}^{\infty} u_n$ 和 $\sum_{n=1}^{\infty} v_n$ 都是正项级数,且 $u_n \leqslant v_n$ $(n = 1,2,\cdots)$,有

(1)若级数 $\sum_{n=1}^{\infty} v_n$ 收敛,则级数 $\sum_{n=1}^{\infty} u_n$ 也收敛;

(2)若级数 $\sum_{n=1}^{\infty} u_n$ 发散,则级数 $\sum_{n=1}^{\infty} v_n$ 也发散.

推论 1　设 $\sum_{n=1}^{\infty} u_n$ 和 $\sum_{n=1}^{\infty} v_n$ 都是正项级数,如果级数 $\sum_{n=1}^{\infty} v_n$ 收敛,且存在自然数 N,使当 $n \geqslant N$ 时,有 $u_n \leqslant kv_n(k > 0)$ 成立,则级数 $\sum_{n=1}^{\infty} u_n$ 收敛;如果级数 $\sum_{n=1}^{\infty} v_n$ 发散,且当 $n \geqslant N$,有 $u_n \geqslant kv_n(k > 0)$ 成立,则级数 $\sum_{n=1}^{\infty} u_n$ 发散.

例 7.2.1　判断级数 $\sum_{n=2}^{\infty} \frac{1}{\sqrt{n(n-1)}}$ 的敛散性.

解　因为 $\frac{1}{\sqrt{n(n-1)}} > \frac{1}{\sqrt{n \cdot n}} = \frac{1}{n}$,而级数 $\sum_{n=1}^{\infty} \frac{1}{n}$ 发散,所以级数 $\sum_{n=2}^{\infty} \frac{1}{\sqrt{n(n-1)}}$ 发散.

例 7.2.2　判断级数 $\sum_{n=1}^{\infty} \frac{1}{1+a^n}(a > 0)$ 的敛散性.

解　因为当 $a>1$ 时,$\frac{1}{1+a^n} < \frac{1}{a^n}$,$\sum_{n=1}^{\infty} \frac{1}{a^n}(a > 0)$ 为等比级数,公比为$\frac{1}{a} < 1$,故 $\sum_{n=1}^{\infty} \frac{1}{a^n}$ 级数收敛,所以 $\sum_{n=1}^{\infty} \frac{1}{1+a^n}$ 级数收敛. 当 $0 < a \leqslant 1$ 时,$\frac{1}{2} < \frac{1}{1+a^n}$,而级数 $\sum_{n=1}^{\infty} \frac{1}{2}$ 发散,故 $\sum_{n=1}^{\infty} \frac{1}{1+a^n}$ 也发散.

例 7.2.3　讨论 p-级数 $\sum_{n=0}^{\infty} \frac{1}{n^p} = 1 + \frac{1}{2^p} + \cdots + \frac{1}{n^p} + \cdots$ 的敛散性,其中 p 为任意实数.

解　当 $p \leqslant 0$ 时,由于级数的一般项的极限$\lim\limits_{n\to\infty}\frac{1}{n^p}$不等于零,故 p-级数发散.

当 $0 < p \leqslant 1$ 时,$n^p \leqslant n$,故$\frac{1}{n^p} \geqslant \frac{1}{n}$,而$\frac{1}{n}$发散,故 p-级数发散.

当 $p > 1$,且 $k-1 \leqslant x \leqslant k$ 时,有$\frac{1}{k^p} \leqslant \frac{1}{x^p}$,故

思考:$\sum_{n=1}^{\infty} u_n$ 和 $\sum_{n=1}^{\infty} v_n$ 都是正项级数,且 $u_n \leqslant v_n$,若 $\sum_{n=1}^{\infty} v_n$ 发散,则 $\sum_{n=1}^{\infty} u_n$ 的敛散性会怎样?

比较法中常用到放大法与缩小法. 用比较法需注意:

①放大或缩小时,一定将级数中的一般项简化,最好能成为几个常见级数中的某一个;

②变化后的级数与原级数必须能用得上比较法;

③合理地选取放大法或缩小法.

$$\frac{1}{k^p}=\int_{k-1}^{k}\frac{1}{k^p}\mathrm{d}x\leqslant\int_{k-1}^{k}\frac{1}{x^p}\mathrm{d}x\quad(k=2,3,\cdots)$$

p-级数的部分和

$$S_n=1+\sum_{k=2}^{n}\frac{1}{k^p}\leqslant 1+\sum_{k=2}^{n}\int_{k-1}^{k}\frac{1}{x^p}\mathrm{d}x=1+\int_{1}^{n}\frac{1}{x^p}\mathrm{d}x$$

$$=1+\frac{1}{p-1}\left(1-\frac{1}{n^{p-1}}\right)<1+\frac{1}{p-1}\quad(n=2,3,\cdots)$$

所以数列$\{S_n\}$有界,级数收敛.故该级数当$p>1$时收敛,其他情形发散.

练习7.2.1　用比较判别法判定下列级数的敛散性.

(1)$1+\frac{1}{3}+\frac{1}{5}+\cdots+\frac{1}{2n-1}+\cdots$

(2)$1+\frac{1+2}{1+2^2}+\frac{1+3}{1+3^2}+\cdots+\frac{1+n}{1+n^2}+\cdots$

(3)$\frac{1}{2\cdot 5}+\frac{1}{3\cdot 6}+\cdots+\frac{1}{(n+1)(n+4)}+\cdots$

推论2　(比较判别法的极限形式)

$\sum\limits_{n=1}^{\infty}u_n$和$\sum\limits_{n=1}^{\infty}v_n$都是正项级数,且$\lim\limits_{n\to\infty}\frac{u_n}{v_n}=l$,则

(1)如果$0<l<+\infty$, $\sum\limits_{n=1}^{\infty}u_n$和$\sum\limits_{n=1}^{\infty}v_n$同时收敛或同时发散;

(2)如果$l=0$, $\sum\limits_{n=1}^{\infty}v_n$收敛时,$\sum\limits_{n=1}^{\infty}u_n$也收敛;

(3)如果$l=+\infty$, $\sum\limits_{n=1}^{\infty}v_n$发散时,$\sum\limits_{n=1}^{\infty}u_n$也发散.

这里当$n\to+\infty$时,$\sin\frac{1}{n}\sim\frac{1}{n}$.等价无穷小在敛散性中的应用.

例7.2.4　判断级数$\sum\limits_{n=1}^{\infty}\sin\frac{1}{n}$的敛散性.

解　采用比较判别法的极限形式,记$u_n=\sin\frac{1}{n}$,取$v_n=\frac{1}{n}$,因为

$\lim\limits_{n\to\infty}\frac{u_n}{v_n}=\lim\limits_{n\to\infty}\frac{\sin\frac{1}{n}}{\frac{1}{n}}=1$,而级数$\sum\limits_{n=1}^{\infty}\frac{1}{n}$发散,故级数$\sum\limits_{n=1}^{\infty}\sin\frac{1}{n}$也发散.

练习7.2.2　思考下列级数的敛散性.

(1)$\sum\limits_{n=1}^{\infty}\ln\left(1+\frac{1}{n}\right)$　　(2)$\sum\limits_{n=1}^{\infty}\left(1-\cos\frac{1}{n}\right)$

(3)$\sum\limits_{n=1}^{\infty}\tan\frac{1}{n\sqrt{n}}$　　(4)$\sum\limits_{n=1}^{\infty}(\mathrm{e}^{\frac{1}{\sqrt{n}}}-1)$

3.比值判别法(达朗贝尔比值判别法)

定理3　设$\sum\limits_{n=1}^{\infty}u_n$为正项级数,$\lim\limits_{n\to\infty}\frac{u_{n+1}}{u_n}=\rho$,则

(1)当$\rho<1$时,级数收敛;

(2)当$\rho>1$(或$\rho=+\infty$)时,级数发散;

(3)当$\rho=1$时,级数可能收敛,也可能发散.

注意:当$\rho=1$时,因级数可能收敛,也可能发散,故这种情况下,不能用比值判别法来判别正项级数的敛散性,需改用其他的方法来判别.

例 7.2.5　判断下列级数的敛散性.

(1) $\sum\limits_{n=1}^{\infty}\dfrac{2^n n!}{n^n}$　　　(2) $\sum\limits_{n=1}^{\infty}\dfrac{(2n-1)!!}{3^n n!}$

解　(1)因为$\rho=\lim\limits_{n\to\infty}\dfrac{u_{n+1}}{u_n}=\lim\limits_{n\to\infty}\dfrac{2^{n+1}(n+1)!}{(n+1)^{n+1}}\Big/\dfrac{2^n n!}{n^n}$

$$=\lim_{n\to\infty}\frac{2}{(1+n^{-1})^n}=\frac{2}{\mathrm{e}}<1,$$

故级数$\sum\limits_{n=1}^{\infty}\dfrac{2^n n!}{n^n}$收敛.

(2)因为$\rho=\lim\limits_{n\to\infty}\dfrac{u_{n+1}}{u_n}=\lim\limits_{n\to\infty}\dfrac{[2(n+1)-1]!!}{3^{n+1}\cdot(n+1)!}\cdot\dfrac{3^n\cdot n!}{(2n-1)!!}=\lim\limits_{n\to\infty}\dfrac{2n+1}{3n+3}=\dfrac{2}{3}<1$,故级数$\sum\limits_{n=1}^{\infty}\dfrac{(2n-1)!!}{3^n n!}$收敛.

例 7.2.6　判断下列级数的敛散性.

(1) $\sum\limits_{n=1}^{\infty}\dfrac{1}{n!}$　　　(2) $\sum\limits_{n=1}^{\infty}\dfrac{n!}{10^n}$

解　(1)$\rho=\lim\limits_{n\to\infty}\dfrac{u_{n+1}}{u_n}=\lim\limits_{n\to\infty}\dfrac{\frac{1}{(n+1)!}}{\frac{1}{n!}}=\lim\limits_{n\to\infty}\dfrac{1}{n+1}=0<1$,故级数$\sum\limits_{n=1}^{\infty}\dfrac{1}{n!}$收敛.

(2)$\rho=\lim\limits_{n\to\infty}\dfrac{u_{n+1}}{u_n}=\lim\limits_{n\to\infty}\dfrac{(n+1)!}{10^{n+1}}\cdot\dfrac{10^n}{n!}=\lim\limits_{n\to\infty}\dfrac{n+1}{10}=\infty$,故级数发散.

练习 7.2.3　判断下列级数的敛散性.

(1) $\sum\limits_{n=1}^{\infty}\dfrac{3^n}{n\cdot 2^n}$　　　(2) $\sum\limits_{n=1}^{\infty}\dfrac{n}{3^n}$　　　(3) $\sum\limits_{n=1}^{\infty}\dfrac{3^n\cdot n!}{n^n}$

4.根值判别法(柯西根值判别法)

定理 4　设$\sum\limits_{n=1}^{\infty}u_n$为正项级数,如果$\lim\limits_{n\to\infty}\sqrt[n]{u_n}=\rho$,则

(1)当$\rho<1$时,级数收敛;

(2)当$\rho>1$(或$\lim\limits_{n\to\infty}\sqrt[n]{u_n}=+\infty$)时,级数发散;

(3)当$\rho=1$时,级数可能收敛也可能发散.

例 7.2.7　证明级数$\sum\limits_{n=1}^{\infty}\left(\dfrac{2n+1}{3n-5}\right)^n$收敛.

证明　因为$\rho=\lim\limits_{n\to\infty}\sqrt[n]{u_n}=\lim\limits_{n\to\infty}\dfrac{2n+1}{3n-5}=\dfrac{2}{3}<1$,由根值判别法,故级数

$\sum_{n=1}^{\infty}\left(\frac{2n+1}{3n-5}\right)^n$ 收敛.

练习 7.2.4 判断下列级数的收敛性.

(1) $\sum_{n=1}^{\infty}\left(\frac{n}{2n+1}\right)^n$ (2) $\sum_{n=1}^{\infty}\left(\frac{n}{3n-1}\right)^{2n}$

(3) $\sum_{n=1}^{\infty}\frac{1}{[\ln(n+1)]^n}$

二、交错级数及其敛散性判别法

1. 引入

考虑到增减有限项不影响级数的敛散性,接下来便考虑有无限个正项和无限个负项的变号级数,其中,一个重要的变号级数是正负项相间的数项级数:

$$\sum_{n=1}^{\infty}(-1)^{n-1}u_n = u_1 - u_2 + u_3 - u_4 + \cdots + (-1)^{n-1}u_n + \cdots$$

或 $$\sum_{n=1}^{\infty}(-1)^n u_n = -u_1 + u_2 - u_3 + u_4 + \cdots + (-1)^n u_n + \cdots$$

其中 $u_n>0(n=1,2,\cdots)$,称之为**交错级数**.

2. 莱布尼茨判敛法

定理 5 (莱布尼茨判敛法)如果交错级数 $\sum_{n=1}^{\infty}(-1)^{n-1}u_n$ 满足条件:

(1) $u_n \geqslant u_{n+1}\quad(n=1,2,\cdots)$;

(2) $\lim\limits_{n\to\infty}u_n=0$;

则级数收敛,且其和 $s\leqslant u_1$.

例 7.2.8 判别级数 $\sum_{n=1}^{\infty}(-1)^{n-1}\frac{1}{n}$ 的敛散性.

解 这是交错级数,由于 $u_n=\frac{1}{n}>\frac{1}{n+1}=u_{n+1}$,且 $\lim\limits_{n\to\infty}u_n=\lim\limits_{n\to\infty}\frac{1}{n}=0$. 由莱布尼茨判敛法可知原级数收敛,且其和 $s<u_1=1$.

三、任意项级数的绝对收敛和条件收敛

1. 引入

对于任意项常数的级数 $u_1+u_2+u_3+u_4+\cdots+u_n+\cdots$ 其收敛性判别比较复杂. 但是,将它的各项取绝对值后得到的是正项级数 $\sum_{n=1}^{\infty}|u_n|$,是否可以借助正项级数的判别法来推断原级数的敛散性呢?

2. 绝对收敛和条件收敛

定义 如果 $\sum_{n=1}^{\infty}u_n$ 收敛,且 $\sum_{n=1}^{\infty}|u_n|$ 收敛,则称级数 $\sum_{n=1}^{\infty}u_n$ **绝对收敛**;

如果$\sum_{n=1}^{\infty} u_n$收敛,但$\sum_{n=1}^{\infty}|u_n|$发散,则称级数$\sum_{n=1}^{\infty} u_n$ **条件收敛**.

定理6 如果级数$\sum_{n=1}^{\infty}|u_n|$收敛,则级数$\sum_{n=1}^{\infty} u_n$也收敛.

例7.2.9 判断级数$\sum_{n=1}^{\infty}\frac{\sin na}{n^2}$的收敛性.

解 由于$\left|\frac{\sin na}{n^2}\right|\leqslant\frac{1}{n^2}$,而级数$\sum_{n=1}^{\infty}\frac{1}{n^2}$收敛,所以级数$\sum_{n=1}^{\infty}\left|\frac{\sin na}{n^2}\right|$收敛,再由定理6可知,级数$\sum_{n=1}^{\infty}\frac{\sin na}{n^2}$收敛,且绝对收敛.

例7.2.10 讨论交错级数$\sum_{n=1}^{\infty}\frac{(-1)^{n-1}}{n^p}$的收敛性.

解 若$p>1$,级数$\sum_{n=1}^{\infty}\left|\frac{(-1)^{n-1}}{n^p}\right|=\sum_{n=1}^{\infty}\frac{1}{n^p}$收敛,故级数$\sum_{n=1}^{\infty}\frac{(-1)^{n-1}}{n^p}$绝对收敛.

若$0<p\leqslant 1$,级数$\sum_{n=1}^{\infty}\left|\frac{(-1)^{n-1}}{n^p}\right|=\sum_{n=1}^{\infty}\frac{1}{n^p}$发散,故级数$\sum_{n=1}^{\infty}\frac{(-1)^{n-1}}{n^p}$不是绝对收敛,但$u_n=\frac{1}{n^p}>\frac{1}{(n+1)^p}=u_{n+1}$,且$\lim\limits_{n\to\infty}u_n=\lim\limits_{n\to\infty}\frac{1}{n^p}=0$,由莱布尼茨判别法知级数$\sum_{n=1}^{\infty}\frac{(-1)^{n-1}}{n^p}$收敛,即级数$\sum_{n=1}^{\infty}\frac{(-1)^{n-1}}{n^p}$条件收敛.

若$p\leqslant 0$,则$\lim\limits_{n\to\infty}u_n=\lim\limits_{n\to\infty}\frac{(-1)^{n-1}}{n^p}\neq 0$,故级数$\sum_{n=1}^{\infty}\frac{(-1)^{n-1}}{n^p}$发散.

练习7.2.5 判别下列级数的敛散性.若收敛,指明是绝对收敛还是条件收敛.

(1) $\sum_{n=1}^{\infty}(-1)^n\frac{3^n}{n!}$ (2) $\sum_{n=1}^{\infty}(-1)^{n-1}\frac{1}{\sqrt{n^2+2n-1}}$

(3) $\sum_{n=1}^{\infty}\cos\frac{1}{n^2}$

注意:①定理6的逆命题不成立,即绝对收敛的级数一定收敛,但收敛级数却不一定绝对收敛;
②定理6使得大部分任意项级数的收敛性问题转化成为正项级数的收敛性判别问题.

第三节 幂级数

本节导学
内容:①幂级数的收敛半径、收敛域;②会求简单幂级数的和函数$S(x)$.
重点:求幂级数的收敛半径.

一、引入

定义1 由定义在同一区间I内的函数序列构成的无穷级数$u_1(x)+$

$u_2(x)+\cdots+u_n(x)+\cdots$称为**函数项级数**,记作 $\sum\limits_{n=1}^{\infty}u_n(x)$,即

$$\sum_{n=1}^{\infty}u_n(x) = u_1(x)+u_2(x)+\cdots+u_n(x)+\cdots \tag{7.3.1}$$

若在上面的函数项级数中,令 x 取区间 I 中某一确定值 x_0,则得到一个常数项级数

$$u_1(x_0)+u_2(x_0)+\cdots+u_n(x_0)+\cdots \tag{7.3.2}$$

如果级数(7.3.2)收敛,则称点 x_0 为函数项级数(7.3.1)的**收敛点**;如果级数(7.3.2)发散,则称点 x_0 为函数项级数(7.3.1)的**发散点**.收敛点的全体构成的集合,称为函数项级数的**收敛域**.

对于收敛域内的任意一个数 x,函数项级数(7.3.1)成为一个收敛的常数项级数,于是有一个确定的和 s.因此,在收敛域内,函数项级数(7.3.1)的和是 x 的函数 $s(x)$,通常称 $s(x)$ 为函数项级数的**和函数**.即在收敛域内有

$$s(x)=u_1(x)+u_2(x)+\cdots+u_n(x)+\cdots$$

把函数项级数(7.3.1)的前 n 项的部分和记作 $s_n(x)$,则

$$s_n(x)=u_1(x)+u_2(x)+\cdots+u_n(x)$$

且在收敛域内,有 $s(x)=\lim\limits_{n\to\infty}s_n(x)$.在函数项级数中,最常见、最重要的是幂级数.

二、幂级数

1.定义

定义2 形如

$$\sum_{n=0}^{\infty}a_n(x-x_0)^n = a_0+a_1(x-x_0)+a_2(x-x_0)^2+\cdots+a_n(x-x_0)^n+\cdots \tag{7.3.3}$$

的函数项级数称为**幂级数**,其中常数 $a_n(n=0,1,2,\cdots)$称为幂级数的系数.当 $x_0=0$ 时,它具有更简单的形式:

$$\sum_{n=0}^{\infty}a_nx^n = a_0+a_1x+a_2x^2+\cdots+a_nx^n+\cdots \tag{7.3.4}$$

对于幂级数,要考虑的也是它的敛散性问题.为此,我们先看一个例子:

让幂级数中的幂的底数等于0得到的点就是收敛中心点.

幂级数 $$\sum_{n=0}^{\infty}x^n = 1+x+x^2+\cdots+x^n+\cdots \tag{7.3.5}$$

是一个公比 x 的等比级数,当 $|x|<1$ 时,幂级数(7.3.5)收敛,且其和为 $\frac{1}{1-x}$;当 $|x|\geqslant 1$ 时,幂级数发散.所以幂级数(7.3.5)的收敛域为$(-1,1)$,且

$$1+x+x^2+\cdots+x^n+\cdots=\frac{1}{1-x}\quad x\in(-1,1)$$

其收敛中心点为 $x=0$.

对于级数 $\sum\limits_{n=0}^{\infty} a_n x^n$,必然存在一个正数 $R>0$,使得对一切满足 $|x|<R$ 的,都能使得幂级数绝对收敛,从而幂级数收敛;而对于 $|x|>R$ 的 x,都有幂级数发散. 我们就称 R 为该幂级数的**收敛半径**,而称开区间 $(-R,R)$ 为该幂级数的**收敛区间**. 幂级数在区间端点 $x=-R$ 即 $x=R$ 处可能收敛,也可能发散,需另行确定. 分别考虑 $x=-R$ 即 $x=R$ 处的敛散性后,就得到幂级数的**收敛域**.

2. 求收敛半径的方法

(1)级数是 $\sum\limits_{n=1}^{\infty} a_n x^n$ 型,或是 $\sum\limits_{n=1}^{\infty} a_n (x-x_0)^n$ 型.

先求出 $\rho=\lim\limits_{n\to\infty}\left|\dfrac{a_{n+1}}{a_n}\right|$,后求出 $R=\dfrac{1}{\rho}$.

(2)级数是 $\sum\limits_{n=1}^{\infty} a_n x^{kn}$ 型,或是 $\sum\limits_{n=1}^{\infty} a_n (x-x_0)^{kn}$ 型.

先求出 $\rho=\lim\limits_{n\to\infty}\left|\dfrac{a_{n+1}}{a_n}\right|$,后求 $R=\sqrt[k]{\dfrac{1}{\rho}}$.

例 7.3.1　求幂级数 $\sum\limits_{n=1}^{\infty}(-1)^{n-1}\dfrac{2^n}{n}x^n$ 的收敛半径和收敛域.

例 7.3.1 的收敛中心点为 $x=0$.

解　因为 $\rho=\lim\limits_{n\to\infty}\left|\dfrac{a_{n+1}}{a_n}\right|=\lim\limits_{n\to\infty}\dfrac{\dfrac{2^{n+1}}{n+1}}{\dfrac{2^n}{n}}=2$

所以幂级数的收敛半径 $R=\dfrac{1}{\rho}=\dfrac{1}{2}$.

当 $x=\dfrac{1}{2}$时,幂级数变为交错级数 $\sum\limits_{n=1}^{\infty}(-1)^{n-1}\dfrac{1}{n}$,收敛(由莱布尼茨审敛法).

当 $x=-\dfrac{1}{2}$ 时,幂级数变为级数 $\sum\limits_{n=1}^{\infty}\left(-\dfrac{1}{n}\right)$,发散(由调和级数的敛散性).

所以幂级数 $\sum\limits_{n=1}^{\infty}(-1)^{n-1}\dfrac{2^n}{n}x^n$ 的收敛域为 $\left(-\dfrac{1}{2},\dfrac{1}{2}\right]$.

例 7.3.2　求幂级数 $\sum\limits_{n=0}^{\infty}\dfrac{x^n}{n!}$ 的收敛域.

解　因为

$$\rho=\lim_{n\to\infty}\left|\frac{a_{n+1}}{a_n}\right|=\lim_{n\to\infty}\frac{n!}{(n+1)!}=\lim_{n\to\infty}\frac{1}{n+1}=0$$

所以幂级数的收敛半径 $R=\dfrac{1}{\rho}=+\infty$,收敛域为 $(-\infty,+\infty)$.

例 7.3.3　求幂级数 $\sum\limits_{n=0}^{\infty} n!x^n$ 的收敛域.

解 因为

$\rho=\lim\limits_{n\to\infty}\left|\dfrac{a_{n+1}}{a_n}\right|=\lim\limits_{n\to\infty}\dfrac{(n+1)!}{n!}=\lim\limits_{n\to\infty}(n+1)=+\infty$,所以幂级数的收敛半径 $R=\dfrac{1}{\rho}=0$,收敛域为$\{x\mid x=0\}$,即只在 $x=0$ 点处收敛.

例 7.3.4 求幂级数 $\sum\limits_{n=0}^{\infty}(-1)^n\dfrac{x^{2n}}{2^n}$ 的收敛域.

解 因为$\lim\limits_{n\to\infty}\left|\dfrac{(-1)^{n+1}\cdot 2^n}{(-1)^n 2^{n+1}}\right|=\dfrac{1}{2}$

所以 $R=\sqrt{\dfrac{1}{\rho}}=\sqrt{2}$

当 $x\pm\sqrt{2}$时,原级数变为 $\sum\limits_{n=0}^{\infty}(-1)^n\dfrac{2^n}{2^n}=\sum\limits_{n=0}^{\infty}(-1)^n$ 发散.

所以原幂级数$\sum\limits_{n=0}^{\infty}(-1)^n\dfrac{x^{2n}}{2^n}$ 的收敛域为$(-\sqrt{2},\sqrt{2})$.

例 7.3.5 的收敛中心点为 $x=1$.

例 7.3.5 求幂级数$\sum\limits_{n=1}^{\infty}(-1)^{n-1}\dfrac{(x-1)^n}{n}$的收敛域.

解 因为$\rho=\lim\limits_{n\to\infty}\left|\dfrac{a_{n+1}}{a_n}\right|=\lim\limits_{n\to\infty}\left|\dfrac{\dfrac{(-1)^n}{n+1}}{\dfrac{(-1)^{n-1}}{n}}\right|=\lim\limits_{n\to\infty}\dfrac{n}{n+1}=1$

所以幂级数 $\sum\limits_{n=1}^{\infty}(-1)^{n-1}\dfrac{(x-1)^n}{n}$的收敛半径为 $R=\dfrac{1}{\rho}=1$,收敛域区间$(0,2)$.

当 $x=0$ 时,原幂级数变为 $\sum\limits_{n=1}^{\infty}\dfrac{(-1)^{2n-1}}{n}=-\sum\limits_{n=1}^{\infty}\dfrac{1}{n}$,发散.

当 $x=2$ 时,原幂级数变为$\sum\limits_{n=1}^{\infty}\dfrac{(-1)^{n-1}}{n}$,收敛.

故原幂级数$\sum\limits_{n=1}^{\infty}(-1)^{n-1}\dfrac{(x-1)^n}{n}$ 的收敛域为$(0,2]$.

练习 7.3.1 求下列幂级数的收敛半径和收敛域.

(1) $x+2x^2+3x^3+\cdots+nx^n+\cdots$

(2) $\sum\limits_{n=1}^{\infty}(-1)^n\cdot\dfrac{x^{2n+1}}{2n+1}$

(3) $\dfrac{x}{2}+\dfrac{x^2}{2\cdot 4}+\dfrac{x^3}{2\cdot 4\cdot 6}+\cdots+\dfrac{x^n}{2\cdot 4\cdot 6\cdots\cdot 2n}+\cdots$

(4) $\sum\limits_{n=1}^{\infty}\dfrac{2^n}{n^2+1}x^n$

(5) $1-x+\dfrac{x^2}{2^2}-\dfrac{x^3}{3^2}+\cdots$

三、幂级数的和函数

幂级数和函数的性质：

性质1　幂级数 $\sum_{n=0}^{\infty} ax^n$ 的和函数 $S(x)=\frac{a}{1-x}(|x|<1)$.

性质2　幂级数 $\sum_{n=0}^{\infty} a_n x^n$ 的和函数 $S(x)$ 在其收敛区间 $(-R,R)$ 内可导,且能逐项求导.

$$s'(x)=(\sum_{n=0}^{\infty} a_n x^n)'=\sum_{n=0}^{\infty}(a_n x^n)'=\sum_{n=1}^{\infty} n a_n x^{n-1},\ x\in(-R,R).$$

逐项求导后所得到的幂级数和原级数有相同的收敛半径.

性质3　幂级数 $\sum_{n=0}^{\infty} a_n x^n$ 的和函数 $S(x)$ 在其收敛区间 $(-R,R)$ 内可积,且能逐项积分.

$$\int_0^x s(x)\mathrm{d}x=\int_0^x(\sum_{n=0}^{\infty} a_n x^n)\mathrm{d}x=\sum_{n=0}^{\infty}\int_0^x a_n x^n\mathrm{d}x=\sum_{n=0}^{\infty}\frac{a_n}{n+1}x^{n+1}\quad x\in(-R,R)$$

逐项积分后所得到的幂级数和原级数有相同的收敛半径.

例7.3.6　求幂级数 $\sum_{n=1}^{\infty}\frac{x^n}{n}$ 的和函数 $S(x)$.

解　因为 $\left(\sum_{n=1}^{\infty}\frac{x^n}{n}\right)'=\sum_{n=1}^{\infty}x^{n-1}=\sum_{n=0}^{\infty}x^n=\frac{1}{1-x}(-1<x<1)$

所以 $S(x)=\sum_{n=1}^{\infty}\frac{x^n}{n}=\int_0^x\frac{1}{1-x}\mathrm{d}x=-\ln(1-x)\ (-1\leqslant x<1)$

例7.3.7　求幂级数 $\sum_{n=0}^{\infty}(2n+1)x^{2n}$ 在收敛域 $(-1,1)$ 内的和函数 $S(x)$.

解　因为 $\int_0^x[\sum_{n=0}^{\infty}(2n+1)x^{2n}]\mathrm{d}x=\sum_{n=0}^{\infty}\int_0^x(2n+1)x^{2n}\mathrm{d}x$

$$=\sum_{n=0}^{\infty}x^{2n+1}=\frac{x}{1-x^2}(-1<x<1)$$

所以 $S(x)=\sum_{n=0}^{\infty}(2n+1)\cdot x^{2n}=\left(\frac{x}{1-x^2}\right)'=\frac{1+x^2}{(1-x^2)^2}(-1<x<1)$

练习7.3.2

1. 求幂级数 $\sum_{n=1}^{\infty}\frac{x^{4n+1}}{4n+1}(-1<x<1)$ 的和函数 $S(x)$.

2. 求幂级数 $\sum_{n=0}^{\infty}(n+1)x^n$ 在区间 $(-1,1)$ 内的和函数 $S(x)$.

第四节　函数的幂级数展开式

本节导学
①熟记几个常见函数的幂级数的展开式;
②会用间接展开法.

一、引入

前面讨论了幂级数在某收敛域内收敛,且收敛于它的和函数的问题.与之相反的问题是,对于给定的函数$f(x)$,是否存在一个幂级数以$f(x)$为它的和函数.若这样的幂级数存在,我们就说,函数$f(x)$在收敛域内能展开成幂级数,或简单地说函数$f(x)$能展开成幂级数.

二、几个常见函数的幂级数展开式

(1)$e^x=\sum_{n=0}^{\infty}\frac{x^n}{n!}=1+x+\frac{x^2}{2!}+\cdots+\frac{x^n}{n!}+\cdots\quad(-\infty<x<+\infty)$

(2)$\sin x=\sum_{n=0}^{\infty}\frac{(-1)^n}{(2n+1)!}x^{2n+1}$

$=x-\frac{x^3}{3!}+\frac{x^5}{5!}-\cdots+(-1)^{n-1}\frac{x^{2n+1}}{(2n+1)!}+\cdots\quad(-\infty<x<+\infty)$

(3)$\cos x=\sum_{n=0}^{\infty}\frac{(-1)^n}{(2n)!}x^{2n}$

$=1-\frac{x^2}{2!}+\frac{x^4}{4!}-\cdots+(-1)^{n-1}\frac{x^{2n}}{(2n)!}+\cdots\quad(-\infty<x<+\infty)$

(4)$\frac{1}{1-x}=\sum_{n=0}^{\infty}x^n=1+x+x^2+\cdots+x^n+\cdots\quad(-1<x<1)$

(5)$\frac{1}{1+x}=\sum_{n=0}^{\infty}(-1)^nx^n=1-x+x^2-\cdots+(-1)^nx^n+\cdots$
$(-1<x<1)$

(6)$\ln(1+x)=\sum_{n=0}^{\infty}(-1)^n\frac{x^{n+1}}{n+1}$

$=x-\frac{x^2}{2}+\frac{x^3}{3}-\frac{x^4}{4}+\cdots+(-1)^n\frac{x^{n+1}}{n+1}+\cdots$

$(-1<x\leqslant 1)$

(7)$(1+x)^m=\sum_{n=0}^{\infty}\frac{m(m-1)\cdots(m-n+1)}{n!}\cdot x^n$

$=1+mx+\frac{m(m-1)}{2!}x^2+\cdots+$

$\frac{m(m-1)\cdots(m-n+1)}{n!}\cdot x^n+\cdots\quad(-1<x<1)$

特殊地,当m为正整数时,级数为x的m次多项式,这就是代数学中的二项式定理.

三、间接展开法

我们可以根据函数的幂级数展开式的唯一性,利用一些已知幂级数的展开式，再通过幂级数的代数运算或逐项求导、逐项积分运算等，求出给定函数的幂级数展开式，这种方法称为**间接展开法**.

例 7.4.1　将函数 $f(x)=\dfrac{1}{1+x^2}$ 展开成 x 的幂级数.

解　因为 $\dfrac{1}{1-x}=1+x+x^2+\cdots+x^n+\cdots\quad(-1<x<1)$，把 x 换成 $-x^2$，得

$$f(x)=\frac{1}{1+x^2}=1-x^2+x^4-\cdots+(-1)^n x^{2n}+\cdots\quad(-1<x<1)$$

例 7.4.2　将函数 $f(x)=\ln(1+x)$ 展开成为 x 的幂级数.

解　因为 $f'(x)=\dfrac{1}{1+x}$，而

$$\frac{1}{1+x}=1-x+x^2-x^3+\cdots+(-1)^n x^n+\cdots\quad(-1<x<1)$$

两边逐项积分，得

$$\ln(1+x)=x-\frac{x^2}{2}+\frac{x^3}{3}-\frac{x^4}{4}+\cdots+(-1)^n\frac{x^{n+1}}{n+1}+\cdots\quad(-1<x\leqslant 1)$$

当 $x=1$ 时，此时有 $\ln 2=1-\dfrac{1}{2}+\dfrac{1}{3}-\dfrac{1}{4}+\cdots+(-1)^n\cdot\dfrac{1}{n}+\cdots$

例 7.4.3　将函数 $f(x)=\sin x$ 展开成 $\left(x-\dfrac{\pi}{4}\right)$ 的幂级数.

解　因为

$$\sin x=\sin\left[\frac{\pi}{4}+\left(x-\frac{\pi}{4}\right)\right]=\frac{\sqrt{2}}{2}\left[\cos\left(x-\frac{\pi}{4}\right)+\sin\left(x-\frac{\pi}{4}\right)\right]$$

并且有

$$\cos(x-\frac{\pi}{4})=1-\frac{\left(x-\frac{\pi}{4}\right)^2}{2!}+\frac{\left(x-\frac{\pi}{4}\right)^4}{4!}-\cdots\quad(-\infty<x<+\infty)$$

$$\sin\left(x-\frac{\pi}{4}\right)=\left(x-\frac{\pi}{4}\right)-\frac{\left(x-\frac{\pi}{4}\right)^3}{3!}+\frac{\left(x-\frac{\pi}{4}\right)^5}{5!}-\cdots\quad(-\infty<x<+\infty)$$

所以

$$\sin x=\frac{\sqrt{2}}{2}\left[1+\left(x-\frac{\pi}{4}\right)-\frac{\left(x-\frac{\pi}{4}\right)^2}{2!}-\frac{\left(x-\frac{\pi}{4}\right)^3}{3!}+\cdots\right]\quad(-\infty<x<+\infty)$$

例 7.4.4　将函数 $f(x)=\dfrac{1}{3+x}$ 展开成 $(x-2)$ 的幂级数.

解　$f(x)=\dfrac{1}{3+x}=\dfrac{1}{5+(x-2)}=\dfrac{1}{5}\cdot\dfrac{1}{1+\dfrac{x-2}{5}}$

$$=\frac{1}{5}\sum_{n=0}^{\infty}\left(-\frac{x-2}{5}\right)^n=\sum_{n=0}^{\infty}(-1)^n\frac{(x-2)^n}{5^{n+1}}\quad(-3<x<7)$$

练习 7.4.1

1. 将函数 $f(x)=\dfrac{x^2}{x-3}$ 展开成 x 的幂级数.

2. 将函数 $f(x)=\dfrac{1}{4-x}$ 展开成 $(x-2)$ 的幂级数.

内容小结

一、知识小结

1. 本章基本知识点

无穷级数,收敛与发散,收敛级数的性质,级数收敛的必要条件,正项级数,比较判敛法,比值判敛法,根值判敛法,交错级数,莱布尼茨判敛法,绝对收敛与条件收敛,函数项级数,和函数,幂级数,收敛半径,收敛区间,收敛域,函数的幂级数展开式.

2. 基本公式

常见函数的幂级数展开式.

3. 基本方法

(1)正项级数收敛判敛法:比较法、比值法、根值法.

(2)交错级数判敛法:莱布尼茨判敛法.

(3)任意项级数判敛法:绝对收敛判敛法.

二、学习要求

1. 了解无穷级数及其相关概念,掌握收敛级数的性质.
2. 熟练使用几种常见的判敛方法.
3. 会求幂级数的收敛半径、收敛区间及收敛域.
4. 会求简单幂级数的和函数.
5. 会将函数展开成幂级数.

复习题

一、填空题

1. 调和级数是指________________.
2. 级数收敛的必要条件是________________.
3. 若 $\sum_{n=1}^{\infty} u_n$ 收敛于 S,则 $\sum_{n=1}^{\infty}(u_n+u_{n+1})$ 收敛于________________.

4. 级数 $1-\frac{1}{3}+\frac{1}{5}-\frac{1}{7}+\cdots+(-1)^{n-1}\frac{1}{2n-1}+\cdots$ 的敛散性为________.

5. 级数 $\sum_{n=0}^{\infty}\left(\frac{1}{3}\right)^n$ 的和 $S=$________.

6. 级数 $\frac{x}{1\cdot 3}+\frac{x^2}{2\cdot 3^2}+\frac{x^3}{3\cdot 3^3}+\frac{x^4}{4\cdot 3^4}+\cdots$,收敛半径 $R=$________.

7. 函数 $f(x)=e^x$ 展开为 x 的幂级数是________.

8. 级数 $1+x+x^2+x^3+\cdots+x^{n-1}+\cdots\quad(-1<x<1)$ 的和函数是________.

二、选择题

1. 已知级数 $\sum_{n=1}^{\infty}u_n$ 收敛,S_n 是它的前 n 项部分和,则该级数的和是(　　).

A. S_n　　B. u_n　　C. $\lim\limits_{n\to\infty}S_n$　　D. $\lim\limits_{n\to\infty}u_n$

2. 级数 $\sum_{n=1}^{\infty}u_n$ 与 $\sum_{n=1}^{\infty}v_n$ 满足 $u_n\leqslant v_n$,则下列答案中正确的是(　　).

A. $\sum_{n=1}^{\infty}v_n$ 收敛时,$\sum_{n=1}^{\infty}u_n$ 也收敛

B. $\sum_{n=1}^{\infty}v_n$ 发散时,$\sum_{n=1}^{\infty}u_n$ 也发散

C. $\sum_{n=1}^{\infty}v_n$ 收敛时,$\sum_{n=1}^{\infty}u_n$ 未必收敛

D. 以上选项均不正确

3. 下列级数中收敛的是(　　).

A. $\sum_{n=1}^{\infty}\frac{1}{n\sqrt{n+1}}$　　B. $\sum_{n=1}^{\infty}\frac{n}{\sqrt{n^3+1}}$

C. $\sum_{n=1}^{\infty}\frac{3^n n!}{n^n}$　　D. $\sum_{n=1}^{\infty}\frac{1\cdot 3\cdot 5\cdot\cdots\cdot(2n-1)}{n!}$

4. 级数 $\sum_{n=1}^{\infty}\frac{x^n}{n}$ 的收敛域是(　　).

A. $[-1,1]$　　B. $(-1,1)$　　C. $[-1,1)$　　D. $(-1,1]$

5. 幂级数 $\sum_{n=0}^{\infty}a_n(x-2)^n$ 在 $x=-2$ 处收敛,则此幂级数在点 $x=5$ 处(　　).

A. 一定发散　　B. 一定条件收敛

C. 一定绝对收敛　　D. 收敛性不能判断

6. $\ln(1+x)$ 的幂级数展开式中 x^{10} 的系数是(　　).

A. $\frac{1}{10}$　　B. $-\frac{1}{10}$　　C. $\frac{1}{10!}$　　D. $-\frac{1}{10!}$

三、解答题

1. 判断级数 $\sum\limits_{n=1}^{\infty}\dfrac{n^2}{2^n}$ 的敛散性.

2. 判断级数 $\sum\limits_{n=1}^{\infty}\dfrac{2n-1}{(\sqrt{2})^n}$ 的敛散性.

3. 求幂级数 $\sum\limits_{n=0}^{\infty}\dfrac{(2n)!}{(n!)^2}x^{2n}$ 的收敛半径.

4. 求幂级数 $\sum\limits_{n=1}^{\infty}\dfrac{(x-2)^n}{2^n\cdot n}$ 的收敛区间.

5. 求 $\sum\limits_{n=0}^{\infty}(n+1)x^n$ 的和函数.

四、综合题

1. 已知级数 $\sum\limits_{n=1}^{\infty}\dfrac{a^n}{n^3}$ 收敛,求 a 的取值范围.

2. 将函数 $f(x)=\dfrac{x^2}{x-3}$ 展开为 x 的幂级数.

第八章
拉普拉斯变换

拉普拉斯(Laplace)变换(也称拉氏变换)是通过积分运算把一个函数化成另一个函数的变换,其实质是积分运算. 它是一种用来解常系数线性微分方程较简便的工具,在电学、力学以及控制学等众多工程技术与科学领域中有着广泛应用. 本节主要介绍拉氏变换的基本概念、主要性质、逆变换及其简单应用.

第一节 拉氏变换的概念与性质

本节导学
内容:拉氏变换的基本概念、主要性质.
重点:求一些常用函数的拉氏变换.

一、拉氏变换的基本概念

1. 引入

在数学中,为了将较复杂的运算转换为较简单的运算,常常用变换的方法,如数量的乘积、商可以通过对数变换成对数的和、差运算,然后再取反对数(反变换),即得到原来数量的乘积、商. 所谓积分变换,就是通过积分运算把一个函数 $f(t)$(象原函数)变成另一个函数 $F(s)$(象函数)的变换. 当然,这种变换在一定条件下是一一对应的可逆变换.

2. 定义

设函数 $f(t)$ 定义在 $t \geqslant 0$ 上,若广义积分 $\int_0^{+\infty} f(t)\mathrm{e}^{-st}\mathrm{d}t$ 收敛,则此积分就确定了一个参量 s 的函数,记为 $F(s)$,即

$$F(s) = \int_0^{+\infty} f(t)\mathrm{e}^{-st}\mathrm{d}t \qquad (8.1.1)$$

称式(8.1.1)为函数 $f(t)$ 的拉普拉斯变换式,简称拉氏变换,记为 $L[f(t)] = F(s)$. $F(s)$ 称为 $f(t)$ 的**拉氏变换**(或**象函数**),而 $f(t)$ 为 $F(s)$ 的**拉氏逆变换**(或**象原函数**),记为 $L^{-1}[F(s)] = f(t)$.

说明:

因为一个物理过程在 $t<0$ 时还未发生，所以这种假定是成立的.

(1)定义中，只要求在 $t\geqslant 0$ 上函数 $f(t)$ 有定义，为了方便，以后总假定当 $t<0$ 时，$f(t)\equiv 0$；

(2)经过拉氏变换后的函数 $F(s)$ 是复变量 $s=\sigma+\mathrm{i}\omega$ 的函数(但为了方便起见，一般只讨论 S 是实数的情形)；

(3)拉氏变换是一种积分变换，是将给定的函数通过特定的广义积分(也叫拉氏积分)转换成一个新的函数.

二、几种常用函数的拉氏变换

回顾积分、广义积分的方法，注意 $s>0$ 这个条件.

1. 一次函数 $f(t)=at$(a 为常数)的拉氏变换

$$L[at]=\int_0^{+\infty}(at)\mathrm{e}^{-st}\mathrm{d}t=-\frac{a}{s}\int_0^{+\infty}t\mathrm{d}(\mathrm{e}^{-st})$$

$$=-\frac{at}{s}\mathrm{e}^{-st}\Big|_0^{+\infty}+\frac{a}{s}\int_0^{+\infty}\mathrm{e}^{-st}\mathrm{d}t=\frac{-a}{s^2}\mathrm{e}^{-st}\Big|_0^{+\infty}=\frac{a}{s^2}\quad(s>0)$$

2. 斜坡函数 $f(t)=t$ 的拉氏变换

$$L[t]=\int_0^{+\infty}t\mathrm{e}^{-st}\mathrm{d}t=-\frac{1}{s}[t\mathrm{e}^{-st}]_0^{+\infty}+\frac{1}{s}\int_0^{+\infty}\mathrm{e}^{-st}\mathrm{d}t$$

$$=\left[-\frac{\mathrm{e}^{-st}}{s}\right]_0^{+\infty}=\frac{1}{s^2}\quad(s>0)$$

3. 指数函数 $f(t)=\mathrm{e}^{at}$(a 为常数)的拉氏变换

$$L[\mathrm{e}^{at}]=\int_0^{+\infty}\mathrm{e}^{at}\mathrm{e}^{-st}\mathrm{d}t=\int_0^{+\infty}\mathrm{e}^{-(s-a)t}\mathrm{d}t$$

$$=\left[-\frac{\mathrm{e}^{-(s-a)t}}{s-a}\right]_0^{+\infty}=\frac{1}{s-a}\quad(s>a)$$

4. 三角函数的拉氏变换

由定义可以推出正弦函数 $f(t)=\sin\omega t$ 的拉氏变换为

$$L[\sin\omega t]=\int_0^{+\infty}\sin\omega t\mathrm{e}^{-st}\mathrm{d}t$$

$$=\left[-\frac{\mathrm{e}^{-st}(s\sin\omega t+\omega\cos\omega t)}{s^2+\omega^2}\right]_0^{+\infty}=\frac{\omega}{s^2+\omega^2}\quad(s>0)$$

同理，可以推出余弦函数 $f(t)=\cos\omega t$ 的拉氏变换为

$$L[\cos\omega t]=\frac{s}{s^2+\omega^2}\quad(s>0)$$

5. 在自动控制系统中经常使用的两个函数

1)单位脉冲函数的拉氏变换

在工程实际问题中，许多物理现象具有一种脉冲特征，它们不是在某一段时间间隔内出现，而是在某一瞬间或某一点才出现. 例如，在研究线性电路在脉冲电动势作用后所产生的电流时，要涉及脉冲函数，在原来电流为零的电路中，某一瞬时(设为 $t=0$)进入一单位电量的脉冲. 现要确定电路上的电流强度，但在通常意义下的函数类中找不到一个函数能够用来表示上述电路的电流强度. 为此，需引进一个新的函数：

$$\delta_\varepsilon(t)=\begin{cases}0, & t<0\\ \dfrac{1}{\varepsilon}, & 0\leqslant t\leqslant\varepsilon\\ 0, & t>\varepsilon\end{cases}$$

当 $\varepsilon\to0^+$ 时，$\delta_\varepsilon(t)$ 的极限 $\delta(t)=\lim\limits_{\varepsilon\to0^+}\delta_\varepsilon(t)$ 称为**狄拉克函数**，简称**δ-函数**. δ-函数在工程技术中常被称为**单位脉冲函数**.

δ-函数是一个广义函数，没有通常意义下的“函数值”，因此不能用“值的对应关系”来定义. 工程上通常将它定义为一个函数序列的极限.

根据拉氏变换的定义，即可推出 δ-函数的拉氏变换为

$$\begin{aligned}L[\delta(t)]&=\int_0^{+\infty}\delta(t)\mathrm{e}^{-st}\mathrm{d}t=\int_0^{\varepsilon}\delta(t)\mathrm{e}^{-st}\mathrm{d}t+\int_{\varepsilon}^{+\infty}\delta(t)\mathrm{e}^{-st}\mathrm{d}t\\&=\int_0^{\varepsilon}(\lim_{\varepsilon\to0}\frac{1}{\varepsilon})\mathrm{e}^{-st}\mathrm{d}t=\lim_{\varepsilon\to0}\int_0^{\varepsilon}\frac{1}{\varepsilon}\mathrm{e}^{-st}\mathrm{d}t\\&=\lim_{\varepsilon\to0}\frac{1}{\varepsilon}\left[-\frac{\mathrm{e}^{-st}}{s}\right]_0^{\varepsilon}=\frac{1}{s}\lim_{\varepsilon\to0}\frac{1-\mathrm{e}^{-s\varepsilon}}{\varepsilon}=\frac{s}{s}=1\end{aligned}$$

2）单位阶跃函数的拉氏变换

分段函数 $f(t)=\begin{cases}0,t<0\\a,t\geqslant0\end{cases}(a\neq0)$ 称为**阶跃函数**，其中 $a\neq0$，$a=1$ 时，称为 $f(t)$ **单位阶跃函数**（又称单位阶梯函数）. 记为 $u(t)$，即 $u(t)=\begin{cases}0,t<0\\1,t\geqslant0\end{cases}$.

根据拉氏变换的定义，即可推出单位阶跃函数的拉氏变换为

$$L[u(t)]=\int_0^{+\infty}u(t)\mathrm{e}^{-st}\mathrm{d}t=\int_0^{+\infty}1\cdot\mathrm{e}^{-st}\mathrm{d}t=\left[-\frac{\mathrm{e}^{-st}}{s}\right]_0^{+\infty}=\frac{1}{s}\quad(s>0)$$

三、拉氏变换简表及其应用

为了方便查公式，现将常用函数的拉氏变换列表. 利用表 8.1.1 中的公式，就可以求一些常用函数的拉氏变换了.

将所求拉氏变换的象原函数与 $f(t)$ 栏中的函数式对照，找出常数 a，ω 和 n，然后将这些常数值代入 $F(s)$ 栏中的象函数式，即得要求函数的拉氏变换；必要时，可对函数先进行代数变形.

表中的前 10 个公式要求熟记，后 10 个公式最好也能记住.

表 8.1.1　常用函数的拉氏变换简表

序号	$f(t)$	$F(s)$	序号	$f(t)$	$F(s)$
1	$\delta(t)$	1	11	$\mathrm{e}^{at}t$	$\dfrac{1}{(s-a)^2}$
2	$u(t)$，1	$\dfrac{1}{s}$	12	$\mathrm{e}^{at}t^2$	$\dfrac{2}{(s-a)^3}$
3	t	$\dfrac{1}{s^2}$	13	$\mathrm{e}^{at}t^n$	$\dfrac{n!}{(s-a)^{n+1}}$
4	t^2	$\dfrac{2}{s^3}$	14	$\mathrm{e}^{at}\sin\omega t$	$\dfrac{\omega}{(s-a)^2+\omega^2}$

续表

序号	$f(t)$	$F(s)$	序号	$f(t)$	$F(s)$
5	t^n	$\frac{n!}{s^{n+1}}$	15	$e^{at}\cos\omega t$	$\frac{s-a}{(s-a)^2+\omega^2}$
6	e^{at}	$\frac{1}{s-a}$	16	$e^{at}\text{sh}\,\omega t$	$\frac{\omega}{(s-a)^2-\omega^2}$
7	$\sin\omega t$	$\frac{\omega}{s^2+\omega^2}$	17	$e^{at}\text{ch}\,\omega t$	$\frac{s-a}{(s-a)^2-\omega^2}$
8	$\cos\omega t$	$\frac{s}{s^2+\omega^2}$	18	$t\sin\omega t$	$\frac{2\omega s}{(s^2+\omega^2)^2}$
9	$\text{sh}\,\omega t$	$\frac{\omega}{s^2-\omega^2}$	19	$t\cos\omega t$	$\frac{s^2-\omega^2}{(s^2+\omega^2)^2}$
10	$\text{ch}\,\omega t$	$\frac{s}{s^2-\omega^2}$	20	$e^{at}-e^{bt}$	$\frac{a-b}{(s-a)(s-b)}$

例 8.1.1 求指数函数 $f(t)=e^{-3t}$ 的拉氏变换.

解 对照常用函数的拉氏变换表中变换 6 的函数式,得 $a=-3$;将 $a=-3$ 代入象函数式中,得

$$F(s)=L[e^{-3t}]=\frac{1}{s-(-3)}=\frac{1}{s+3}$$

例 8.1.2 求三角函数 $f(t)=\sin\frac{1}{2}t$ 的拉氏变换.

解 对照常用函数的拉氏变换表中变换 7 的函数式,得 $\omega=\frac{1}{2}$;将 $\omega=\frac{1}{2}$ 代入象函数式,得

$$F(s)=L\left[\sin\frac{1}{2}t\right]=\frac{\frac{1}{2}}{s^2+\left(\frac{1}{2}\right)^2}=\frac{2}{4s^2+1}$$

对(6)小题先变形,再进行拉氏变换.

练习 8.1.1 利用常用函数的拉氏变换简表,求下列函数的拉氏变换.

(1) $f(t)=e^{-4t}$ (2) $f(t)=t^4$

(3) $f(t)=\cos\frac{1}{2}t$ (4) $f(t)=\text{ch}\,5t$

(5) $f(t)=te^{at}$ (6) $f(t)=2\sin t\cos t$

四、拉氏变换的性质

下面介绍拉氏变换的几个主要性质,利用这些性质,结合常用函数的拉氏变换简表中的公式,可以求一些较为复杂函数的拉氏变换.

线性性质可推广到有限多个函数的情形.

性质 1[线性性质] 若 a,b 是常数,$L[f_1(t)]=F_1(s)$,$L[f_2(t)]=F_2(s)$,则

$$L[af_1(t)+bf_2(t)]=aL[f_1(t)]+bL[f_2(t)]=aF_1(s)+bF_2(s)$$

例 8.1.3　求下列函数的拉氏变换.

(1) $f(t)=\dfrac{1}{a}(1-e^{-at})$　　(2) $f(t)=\sin t\cos t$

解　(1) $L\left[\dfrac{1}{a}(1-e^{-at})\right]=\dfrac{1}{a}L[1-e^{-at}]=\dfrac{1}{a}\{L[1]-L[e^{-at}]\}$

$$=\frac{1}{a}\left\{\frac{1}{s}-\frac{1}{s+a}\right\}=\frac{1}{s(s+a)}$$

(2) $L[\sin t\cos t]=L\left[\dfrac{1}{2}\sin 2t\right]=\dfrac{1}{2}.\dfrac{2}{s^2+2^2}=\dfrac{1}{s_2+4}$

有时候,需对函数先进行代数变形.

性质 2[位移性质]　若 $L[f(t)]=F(s)$,则

$$L[e^{at}f(t)]=F(s-a)\quad(a\text{ 为常数})$$

位移性质(又称平移性质)表明:象原函数乘以 e^{at} 等于其象函数左右平移 $|a|$ 个单位.

例 8.1.4　求 $L[e^{-at}\sin\omega t]$ 与 $L[e^{-at}\cos\omega t]$.

解　由上节可知 $L[\sin\omega t]=\dfrac{\omega}{s^2+\omega^2}$, $L[\cos\omega t]=\dfrac{s}{s^2+\omega^2}$,

由位移性质,得

$$L[e^{-at}\sin\omega t]=\frac{\omega}{(s+a)^2+\omega^2}$$

$$L[e^{-at}\cos\omega t]=\frac{s+a}{(s+a)^2+\omega^2}$$

性质 3[延迟性质]　若 $L[f(t)]=F(s)$,则

$$L[f(t-a)]=e^{-as}F(s)\quad(\text{常数 } a>0)$$

延迟性质(又称滞后性质)表明:象函数乘以 e^{-ap} 等于其象原函数的图形沿 t 轴向右平移 a 个单位. 由于函数 $f(t-a)$ 是当 $t\geqslant a$ 时才有非零数值,故与 $f(t)$ 相比,在时间上滞后了一个 a 值,正是这个道理,我们才称它为滞后性质.

例 8.1.5　(1) 求函数 $u(t-\tau)=\begin{cases}0, t<\tau\\1, t\geqslant\tau\end{cases}$ 的拉氏变换;

(2) 设 $f(t)=\sin t$,求 $L\left[f\left(t-\dfrac{\pi}{2}\right)\right]$.

解　(1) 因为 $L[u(t)]=\dfrac{1}{s}$,所以由延迟性质,有

$$L[u(t-\tau)]=\frac{1}{s}e^{-\tau s}$$

(2) 因为 $L[\sin t]=\dfrac{1}{s^2+1}$,所以由延迟性质,有

$$L\left[\sin\left(t-\frac{\pi}{2}\right)\right]=e^{-\frac{\pi}{2}s}L[\sin t]=\frac{1}{s^2+1}e^{-\frac{\pi}{2}s}$$

性质 4[微分性质]

(1) 对象原函数的微分性质　若 $L[f(t)]=F(s)$,则

$$L[f'(t)]=sF(s)-f(0)$$

$$L[f''(t)]=s^2F(s)-sf(0)-f'(0)$$

推广到 n 阶导数的情形,有

$$L[f^{(n)}(t)]=s^nF(s)-s^{n-1}f(0)-s^{n-2}f'(0)-\cdots-f^{(n-1)}(0)$$

特别地,当初值 $f(0)=f'(0)=f''(0)=f^{(n-1)}(0)=0$ 时, $L[f^{(n)}(t)]=$

微分性质表明:函数 $f(t)$ 各阶导数的拉氏变换可以由 S 的乘方与象函数 $F(s)$ 的代数式表示出来. 即利用这个性质,可将 $f(t)$ 的微分方程转化为 $F(s)$ 的代数方程.

$s^nF(s)$.

例 8.1.6 已知$f(t)=\mathrm{e}^{-3t}$,求其一阶、二阶导数的拉氏变换.

解 因为$L[f(t)]=L[\mathrm{e}^{-3t}]=\dfrac{1}{s+3}$,所以由微分性质,得

$$L[f'(t)]=sF(s)-f(0)=\frac{s}{s+3}-1=-\frac{3}{s+3}$$

$$L[f''(t)]=s^2F(s)-sf(0)-f'(0)=\frac{s^2}{s+3}-s-(-3)=\frac{9}{s+3}$$

(2)对象函数的微分性质 若$L[f(t)]=F(s)$,则

$$L[tf(t)]=-F'(s)$$

$$L[t^nf(t)]=(-1)^nF^{(n)}(s)$$

例 8.1.7 求$L[t\cos\omega t]$.

解 因为$L[\cos\omega t]=\dfrac{s}{s^2+\omega^2}$,所以由微分性质,得

$$L[t\cos\omega t]=-\left(\frac{s}{s^2+\omega^2}\right)'=-\frac{s^2+\omega^2-s\cdot 2s}{(s^2+\omega^2)^2}=\frac{s^2-\omega^2}{(s^2+\omega^2)^2}$$

积分性质表明:一个函数积分后再取拉氏变换,等于这个函数的象函数除以参数s.

性质5[积分性质]

(1)对象原函数的积分性质 若$L[f(t)]=F(s)$,则

$$L\left[\int_0^t f(t)\mathrm{d}t\right]=\frac{F(s)}{s}$$

例 8.1.8 求函数$f(t)=\int_0^t\sin\omega t\mathrm{d}t$的拉氏变换.

解 由积分性质,得

$$L[f(t)]=L\left[\int_0^t\sin\omega t\mathrm{d}t\right]=\frac{1}{s}L[\sin\omega t]$$

$$=\frac{1}{s}\cdot\frac{\omega}{s^2+\omega^2}=\frac{\omega}{s(s^2+\omega^2)}$$

(2)对象函数的积分性质 若$L[f(t)]=F(s)$,则

$$L[t^{-1}f(t)]=\int_s^{+\infty}F(s)\mathrm{d}s$$

例 8.1.9 求$L\left[\dfrac{\sin\omega t}{t}\right]$.

解 因为$L[\sin\omega t]=\dfrac{\omega}{s^2+\omega^2}$,所以由积分性质,有

$$L\left[\frac{1}{t}\sin\omega t\right]=\int_s^{+\infty}\frac{\omega}{s^2+\omega^2}\mathrm{d}s=\left[\arctan\frac{s}{\omega}\right]_s^{+\infty}$$

$$=\frac{\pi}{2}-\arctan\frac{s}{\omega}=\arctan\frac{\omega}{s}$$

练习 8.1.2　求下列各函数的拉氏变换.

(1) t^2+3t-2　　(2) $e^{2t}+5\delta(t)$

(3) $\sin 2t\cos 2t$　　(4) $\cos\left(\frac{\pi}{3}+2t\right)$

(5) $1+te^t$　　(6) $2u(t-1)+3u(t-2)$

(7) $t\sin\omega t$　　(8) $e^{3t}\sin 4t$

(9) $\int_0^t \sin^2 t\,dt$　　(10) $\frac{2}{t}\operatorname{sh} at$

第二节　拉氏逆变换及性质

前面主要讨论了由已知函数$f(t)$求它的象函数$F(s)$的问题,但在实际中常会碰到已知象函数$F(s)$,反过来求其象原函数$f(t)$的情况,这就是拉氏逆变换的问题.

本节导学
内容:拉氏逆变换的基本概念、主要性质.
重点:求函数的拉氏逆变换.

一、拉氏逆变换的概念和性质

1. 拉氏逆变换

若$F(s)$为$f(t)$拉氏变换,则称$f(t)$为$F(s)$的拉氏逆变换,记作$f(t)=L^{-1}[F(s)]$.

2. 性质

拉氏逆变换也具有与拉氏变换类似的性质.

1)线性性质

若$L^{-1}[F_1(s)]=f_1(t)$,$L^{-1}[F_2(s)]=f_2(t)$,且a,b为常数,则

$$L^{-1}[aF_1(s)+bF_2(s)]=aL^{-1}[F_1(s)]+bL^{-1}[F_2(s)]=af_1(t)+bf_2(t)$$

2)平移性质

若$L^{-1}[F(s)]=f(t)$,则

$$L^{-1}[F(s-a)]=e^{at}f(t)\quad(a\text{ 为常数})$$

3)延迟性质

若$L^{-1}[F(s)]=f(t)$,则

$$L^{-1}[e^{-as}F(s)]=f(t-a)\quad(\text{常数 }a>0)$$

二、简单象函数的拉氏逆变换

对于比较简单的象函数$F(s)$的拉氏逆变换,可以直接从常用函数的拉氏变换表中查得,或者运用拉氏逆变换的性质,再借助常用函数的拉氏变换表求得.

例 8.2.1　求下列象函数的拉氏逆变换.

(1) $F(s)=\frac{3!}{s^4}$　　(2) $F(s)=\frac{1}{(s-2)^2}$

(3) $F(s)=\frac{4s-3}{s^2+4}$　　(4) $F(s)=\frac{s}{s+2}$

解 (1)由常用函数的拉氏变换表中变换5知 $n=3$,所以

$$f(t)=L^{-1}\left[\frac{3!}{s^4}\right]=L^{-1}\left[\frac{3!}{s^{3+1}}\right]=t^3$$

(2)由常用函数的拉氏变换表中变换11知 $a=2$,所以

$$f(t)=L^{-1}\left[\frac{1}{(s-2)^2}\right]=te^{2t}$$

(3)由 $F(s)=\frac{4s}{s^2+4}-\frac{3}{2}\cdot\frac{2}{s^2+4}$,再根据线性性质,并结合查表,得

$$f(t)=L^{-1}\left[\frac{4s-3}{s^2+4}\right]=4L^{-1}\left[\frac{s}{s^2+4}\right]-\frac{3}{2}L^{-1}\left[\frac{2}{s^2+4}\right]$$

$$=4\cos 2t-\frac{3}{2}\sin 2t$$

(4)由 $F(s)=1-\frac{2}{s+2}$,再根据线性性质,查表得

$$f(t)=L^{-1}\left[1-\frac{2}{s+2}\right]=L^{-1}[1]-2L^{-1}\left[\frac{1}{s+2}\right]=\delta(t)-2e^{-2t}$$

例 8.2.2 (1)求 $F(s)=\frac{2s+5}{s^2+4s+13}$的拉氏逆变换;

(2)求 $F(s)=\frac{2s-5}{s^2-5s+6}$的拉氏逆变换.

先对照公式变形.

解 (1) 因为 $F(s)=\frac{2s+5}{s^2+4s+13}$

$$=\frac{2(s+2)}{(s+2)^2+3^2}+\frac{1}{3}\cdot\frac{3}{(s+2)^2+3^2}$$

所以 $f(t)=L^{-1}\left[\frac{2s+5}{s^2+4s+13}\right]$

$$=2L^{-1}\left[\frac{s+2}{(s+2)^2+3^2}\right]+\frac{1}{3}L^{-1}\left[\frac{3}{(s+2)^2+3^2}\right]$$

$$=2e^{-2t}\cos 3t+\frac{1}{3}e^{-2t}\sin 3t=e^{-2t}\left(2\cos 3t+\frac{1}{3}\sin 3t\right)$$

(2)因为 $F(s)=\frac{2s-5}{s^2-5s+6}=\frac{(s-2)+(s-3)}{(s-2)(s-3)}=\frac{1}{s-3}+\frac{1}{s-2}$

所以 $f(t)=L^{-1}\left[\frac{2s-5}{s^2-5s+6}\right]=L^{-1}\left[\frac{1}{s-3}\right]+L^{-1}\left[\frac{1}{s-2}\right]=e^{3t}+e^{2t}$

练习 8.2.1 求下列函数的拉氏逆变换(a、b 为常数).

(1)$F(s)=\frac{2}{s-5}$ (2) $F(s)=\frac{1}{(s+a)^2}$

(3)$F(s)=\frac{3s}{s^2+16}$ (4)$F(s)=\frac{1}{4s^2+25}$

(5)$F(s)=\frac{s^3+6}{s^3}$ (6)$F(s)=\frac{5s-2}{s^2+9}$

(7)$F(s)=\frac{1}{s(s+1)}$ (8)$F(s)=\frac{1}{s^4-a^4}$

三、较复杂象函数的拉氏逆变换

从上面的例子可以看出，对于比较简单的象函数，其拉氏逆变换可以直接利用性质和通过查表求得，或经简单的变形，然后查表求得. 但对于比较复杂的象函数，要先用部分分式法将象函数分解为几个分式的和，然后再求之.

回顾部分分式法.

例 8.2.3　求 $F(s)=\dfrac{s}{s^2+3s+2}$ 的拉氏逆变换.

解　先将 $F(s)$ 分解为几个分式的和.

用比较系数法或赋值法求得待定系数 A 和 B.

设 $\dfrac{s}{s^2+3s+2}=\dfrac{s}{(s+1)(s+2)}=\dfrac{A}{s+1}+\dfrac{B}{s+2}$，去分母，得

$s=A(s+2)+B(s+1)$，即 $s=(A+B)s+(2A+B)$

由恒等式两端同次幂的项的系数相等得

$$\begin{cases}A+B=1\\2A+B=0\end{cases}\Rightarrow\begin{cases}A=-1\\B=2\end{cases}$$

于是 $F(s)=\dfrac{-1}{s+1}+\dfrac{2}{s+2}=\dfrac{2}{s+2}-\dfrac{1}{s+1}$. 故

$$f(t)=L^{-1}\left[\frac{s}{s^2+3s+2}\right]=2L^{-1}\left[\frac{1}{s+2}\right]-L^{-1}\left[\frac{1}{s+1}\right]=2\mathrm{e}^{-2t}-\mathrm{e}^{-t}$$

注：也可用赋值法求待定系数 A 和 B.

令 $s=-1$，得 $-1=A(-1+2)\Rightarrow A=-1$；又令 $s=-2$ 得 $-2=B(-2+1)\Rightarrow B=2$.

例 8.2.4　求 $F(s)=\dfrac{s+3}{s^3+4s^2+4s}$ 的拉氏逆变换.

解　设 $\dfrac{s+3}{s^3+4s^2+4s}=\dfrac{s+3}{s(s+2)^2}=\dfrac{A}{s}+\dfrac{B}{s+2}+\dfrac{C}{(s+2)^2}$，去分母，得

$$s+3=A(s+2)^2+Bs(s+2)+Cs.$$

令 $s=0$，得 $3=A(0+2)^2\Rightarrow A=\dfrac{3}{4}$；又令 $s=-2$，得：$1=-2C\Rightarrow C=-\dfrac{1}{2}$；再令 $s=1$，得：$1+3=9A+3B+C\Rightarrow B=-\dfrac{3}{4}$.

故 $F(s)=\dfrac{s+3}{s(s+2)^2}=\dfrac{\frac{3}{4}}{s}-\dfrac{\frac{3}{4}}{s+2}-\dfrac{\frac{1}{2}}{(s+2)^2}$，所以

$$\begin{aligned}f(t)&=L^{-1}\left[\frac{s+3}{s(s+2)^2}\right]=\frac{3}{4}L^{-1}\left[\frac{1}{s}\right]-\frac{3}{4}L^{-1}\left[\frac{1}{s+2}\right]-\frac{1}{2}L^{-1}\left[\frac{1}{(s+2)^2}\right]\\&=\frac{3}{4}-\frac{3}{4}\mathrm{e}^{-2t}-\frac{1}{2}t\mathrm{e}^{-2t}\end{aligned}$$

例 8.2.5　求 $F(s)=\dfrac{5s+3}{(s-1)(s^2+2s+5)}$ 的拉氏逆变换.

解　设 $F(s)=\dfrac{5s+3}{(s-1)(s^2+2s+5)}=\dfrac{A}{s-1}+\dfrac{Bs+C}{s^2+2s+5}$，用比较系数

法或赋值法求得:$A=1,B=-1,C=2$. 故

$$F(s)=\frac{5s+3}{(s-1)(s^2+2s+5)}=\frac{1}{s-1}+\frac{-s+2}{s^2+2s+5}$$

$$=\frac{1}{s-1}-\frac{s+1}{(s+1)^2+2^2}+\frac{3}{2}\cdot\frac{2}{(s+1)^2+2^2}$$

所以 $f(t)=L^{-1}\left[\frac{5s+3}{(s-1)(s^2+2s+5)}\right]$

$$=L^{-1}\left[\frac{1}{s-1}\right]-L^{-1}\left[\frac{s+1}{(s+1)^2+2^2}\right]+\frac{3}{2}L^{-1}\left[\frac{2}{(s+2)^2+2^2}\right]$$

$$=e^t-e^{-t}\cos 2t-\frac{3}{2}e^{-t}\sin 2t$$

第三节 拉氏变换的应用

本节导学
内容:拉氏变换在求解微分方程中的应用.
重点:用拉氏变换求解线性微分方程.

人们在对很多物理系统,如电学、力学、振动、自动控制等系统进行分析研究时,往往将研究对象归结为一个可以用线性微分方程来描述的数学模型,从而归结为求常系数线性微分方程的初始问题. 本节主要介绍如何用拉氏变换求解线性微分方程.

引例 求微分方程 $y'+2y=e^{-t}$,满足初始条件 $y|_{t=0}=2$ 的特解.

解 第一步,对方程两端进行拉氏变换,并设 $L[y]=Y(s)$,则

$$L[y']+2L[y]=L[e^{-t}],sL[y]-y(0)+2L[y]=\frac{1}{s+1}$$

再将初始条件 $y|_{t=0}=2$ 和 $L[y]=Y(s)$ 代入上式,得

$$sY(s)-2+2Y(s)=\frac{1}{s+1}$$

显然,原来的微分方程经过拉氏变换后就得到了一个象函数 $Y(s)$ 的代数方程.

第二步,解出 $Y(s)$.

$$Y(s)=\frac{2s+3}{(s+1)(s+2)}=\frac{1}{s+1}+\frac{1}{s+2}$$

第三步,求以上象函数 $Y(s)$ 的拉氏逆变换,则

$$y=L^{-1}\left[\frac{1}{s+1}+\frac{1}{s+2}\right]=e^{-t}+e^{-2t}$$

即为所求微分方程的特解.

由引例可知,用拉氏变换求解常系数微分方程的方法步骤如下:

(1)对方程两边取拉氏变换,得到象函数的代数方程;

(2)用解代数方程的方法求解出象函数;

(3)对象函数取拉氏逆变换得象原函数,此即为原方程的解.

例 8.3.1 求解方程 $y''-2y'+y=0$ 满足 $y(0)=0,y'(0)=5$ 的解.

解　设方程的解 $y=y(t)$，并设 $L[y(t)]=Y(s)$. 对方程两边取拉氏变换得　$L[y'']-2L[y']+L[y]=L[0]$

$$s^2L[y]-sy(0)-y'(0)-2sY(s)+2y(0)+Y(S)=0$$

将初始条件和 $L[y(t)]=Y(s)$ 代入上式，得到 $Y(s)$ 的代数方程

$$s^2Y(s)-5-2sY(s)+Y(s)=0$$

解得
$$Y(s)=\frac{5}{(s-1)^2}$$

取拉氏逆变换，得　$y(t)=L^{-1}\left[\dfrac{5}{(s-1)^2}\right]=5t\mathrm{e}^t$

此即为所求微分方程的解.

对常系数线性微分方程满足初始条件的特解均可用拉氏变换的方法来解. 不但如此，对于常系数线性微分方程组也可以用拉氏变换的方法来解.

例 8.3.2　求微分方程组 $\begin{cases}x''-2y'-x=0\\x'-y=0\end{cases}$ 满足初始条件 $x(0)=0$，$x'(0)=y(0)=1$ 的解.

解　对方程组的各个方程两边取拉氏变换，并设 $L[x(t)]=X(s)=X$，$L[y(t)]=Y(s)=Y$.

得
$$\begin{cases}s^2X-Sx(0)-x'(0)-2sY+y(0)-X=0\\sX-x(0)-Y=0\end{cases}$$

将初始条件代入上式，整理后得 $\begin{cases}(s^2-1)X-2sY=-1\\sX-Y=0\end{cases}$.

解之得
$$\begin{cases}X=\dfrac{1}{S^2+1}\\[2mm]Y=\dfrac{S}{S^2+1}\end{cases}$$

取拉氏逆变换，得解为 $\begin{cases}x=\sin t\\y=\cos t\end{cases}$.

例 8.3.3　如图所示，设 $t<0$ 时，电容器 C 中没有电荷；在 $t=0$ 时，合上开关 K，将电路接上直流电源 E，对电容器进行充电，求回路中电流 $i(t)$.

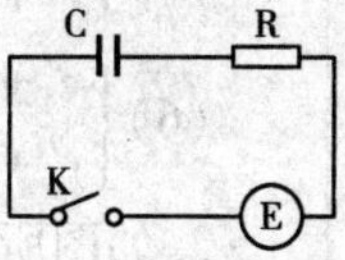

解　由回路电压定律知 $u_R+u_C=E$. 其中，$u_R=Ri(t)$，$i(t)=C\dfrac{\mathrm{d}u_c}{\mathrm{d}t}$，即 $u_c=\dfrac{1}{C}\int_0^t i(t)\mathrm{d}t$，从而 $\dfrac{1}{C}\int_0^t i(t)\mathrm{d}t+Ri(t)=E$.

设 $L[i(t)]=I(s)$，对方程两边取拉氏变换，得

$$\frac{1}{C}\cdot\frac{I(s)}{s}+RI(s)=\frac{E}{s}$$

解出 $I(s)=\dfrac{E}{R}\cdot\dfrac{1}{s+\dfrac{1}{RC}}$

对 $I(s)$ 取拉氏逆变换，得 $i(t)=\dfrac{E}{R}\mathrm{e}^{-\frac{1}{RC}t}$.

例 8.3.4　如图所示的机械系统最初是静止的，受一冲击力 $A\delta(t)$

(A 为常数)的作用使系统开始运动,由此产生的振动规律.

解 设系统振动规律为 $x=x(t)$. 当 $t=0$ 时,$x(0)=x'(0)=0$,冲击力为 $A\delta(t)$,弹性恢复力为 $-kx$(k 为弹性系数),根据牛顿第二定律,有 $mx''(t)=A\delta(t)-kx(t)$,即 $mx''(t)+kx(t)=A\delta(t)$.

设 $L[x(t)]=X(s)$,对方程两边取拉氏变换,得

$$ms^2X(s)+kX(s)=A$$

解出 $X(s)$,得
$$X(s)=\frac{A}{ms^2+k}$$

对 $X(s)$ 取拉氏逆变换,得 $x(t)=\dfrac{A}{\sqrt{mk}}\sin\sqrt{\dfrac{k}{m}}t$

此振动规律是振幅为$\dfrac{A}{\sqrt{mk}}$,角频率为$\sqrt{\dfrac{k}{m}}$的简谐振动.

练习 8.3.1

1. 利用拉氏变换求解下列微分方程(组).

(1)$y''-3y'+2y=4,y(0)=0,y'(0)=1$

(2)$\dfrac{\mathrm{d}i}{\mathrm{d}t}+5i=10\mathrm{e}^{-3t},i(0)=0$

(3)$\dfrac{\mathrm{d}^2x}{\mathrm{d}t^2}+\omega^2x=0,x(0)=0,x'(0)=\omega$

(4)$y''(t)+2y'(t)+5y(t)=0,y(0)=1,y'(0)=5$

(5)$\begin{cases}x'+x-y=\mathrm{e}^t\\y'+3x-2y=2\mathrm{e}^t\end{cases},x(0)=y(0)=1$

(6)$\begin{cases}x''+2y=0\\y'+x+y=0\end{cases},x(0)=0,x'(0)=y(0)=1$

2. 如图所示的 RL 串联电路,在 $t=t_0$ 时,将开关 K 闭合接上直流电源 E,求电路中的电流 $i(t)$.

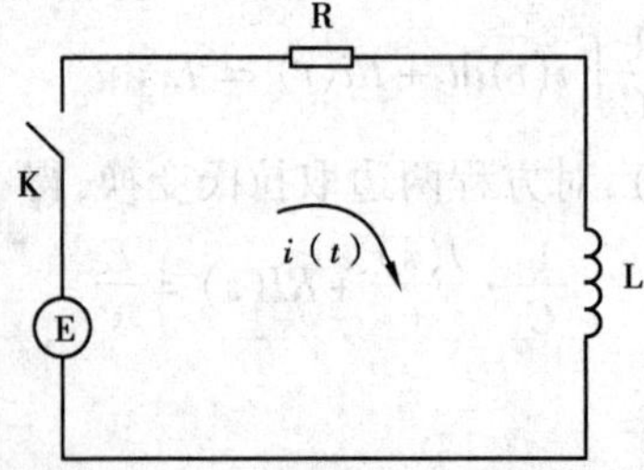

3. 设在原点处质量为 m 的一质点在 $t=0$ 时,在 x 方向上受到冲击力 $k\delta(t)$的作用,其中 k 为常数. 假定质点的初速度为零,求其运动规律.

内容小结

一、本章关键词

拉氏变换,拉氏逆变换,微分方程.

二、本章内容小结

1. 拉氏变换的定义

$$F(s)=\int_{0}^{+\infty}f(t)\mathrm{e}^{-st}\mathrm{d}t\ ,\ \begin{cases}F(s)\ 象\\ f(t)\ 原象\end{cases}$$

2. 常见函数的拉氏变换

(1)一次函数 $f(t)=at$(a 为常数)　　(2)斜坡函数 $f(t)=t$

(3)指数函数 $f(t)=\mathrm{e}^{at}$(a 为常数)　　(4)正弦函数 $f(t)=\sin\omega t$

(5)余弦函数 $f(t)=\cos\omega t$　　(6)单位脉冲函数 $\delta(t)$

(7)单位阶跃函数 $u(t)$

3. 拉氏变换的性质

线性性质,位移性质,延迟性质,微分性质,积分性质.

4. 拉氏逆变换

5. 拉氏变换在求解微分方程中的应用

三、本章常见的问题分类

1. 拉氏变换的方法

(1)用定义求,即用广义积分求.

(2)用拉氏变换性质及公式求.(需牢记一些常用的拉氏变换公式、性质)

2. 拉氏逆变换的计算方法

(1)查表法.

(2)部分分式法.

3. 用拉氏变换解常微分方程

步骤如下:

(1)对方程两边取拉氏变换,得象函数的代数方程;

(2)由代数方程解出象函数 $Y(s)$;

(3)取拉氏反变换解微分方程的解 $y(t)$.

复习题

1. 求下列各函数的拉氏变换.

(1)$4e^{-3t}$　(2)t^2+3t+2　(3)$u(t)-te^t$

(4)$5\sin 2t-3\cos 2t$　(5)$\cos^2 t$　(6)$t^n e^{at}$

(7)$e^{2t}\cos 3t$　(8)$u(3t-5)$

2. 求下列各函数的拉氏逆变换.

(1)$F(s)=\dfrac{3s-8}{s^2}$　(2)$F(s)=\dfrac{2s+3}{s^2+9}$

(3)$F(s)=\dfrac{s+3}{(s+1)(s-3)}$　(4)$F(s)=\dfrac{s+1}{s^2+s-6}$

(5)$F(s)=\dfrac{1}{s^2(s+1)}$　(6)$F(s)=\dfrac{s^2}{(s+2)(s^2+2s+2)}$

3. 利用拉氏变换求解下列微分方程(组).

(1)$y''+2y'+2y=e^{-t}, y(0)=y'(0)=0$

(2)$y''-4y=\sin 3t, y(0)=0, y'(0)=1$

(3)$\begin{cases}x'(t)+y'(t)=1\\x'(t)-y'(t)=t\end{cases}, x(0)=a, y(0)=b$

第九章
线性代数初步

线性代数是数学的一个重要分支,在科学技术及各个领域中都有着广泛的应用. 本章将介绍线性代数的核心内容——行列式和矩阵的概念及其运算,并用它们求解线性方程组,解决一些实际问题.

第一节　行列式

本节导学
内容:行列式的概念、性质、计算方法、克拉默法则.
重点:行列式的计算.

一、行列式的概念

1. 二阶、三阶行列式

设有 A、B、C 三个厂家,都生产甲、乙、丙三种产品,年产量统计如表 9.1.1 所示.

表 9.1.1

工厂	甲	乙	丙
A	3	6	8
B	1	4	7
C	3	6	9

如果将上表中的表头去掉,将表中的数字按原来的位置写成一个三行三列的数表,旁边用两条竖线表示出来:

$$\begin{vmatrix} 3 & 6 & 8 \\ 1 & 4 & 7 \\ 3 & 6 & 9 \end{vmatrix}$$

在实际问题的研究中,常用这种表达式表达各种状态或数量关系.

上述记号称为**行列式**,通常记做 D. 其中横排为行,竖排为列,每一个数字称为**行列式的元素**,每一个元素可用而 a_{ij} 表示,i 和 j 分别表示第 i 行第 j 列.

行列式表示一个数或代数式.

定义 由 2×2 个数组成两行两列的记号 $\begin{vmatrix} a_{11} & a_{12} \\ a_{21} & a_{22} \end{vmatrix}$ 称为**二阶行列式**. 它表示数 $a_{11}a_{22}-a_{12}a_{21}$,即

$$\begin{vmatrix} a_{11} & a_{12} \\ a_{21} & a_{22} \end{vmatrix} = a_{11}a_{22}-a_{12}a_{21}$$

同理,由 3×3 个数组成三行三列的记号 $\begin{vmatrix} a_{11} & a_{12} & a_{13} \\ a_{21} & a_{22} & a_{23} \\ a_{31} & a_{32} & a_{33} \end{vmatrix}$ 称为**三阶行列式**. 它表示数 $a_{11}a_{22}a_{33}+a_{12}a_{23}a_{31}+a_{13}a_{21}a_{32}-a_{13}a_{22}a_{31}-a_{12}a_{21}a_{33}-a_{11}a_{23}a_{32}$. 即 $\begin{vmatrix} a_{11} & a_{12} & a_{13} \\ a_{21} & a_{22} & a_{23} \\ a_{31} & a_{32} & a_{33} \end{vmatrix}=$

$$a_{11}a_{22}a_{33}+a_{12}a_{23}a_{31}+a_{13}a_{21}a_{32}-a_{13}a_{22}a_{31}-a_{12}a_{21}a_{33}-a_{11}a_{23}a_{32}$$

对角线法则即主对角线上元素的乘积减去副对角线上元素的乘积.

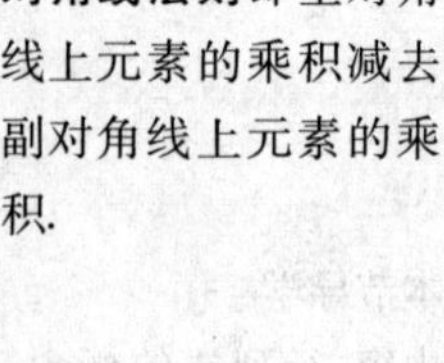

二阶、三阶行列式的定义本身也给出了它们的计算方法:从左上角到右下角(主对角线)上元素相乘且带正号,右上角到左下角(副对角线)上元素相乘且带负号,它们的代数和就是行列式的值. 这种计算方法称为**对角线法则**.

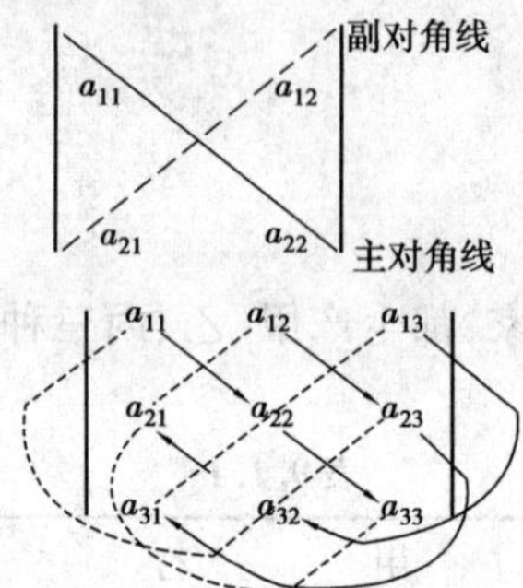

三条实线对应主对角线,三条虚线对应副对角线.

例 9.1.1 求下列行列式的值.

(1) $\begin{vmatrix} 2 & 1 \\ 4 & 3 \end{vmatrix}$ (2) $\begin{vmatrix} 2 & -5 & 1 \\ 0 & 3 & -2 \\ -1 & -3 & 4 \end{vmatrix}$

解(1) $\begin{vmatrix} 2 & 1 \\ 4 & 3 \end{vmatrix}=2\times3-1\times4=2$

(2) $\begin{vmatrix} 2 & -5 & 1 \\ 0 & 3 & -2 \\ -1 & -3 & 4 \end{vmatrix}=2\times3\times4+(-5)\times(-2)\times(-1)+$

$1\times0\times(-3)-1\times3\times(-1)-(-5)\times0\times4-2\times(-2)\times(-3)=5$

练习 9.1.1　利用对角线法则计算行列式的值.

(1) $\begin{vmatrix} 2 & 1 & 3 \\ 0 & 2 & -1 \\ 4 & 3 & 0 \end{vmatrix}$　　(2) $\begin{vmatrix} 0 & a & b \\ -a & 0 & c \\ -b & -c & 0 \end{vmatrix}$

2. n 阶行列式

由二阶和三阶行列式的定义,显然有关系式

$$D=\begin{vmatrix} a_{11} & a_{12} & a_{13} \\ a_{21} & a_{22} & a_{23} \\ a_{31} & a_{32} & a_{33} \end{vmatrix}=a_{11}\begin{vmatrix} a_{22} & a_{23} \\ a_{32} & a_{33} \end{vmatrix}-a_{12}\begin{vmatrix} a_{21} & a_{23} \\ a_{31} & a_{33} \end{vmatrix}+a_{13}\begin{vmatrix} a_{21} & a_{22} \\ a_{31} & a_{32} \end{vmatrix}$$

上式中,三个行列式分别是原来的三阶行列式 D 中划去 $a_{1j}(j=1,2,3)$ 所在的第一行与第 j 列的元素,剩下的元素保持原有相对位置所成的二阶行列式. 按上式,我们可用三阶行列式定义四阶行列式.

依此类推,可用 n 个 $n-1$ 阶行列式来定义 n 阶行列式.

定义　一般地,用 $n\times n$ 个数 $a_{ij}(j=1,2,3,\cdots)$ 组成的记号:

$$D=\begin{vmatrix} a_{11} & a_{12} & \cdots & a_{1n} \\ a_{21} & a_{22} & \cdots & a_{2n} \\ \vdots & \vdots & & \vdots \\ a_{n1} & a_{n2} & \cdots & a_{nn} \end{vmatrix}$$

称为 **n 阶行列式**.

n 阶行列式有 n 行 n 列,即行数 = 列数 = 阶数.

四阶和四阶以上的行列式叫做**高阶行列式**.

3. 几种特殊行列式

1) 三角行列式

主对角线下方的元素全为零的行列式称为上三角行列式;主对角线上方的元素全为零的行列式称为下三角行列式. 如

$$\begin{vmatrix} a_{11} & a_{12} & \cdots & a_{1n} \\ 0 & a_{22} & \cdots & a_{2n} \\ \vdots & \vdots & & \vdots \\ 0 & 0 & \cdots & a_{nn} \end{vmatrix} \text{和} \begin{vmatrix} a_{11} & 0 & \cdots & 0 \\ a_{21} & a_{22} & \cdots & 0 \\ \vdots & \vdots & & \vdots \\ a_{n1} & a_{n2} & \cdots & a_{nn} \end{vmatrix}$$

分别为上三角行列式和下三角行列式,上三角行列式和下三角行列式统称为三角行列式.

2) 对角行列式

主对角线以外的元素全为零的行列式称为对角行列式,如

$$\begin{vmatrix} a_{11} & 0 & \cdots & 0 \\ 0 & a_{22} & \cdots & 0 \\ \vdots & \vdots & & \vdots \\ 0 & 0 & \cdots & a_{nn} \end{vmatrix}$$

三角行列式和对角行列式的值都等于主对角线上的元素的乘积.

3)转置行列式

把 n 阶行列式 D 的行与相应的列互换后得到行列式,称为行列式 D 的转置行列式,记作 D^{T}.

若 $D=\begin{vmatrix} a_{11} & a_{12} & \cdots & a_{1n} \\ a_{21} & a_{22} & \cdots & a_{2n} \\ \vdots & \vdots & \vdots & \cdots \\ a_{n1} & a_{n2} & \cdots & a_{nn} \end{vmatrix}$,则 $D^{T}=\begin{vmatrix} a_{11} & a_{21} & \cdots & a_{n1} \\ a_{12} & a_{22} & \cdots & a_{n2} \\ \vdots & \vdots & \vdots & \vdots \\ a_{1n} & a_{2n} & \cdots & a_{nn} \end{vmatrix}$.

二、行列式的性质

性质1 行列式与它的转置行列式相等,即 $D=D^{T}$.

性质2 互换行列式任意两行(列),行列式变号.

性质3 用数 k 乘行列式的某一行(列),等于用数 k 乘此行列式.例如

$$\begin{vmatrix} a_{11} & a_{12} & a_{13} \\ ka_{21} & ka_{22} & ka_{23} \\ a_{31} & a_{32} & a_{33} \end{vmatrix} = k\begin{vmatrix} a_{11} & a_{12} & a_{13} \\ a_{21} & a_{22} & a_{23} \\ a_{31} & a_{32} & a_{33} \end{vmatrix}$$

性质4 满足下列条件之一的行列式的值为0:

(1)行列式中有某一行(列)的元素全为0;

(2)行列式中有两行(列)的元素对应相等;

(3)行列式中有两行(列)的元素对应成比例.

性质5 行列式的某一行(列)的元素都可写成两数之和,则这个行列式等于两个行列式之和.例如

$$D=\begin{vmatrix} 2 & 3 \\ 597 & 701 \end{vmatrix}=\begin{vmatrix} 2 & 3 \\ 600-3 & 700+1 \end{vmatrix}=\begin{vmatrix} 2 & 3 \\ 600 & 700 \end{vmatrix}+\begin{vmatrix} 2 & 3 \\ -3 & 1 \end{vmatrix}$$

性质6 用数 k 乘行列式的某一行(列)的各元素再加到另一行(列)的对应元素上,行列式的值不变.例如

$$\begin{vmatrix} a_{11} & a_{12} & a_{13} \\ a_{21} & a_{22} & a_{23} \\ a_{31} & a_{32} & a_{33} \end{vmatrix} = \begin{vmatrix} a_{11} & a_{12} & a_{13} \\ a_{21}+ka_{11} & a_{22}+ka_{12} & a_{23}+ka_{13} \\ a_{31} & a_{32} & a_{33} \end{vmatrix}$$

性质1说明了行列式中行与列的对称性,凡对行成立的性质对列也成立.

用性质2时,记住变号.

由性质3可知,行列式某一行(列)各元素的公因式可提到行列式的符号外面.

性质4可归纳为成比例.

性质5也叫拆分法.

规定:① $r_i \leftrightarrow r_j$ ($c_i \leftrightarrow c_j$) 表示第 i 行(列)与第 j 行(列)交换位置. ② kr_i+r_j (kc_i+c_j) 表示第 i 行(列)的元素乘数 k 加到第 j 行(列)上.

三、行列式按行(列)展开及行列式的计算

1.余子式和代数余子式的概念

定义 在 n 阶行列式中划去元素 a_{ij} 所在的第 i 行和第 j 列的元素,剩下的元素按原次序构成的 $n-1$ 阶行列式称为 a_{ij} 的余子式,记作 M_{ij}. a_{ij} 的余子式乘上 $(-1)^{i+j}$ 称为 a_{ij} 的代数余子式,记作 A_{ij},即 $A_{ij}=(-1)^{i+j}M_{ij}$.

例如 $D=\begin{vmatrix} 3 & 0 & 1 \\ 1 & 0 & 2 \\ 6 & 7 & 3 \end{vmatrix}$ 中 $a_{21}=1$ 的余子式为 $M_{21}=\begin{vmatrix} 0 & 1 \\ 7 & 3 \end{vmatrix}$,代数余子

式 $A_{21}=(-1)^{2+1}M_{21}=-\begin{vmatrix}0 & 1\\7 & 3\end{vmatrix}$.

2. 行列式按行(列)展开

定理　行列式 D 等于它的任一行(列)的各元素与对应的代数余子式的乘积之和,即

$D=a_{i1}A_{i1}+a_{i2}A_{i2}+\cdots+a_{in}A_{in}\quad(i=1,2,\cdots,n)$

或 $D=a_{1j}A_{1j}+a_{2j}A_{2j}+\cdots+a_{nj}A_{nj}\quad(j=1,2,\cdots,n)$

这个定理就是行列式按行(列)展开法则.这样,可以通过计算 n 个 $n-1$ 阶行列式来计算 n 阶行列式.

例 9.1.2　将行列式 $\begin{vmatrix}2 & 3 & -1\\1 & -4 & 1\\5 & -2 & 3\end{vmatrix}$ 按第一行,第三列展开.

解　按第一行展开得:

$$\begin{vmatrix}2 & 3 & -1\\1 & -4 & 1\\5 & -2 & 3\end{vmatrix}=2(-1)^{1+1}\begin{vmatrix}-4 & 1\\-2 & 3\end{vmatrix}+3(-1)^{1+2}\begin{vmatrix}1 & 1\\5 & 3\end{vmatrix}+(-1)(-1)^{1+3}\begin{vmatrix}1 & -4\\5 & -2\end{vmatrix}=-32$$

按第三列展开得:

$$\begin{vmatrix}2 & 3 & -1\\1 & -4 & 1\\5 & -2 & 3\end{vmatrix}=(-1)(-1)^{1+3}\begin{vmatrix}1 & -4\\5 & -2\end{vmatrix}+(-1)^{2+3}\begin{vmatrix}2 & 3\\5 & -2\end{vmatrix}+3(-1)^{3+3}\begin{vmatrix}2 & 3\\1 & -4\end{vmatrix}=-32$$

行列式按不同行或不同列展开计算的结果相等.

练习 9.1.2　写出行列式 $D=\begin{vmatrix}2 & 0 & 3\\1 & 5 & -2\\0 & -1 & 2\end{vmatrix}$ 第二行各元素的余子式和代数余子式,并计算 D 值.

3. 行列式的计算

例 9.1.3　计算下行列式 $D=\begin{vmatrix}3 & 1 & 1\\297 & 101 & 99\\5 & -3 & 2\end{vmatrix}$.

例 9.1.3 解题说明:把行列式按行(列)展开定理和行列式的性质结合起来用,可以使行列式的计算大为简化.

解　$$D=\begin{vmatrix}3 & 1 & 1\\297 & 101 & 99\\5 & -3 & 2\end{vmatrix}=\begin{vmatrix}3 & 1 & 1\\300-3 & 100+1 & 100-1\\5 & -3 & 2\end{vmatrix}$$

$$=\begin{vmatrix}3 & 1 & 1\\300 & 100 & 100\\5 & -3 & 2\end{vmatrix}+\begin{vmatrix}3 & 1 & 1\\-3 & 1 & -1\\5 & -3 & 2\end{vmatrix}$$

$$=100\begin{vmatrix}3 & 1 & 1\\3 & 1 & 1\\5 & -3 & 2\end{vmatrix}+\begin{vmatrix}3 & 1 & 1\\-3 & 1 & -1\\5 & -3 & 2\end{vmatrix}$$

$$=0+\begin{vmatrix}3&1&1\\0&2&0\\5&-3&2\end{vmatrix}=2\times(-1)^{2+2}\begin{vmatrix}3&1\\5&2\end{vmatrix}=2$$

例 9.1.4 解题思路：选择零元素较多的行（列），按这一行（列）展开，将原行列式化为低一级的行列式计算. 如果行列式没有多个元素为零的行或列，可利用行列式的性质使某一行（列）的元素出现尽可能多的零，然后按这一行（列）展开；这是计算行列式的一种基本方法，一般称为降价法.

例 9.1.4 计算行列式 $D=\begin{vmatrix}-3&1&2&5\\0&5&3&2\\5&-3&2&4\\1&-1&0&1\end{vmatrix}$.

解 将第四行的 -5 倍、3 倍分别加到第三行、第一行，再按第一行展开便可化为一个三阶行列式，然后继续利用性质化简，可得

$$D=\begin{vmatrix}0&-2&2&8\\0&5&3&2\\0&2&2&-1\\1&-1&0&1\end{vmatrix}=(-1)^{4+1}\begin{vmatrix}-2&2&8\\5&3&2\\2&2&-1\end{vmatrix}$$

$$=-2\begin{vmatrix}-1&1&4\\5&3&2\\2&2&-1\end{vmatrix}$$

$$=-2\begin{vmatrix}-1&1&4\\0&8&22\\0&4&7\end{vmatrix}=(-2)(-1)(-1)^{1+1}\begin{vmatrix}8&22\\4&7\end{vmatrix}=-64$$

例 9.1.5 解题说明：此题也可这么计算：把第二行加到第三行，再从第三行中提公因式 $a+b+c$.

例 9.1.5 计算行列式 $D=\begin{vmatrix}1&1&1\\a&b&c\\b+c&c+a&a+b\end{vmatrix}$.

解 $D=\begin{vmatrix}1&1&1\\a&b&c\\b+c&c+a&a+b\end{vmatrix}=\begin{vmatrix}1&0&0\\a&b-a&c-a\\b+c&a-b&a-c\end{vmatrix}$

$$=\begin{vmatrix}b-a&c-a\\a-b&a-c\end{vmatrix}=\begin{vmatrix}a-b&a-c\\a-b&a-c\end{vmatrix}=0$$

例 9.1.6 解题说明：求解含有行列式的方程，一般是求出行列式，再解方程.

此题求行列式的思路：利用行列式的性质，将原行列式逐步化为三角形行列式，然后再计算主对角线上元素的乘积. 这是计算行列式的一种基本方法，一般称为化三角形法.

例 9.1.6 解方程 $\begin{vmatrix}1&1&1&1\\1&x&2&2\\2&2&x&3\\3&3&3&x\end{vmatrix}=0$.

解 因为

$$\begin{vmatrix}1&1&1&1\\1&x&2&2\\2&2&x&3\\3&3&3&x\end{vmatrix}\xlongequal[-3r_1+r_4]{-r_1+r_2\\-2r_1+r3}\begin{vmatrix}1&1&1&1\\0&x-1&1&1\\0&0&x-2&1\\0&0&0&x-3\end{vmatrix}$$

$=(x-1)(x-2)(x-3)=0.$

所以方程有解：$x=1,x=2,x=3$

练习 9.1.3

1. 利用行列式性质计算下列行列式.

（1）$\begin{vmatrix} 2 & 0 & 1 \\ 1 & -4 & -1 \\ -1 & 8 & 3 \end{vmatrix}$　　（2）$\begin{vmatrix} 1+a & 2+a & 3+a \\ 1+b & 2+b & 3+b \\ 1+c & 2+c & 3+c \end{vmatrix}$

（3）$\begin{vmatrix} 2 & 1 & -1 \\ 4 & -1 & 1 \\ 201 & 102 & -99 \end{vmatrix}$　　（4）$\begin{vmatrix} 4 & 1 & 2 & 4 \\ 1 & 2 & 0 & 2 \\ 10 & 5 & 2 & 0 \\ 0 & 1 & 1 & 7 \end{vmatrix}$

2. 解方程 $\begin{vmatrix} x & 3 & 4 \\ -1 & x & 0 \\ 0 & x & 1 \end{vmatrix}=0$.

四、克拉默法则

用行列式可以将方程个数与未知量的个数相等的线性方程组公式化求解.

一般地,含有 n 个未知数 n 个方程的线性方程组的一般形式为

$$\begin{cases} a_{11}x_1+a_{12}x_2+\cdots+a_{1n}x_n=b_1 \\ a_{21}x_1+a_{22}x_2+\cdots+a_{2n}x_n=b_2 \\ \quad\vdots \\ a_{n1}x_1+a_{n2}x_2+\cdots+a_{nn}x_n=b_n \end{cases} \tag{9.1.1}$$

式(9.1.1)中,若常数项 $b_1,b_2,\cdots,b_n$ 不全为零,则称此方程组为非齐次线性方程组; 若常数项 $b_1,b_2,\cdots,b_n$ 全为零,称方程组为齐次线性方程组.

记式(9.1.1)的系数行列式为 $D=\begin{vmatrix} a_{11} & a_{12} & \cdots & a_{1n} \\ a_{21} & a_{22} & \cdots & a_{2n} \\ \vdots & \vdots & & \vdots \\ a_{n1} & a_{n2} & \cdots & a_{nn} \end{vmatrix}$.

$D_j(j=1,2,\cdots,n)$是把系数行列式 D 中第 j 列的元素用方程组右端的常数代替后所得的 n 阶行列式,可以证明此时有如下的法则.

克拉默法则　如果线性方程组(9.1.1)的系数行列式 $D\neq0$,则该方程组有唯一解,且 $x_1=\dfrac{D_1}{D}$，　$x_2=\dfrac{D_2}{D}$，　$\cdots$，　$x_n=\dfrac{D_n}{D}$.

克拉默法则解方程组的两个条件:
①方程个数等于未知量个数;
②系数行列式不等于零.

例 9.1.7　解线性方程组

$$\begin{cases} 2x_1+x_2-5x_3+x_4=8 \\ x_1-3x_2-6x_4=9 \\ 2x_2-x_3+2x_4=-5 \\ x_1+4x_2-7x_3+6x_4=0 \end{cases}$$

解 系数行列式为:

$$D=\begin{vmatrix}2&1&-5&1\\1&-3&0&-6\\0&2&-1&2\\1&4&-7&6\end{vmatrix}=\begin{vmatrix}0&7&-5&13\\1&-3&0&-6\\0&2&-1&2\\0&7&-7&12\end{vmatrix}$$

$$=-\begin{vmatrix}7&-5&13\\2&-1&2\\7&-7&12\end{vmatrix}=27$$

其中:

$$D_1=\begin{vmatrix}8&1&5&1\\9&-3&0&-6\\-5&2&-1&2\\0&4&-7&6\end{vmatrix}=81,D_2=\begin{vmatrix}2&8&-5&1\\1&9&0&-6\\0&-5&-1&2\\1&0&-7&6\end{vmatrix}=-108$$

$$D_3=\begin{vmatrix}2&1&8&1\\1&-3&9&-6\\0&2&-5&2\\1&4&0&6\end{vmatrix}=-27,D_4=\begin{vmatrix}2&1&-5&8\\1&-3&0&9\\0&2&-1&-5\\1&4&-7&0\end{vmatrix}=27$$

因此可得:$x_1=3,x_1=-4,x_3=-1,x_4=1$

显然,齐次线性方程组的系数行列式 $D\neq0$ 时,它有唯一解 $x_1=x_2=\cdots=x_n=0$(称它为零解),即只有零解. 对齐次线性方程组,需讨论的问题常常是它是否有非零解,由克拉默法则,可得以下推论.

齐次线性方程组一定有零解,但不一定有非零解.

推论 如果齐次线性方程组的系数行列式 $D\neq0$,则齐次线性方程组没有非零解. 如果齐次线性方程组有非零解,则它的系数行列式 D 必为零.

例 9.1.8 问 λ 取何值时,齐次线性方程组

$$\begin{cases}(5-\lambda)x+2y+2z=0\\2x+(6-\lambda)y=0\\2x+(4-\lambda)z=0\end{cases}$$

有非零解?

解 由定理可知,若齐次线性方程组有非零解,则上式的系数行列式 $D=0$. 而

$$D=\begin{vmatrix}5-\lambda&2&2\\2&6-\lambda&0\\2&0&4-\lambda\end{vmatrix}$$

$$=(5-\lambda)(6-\lambda)(4-\lambda)-4(4-\lambda)-4(6-\lambda)$$

$$=(5-\lambda)(2-\lambda)(8-\lambda)$$

由 $D=0$,得 $\lambda=2,\lambda=5$ 或 $\lambda=8$. 不难验证,当 $\lambda=2,5$ 或 8 时,齐次线性方程组有非零解.

练习 9.1.4

1. 利用克拉默法则解下列线性方程组.

(1) $\begin{cases} x_1+x_2+x_3=-2 \\ 4x_1-6x_2-2x_3=2 \\ 2x_1-x_2+x_3=-1 \end{cases}$

(2) $\begin{cases} x_1-x_2+x_3+2x_4=1 \\ x_1+x_2-2x_3+x_4=1 \\ x_1+x_2+x_4=2 \\ x_1+x_3-x_4=1 \end{cases}$

2. k 为何值时，齐次线性方程组 $\begin{cases} x_1+x_2+kx_3=0 \\ x_1-kx_2-x_3=0 \\ x_1-x_2+2x_3=0 \end{cases}$

(1)只有零解;(2)有非零解?

第二节　矩阵的概念及计算

本节导学

内容:矩阵的概念与计算.

重点:矩阵的计算.

一、矩阵的概念

1. 引入

将三元线性方程组其未知量的系数与常数项按照原先顺序组成一个矩形数表

$$\begin{cases} a_{11}x_1+a_{12}x_2+a_{13}x_3=b_1 \\ a_{21}x_1+a_{22}x_2+a_{23}x_3=b_2 \\ a_{31}x_1+a_{32}x_2+a_{33}x_3=b_3 \end{cases} \rightarrow \begin{bmatrix} a_{11} & a_{12} & a_{13} & b_1 \\ a_{21} & a_{22} & a_{23} & b_2 \\ a_{31} & a_{32} & a_{33} & b_3 \end{bmatrix}$$

实际问题中,这样的数表是很多的,数学上把这种具有一定排列规则的矩形数表称为矩阵.

2. 定义

由 $m \times n$ 个数所组成的 m 行 n 列的数表

$$\boldsymbol{A}=\begin{bmatrix} a_{11} & a_{12} & \cdots & a_{1n} \\ a_{21} & a_{22} & \cdots & a_{2n} \\ \vdots & \vdots & & \vdots \\ a_{m1} & a_{m2} & \cdots & a_{mn} \end{bmatrix}$$

称为一个 $m \times n$ **矩阵**,简记为 $\boldsymbol{A}=(a_{ij})_{m \times n}$. a_{ij} 称为矩阵 $\boldsymbol{A}$ 的第 i 行第 j 列元素.

矩阵用圆括号或方括号表示,其结果为一个数表. 行列式用两条竖线表示,其结果为一个确定的实数. 矩阵的行数和列数可以不相等,行列式的行数和列数必定相等.

由此定义,引入中的数表是 3×4 矩阵.

3. 几个常用的矩阵

1)方阵

行数与列数相等(即 $m=n$)的矩阵称为方阵,也称 n 阶矩阵或 n 阶方阵.

2)零矩阵

所有元素均为零的矩阵称为零矩阵,一个 m 行 n 列零矩阵记为 $O_{m\times n}$ 或 O.

3)行矩阵、列矩阵

当 $m=1$ 时,矩阵只有一行,称为行矩阵,即 $[a_1 \quad a_2 \quad \cdots \quad a_n]$;

当 $n=1$ 时,矩阵只有一列,称为列矩阵,即 $\begin{bmatrix} b_1 \\ b_2 \\ \vdots \\ b_m \end{bmatrix}$.

4)上三角矩阵、下三角矩阵

对于方阵,主对角线是自左上角到右下角的那根连线.

主对角线下方(或上方)的元素全为零的方阵,如

$\begin{bmatrix} a_{11} & a_{12} & \cdots & a_{1n} \\ 0 & a_{22} & \cdots & a_{2n} \\ \vdots & \vdots & & \vdots \\ 0 & 0 & \cdots & a_{nn} \end{bmatrix}$ 和 $\begin{bmatrix} a_{11} & 0 & \cdots & 0 \\ a_{21} & a_{22} & \cdots & 0 \\ \vdots & \vdots & & \vdots \\ a_{n1} & a_{n2} & \cdots & a_{nn} \end{bmatrix}$ 分别称为上三角矩阵和下三角矩阵. 上三角矩阵和下三角矩阵统称为三角矩阵.

5)对角矩阵

主对角线上元素不全为零,而其他元素都为零的方阵称为对角矩阵.

$$A=\begin{bmatrix} a_{11} & 0 & 0 & \cdots & 0 \\ 0 & a_{22} & 0 & \cdots & 0 \\ \vdots & & \vdots & & \vdots \\ 0 & 0 & 0 & 0 & a_{nn} \end{bmatrix} \text{或 } A=\begin{bmatrix} a_{11} & & & \\ & a_{22} & & \\ & & \cdots & \\ & & & a_{nn} \end{bmatrix}$$ (未注明的元素均为零).

6)单位矩阵

主对角线上的元素都是 1,而其他元素都为零的方阵称为单位矩阵,记为 I 或 E. 即

$$\boldsymbol{I}=\begin{bmatrix} 1 & 0 & 0 & \cdots & 0 \\ 0 & 1 & 0 & \cdots & 0 \\ \vdots & \vdots & \vdots & & \vdots \\ 0 & 0 & 0 & \cdots & 1 \end{bmatrix}$$

7)同型矩阵、相等矩阵

如果矩阵 A 与 B 有相同的行数和列数,则称二者为同型矩阵. 如果它们的对应元素也相等,则称二者为相等矩阵.

只有同型矩阵才有可能相等. 如零矩阵都记为0,但不同型的零矩阵是不相等的.

二、矩阵的运算

1. 矩阵的加法与减法

定义 设有两个同型矩阵 $\boldsymbol{A}=(a_{ij})_{m\times n},\boldsymbol{B}=(b_{ij})_{m\times n}$,

将它们的对应元素相加(减)得到的 $m\times n$ 矩阵,称为矩阵 $\boldsymbol{A}$ 与 $\boldsymbol{B}$ 的和(差),记为 $\boldsymbol{A}+\boldsymbol{B},\boldsymbol{A}-\boldsymbol{B}$.

$$\text{即 } \boldsymbol{A}\pm\boldsymbol{B}=\begin{bmatrix} a_{11}\pm b_{11} & a_{12}\pm b_{12} & \cdots & a_{1n}\pm b_{1n} \\ a_{21}\pm b_{21} & a_{22}\pm b_{22} & \cdots & a_{2n}\pm b_{2n} \\ \vdots & \vdots & & \vdots \\ a_{m1}\pm b_{m1} & a_{m2}\pm b_{m2} & \cdots & a_{mn}\pm b_{mn} \end{bmatrix}$$

①只有当两个矩阵为同型矩阵时,才能进行加、减运算;
②两个同型矩阵作加、减运算是两个矩阵对应位置上元素相加、减;
③两个同型矩阵的和、差仍然是这两个矩阵的同型矩阵.

矩阵的加法满足下列运算规律:

(1)加法交换律:$\boldsymbol{A}+\boldsymbol{B}=\boldsymbol{B}+\boldsymbol{A}$;

(2)加法结合律:$(\boldsymbol{A}+\boldsymbol{B})+\boldsymbol{C}=\boldsymbol{A}+(\boldsymbol{B}+\boldsymbol{C})$;

(3)$\boldsymbol{A}-\boldsymbol{B}=\boldsymbol{A}+(-\boldsymbol{B}),\boldsymbol{A}+\boldsymbol{O}=\boldsymbol{A},\boldsymbol{A}+(-\boldsymbol{A})=\boldsymbol{O}$.

其中,$\boldsymbol{A}$、$\boldsymbol{B}$、$\boldsymbol{C}$、$\boldsymbol{O}$ 均为 $m\times n$ 矩阵

例 9.2.1 设 $\boldsymbol{A}=\begin{pmatrix} 11 & -5 & 3 \\ -2 & 7 & 1 \end{pmatrix},\boldsymbol{B}=\begin{pmatrix} -9 & 2 & -6 \\ -1 & 13 & 8 \end{pmatrix}$,求:(1)$\boldsymbol{A}+\boldsymbol{B}$;(2)$\boldsymbol{A}-\boldsymbol{B}$.

解 $$\boldsymbol{A}+\boldsymbol{B}=\begin{pmatrix} 11+(-9) & -5+2 & 3+(-6) \\ -2+(-1) & 7+13 & 1+8 \end{pmatrix}=\begin{pmatrix} 2 & -3 & -3 \\ -3 & 20 & 9 \end{pmatrix}$$

$$\boldsymbol{A}-\boldsymbol{B}=\begin{pmatrix} 11-(-9) & -5-2 & 3-(-6) \\ -2-(-1) & 7-13 & 1-8 \end{pmatrix}=\begin{pmatrix} 20 & -7 & 9 \\ -1 & -6 & -7 \end{pmatrix}$$

2. 矩阵的数乘

定义 用数 k 乘矩阵 $\boldsymbol{A}=(a_{ij})_{m\times n}$ 中的每一个元素所得到的矩阵,称为数 k 与矩阵 A 的数乘,即

$$k\boldsymbol{A}=\begin{bmatrix} ka_{11} & ka_{12} & \cdots & ka_{1n} \\ ka_{21} & ka_{22} & \cdots & ka_{2n} \\ \vdots & \vdots & & \vdots \\ ka_{m1} & ka_{m2} & \cdots & ka_{mn} \end{bmatrix}$$

注意与行列式运算的区别.

矩阵的数乘满足下列运算规律:

(1)$k(\boldsymbol{A}+\boldsymbol{B})=k\boldsymbol{A}+k\boldsymbol{B}$;

(2)$(k+l)\boldsymbol{A}=k\boldsymbol{A}+l\boldsymbol{A}$;

(3)$k(l\boldsymbol{A})=(kl)\boldsymbol{A}=l(k\boldsymbol{A})$.

其中,k、l 为常数,$\boldsymbol{A}$、$\boldsymbol{B}$ 是 $m\times n$ 矩阵.

例 9.2.2 甲、乙两仓库的三类商品 3 种型号的库存件数分别用矩

阵 $\boldsymbol{A}$ 与 $\boldsymbol{B}$ 表示,即 $\boldsymbol{A}=\begin{bmatrix}1&2&5\\3&4&7\\2&5&3\end{bmatrix}$,$\boldsymbol{B}=\begin{bmatrix}3&5&1\\2&1&3\\4&3&4\end{bmatrix}$. 已知甲仓库每件商品的保管费为 3 元/件,乙仓库每件商品的保管费为 2 元/件,求甲、乙两仓库同类且同一型号商品的保管费之和.

解 甲、乙两仓库同类且同一型号商品的保管费之和由矩阵 $\boldsymbol{C}$ 表示:

$$\boldsymbol{C}=3\boldsymbol{A}+2\boldsymbol{B}=3\begin{bmatrix}1&2&5\\3&4&7\\2&5&3\end{bmatrix}+2\begin{bmatrix}3&5&1\\2&1&3\\4&3&4\end{bmatrix}=\begin{bmatrix}9&16&17\\13&14&27\\14&21&17\end{bmatrix}$$

练习 9.2.1

1. 已知 $\boldsymbol{A}=\begin{bmatrix}1&4&5\\0&-1&2\end{bmatrix}$,$\boldsymbol{B}=\begin{bmatrix}-3&1&-2\\2&1&-5\end{bmatrix}$,求(1)$2\boldsymbol{A}$ 及 $-\boldsymbol{B}$;(2)$2\boldsymbol{B}-3\boldsymbol{A}$.

2. 已知 $\boldsymbol{A}=\begin{bmatrix}-7&10&-2\\1&-5&-10\end{bmatrix}$,$\boldsymbol{B}=\begin{bmatrix}5&-2&-6\\-5&-15&-14\end{bmatrix}$,满足 $3\boldsymbol{X}+2\boldsymbol{Y}=\boldsymbol{A}$,$\boldsymbol{X}-2\boldsymbol{Y}=\boldsymbol{B}$,求矩阵 $\boldsymbol{X}$,$\boldsymbol{Y}$.

3. 一药品供应公司的存货清单上显示瓶装维生素 A 与维生素 B 数量。维生素 A:瓶装 100 片的 25 箱,瓶装 250 片的 10 箱,瓶装 300 片的 32 箱;维生素 B:瓶装 100 片的 30 箱,瓶装 250 片的 18 箱,瓶装 300 片的 40 箱. 现用矩阵 C 表示这一库存. 若公司组织两次货运以减少库存,每次运输的数量用矩阵 $\boldsymbol{D}=\begin{bmatrix}10&5&6\\12&4&8\end{bmatrix}$表示. 问:公司维生素 A 与维生素 B 的库存量最后为多少?

3. 矩阵的乘法

定义 设矩阵 $\boldsymbol{A}=(a_{ij})_{m\times l}$ 的列数与矩阵 $\boldsymbol{B}=(b_{ij})_{l\times n}$ 的行数相等,则由元素 $c_{ij}=a_{i1}b_{1j}+a_{i2}b_{2j}+\cdots+a_{il}b_{lj}(i=1,2,\cdots,m;j=1,2,\cdots,n)$ 构成的 $m\times n$ 矩阵,即 $\boldsymbol{C}=(c_{ij})_{m\times n}$ 称为**矩阵 $\boldsymbol{A}$ 与 $\boldsymbol{B}$ 的乘积**.

1)矩阵相乘的行列规则

(1)第一个矩阵的列数与第二个矩阵的行数相等时,矩阵相乘才有意义;

只有当第一个矩阵(左边矩阵)的列数等于第二个矩阵(右边矩阵)的行数时,两个矩阵才能相乘.

(2)相乘的结果是一矩阵,它的行数与第一矩阵的行数相同,列数与第二矩阵的列数相同;

(3)这个矩阵中第 i 行,第 j 列的元素等于第一矩阵第 i 行的各元素与第二矩阵第 j 列的各元素对应相乘之和.

例 9.2.3 已知矩阵 $\boldsymbol{A}=\begin{bmatrix}4&-1&2\\1&1&0\\0&3&1\end{bmatrix}$,$\boldsymbol{B}=\begin{bmatrix}1&2\\0&1\\3&0\end{bmatrix}$,求 $\boldsymbol{AB}$ 和 $\boldsymbol{BA}$.

解　$AB=\begin{bmatrix}4 & -1 & 2\\1 & 1 & 0\\0 & 3 & 1\end{bmatrix}\begin{bmatrix}1 & 2\\0 & 1\\3 & 0\end{bmatrix}$

$$=\begin{bmatrix}4\times1+(-1)\times0+2\times3 & 4\times2+(-1)\times1+2\times0\\1\times1+1\times0+0\times3 & 1\times2+1\times1+0\times0\\0\times1+3\times0+1\times3 & 0\times2+3\times1+1\times0\end{bmatrix}=\begin{bmatrix}10 & 7\\1 & 3\\3 & 3\end{bmatrix}$$

因为 B 的列数不等于 A 的行数,所以 BA 无意义.

矩阵的乘积不满足交换律. 有时 AB 有意义而 BA 不一定有意义,有时二者都有意义却不一定相等. 所以矩阵相乘时,不能任意互换两个矩阵的位置.

2)矩阵的乘法规律

(1) $(\boldsymbol{AB})\boldsymbol{C}=\boldsymbol{A}(\boldsymbol{BC})$;

(2) $\boldsymbol{A}(\boldsymbol{B}+\boldsymbol{C})=\boldsymbol{AB}+\boldsymbol{AC}$, $(\boldsymbol{B}+\boldsymbol{C})\boldsymbol{A}=\boldsymbol{BA}+\boldsymbol{CA}$;

(3) $k(\boldsymbol{AB})=(k\boldsymbol{A})\boldsymbol{B}=\boldsymbol{A}(k\boldsymbol{B})$($k$ 为常数).

例 9.2.4　计算下列乘积.

(1) $\begin{pmatrix}4 & 3 & 1\\1 & -2 & 3\\5 & 7 & 0\end{pmatrix}\begin{pmatrix}7\\2\\1\end{pmatrix}$

(2) $(x_1\quad x_2\quad x_3)\begin{pmatrix}a_{11} & a_{12} & a_{13}\\a_{12} & a_{22} & a_{23}\\a_{13} & a_{23} & a_{33}\end{pmatrix}\begin{pmatrix}x_1\\x_2\\x_3\end{pmatrix}$

矩阵乘法运算与数的运算不同之处;
①$AB\neq BA$;
②$AB=0$,不能推出 $A=0$ 或 $B=0$;
③$(AB)^k\neq A^k\cdot B^k$.

解

(1) $\begin{pmatrix}4 & 3 & 1\\1 & -2 & 3\\5 & 7 & 0\end{pmatrix}\begin{pmatrix}7\\2\\1\end{pmatrix}=\begin{pmatrix}4\times7+3\times2+1\times1\\1\times7-2\times2+3\times1\\5\times7+7\times2+0\times1\end{pmatrix}=\begin{pmatrix}35\\6\\49\end{pmatrix}$

(2) $(x_1\quad x_2\quad x_3)\begin{pmatrix}a_{11} & a_{12} & a_{13}\\a_{12} & a_{22} & a_{23}\\a_{13} & a_{23} & a_{33}\end{pmatrix}\begin{pmatrix}x_1\\x_2\\x_3\end{pmatrix}$

$=(a_{11}x_1+a_{12}x_2+a_{13}x_3\quad a_{12}x_1+a_{22}x_2+a_{23}x_3\quad a_{13}x_1+a_{23}x_2+a_{33}x_3)\begin{pmatrix}x_1\\x_2\\x_3\end{pmatrix}$

$=(a_{11}x_1+a_{12}x_2+a_{13}x_3)x_1+(a_{12}x_1+a_{22}x_2+a_{23}x_3)x_2+(a_{13}x_1+a_{23}x_2+a_{33}x_3)x_3$

$=a_{11}{x_1}^2+a_{22}{x_2}^2+a_{33}{x_3}^2+2a_{12}x_1x_2+2a_{13}x_1x_3+2a_{23}x_2x_3$

练习 9.2.2

1. 计算 $\boldsymbol{AB}$,$\boldsymbol{BA}$.

(1) $\boldsymbol{A}=\begin{bmatrix}3 & 2 & -2\\2 & -3 & 5\end{bmatrix}$,$B=\begin{vmatrix}1 & 3\\-5 & 4\\3 & 6\end{vmatrix}$

(2)$A=\begin{bmatrix}4 & -1 & 2\\ 1 & 1 & 0\\ 0 & 3 & 1\end{bmatrix}$, $B=\begin{bmatrix}2\\ 1\\ 3\end{bmatrix}$

(3)$A=(2\quad 4\quad -5)$,$B=\begin{bmatrix}2\\ 0\\ -1\end{bmatrix}$

2. 已知$A=\begin{bmatrix}3 & 2 & -2\\ -1 & 1 & 4\end{bmatrix}$,求$AI$,$IA$.

4. 矩阵的转置

定义 将矩阵A的行依次换成相应的列所得到的矩阵,称为A的转置矩阵,记为A^{T}.

即$A=\begin{bmatrix}a_{11} & a_{12} & \cdots & a_{1n}\\ a_{21} & a_{22} & \cdots & a_{2n}\\ \vdots & \vdots & & \vdots\\ a_{m1} & a_{m2} & \cdots & a_{mn}\end{bmatrix}$,则$A^{\mathrm{T}}=\begin{bmatrix}a_{11} & a_{21} & \cdots & a_{m1}\\ a_{12} & a_{22} & \cdots & a_{m2}\\ \vdots & \vdots & & \vdots\\ a_{1n} & a_{2n} & \cdots & a_{mn}\end{bmatrix}$

如$A=\begin{bmatrix}1 & 2 & 2\\ 0 & 4 & 5\\ 6 & 8 & 3\end{bmatrix}$,则$A^{\mathrm{T}}=\begin{bmatrix}1 & 0 & 6\\ 2 & 4 & 8\\ 2 & 5 & 3\end{bmatrix}$

矩阵的转置满足下列运算规律:

(1)$(A^{\mathrm{T}})^{\mathrm{T}}=A$;

(2)$(A+B)^{\mathrm{T}}=A^{\mathrm{T}}+B^{\mathrm{T}}$;

(3)$(kA)^{\mathrm{T}}=kA^{\mathrm{T}}$($k$为常数);

(4)$(AB)^{\mathrm{T}}=B^{\mathrm{T}}A^{\mathrm{T}}$.

5. 方阵的行列式

定义 通常把方阵A的元素按原来的次序所构成的行列式叫做**矩阵A的行列式**,记为$|A|$.

$$|A|=\begin{vmatrix}a_{11} & a_{12} & \cdots & a_{1n}\\ a_{21} & a_{22} & \cdots & a_{2n}\\ \vdots & \vdots & & \vdots\\ a_{n1} & a_{n2} & \cdots & a_{nn}\end{vmatrix}.$$

n阶方阵的行列式有下面几个性质:

(1)$|A^{\mathrm{T}}|=|A|$;

(2)$|kA|=k^n|A|$(k为常数);

(3)$|AB|=|A||B|$.

例 9.2.5 已知$A=\begin{pmatrix}1 & 2\\ 3 & 4\end{pmatrix}$,$B=\begin{pmatrix}1 & 3\\ 2 & 5\end{pmatrix}$,求$|3A|$,$|AB|$.

解 $|3A|=3^2|A|=3^2\begin{vmatrix}1 & 2\\ 3 & 4\end{vmatrix}=9\times(4-6)=-18$

$$|\boldsymbol{AB}|=|\boldsymbol{A}||\boldsymbol{B}|=\begin{vmatrix}1&2\\3&4\end{vmatrix}\times\begin{vmatrix}1&3\\2&5\end{vmatrix}=(-2)\times(-1)=2$$

6. 伴随矩阵

定义　若矩阵 $\boldsymbol{A}=(a_{ij})$ 的行列式为 $|\boldsymbol{A}|$，$\boldsymbol{A}_{ij}=(-1)^{i+j}M_{ij}$ 是 $|\boldsymbol{A}|$ 中元素 a_{ij} 的代数余子式，则矩阵 $\begin{pmatrix}\boldsymbol{A}_{11}&\boldsymbol{A}_{21}&\cdots&\boldsymbol{A}_{n1}\\\boldsymbol{A}_{12}&\boldsymbol{A}_{22}&\cdots&\boldsymbol{A}_{n2}\\\vdots&\vdots&&\vdots\\\boldsymbol{A}_{1n}&\boldsymbol{A}_{2n}&\cdots&\boldsymbol{A}_{nn}\end{pmatrix}$ 称为矩阵 $\boldsymbol{A}$ 的伴随矩阵，记作 $\boldsymbol{A}^*$。

A^* 是方阵 A 的行列式 $|A|$ 中的各个元素换成其对应的代数余子式后转置得到的方阵.

例 9.2.6　求三阶矩阵 $\boldsymbol{A}=\begin{pmatrix}1&2&3\\2&2&1\\1&0&3\end{pmatrix}$ 的伴随矩阵 $\boldsymbol{A}^*$.

解　首先，求出矩阵 $\boldsymbol{A}$ 的行列式 $|\boldsymbol{A}|$ 中所有元素的代数余子式，得

$$\boldsymbol{A}_{11}=(-1)^{1+1}\cdot\begin{vmatrix}2&1\\0&3\end{vmatrix}=6,\boldsymbol{A}_{12}=(-1)^{1+2}\cdot\begin{vmatrix}2&1\\1&3\end{vmatrix}=-5$$

$$\boldsymbol{A}_{13}=(-1)^{1+3}\cdot\begin{vmatrix}2&2\\1&0\end{vmatrix}=-2,\boldsymbol{A}_{21}=(-1)^{2+1}\cdot\begin{vmatrix}2&3\\0&3\end{vmatrix}=-6$$

$$\boldsymbol{A}_{22}=(-1)^{2+2}\cdot\begin{vmatrix}1&3\\1&3\end{vmatrix}=0,\boldsymbol{A}_{23}=(-1)^{2+3}\cdot\begin{vmatrix}1&2\\1&0\end{vmatrix}=2$$

$$\boldsymbol{A}_{31}=(-1)^{3+1}\cdot\begin{vmatrix}2&3\\2&1\end{vmatrix}=-4,\boldsymbol{A}_{32}=(-1)^{3+2}\cdot\begin{vmatrix}1&3\\2&1\end{vmatrix}=5$$

$$\boldsymbol{A}_{33}=(-1)^{3+3}\cdot\begin{vmatrix}1&2\\2&2\end{vmatrix}=-2$$

于是，由定义得矩阵 $\boldsymbol{A}$ 的伴随矩阵 $\boldsymbol{A}^*$ 为

$$\boldsymbol{A}^*=\begin{pmatrix}\boldsymbol{A}_{11}&\boldsymbol{A}_{21}&\boldsymbol{A}_{31}\\\boldsymbol{A}_{12}&\boldsymbol{A}_{22}&\boldsymbol{A}_{32}\\\boldsymbol{A}_{13}&\boldsymbol{A}_{23}&\boldsymbol{A}_{33}\end{pmatrix}=\begin{pmatrix}6&-6&-4\\-5&0&5\\-2&2&-2\end{pmatrix}$$

或

$$\boldsymbol{A}^*=\begin{pmatrix}A_{11}&A_{12}&A_{13}\\A_{21}&A_{22}&A_{23}\\A_{31}&A_{32}&A_{33}\end{pmatrix}^{\mathrm{T}}=\begin{pmatrix}6&-5&-2\\-6&0&2\\-4&5&-2\end{pmatrix}^{\mathrm{T}}=\begin{pmatrix}6&-6&-4\\-5&0&5\\-2&2&-2\end{pmatrix}$$

练习 9.2.3

1. 设 $\boldsymbol{A}=(1\quad -1\quad 2)$，$\boldsymbol{B}=\begin{bmatrix}2&-1&0\\1&1&3\\4&2&1\end{bmatrix}$，证明 $(\boldsymbol{AB})^{\mathrm{T}}=\boldsymbol{B}^{\mathrm{T}}\boldsymbol{A}^{\mathrm{T}}$.

2. 已知 $\boldsymbol{A}=\begin{bmatrix}2&5&-1\\0&-1&6\\0&0&3\end{bmatrix}$，$\boldsymbol{B}=\begin{bmatrix}7&0&0\\-3&2&0\\9&8&1\end{bmatrix}$，求 $|2\boldsymbol{A}|$ 和 $|\boldsymbol{AB}|$.

3. 求三阶矩阵 $\boldsymbol{A}=\begin{bmatrix}1 & 2 & -1\\ 2 & 0 & 1\\ 3 & -2 & 0\end{bmatrix}$ 的伴随矩阵 $\boldsymbol{A}^*$.

第三节　矩阵的初等变换和矩阵的秩

本节导学

内容：矩阵的初等变换，阶梯形矩阵，矩阵的秩.

重点：矩阵的初等变换.

一、矩阵的初等变换

1. 引入

用消元法解线性方程组时，常对方程组使用同解变换的方法. 如用消元法解线性方程组

$$\begin{cases}0.07x_1+0.12x_2=5.6 & (9.3.1)\\ x_1+x_2=60 & (9.3.2)\end{cases}$$

(1) 将两个方程互换位置，得

$$\begin{cases}x_1+x_2=60\\ 0.07x_1+0.12x_2=5.6\end{cases}$$

(2) 也可用一个非零常数乘任意一个方程，如将式(9.3.1)×100 得

$$\begin{cases}7x_1+12x_2=560\\ x_1+x_2=60\end{cases}$$

(3) 还可用一个非零常数乘一个方程的两边后，再加到另一个方程上去，如将(9.3.2)×(−7)+(9.3.1)×100 得 $x_1=32, x_2=28$. 如果将上面方程组未知数前的系数和等式右边的常数表示成一个矩阵 $\begin{bmatrix}0.07 & 0.12 & 5.6\\ 1 & 1 & 60\end{bmatrix}$，则上述变换可认为是：将第一行与第二行互换位置；将第一行×100；将第二行×(−7)再加到第一行上去. 这样就有了矩阵的初等变换.

定义　对矩阵实施以下三种变换称为矩阵的**初等行变换**：

(1) 交换任意两行的位置，记作 $r_1\leftrightarrow r_2$；

(2) 用非零常数乘某一行的所有元素，记作 kr_i；

(3) 某行所有元素的 k 倍加到另一行对应元素上去，记作 r_i+kr_j.

注　将上面定义中的"行"换成"列"同样成立，即得矩阵的**初等列变换**(所用的记号把 r 换成 c). 矩阵的初等行变换和初等列变换，统称为**矩阵的初等变换**.

例 9.3.1　设矩阵 $\boldsymbol{A}=\begin{bmatrix}3 & -1 & -4\\ -2 & 2 & 1\\ 1 & 5 & 7\end{bmatrix}$，将其进行下列初等行变换：

(1)交换第一行与第三行的位置;

(2)用数 3 乘第二行;

(3)将第三行的(-3)倍加到第一行上去.

对矩阵进行初等变换后所得的矩阵一般不与原矩阵相等,仅是矩阵的演变,矩阵间只能划箭头($A\to B$ 或 $A\sim B$),不能画等号.

解　(1)$A=\begin{bmatrix}3&-1&-4\\-2&2&1\\1&5&7\end{bmatrix}\to\begin{bmatrix}1&5&7\\-2&2&1\\3&-1&-4\end{bmatrix}$

(2)$A=\begin{bmatrix}3&-1&-4\\-2&2&1\\1&5&7\end{bmatrix}\to\begin{bmatrix}3&-1&-4\\-6&6&3\\1&5&7\end{bmatrix}$

(3)$A=\begin{bmatrix}3&-1&-4\\-2&2&1\\1&5&7\end{bmatrix}\to\begin{bmatrix}0&-16&-25\\-2&2&1\\1&5&7\end{bmatrix}$

二、阶梯形矩阵、简化阶梯形矩阵

定义　满足下列两个条件的矩阵称为**阶梯形矩阵**.

(1)矩阵若有零行(元素均为零的行),零行一定在矩阵的最下方;

(2)矩阵各非零行第一个非零元所在列中,该元下方的元都为0.

如 $A=\begin{bmatrix}2&1&3\\0&1&2\\0&0&3\end{bmatrix},B=\begin{bmatrix}3&4&5&6\\0&2&2&5\\0&0&4&2\\0&0&0&0\end{bmatrix}$

对于阶梯形矩阵,若它还满足:(1)各非零行的第一个非零元为1;(2)各非零行的第一个非零元所在列的其余元都为0,则称为**简化阶梯形矩阵**.

任何非零矩阵都可以通过初等行变换化为阶梯形矩阵.

如　$\boldsymbol{A}=\begin{bmatrix}1&0&0\\0&1&0\\0&0&1\end{bmatrix},\boldsymbol{B}=\begin{bmatrix}1&4&0&7\\0&0&1&5\\0&0&0&0\end{bmatrix}$

例 9.3.2　用矩阵的初等变换将矩阵 $\boldsymbol{A}=\begin{bmatrix}2&2&3\\1&-1&0\\-1&2&1\end{bmatrix}$ 化为阶梯形矩阵.

解　$\boldsymbol{A}=\begin{bmatrix}2&2&3\\1&-1&0\\-1&2&1\end{bmatrix}\xrightarrow{r_1\leftrightarrow r_2}\begin{bmatrix}1&-1&0\\2&2&3\\-1&2&1\end{bmatrix}\xrightarrow[r_1+r_3]{r_2+(-2)r_1}$

$$\begin{bmatrix}1&-1&0\\0&4&3\\0&1&1\end{bmatrix}\xrightarrow{r_2\leftrightarrow r_3}\begin{bmatrix}1&-1&0\\0&1&1\\0&4&3\end{bmatrix}\xrightarrow{r_3+(-4)r_2}\begin{bmatrix}1&-1&0\\0&1&1\\0&0&-1\end{bmatrix}$$

三、矩阵的秩

矩阵的秩是矩阵本身所具有的属性. 矩阵的秩在讨论线性方程组的

解时有很重要的作用,下面介绍矩阵秩的概念及求法.

求矩阵的秩,用得较多的方法是初等行变换.通过行变换将任意矩阵 $\boldsymbol{A}$ 化为**阶梯形矩阵**,阶梯形矩阵中非零行的行数称为**矩阵 $\boldsymbol{A}$ 的秩**,记作 $R(A)$.

例 9.3.3 解题说明:零矩阵的秩为 0,如果 n 阶方阵的行列式 $|A|\neq 0$. 即 $R(A)=n$,则称 A 为满秩方阵.

例 9.3.3 求矩阵(1) $\boldsymbol{A}=\begin{bmatrix}3 & 1 & 2 & 1\\ 1 & -3 & 2 & 2\\ 4 & -2 & 4 & 3\end{bmatrix}$,

(2) $\boldsymbol{A}=\begin{bmatrix}2 & -3 & 1\\ 0 & -1 & 7\\ 0 & 0 & 4\end{bmatrix}$ 的秩.

解(1)

$$\boldsymbol{A}=\begin{bmatrix}3 & 1 & 2 & 1\\ 1 & -3 & 2 & 2\\ 4 & -2 & 4 & 3\end{bmatrix}\xrightarrow{r_1\leftrightarrow r_2}\begin{bmatrix}1 & -3 & 2 & 2\\ 3 & 1 & 2 & 1\\ 4 & -2 & 4 & 3\end{bmatrix}\xrightarrow{-3r+r_2,\ -4r_{11}+r_3}$$

$$\begin{bmatrix}1 & -3 & 2 & 2\\ 0 & 10 & -4 & -5\\ 0 & 10 & -4 & -5\end{bmatrix}\xrightarrow{-r_2+r_3}\begin{bmatrix}1 & -3 & 2 & 2\\ 0 & 10 & -4 & -5\\ 0 & 0 & 0 & 0\end{bmatrix}$$

所以 $R(A)=2$.

(2)因 $|A|=-8\neq 0$,所以 $R(A)=3$ 为满秩方阵.

练习 9.3.1

1. 对矩阵 $\boldsymbol{A}=\begin{bmatrix}3 & 6 & 0\\ 4 & 5 & 5\\ 1 & 0 & 3\end{bmatrix}$ 进行初等变换,使之成为单位矩阵.

2. 用初等行变换将下列矩阵化为阶梯形矩阵.

(1) $\begin{bmatrix}3 & 1 & 0\\ 1 & -1 & 2\\ 1 & 3 & -4\end{bmatrix}$ (2) $\begin{bmatrix}3 & 2 & 0 & 5 & 0\\ 3 & -2 & 3 & 6 & -1\\ 2 & 0 & 1 & 5 & -3\\ 1 & 6 & -4 & -1 & 4\end{bmatrix}$

3. 求下列矩阵的秩.

(1) $\begin{bmatrix}4 & -3 & 1\\ -3 & 6 & -3\\ 1 & -3 & 2\end{bmatrix}$ (2) $\begin{bmatrix}4 & 1 & -1 & 2\\ -2 & 2 & 8 & 14\\ 1 & -2 & -7 & -13\end{bmatrix}$

(3) $\begin{bmatrix}2 & -3 & 0 & 7 & -5\\ 1 & 0 & 3 & 2 & 0\\ 2 & 1 & 8 & 3 & 7\\ 3 & -2 & 5 & 8 & 0\end{bmatrix}$

4. 已知矩阵 $\boldsymbol{A}=\begin{bmatrix}1 & 2 & 3\\ 2 & 3 & -5\\ 4 & 7 & 1\end{bmatrix}$, $\boldsymbol{B}=\begin{bmatrix}1\\ 3\\ 0\end{bmatrix}$. 求(1) $R(A)$;(2) $R(B)$;(3) $R(AB)$.

第四节　逆矩阵

引入　对于方程 $ax=b$,若 $a\neq 0$,则 $x=a^{-1}b$. 对于矩阵方程 $AX=B$,我们设想,若存在 A^{-1},使得 $A^{-1}A=I$,则方程可变为 $(A^{-1}A)X=A^{-1}B$,即 $IX=A^{-1}B$,从而 $X=A^{-1}B$. 对于任意一个矩阵 A,是否都存在 A^{-1}?如果存在,A^{-1} 和 A 的关系是怎样的,如何求出 A^{-1}?

本节导学
内容:逆矩阵的概念、逆矩阵的求法.
重点:逆矩阵的求法.

一、逆矩阵的概念

定义　对于 n 阶方阵 A,如果有一个 n 阶方阵 B,使得 $AB=BA=I$,则称矩阵 A 是**可逆矩阵**,并称 B 是 A 的**逆矩阵**,记作 $A^{-1}=B$,$AA^{-1}=A^{-1}A=I$.

定义中,A 和 B 的地位是对等的,若 B 是 A 的逆矩阵,则 A 也是 B 的逆矩阵.

由定义不难验证可逆矩阵具有以下性质:

设 A、B 均为 n 阶可逆矩阵,数 $\lambda\neq 0$,则

(1) A 的逆阵是唯一的;

(2) A^{-1} 可逆,且 $(A^{-1})^{-1}=A$;

(3) λA 可逆,且 $(\lambda A)^{-1}=\dfrac{1}{\lambda}A^{-1}$;

(4) AB 可逆,且 $(AB)^{-1}=B^{-1}A^{-1}$;

(5) A^{T} 可逆,且 $(A^{\mathrm{T}})^{-1}=(A^{-1})^{\mathrm{T}}$.

单位矩阵必为可逆矩阵,且其逆矩阵为其自身.

关于逆矩阵的几条定理:

定理 1　若方阵 $\boldsymbol{A}$ 可逆,则 $|\boldsymbol{A}|\neq 0$.

例 9.4.1　判断矩阵 (1) $\boldsymbol{A}=\begin{bmatrix}4&-9&-5\\1&1&2\\0&2&2\end{bmatrix}$,　(2) $\boldsymbol{B}=\begin{bmatrix}1&0&1\\2&1&2\\0&4&6\end{bmatrix}$ 是否可逆?

当 $|A|=0$ 时,A 称为奇异方阵,否则称为非奇异方阵;由此可见 A 可逆的充要条件是 $|A|\neq 0$,即可逆方阵是非奇异方阵.

解　(1) 因为 $|\boldsymbol{A}|=\begin{vmatrix}4&-9&-5\\1&1&2\\0&2&2\end{vmatrix}=0$,所以 $\boldsymbol{A}$ 不可逆.

(2) 因为 $|\boldsymbol{B}|=\begin{vmatrix}1&0&1\\2&1&2\\0&4&6\end{vmatrix}=6\neq 0$,所以 $\boldsymbol{B}$ 可逆.

定理 2　若 $|\boldsymbol{A}|\neq 0$,则方阵 $\boldsymbol{A}$ 可逆,且 $\boldsymbol{A}^{-1}=\dfrac{1}{|\boldsymbol{A}|}\boldsymbol{A}^{*}$(其中,$\boldsymbol{A}^{*}$ 是方阵 $\boldsymbol{A}$ 的各个元素换成其对应的代数余子式后转置得到的方阵,称为方阵 $\boldsymbol{A}$ 的伴随方阵).

二、逆矩阵的求法

1. 用伴随矩阵求逆矩阵

例 9.4.2　求方阵 $\boldsymbol{A}=\begin{pmatrix}1 & 2 & 3\\ 2 & 2 & 1\\ 3 & 4 & 3\end{pmatrix}$ 的逆矩阵.

解　因为 $|\boldsymbol{A}|=2\neq 0$，所以 A^{-1} 存在，又因为：$A_{11}=2, A_{21}=6, A_{31}=-4, A_{12}=-3, A_{22}=-6, A_{32}=5, A_{13}=2, A_{23}=2, A_{33}=-2$.

因此 $\boldsymbol{A}^{*}=\begin{pmatrix}2 & 6 & -4\\ -3 & -6 & 5\\ 2 & 2 & -2\end{pmatrix}$

所以：$\boldsymbol{A}^{-1}=\dfrac{1}{|\boldsymbol{A}|}\boldsymbol{A}^{*}=\begin{pmatrix}1 & 3 & -2\\ -\dfrac{3}{2} & -3 & \dfrac{5}{2}\\ 1 & 1 & -1\end{pmatrix}$

2. 用初等行变换求逆矩阵

在给定的 n 阶方阵 $\boldsymbol{A}$ 的右边放一个 n 阶单位矩阵 $\boldsymbol{I}$，形成一个 $n\times 2n$ 的矩阵 $(\boldsymbol{A}\vdots\boldsymbol{I})$，然后对矩阵 $(\boldsymbol{A}\vdots\boldsymbol{I})$ 实施初等行变换，直到将原矩阵 A 所在部分变成单位矩阵 $\boldsymbol{I}$. 原单位矩阵部分经同样的初等变换后，所得到的矩阵就是 $\boldsymbol{A}$ 的逆矩阵 $\boldsymbol{A}^{-1}$，即

$$(\boldsymbol{A}\vdots\boldsymbol{I})\xrightarrow{\text{初等行变换}}(\boldsymbol{I}\vdots\boldsymbol{A}^{-1})$$

在用初等行变换求矩阵的逆矩阵时，若矩阵 A 经过一系列初等变换后不能得到单位矩阵，则可以判定矩阵 A 不可逆. 如对于矩阵 $A=\begin{pmatrix}2 & 3\\ 6 & 9\end{pmatrix}$，用初等变换求其逆矩阵的过程如下：

$$(\boldsymbol{A}\vdots\boldsymbol{I})=\begin{pmatrix}2 & 3 & \vdots & 1 & 0\\ & & \vdots & & \\ 6 & 9 & \vdots & 0 & 1\end{pmatrix}\xrightarrow{r_2-3r_1}\begin{pmatrix}2 & 3 & \vdots & 1 & 0\\ & & \vdots & & \\ 0 & 0 & \vdots & -3 & 1\end{pmatrix}$$

显然，矩阵 A 经过初等变换不能得到单位矩阵. 所以矩阵 A 不可逆，即 A 的逆矩阵 A^{-1} 不存在.

例 9.4.3　利用初等行变换求矩阵 $\boldsymbol{A}=\begin{pmatrix}3 & -1 & 2\\ 1 & 4 & -3\\ 2 & 2 & 1\end{pmatrix}$ 的逆矩阵.

解　构造 3×6 阶矩阵，并对其实施初等行变换，即

$$(\boldsymbol{A}\vdots\boldsymbol{E})=\begin{pmatrix}3 & -1 & 2 & \vdots & 1 & 0 & 0\\ 1 & 4 & -3 & \vdots & 0 & 1 & 0\\ 2 & 2 & 1 & \vdots & 0 & 0 & 1\end{pmatrix}\xrightarrow{r_2\leftrightarrow r_1}$$

$$\begin{pmatrix}1 & 4 & -3 & \vdots & 0 & 1 & 0\\ 3 & -1 & 2 & \vdots & 1 & 0 & 0\\ 2 & 2 & 1 & \vdots & 0 & 0 & 1\end{pmatrix}\xrightarrow[r_2+(-2)r_1]{r_2+(-3)r_1}$$

$$\begin{pmatrix} 1 & 4 & -3 & \vdots & 0 & 1 & 0 \\ 0 & -13 & 11 & \vdots & 1 & -3 & 0 \\ 0 & -6 & 7 & \vdots & 0 & -2 & 1 \end{pmatrix} \xrightarrow{r_2+(-2)r_3}$$

$$\begin{pmatrix} 1 & 4 & -3 & \vdots & 0 & 1 & 0 \\ 0 & -1 & -3 & \vdots & 1 & 1 & -2 \\ 0 & -6 & 7 & \vdots & 0 & -2 & 1 \end{pmatrix} \xrightarrow[r_3+(-6)r_2]{r_1+4r_2}$$

$$\begin{pmatrix} 1 & 0 & -15 & \vdots & 4 & 5 & -8 \\ 0 & -1 & -3 & \vdots & 1 & 1 & -2 \\ 0 & 0 & 25 & \vdots & -6 & -8 & 13 \end{pmatrix} \xrightarrow[r_3\div 25]{r_2\div(-1)}$$

$$\begin{pmatrix} 1 & 0 & -15 & \vdots & 4 & 5 & -8 \\ 0 & 1 & 3 & \vdots & -1 & -1 & 2 \\ 0 & 0 & 1 & \vdots & -\frac{6}{25} & -\frac{8}{25} & \frac{13}{25} \end{pmatrix} \xrightarrow[r_2+(-3)r_3]{r_1+15r_3}$$

$$\begin{pmatrix} 1 & 0 & 0 & \vdots & \frac{10}{25} & \frac{5}{25} & -\frac{5}{25} \\ 0 & 1 & 0 & \vdots & -\frac{7}{25} & -\frac{1}{25} & \frac{11}{25} \\ 0 & 0 & 1 & \vdots & -\frac{6}{25} & -\frac{8}{25} & \frac{13}{25} \end{pmatrix}$$

于是

$$\boldsymbol{A}^{-1} = \begin{pmatrix} \frac{10}{25} & \frac{5}{25} & -\frac{5}{25} \\ -\frac{7}{25} & -\frac{1}{25} & \frac{11}{25} \\ -\frac{6}{25} & -\frac{8}{25} & \frac{13}{25} \end{pmatrix} \quad 或\ \boldsymbol{A}^{-1} = \frac{1}{25}\begin{pmatrix} 10 & 5 & -5 \\ -7 & -1 & 11 \\ -6 & -8 & 13 \end{pmatrix}$$

练习 9.4.1

1. 用伴随矩阵求下列矩阵的逆矩阵：

(1) $\begin{bmatrix} 1 & 2 \\ 3 & 4 \end{bmatrix}$　(2) $\begin{bmatrix} 0 & 3 & 7 \\ 0 & 2 & 5 \\ 3 & 0 & 0 \end{bmatrix}$

2. 用初等行变换求下列矩阵的逆矩阵：

(1) $\begin{bmatrix} 1 & 2 & 1 \\ 2 & 0 & 1 \\ 1 & -1 & 0 \end{bmatrix}$；(2) $\begin{bmatrix} 3 & -2 & 0 & -1 \\ 0 & 2 & 2 & 1 \\ 1 & -2 & -3 & -2 \\ 0 & 1 & 2 & 1 \end{bmatrix}$

三、用逆矩阵求解矩阵方程

一般地，对于矩阵方程 $\boldsymbol{AX}=\boldsymbol{B}$，若矩阵 $\boldsymbol{A}$ 可逆，则 $\boldsymbol{X}=\boldsymbol{A}^{-1}\boldsymbol{B}$. 对于矩阵方程 $\boldsymbol{XA}=\boldsymbol{B}$，若矩阵 $\boldsymbol{A}$ 可逆，则 $\boldsymbol{X}=\boldsymbol{BA}^{-1}$. 对于矩阵方程 $\boldsymbol{AXB}=\boldsymbol{C}$，若

矩阵 $\boldsymbol{A}$、$\boldsymbol{B}$ 均可逆，则 $\boldsymbol{X}=\boldsymbol{A}^{-1}\boldsymbol{C}\boldsymbol{B}^{-1}$.

例9.4.4　若 $\boldsymbol{A}=\begin{pmatrix}1 & 2\\3 & 2\end{pmatrix}$，$\boldsymbol{B}=\begin{pmatrix}1 & 2\\-1 & 4\end{pmatrix}$，且 $AX=B$，求矩阵 X.

解　因为 $AX=B$，方程两边同时左乘 A^{-1}，有 $X=A^{-1}B$.

用初等行变换求方阵 A 的逆矩阵的过程，实际上是用初等行变换求解矩阵方程 $AX=I$.

因为 $A^{-1}=\dfrac{1}{-4}\begin{pmatrix}2 & -2\\-3 & 1\end{pmatrix}$，所以

$$X=A^{-1}B=\frac{1}{-4}\begin{pmatrix}2 & -2\\-3 & 1\end{pmatrix}\begin{pmatrix}1 & 2\\-1 & 4\end{pmatrix}$$

$$=-\frac{1}{4}\begin{pmatrix}4 & -4\\-4 & -2\end{pmatrix}=\begin{pmatrix}-1 & 1\\1 & \frac{1}{2}\end{pmatrix}$$

左乘、右乘不可颠倒.

例9.4.5　解矩阵方程　$X-XA=\boldsymbol{B}$. 其中 $\boldsymbol{A}=\begin{bmatrix}1 & 0 & 1\\2 & 1 & 0\\-3 & 2 & -3\end{bmatrix}$，$\boldsymbol{B}=\begin{bmatrix}1 & -2 & 1\\-3 & 4 & 1\end{bmatrix}$.

解　由矩阵方程 $X-XA=B$ 得 $X[I-A]=B$，所以

在矩阵运算中 $X-XA\neq X(1-A)$ 这里的 1 视为单位矩阵 I.

$$X=B(I-A)^{-1}=\begin{bmatrix}1 & -2 & 1\\-3 & 4 & 1\end{bmatrix}\begin{bmatrix}0 & 0 & -1\\-2 & 0 & 0\\3 & -2 & 4\end{bmatrix}^{-1}$$

$$=\begin{bmatrix}1 & -2 & 1\\-3 & 4 & 1\end{bmatrix}\begin{bmatrix}0 & -\frac{1}{2} & 0\\-2 & -\frac{3}{4} & -\frac{1}{2}\\-1 & 0 & 0\end{bmatrix}=\begin{bmatrix}3 & 1 & 1\\-9 & -\frac{3}{2} & -2\end{bmatrix}$$

例9.4.6　解三元线性方程组 $\begin{cases}x+y+z=2\\2x+y=-1.\\x+y=1\end{cases}$

解　利用矩阵的乘法，其可表示为 $\boldsymbol{AX}=\boldsymbol{B}$，其中 $\boldsymbol{A}=\begin{bmatrix}1 & 1 & 1\\2 & 1 & 0\\1 & 1 & 0\end{bmatrix}$ 是线性方程组的系数矩阵，$X=\begin{bmatrix}x\\y\\z\end{bmatrix}$ 为未知量矩阵，$\boldsymbol{B}=\begin{bmatrix}2\\-1\\1\end{bmatrix}$ 为常数项矩阵.

由于 $|\boldsymbol{A}|=\begin{vmatrix}1 & 1 & 1\\2 & 1 & 0\\1 & 1 & 0\end{vmatrix}=1\neq0$，故 $\boldsymbol{A}$ 可逆，于是得 $X=\boldsymbol{A}^{-1}\boldsymbol{B}$，即

$$\begin{bmatrix}x\\y\\z\end{bmatrix}=\begin{bmatrix}1 & 1 & 1\\2 & 1 & 0\\1 & 1 & 0\end{bmatrix}^{-1}\begin{bmatrix}2\\-1\\1\end{bmatrix}=\begin{bmatrix}0 & 1 & -1\\0 & -1 & 2\\1 & 0 & -1\end{bmatrix}\begin{bmatrix}2\\-1\\1\end{bmatrix}=\begin{bmatrix}-2\\3\\1\end{bmatrix}$$

这种方法叫做用逆矩阵法求方程组的解.

即原方程组的解为 $x=-2, y=3, z=1$.

由上面例题可知:若线性方程组系数矩阵可逆,则可用逆矩阵求方程组的解.

练习 9.4.2

1. 解下列矩阵方程.

(1) $X\begin{bmatrix}1 & 3 & 3\\ 1 & 4 & 3\\ 1 & 3 & 4\end{bmatrix}=(2\quad -1\quad 1)$;

(2) $2X=\boldsymbol{A}X+\boldsymbol{B}$. 其中, $\boldsymbol{A}=\begin{bmatrix}1 & 1 & 0\\ -1 & 2 & 1\\ -1 & 0 & 0\end{bmatrix}$, $\boldsymbol{B}=\begin{bmatrix}1 & -2\\ -3 & 0\\ 0 & 3\end{bmatrix}$.

2. 用逆矩阵法解线性方程组 $\begin{cases}2x+2y+z=5\\ 3x+y+5z=0\\ 3x+2y+3z=4\end{cases}$.

3. 一药剂师用A、B两种药水配制2 L含盐6%的药水,其中A药水含盐3%,B药水含盐8%,请用逆矩阵求出需要A、B药水各多少?

第五节　线性方程组

本节导学
内容:线性方程组解的判断及求解.
重点:用初等变换求解线性方程组.

引入　在本章的第一节中,学习了用克拉默法则解线性方程组,但克拉默法则有很大的局限性,只能用于方程个数等于未知量个数,且系数行列式不为零的情形. 对于方程个数与未知量个数不等的线性方程组而言,它是否有解?有解时怎样求?解的情况如何?本节就要解决这些问题.

一、线性方程组解的判定定理

对于线性方程组

$$\begin{cases}a_{11}x_1 + a_{12}x_2 + \cdots + a_{1n}x_n = b_1\\ a_{21}x_1 + a_{22}x_2 + \cdots + a_{2n}x_n = b_2\\ \quad\vdots \qquad\quad \vdots \qquad\qquad\qquad \vdots \qquad\quad \vdots\\ a_{m1}x_1 + a_{m2}x_2 + \cdots + a_{mn}x_n = b_m\end{cases}\text{(非齐次)}$$

有解的充要条件是 $R(\boldsymbol{A})=R(\overline{\boldsymbol{A}})$.

(1) 当 $R(\boldsymbol{A})=R(\overline{\boldsymbol{A}})=n$ 时,方程组有唯一解;

(2) 当 $R(\boldsymbol{A})=R(\overline{\boldsymbol{A}})<n$ 时,方程组有无穷多组解;

(3) 当 $R(\boldsymbol{A})\neq R(\overline{\boldsymbol{A}})$ 时,方程组无解.

其中, $\boldsymbol{A}$ 称为系数矩阵, $\overline{\boldsymbol{A}}$ 称为增广矩阵.

增广矩阵是由系数和常数项组成的矩阵.

$$A=\begin{bmatrix}a_{11}&a_{12}&\cdots&a_{1n}\\a_{21}&a_{22}&\cdots&a_{2n}\\\vdots&\vdots&&\vdots\\a_{m1}&a_{m2}&\cdots&a_{mn}\end{bmatrix}\quad \overline{A}=\begin{bmatrix}a_{11}&a_{12}&\cdots&a_{1n}&b_1\\a_{21}&a_{22}&\cdots&a_{2n}&b_2\\\vdots&\vdots&&\vdots&\vdots\\a_{m1}&a_{m2}&\cdots&a_{mn}&b_m\end{bmatrix}$$

特别地,当 $b_1=b_2=b_3=\cdots=b_m=0$ 时,此时方程组称为齐次线性方程组. 增广矩阵为:

$$\overline{A}=\begin{bmatrix}a_{11}&a_{12}&\cdots&a_{1n}&0\\a_{21}&a_{22}&\cdots&a_{2n}&0\\\vdots&\vdots&&\vdots&\vdots\\a_{m1}&a_{m2}&\cdots&a_{mn}&0\end{bmatrix}$$

显然,$R(A)=R(\overline{A})$,因此齐次线性方程组总有解(至少有零解).

(1)当 $R(A)=R(\overline{A})=n$ 时,方程组只有零解;

(2)当 $R(A)=R(\overline{A})<n$ 时,方程组有无穷多个非零解.

二、用初等变换求解线性方程组的方法和步骤

第一步　施行初等行变换将$\overline{A}$化成阶梯形矩阵,根据 $R(A)$ 与 $R(\overline{A})$ 是否相等判断方程组是否有解.

第二步　如果有解,将阶梯形矩阵写成与原方程组同解的线性方程组并求解,或用初等行变换将阶梯形矩阵进一步简化为行简化矩阵(其特点为:每行的第一个非零元素为1,它所在列的其他元素全为0),写出方程组的解.

例 9.5.1　判断下列方程组是否有解,若有解,并求出其解.

$$(1)\begin{cases}2x_1+x_2-x_3=5\\x_1-x_2+x_3=-2\\x_1+2x_2+3x_3=2\end{cases}\qquad(2)\begin{cases}x_1+2x_2-5x_3=-1\\2x_1+4x_2-3x_3=5\\3x_1+6x_2-10x_3=2\\x_1+2x_2+2x_3=6\end{cases}$$

$$(3)\begin{cases}x_1+x_2+2x_3+3x_4=1\\x_2+x_3-4x_4=1\\x_1+2x_2+3x_3-x_4=4\\2x_1+3x_2-x_3-x_4=-6\end{cases}$$

解　(1)对增广矩阵施行初等行变换,化为阶梯形矩阵. 即

$$\overline{A}=\begin{bmatrix}2&1&-1&5\\1&-1&1&-2\\1&2&3&2\end{bmatrix}\xrightarrow{r_1\leftrightarrow r_2}\begin{bmatrix}1&-1&1&-2\\2&1&-1&5\\1&2&3&2\end{bmatrix}\xrightarrow[r_3+(-1)r_1]{r_2+(-2r_1)}$$

$$\begin{bmatrix}1&-1&1&-2\\0&3&-3&9\\0&3&2&4\end{bmatrix}\xrightarrow{r_3+(-1)r_2}\begin{bmatrix}1&-1&1&-2\\0&3&-3&9\\0&0&5&-5\end{bmatrix}\xrightarrow[r_3/5]{r_2/3}$$

$$\begin{bmatrix}1 & -1 & 1 & -2\\0 & 1 & -1 & 3\\0 & 0 & 1 & -1\end{bmatrix}\xrightarrow{r_1+r_3}\begin{bmatrix}1 & 0 & 0 & 1\\0 & 1 & -1 & 3\\0 & 0 & 1 & -1\end{bmatrix}\xrightarrow{r_2+r_3}\begin{bmatrix}1 & 0 & 0 & 1\\0 & 1 & 0 & 2\\0 & 0 & 1 & -1\end{bmatrix}$$

易见 $R(\boldsymbol{A})=R(\overline{\boldsymbol{A}})=3$,故方程组有唯一解,于是得到方程组的解为:$x_1=1,x_2=2,x_3=-1$.

(2)对增广矩阵施行初等行变换,即

$$\overline{\boldsymbol{A}}=\begin{bmatrix}1 & 2 & -5 & -1\\2 & 4 & -3 & 5\\3 & 6 & -10 & 2\\1 & 2 & 2 & 6\end{bmatrix}\xrightarrow[r_4-r_1]{\substack{r_2-2r_1\\r_3-3r_1}}\begin{bmatrix}1 & 2 & -5 & -1\\0 & 0 & 7 & 7\\0 & 0 & 5 & 5\\0 & 0 & 7 & 7\end{bmatrix}\xrightarrow{\frac{1}{7}r_2}$$

$$\begin{bmatrix}1 & 2 & -5 & -1\\0 & 0 & 1 & 1\\0 & 0 & 5 & 5\\0 & 0 & 7 & 7\end{bmatrix}\xrightarrow[r_1+5r_2]{\substack{r_3-5r_2\\r_4-7r_2}}\begin{bmatrix}1 & 2 & 0 & 4\\0 & 0 & 1 & 1\\0 & 0 & 0 & 0\\0 & 0 & 0 & 0\end{bmatrix}$$

易见 $R(A)=R(\overline{A})=2<n=3$,故方程组有无穷多解. 此时原方程组的同解方程组为:$\begin{cases}x_1+2x_2=4\\x_3=1\end{cases}$,故原方程组的通解为:

$$\begin{cases}x_1=4-2x_2\\x_3=1\end{cases}.$$

(3)对增广矩阵施行初等行变换,即

$$\overline{\boldsymbol{A}}=\begin{bmatrix}1 & 1 & 2 & 3 & 1\\0 & 1 & 1 & -4 & 1\\1 & 2 & 3 & -1 & 4\\2 & 3 & -1 & -1 & -6\end{bmatrix}\xrightarrow[r_4-2r_1]{r_3-r_1}\begin{bmatrix}1 & 1 & 2 & 3 & 1\\0 & 1 & 1 & -4 & 1\\0 & 1 & 1 & -4 & 3\\0 & 1 & -5 & -7 & -8\end{bmatrix}\xrightarrow[r_4-r_2]{r_3-r_2}$$

$$\begin{bmatrix}1 & 1 & 2 & 3 & 1\\0 & 1 & 1 & -4 & 1\\0 & 0 & 0 & 0 & 2\\0 & 0 & -6 & -3 & -9\end{bmatrix}\xrightarrow{r_3\leftrightarrow r_4}\begin{bmatrix}1 & 1 & 2 & 3 & 1\\0 & 1 & 1 & -4 & 1\\0 & 0 & -6 & -3 & -9\\0 & 0 & 0 & 0 & 2\end{bmatrix}$$

易见 $R(\boldsymbol{A})=3<R(\overline{\boldsymbol{A}})=4$,所以原方程组无解.

练习 9.5.1

1. 解下列线性方程组

(1)$\begin{cases}x_1+x_2=2\\x_2+x_3=0\\x_1+x_3=0\end{cases}$　(2)$\begin{cases}x_1+3x_2+2x_3=4\\2x_1+5x_2+4x_3=9\\x_1+7x_2+3x_3=2\\3x_1+8x_2+2x_3=5\end{cases}$

(3) $\begin{cases}x_1+x_2-2x_3+3x_4=0\\2x_1+x_2-6x_3+4x_4=0\\3x_1+2x_2+4x_3+x_4=0\\2x_1+x_2+x_4=0\end{cases}$

2. 有三台打印机同时工作,一分钟共打印 8 200 行字. 如果第一台工作 2 分钟,第二台工作 3 分钟,共打印 12 200 行字;如果第一台工作 1 分钟,第二台工作 2 分钟,第三台工作 3 分钟,共打印 17 600 行字. 问每台打印机每分钟可打印多少行字?

例 9.5.2　当 λ 取何值时,线性方程组 $\begin{cases}\lambda x_1+x_2+x_3=1\\x_1+\lambda x_2+x_3=\lambda\\x_1+x_2+\lambda x_3=\lambda^2\end{cases}$

(1)有唯一解;(2)无穷多解;(3)无解.

解　对增广矩阵施行初等行变换,化为阶梯形矩阵:

$$\overline{A}=\begin{bmatrix}\lambda&1&1&1\\1&\lambda&1&\lambda\\1&1&\lambda&\lambda^2\end{bmatrix}\xrightarrow[r_3-\lambda r_1]{\substack{r_1\leftrightarrow r_3\\r_2-r_1}}\begin{bmatrix}1&1&\lambda&\lambda^2\\0&\lambda-1&1-\lambda&\lambda-\lambda^2\\0&1-\lambda&1-\lambda^2&1-\lambda^3\end{bmatrix}\xrightarrow{r_3+r_2}$$

$$\begin{bmatrix}1&1&\lambda&\lambda^2\\0&\lambda-1&1-\lambda&\lambda-\lambda^2\\0&0&(1-\lambda)(2+\lambda)&(1-\lambda)(1+\lambda)^2\end{bmatrix}$$

观察阶梯形矩阵可知:

(1)要使方程组有唯一解,必须 $R(A)=R(\overline{A})=3$,即 $1-\lambda\neq0$ 且 $(1-\lambda)(2+\lambda)\neq0$. 由此解得当 $\lambda\neq1$ 且 $\lambda\neq-2$ 时,方程组有唯一解.

(2)要使方程组有无穷多解,必须 $R(A)=R(\overline{A})<3$,即 $(1-\lambda)(2+\lambda)=0$ 且 $(1-\lambda)(1+\lambda)^2=0$. 由此解得当 $\lambda=1$ 时,方程组有无穷多解.

(3)要使方程组无解,必须 $R(A)\neq R(\overline{A})$,即 $(1-\lambda)(2+\lambda)=0$ 且 $(1-\lambda)(1+\lambda)^2\neq0$. 由此解得当 $\lambda=-2$ 时,方程组无解.

练习 9.5.2　当 λ 取何值时,线性方程组

$$\begin{cases}\lambda x_1+x_2+x_3=0\\x_1+\lambda x_2+x_3=3\\x_1+x_2+\lambda x_3=\lambda-1\end{cases}$$

(1)有唯一解;(2)无穷多解;(3)无解

内容小结

一、行列式

1. 行列式的定义

用 n^2 个数 a_{ij} 组成的记号

$$D = \begin{vmatrix} a_{11} & a_{12} & \cdots & a_{1n} \\ a_{21} & a_{22} & \cdots & a_{2n} \\ \vdots & \vdots & & \vdots \\ a_{n1} & a_{n2} & \cdots & a_{nn} \end{vmatrix}$$

称为 n 阶行列式.

2. 行列式的性质

(1)转:$D^{\mathrm{T}}=D$.

(2)换:对换两行(列),变号.

(3)提:某一行(列)的公因数可提到外面.

(4)比例:若两行(列)元素成比例,则 $D=0$.

(5)拆:可按行(列)拆成几项之和.

(6)倍加:某行(列)乘以倍数加到另一行(列),不变.

3. 行列式的计算

一阶行列式 $|\alpha|=\alpha$,二、三阶行列式有对角线法则.

n 阶($n\geqslant3$)行列式的计算:降阶法.

定理:n 阶行列式的值等于它的任意一行(列)的各元素与其对应的代数余子式乘积的和.

方法:选取比较简单的一行(列),保留一个非零元素,其余元素化为 0,利用定理展开降阶.

特殊情况:(1)上、下三角形行列式和对角形行列式的值等于主对角线上元素的乘积.

(2)行列式值为 0 的几种情况——某行(列)元素全为 0;或者某两行(列)的对应元素相同或对应成比例.

计算 n 阶行列式:
①利用行列式的性质使某一行(列)的元素出现尽可能多的零,即"化零法".
②利用行列式的性质把行列式化为上(下)三角行列式. 即"化三角法".
③记住行列式值为 0 的几种情况.
成比例的特例——两行(列)元素对应相等或某一行(列)的元素全为零.

4. 克拉默法则

如果方程个数与未知数个数相同的线性方程组的系数行列式 $D\neq0$,则该方程组有唯一解,且 $x_1=\dfrac{D_1}{D},x_2=\dfrac{D_2}{D},\cdots,x_n=\dfrac{D_n}{D}$.

推论　如果方程个数与未知数个数相同的齐次线性方程组的系数行列式 $D\neq0$,则齐次线性方程组没有非零解. 如果方程个数与未知数个数相同的齐次线性方程组有非零解,则它的系数行列式 D 必为零.

没有非零解即仅有零解.

二、矩阵

1. 矩阵的基本概念

表示符号，一些特殊矩阵——方阵、单位阵、对角阵等.

2. 矩阵的运算

加减、数乘、乘法运算及条件、结果；转置、方阵的行列式、逆矩阵.

3. 矩阵的秩

秩的求法：利用初等变换将矩阵化为阶梯阵得秩，即秩 = 非零行的行数.

4. 逆矩阵（逆的两种求解）

①伴随矩阵法：$\boldsymbol{A}^{-1}=\frac{1}{|A|}\boldsymbol{A}^{*}$；（$\boldsymbol{A}^{*}$ 是 $\boldsymbol{A}$ 的伴随矩阵）

②初等变换法：$(\boldsymbol{A} \vdots \boldsymbol{I}) \xrightarrow{\text{初等行变换}} (\boldsymbol{I} \vdots \boldsymbol{A}^{-1})$

5. 用逆矩阵求解矩阵方程

$\boldsymbol{AX}=\boldsymbol{B}$，则 $\boldsymbol{X}=\boldsymbol{A}^{-1}\boldsymbol{B}$；

$\boldsymbol{XA}=\boldsymbol{B}$，则 $\boldsymbol{X}=\boldsymbol{BA}^{-1}$；

$\boldsymbol{AXB}=\boldsymbol{C}$，则 $\boldsymbol{X}=\boldsymbol{A}^{-1}\boldsymbol{CB}^{-1}$.

三、线性方程组

1. 克拉默法则

方程个数 = 未知数个数，系数行列式 $\neq 0$.

2. 线性方程组解的情况（见下表）

唯一解的解法：克拉默法则、逆矩阵法、消元法（初等变换法）.

方程组 / 秩的关系	非齐次线性方程组	齐次线性方程组
$R(\boldsymbol{A})=R(\overline{\boldsymbol{A}})=n$	有唯一解	只有零解
$R(\boldsymbol{A})=R(\overline{\boldsymbol{A}})<n$	有无穷多组解	有无穷多个非零解
$R(\boldsymbol{A})\neq R(\overline{\boldsymbol{A}})$	方程组无解	////

3. 求解线性方程组的方法和步骤

第一步：施行初等行变换将 $\overline{\boldsymbol{A}}$ 化成阶梯形矩阵，根据 $R(\boldsymbol{A})$ 与 $R(\overline{\boldsymbol{A}})$ 是否相等判断方程组是否有解.

第二步：如果有解，将阶梯形矩阵写成与原方程组同解的线性方程组并求解，或用初等行变换将阶梯形矩阵进一步简化为行简化矩阵，写出方程组的解.

复习题

一、填空题

1. 设 a、b 为实数，当 $a=$ ________、$b=$ ________ 时，行列式 $\begin{vmatrix} a-2 & b-3 & 0 \\ 3-b & a-2 & 0 \\ 5 & 6 & -1 \end{vmatrix}=0$.

2. 设 $\begin{pmatrix} 3x & 2y \\ 1 & -2 \end{pmatrix}-2\begin{pmatrix} -y & x \\ 1 & 2 \end{pmatrix}=\begin{pmatrix} 7 & 2 \\ -1 & -6 \end{pmatrix}$，则 $x=$ ________，$y=$ ________.

3. 已知 $\boldsymbol{A}=\begin{bmatrix} 0 & 2 & -1 & 3 \\ 1 & 0 & 4 & 1 \\ 0 & -2 & 1 & 1 \end{bmatrix}$，则 $R(\boldsymbol{A})=$ ________.

4. 设 $\boldsymbol{A}=\begin{pmatrix} 2 & 5 \\ 1 & 3 \end{pmatrix}$，$\boldsymbol{C}=\begin{pmatrix} 4 & -6 \\ 2 & 1 \end{pmatrix}$，且 $\boldsymbol{A}X=\boldsymbol{C}$，则 $X=$ ________.

5. 设 $\boldsymbol{A}=\begin{pmatrix} 1 & 2 \\ 3 & -4 \end{pmatrix}$，则 $2\boldsymbol{A}^2-3\boldsymbol{A}^{\mathrm{T}}+5\boldsymbol{I}=$ ________.

二、选择题

1. $\begin{pmatrix} 1 \\ 2 \end{pmatrix}(2\quad 3)=$（　　）

A. 8　　B. $(2\quad 6)$　　C. $\begin{pmatrix} 2 \\ 6 \end{pmatrix}$　　D. $\begin{pmatrix} 2 & 3 \\ 4 & 6 \end{pmatrix}$

2. 若三阶行列式 $\begin{vmatrix} a_{11} & a_{12} & a_{13} \\ a_{21} & a_{22} & a_{23} \\ a_{31} & a_{32} & a_{33} \end{vmatrix}=1$，则 $\begin{vmatrix} 4a_{11} & 5a_{11}+3a_{12} & a_{13} \\ 4a_{21} & 5a_{21}+3a_{22} & a_{23} \\ 4a_{31} & 5a_{31}+3a_{32} & a_{33} \end{vmatrix}=$（　　）.

A. 12　　B. 15　　C. 20　　D. 60

3. 方程组 $\begin{cases} x_1-x_2+x_3=1 \\ x_2+3x_3=0 \\ 2x_1+x_2+12x_3=0 \end{cases}$ 的解的情况是（　　）.

A. 无解　　B. 有唯一解　　C. 有无穷解　　D. 不能确定

4. 设 $\boldsymbol{A}$，$\boldsymbol{B}$ 为矩阵，若 $\boldsymbol{AB}=0$，则有（　　）.

A. $\boldsymbol{A}=0$　　B. $\boldsymbol{A}\neq 0$

C. $\boldsymbol{A}=0$ 或 $\boldsymbol{B}=0$　　D. $\boldsymbol{A}$，$\boldsymbol{B}$ 有可能都不为零

5. 已知 $D=\begin{vmatrix}1&0&1&2\\-1&1&0&3\\1&1&1&0\\-1&2&5&4\end{vmatrix}$,则 $D=$(　　).

A. $-A_{31}+2A_{32}+5A_{33}+4A_{34}$　　B. $A_{31}+A_{32}+A_{33}+A_{34}$

C. $A_{11}+A_{21}+A_{31}+A_{41}$　　D. $A_{13}+A_{33}+5A_{43}$

三、解答题

1. 计算行列式 $D=\begin{vmatrix}4&1&2&4\\1&2&0&2\\10&5&2&0\\0&1&1&7\end{vmatrix}$ 的值.

2. 设 $\boldsymbol{A}=\begin{pmatrix}1&1&1\\1&1&-1\\1&-1&1\end{pmatrix}$, $\boldsymbol{B}=\begin{pmatrix}1&2&3\\-1&-2&4\\0&5&1\end{pmatrix}$,求 $3\boldsymbol{AB}-2\boldsymbol{A}$ 及 $\boldsymbol{A}^{\mathrm{T}}-\boldsymbol{B}$.

3. 求方阵 $\begin{pmatrix}1&2&-1\\3&4&-2\\5&-4&1\end{pmatrix}$ 的逆阵.(分别用伴随矩阵法和初等变换法求).

4. 解方程组

$$\begin{cases}x_1+x_2+x_3+x_4=5\\x_1+2x_2-x_3+4x_4=-2\\2x_1-3x_2-x_3-5x_4=-2\\3x_1+x_2+2x_3+11x_4=0\end{cases}$$

(分别用克拉默法则和初等变换法求解)

第十章
离散数学

德·摩根

乔治·布尔

冯·诺伊曼

数理逻辑是应用数学方法研究思维规律的一门学科.它可简洁地表达出各种推理的逻辑关系.它起源于公元17世纪,19世纪英国的德·摩根和乔治·布尔发展了逻辑代数.20世纪30年代数理逻辑进入了成熟时期,成为数学的一个重要分支,同时也是电子元件设计和性质分析的工具.冯·诺伊曼等人研究了逻辑与计算的关系,随着1946年第一台通用电子数字计算机的诞生和近代科学的发展,计算技术中提出了大量的逻辑问题,逻辑程序设计语言的研制更促进了数理逻辑的发展.

本章介绍数理逻辑中最基本的内容:命题逻辑,首先引入命题、命题联结词、命题公式与真值表等概念,然后在此基础上研究命题公式的等值关系、蕴含关系和推理理论.

第一节　命题的概念

本节导学

内容:命题的基本概念,命题的表示及分类.

重点:①命题的基本概念,命题的真假;②原子命题与复合命题.

一、引入

一名公安人员审查一件盗窃案,已知的事实如下:

(1)甲或乙盗窃了录音机;

(2)若甲盗窃了录音机,则作案时间不能发生在午夜之前;

(3)若乙的证词正确,则午夜时屋里灯光未灭;

(4)若乙的证词不正确,则作案时间发生在午夜之前;

(5)午夜时屋里灯光灭了.

问是谁盗窃了录音机.你能推出来吗?

通过本章的学习,相信你可以用数理逻辑的推理方法轻松得到答案.

二、命题的基本概念

推理就是由一个或几个判断推出一个新判断的思维形式.推理的基本要素就是表达判断的一种陈述句,这种陈述句具有真值.所谓真值,就是语句为真或为假的性质.当一个陈述句对其判断为真时,就说这个陈述句的真值为真;当一个陈述句对其判断为假时,就说它的真值为假.

定义1 在数理逻辑中,我们把每个能分辨真假的陈述句称作是一个命题,其中真值为真的命题称为**真命题**,用“1”或“T”表示;真值为假的命题称为**假命题**,用“0”或“F”表示.因此,命题是具有唯一真值(真或假)的陈述句.

例 10.1.1 判断下列语句是否为命题.

(1)海洋的面积比陆地的面积大.

(2)你喜欢鲁迅的作品吗?

(3)$2+2>5$.

(4)你快起来跟我走吧.

(5)啊,我的天哪!

(6)$2x-3=0$

(7)三角形的三内角和小于180°.

解 (1)(3)(7)是命题.(1)的真值为真;(3)(7)的真值为假.(2)(4)(5)都不是陈述句,所以不是命题;(6)虽然是陈述句,但它的真值随x的取值而变,不能辨别真假,因此不是命题.

需要注意的是,一个句子本身是否能分辨真假与我们是否知道它的真假是两回事.也就是说,对于一个句子,有时我们可能无法判断它的真假,但这个句子本身却是有真假的.

例 10.1.2 判断下列语句是否为命题.

(1)1962年2月3日晚武汉市新华电影院放映了国产故事片《白毛女》.

(2)明年国庆节是个晴天.

(3)我说的每一句话都是谎话.

解 (1)(2)都是命题.

(1)是对过去的事情进行判断,虽然我们一时很难分辨真假,但这句话本身是有其真假的.如果能查到当天电影院的播放记录,那么这句话正确与否就不难确定了.

对于(2),目前人们尚无法确定其真假,但从事物的本质而论是存在真假的,待到明年国庆时可确定真值情况.

(3)不是命题,是悖论.如果他在说谎,那么“我说的每一句话都是谎话”就是一个谎,因为他说的是实话;但是如果这是实话,他又在说谎.矛盾不可避免.

趣味阅读:理发师悖论

在萨维尔村,理发师挂出一块招牌:“我只给村里所有那些不给自己理发的人理发.”有人问他:“你给不给自己理发?”理发师顿时无言以对.

这是一个矛盾推理:如果理发师不给自己理发,他就属于招牌上的那一类人.有言在先,他应该给自己理发.反之,如果这个理发师给他自己理发,根据招牌所言,他只给村中不给自己理发的人理发,他不能给自己理发.

因此,无论这个理发师怎么回答,都不能排除内在的矛盾.这个悖论是罗素在1902年提出来的,所以又叫“罗素悖论”.

三、命题的表示

命题的表示一般有三种方法：

(1)用大写字母 A,B,C,…,X,Y,Z 来表示；

(2)大写字母加下标的方式；

(3)数字加中括号的方式.

例如,A:他通过了英语四级考试;P_1:他是仙桃职业学院的学生;[1]:今天上午 10 点下雨.

表示命题的符号称为命题标识符,上例中的 A,P_1,[1]就是命题标识符.

当命题标识符代表一个确定的命题时(如 P 或[12],A:人总是要死的),称为命题常元.当命题标识符代表非确指的命题时,称这样的命题标识符为命题变元.

注意:命题变元不是命题,只有对命题变元用一个确定的命题代入后,才能确定其值是 1 还是 0.

定义 2　用一个确定的命题代入一个命题标识符(如 P),称为对 P 进行**指派**(**赋值或解释**).

例如对命题变元 P,用“雪是黑的”代入 P,则 P 的真值为 0;用“北京是中国的首都”代入,则 P 的真假为 1;也可直接用真假代入,如对 P 指派 1,则真值为真;对 P 指派 0,则真值为假.

四、命题的分类

命题分为原子命题和复合命题.我们把不能再分解为其他命题的命题称为**原子命题**(**或简单命题**),由原子命题通过联结词复合而成的命题称为**复合命题**.

例如,A:他通过了英语四级考试;A 是原子命题.

“他喜欢读书也喜欢唱歌”是复合命题,可分解为原子命题 P:他喜欢读书,Q:他喜欢唱歌,用联结词“也”联结起来.

思考题：

“小李和小王是朋友”是原子命题还是复合命题？

练习 10.1.1

1.判断下列语句是否为命题.

(1)会议 9 点开始吗？

(2)银是白的.

(3)2008 年北京奥运会开幕式那天,天气很晴朗.

(4)请全体起立！

(5)$x-y>2,x,y\in Z$

(6)青岛真是一个美丽的海滨城市啊！

2. 判断下列语句是否为命题.

(1)太阳系以外的星球上也有生命.

(2)明年六一儿童节是晴天.

(3)他在说谎.

3. 判断下列命题中,哪些是原子命题,哪些是复合命题;如果是复合命题;可以分解为哪几个原子命题.

(1)太阳从西方升起当且仅当他喜欢看 NBA.

(2)蓝色和黄色可以调配成绿色.

(3)除非明天下雨,否则运动会会如期举行.

(4)李明和王华是邻居.

第二节　命题联结词

本节导学
内容:命题,逻辑联结词,命题符号化.
重点:①掌握联结词含义及真值表;
②掌握命题符号化方法.

生活中的例句:
①他不是大学生.
②他既会唱歌又会跳舞.
③如果明天下雨,那么我就不上街.
④我看电视或睡觉.
⑤两个三角形全等,当且仅当它们的三组对应边相等.

一、引入

日常生活中,我们常常使用下面的一些联结词.

表示“否定”的词:非,不,没有,无,并非,并不等;

表示“并且”或“同时”的词:并且,同时,以及,而(且),不但……而且……,既……又……,尽管……仍然,和,也,同,与等;

表示“或(者)”的词:虽然……也……,可能……可能……,或许……或许……,等;

表示“如果……那么……”的词:若……则……,当……则……等;

表示“当且仅当”的词:充分必要,等同,一样等.

即是说在自然语言中,这些逻辑联结词的作用一般是同义的. 数理逻辑将这些同义的联结词用统一的符号表示,以便书写、推演和讨论. 本节将定义五类逻辑联结词.

二、逻辑联结词

定义 1　在命题 P 的适当地方插入“不”或者“没有”产生的新命题称为 P 的**否定**,记为$\neg$P,读成“非 P”.

$\neg$P 的取值依赖于 P 的取值,$\neg$P 的真值表为

P	$\neg$P
1	0
0	1

例如 P:他是大学生,(值为 1)

$\neg P$:他不是大学生.(值为0)

注意:(1)不同的陈述句可能确定同一个命题;(2)否定是一个一元运算.

定义2　两个命题P和Q产生的一个新命题记为$P \wedge Q$,读成"P **与** Q"或"P **合取** Q".当且仅当P,Q同时为1时,$P \wedge Q$为1,其余情况,$P \wedge Q$为0.$P \wedge Q$的真值表为:

P	Q	$P \wedge Q$
1	1	1
1	0	0
0	1	0
0	0	0

例如,P:他喜欢读书,Q:他喜欢运动.P和Q的合取为$P \wedge Q$:他喜欢读书也喜欢运动.

又如A:猫吃鱼,B:$2+2=0$,则$A \wedge B$:猫吃鱼而且$2+2=0$.

注意:(1)数理逻辑中的联结词"合取"只考虑命题之间的形式关系,不考虑命题内容的实际含义,只有在研究取值时才加以考虑.

(2)合取是一个二元运算.

定义3　两个命题P或Q产生一个新命题,记为$P \vee Q$,读成"P **或** Q"或"P **析取** Q".当且仅当P,Q同时为0时,$P \vee Q$为0,其余情况,$P \vee Q$为1.$P \vee Q$的真值表为

P	Q	$P \vee Q$
1	1	1
1	0	1
0	1	1
0	0	0

例如,P:他在机房里,Q:他在图书馆里,$P \vee Q$:他在机房或图书馆里.

又如P_1:他是游泳冠军,P_2:他是百米赛冠军,$P_1 \vee P_2$:他是游泳冠军或百米赛跑冠军.

A:猫吃鱼,B:$2+2=0$,$A \vee B$:猫吃鱼或者$2+2=0$.

注意:(1)析取可细分为两种,一种是"不可兼或",如$P \vee Q$:他在机房或图书馆里.P和Q不能同时为真.

一种是"可兼或",如$P_1 \vee P_2$:他是游泳冠军或百米赛跑冠军.P_1和P_2可同时为真.

(2)在自然语言或形式逻辑中,用来析取联结的对象往往要求属于

同一类事物，但是在数理逻辑中不作这种限制，例如 $A \vee B$：猫吃鱼或者 $2+2=0$是允许存在的命题.

(3)析取是一个二元运算.

定义4 设P,Q是两个命题，"若P则Q"是一个新命题，记为$P \to Q$，读成"P推出Q"或"若P则Q"."→"称为**条件联结词**，称P为"→"的前件，Q为"→"的后件.

如P：河水泛滥，Q：周围的庄稼被毁. $P \to Q$：若河水泛滥，则周围的庄稼被毁.

A：$2<3$，B：今天阳光明媚. $A \to B$：若$2<3$，则今天阳光明媚.

条件联结词的真值表为：

P	Q	P→Q
1	1	1
1	0	0
0	1	1
0	0	1

扩展阅读：善意推定

一种推定原则.

存在两个原子命题P和Q，当P为真命题、Q为假命题时，$P \to Q$为一个假命题.

当P为假命题时，无论Q是真还是假，$P \to Q$总为真命题，这就叫做"善意推定".

例如：从$2+2=5$证明"李宇春就是李毅".

由于$2+2=5$，等式的两边同时减去2，得出$2=3$；两边同时再减去1，得出$1=2$；两边移位，得出$2=1$. 李毅与李宇春是2个人，既然$2=1$，李毅与李宇春就是1个人，所以"李宇春就是李毅".

可以看出，一个错误的前提可以推导出任何结论来，这就是逻辑学的善意推定原则.

注意：(1)条件联结词联结的前件与后件不限定于同一类事物.

(2)从真值表定义可知，前件取假值时无论后件的取值是真还是假，条件联结词产生的新命题都为真，即采取的是"**善意的推定**"(见左侧扩展阅读).

(3)条件联结词为一个二元运算.

定义5 设P,Q是两个命题，"P当且仅当Q"是一个新命题，记为$P \leftrightarrow Q$，读作"P当且仅当Q"，当且仅当P,Q取值相同时，$P \leftrightarrow Q$才取值为真，"↔"称为**双条件联结词**，它的真值表为：

P	Q	P↔Q
1	1	1
1	0	0
0	1	0
0	0	1

双条件是数学上考虑最多，也是大家比较熟悉的，可以举出许多例子.

例如，$P \leftrightarrow Q$：两个三角形全等，当且仅当它们的三组对应边相等，$P \leftrightarrow Q$取值为1.

又如，我没有收到信当且仅当没有人给我写信，它的值为1. 约定在整数范围内讨论，P：$2+2=0$，Q：IBM-PC是一种微型计算机，$P \leftrightarrow Q$：$2+2=0$当且仅当IBM-PC是一种微型计算机，此命题取值为0.

注意:(1)双条件联结词联系的命题不限定属于同一类事物.

(2)双条件是一个二元运算.

这五种逻辑联结词也可以称为逻辑运算,与一般数的运算一样,可以规定运算的优先级.我们规定的优先级顺序依次为$\neg$,$\wedge$,$\vee$,$\rightarrow$,$\leftrightarrow$.如果出现的逻辑联结词相同,又没有括号时,应从左到右顺序运算;如果遇到有括号时就先进行括号中的运算.

三、命题符号化

利用上面介绍的五类逻辑联结词可以把许多日常语句符号化.

例 10.2.1　将下列命题符号化.

(1)王教授不仅研究经济学而且研究管理学.

(2)王教授虽然研究经济学但不研究管理学.

(3)王教授研究经济学及管理学.

(4)王教授和李教授是大学校友.

解　设P:王教授研究经济学,Q:王教授研究管理学,则(1)符号化为$P \wedge Q$;(2)符号化为$P \wedge \neg Q$;(3)符号化为$P \wedge Q$;(4)是原子命题,符号化为R:王教授和李教授是大学校友.

命题符号化的基本步骤:

(1)找出各简单命题,分别符号化;

(2)找出各联结词,把简单命题逐个联结起来.

例 10.2.2　P:天下雨,Q:我骑车上班,符号化下列命题.

(1)如果天不下雨,我就骑车上班.

(2)只要天不下雨,我就骑车上班.

(3)只要天不下雨,我才骑车上班.

(4)除非天下雨,否则我就骑车上班.

(5)如果天下雨,我就不骑车上班.

解　(1)$\neg P \rightarrow Q$;(2)$\neg P \rightarrow Q$;(3)$Q \rightarrow \neg P$或$P \rightarrow \neg Q$.

(4)$\neg P \rightarrow Q$;(5)$P \rightarrow \neg Q$.

例 10.2.3　将下列命题符号化.

(1)小王不富有但很快乐.

(2)小王现在乘坐公共汽车或坐飞机.

(3)如果明天有雾,他就不能坐轮船而是乘车过江.

(4)这个材料有趣,意味着这些习题很难,并且反之亦然.

(5)如果这个材料无趣或者习题不是很难,那么这门课程就不会让人喜欢.

(6)这门课程会让人喜欢,除非这个材料无趣并且习题很难.

解　(1)设P:小王富有,Q:小王很快乐,符号化为$\neg P \wedge Q$.

(2)设P:小王现在乘坐公共汽车,Q:小王现在坐飞机,符号化为$(P \wedge \neg Q) \vee (\neg P \wedge Q)$.

(3)设P:明天有雾,Q:他坐轮船过江,R:他乘车过江,符号化为$P \rightarrow (\neg Q \wedge R)$.

对于(4)(5)(6),设P:这个材料有趣,Q:这些习题很难,R:这门课

程会让人喜欢,则符号化分别为:

$P\leftrightarrow Q$, $(\neg P\vee\neg Q)\rightarrow\neg R$, $\neg R\rightarrow(\neg P\wedge Q)$

例 10.2.4 设 P,Q,R 的意义如下:

P:苹果是甜的. Q:苹果是红的. R:我买苹果.

试用日常语言叙述下列复合命题:

(1) $(P\wedge Q)\rightarrow R$;

(2) $(\neg Q\wedge\neg P)\rightarrow\neg R$.

解 (1)如果苹果甜而红,那么我买.

(2)我没买苹果,因为苹果不红也不甜.

练习 10.2.1

1. 将下列命题符号化.

(1)老王的孙女美丽又聪明.

(2)电灯不亮,原因有且仅有两个:灯泡坏了或者开关发生故障.

(3)如果太阳比月亮大,那么 $x+2>0$.

(4)如果老张和老李都不去,他就去.

(5)除非天气很好,否则他是不会出门的.

(6)这件事情,你和他谁去办都行.

(7)两个球的体积相等的充要条件是它们的半径相等.

(8)陈红现在在火车上或飞机上.

(9)如果 $1+1>2$,则 3 是偶数.

(10)两军相遇,勇者胜.

2. 如果设 P:今天下雪;Q:今天刮大风; R:我去电影院; S:我在家做家务. 请用日常语言叙述下列命题.

(1) $P\wedge\neg Q$　　(2) $(\neg P\wedge\neg Q)\rightarrow R$

(3) $\neg P\leftrightarrow R$　　(4) $S\rightarrow(P\wedge Q)$

第三节　命题公式与真值表

本节导学

内容:命题公式,重言式,矛盾式,可满足公式.

重点:①掌握命题公式的定义及公式的真值表;②掌握重言式和矛盾式的定义及使用真值表进行判断.

一、引入

上节中已经提到,不包含任何联结词的命题叫做原子命题,至少包含一个联结词的命题称作复合命题.

设 P,Q 和 R 是任意两个命题,则 $\neg P$, $(P\vee Q)$, $R\leftrightarrow(Q\vee\neg P)$, $(P\vee Q)\wedge(P\rightarrow Q)$ 等都是复合命题.

若 P,Q 和 R 是命题变元,则上述各式都称作命题公式.

由命题变元、括号、逻辑联结词按一定规定形成的符号串是命题公式.

二、命题公式的概念

定义1　由命题变元、逻辑联结词和括号构成的下述表达式称为**命题合式公式**（*well—formedformula*）**或命题演算公式**，简称**公式**，记为 wff：

（1）单个原子命题变元是公式；

（2）若 P，Q 是公式，则（$\neg$P），（P $\wedge$ Q），（P $\vee$ Q），（P$\rightarrow$Q），（P$\leftrightarrow$Q）都是公式；

（3）只有有限次使用（1）（2）得到的表达式才是公式.

为了书写和输入计算机，以及进行运算方便起见，规定：

（1）（$\neg$P）的括号，整个公式的最外层括号可以省略；

（2）已定好逻辑联结词的优先级后，优先级的括号可省略.

例 10.3.1　判断下列式子是不是公式.

（1）$\neg$（P $\wedge$ Q）　　（2）（P$\rightarrow$Q）$\wedge$（Q$\rightarrow$R）

（3）P$\rightarrow$（P $\vee$ Q）　（4）P $\vee\neg$ Q

（5）RS$\rightarrow$T　　　（6）$\neg$（P$\rightarrow$Q）$\rightarrow$（Q$\rightarrow$P）

解　（1），（2），（3），（4）都是公式；（5）不是公式，因为表达式中 R 与 S 之间没有逻辑联结词；（6）不是公式，表达式中括号不配对，不符合定义.

三、命题运算的真值表

定义2　设 P 为一命题公式，$P_1, P_2, \cdots, P_n$ 为出现在 P 中的所有命题变元，对 $P_1, P_2, \cdots, P_n$ 指定一组真值称为对 P 的一种**赋值**（**或指派**）. 若指定的一种赋值，使 P 的值为真，称这组值为**成真指派**；反之若使 P 的值为假，则称这组值为**成假指派**.

在命题公式 P 中，命题变元 $P_1, P_2, \cdots, P_n$，给定一组指派 $\alpha_i(i=1,2,\cdots,n)$，其中 $\alpha_i=0$ 或 $\alpha_i=1$.

思考题：含 n 个命题变元的命题公式，共有多少组指派？

定义3　将命题公式 P 在其所有赋值下所取真值列成一个表，称为命题公式 P 的**真值表**.

例 10.3.2　求 P $\vee$（P $\wedge$ Q），P $\wedge\neg$ P，P $\vee\neg$ P 的真值表.

解

P	Q	P $\wedge$ Q	P $\vee$（P $\wedge$ Q）
1	1	1	1
1	0	0	1
0	1	0	0
0	0	0	0

P	$\neg$P	P $\wedge\neg$ P
1	0	0
1	0	0
0	1	0
0	1	0

参照上述真值表的写法，请写出 P $\vee\neg$ P 的真值表.

例 10.3.3　求 $Q\vee(R\wedge S)\rightarrow\neg P$ 的真值表.

解

P	Q	R	S	$R\wedge S$	$Q\vee(R\wedge S)$	$\neg P$	$Q\vee(R\wedge S)\rightarrow\neg P$
1	1	1	1	1	1	0	0
1	1	1	0	0	1	0	0
1	1	0	1	0	1	0	0
1	0	1	1	1	1	0	0
1	1	0	0	0	1	0	0
1	0	1	0	0	0	0	1
1	0	0	1	0	0	0	1
1	0	0	0	0	0	0	1
0	1	1	1	1	1	1	1
0	1	1	0	0	1	1	1
0	1	0	1	0	1	1	1
0	0	1	1	1	1	1	1
0	1	0	0	0	1	1	1
0	0	1	0	0	0	1	1
0	0	0	1	0	0	1	1
0	0	0	0	0	0	1	1

例 10.3.4　求 $\neg(P\vee Q)\leftrightarrow(\neg P\wedge\neg Q)$ 的真值表.

解

P	Q	$P\vee Q$	$\neg(P\vee Q)$	$\neg P\wedge\neg Q$	$\neg(P\vee Q)\leftrightarrow(\neg P\wedge\neg Q)$
1	1	1	0	0	1
1	0	1	0	0	1
0	1	1	0	0	1
0	0	0	1	1	1

四、命题公式的分类

定义 4　设 G 为任意一个命题公式,

(1)若公式 G 在其所有赋值下的取值都为真,则称 P 为**永真式**(**重言式**);

(2)若公式 G 在其所有赋值下的取值都为假,则称 P 为**永假式**(**矛盾式**);

(3)若至少有一种赋值使公式 G 的取值为真,则称 P 为**可满足式**;

由上述定义可知:

(1)永真式一定是可满足式,可满足式不一定是永真式.

(2)永假式一定不是可满足式.

例 10.3.5　判定公式 $G=(P\to Q)\leftrightarrow(\neg P\wedge Q)$ 的类型.

解　使用真值表法进行判定,公式 G 的真值运算表为:

P	Q	$P\to Q$	$\neg P$	$\neg P\vee Q$	$(P\to Q)\leftrightarrow(\neg P\vee Q)$
1	1	1	0	1	1
1	0	0	0	0	1
0	1	1	1	1	1
0	0	1	1	1	1

由真值表可以看出,不论命题变元作何种指派,公式 G 的真值均为真,故 G 为永真式.

例 10.3.6　用真值表说明 $G=\neg(P\to Q)\wedge Q$ 是永假式.

解

P	Q	$P\to Q$	$\neg(P\to Q)$	$\neg(P\to Q)\wedge Q$
1	1	1	0	0
1	0	0	1	0
0	1	1	0	0
0	0	1	0	0

由真值表可以看出,不论命题变元作何种指派,公式 G 的真值均为假,故 G 为永假式.

思考:请说明例 10.3.2,例 10.3.3,例 10.3.4 对应的公式各属于哪一种类型?

练习 10.3.1

1. 判别下列符号串哪些是公式,哪些不是公式.

(1)$P\wedge\neg(Q\vee\neg R)$

(2)$P\to\neg(Q\to\neg R)$

(3)$PQ\to R$

(4)$\neg P\vee Q\to R$

(5)$P\vee\to Q$

(6)$P\wedge(Q\leftrightarrow\neg R)$

2. 设 P,Q 的真值为 0;R,S 的真值为 1,求下列命题公式的真值.

(1)$P\vee(Q\wedge R)$　　(2)$(P\leftrightarrow R)\wedge(\neg Q\wedge S)$

(3)$(P\wedge(Q\vee R))\to((P\vee Q)\wedge(R\wedge S))$

(4)$(P\vee(Q\to(R\wedge\neg S)))\to(R\vee\neg S)$

3. 求下列公式的真值表.

(1)$\neg(Q\to P)\wedge P$; (2)$(\neg P\to Q)\to(Q\to\neg P)$;

4. 判断下列公式的类型.

(1)$G=(P\to Q)\wedge(Q\to P)$

(2)$G=(P\to Q)\wedge P\to Q$

(3)$G=(P\to Q)\wedge(P\wedge\neg Q)$

第四节 等价变换与蕴含式

本节导学

内容:公式的等价与蕴含关系,等值演算.

重点:(1)熟练掌握两公式等价和蕴含的概念.

(2)掌握12个重要等价式和12个重要蕴含式,并能利用其进行等值演算.

"公式的等价"定义说明:

公式的等价,有的教材也称为公式的等值关系,定义为:

设A,B是两命题公式,若$A\leftrightarrow B$是永真式,则称A与B是等值的.

判定方法1:判断两公式A,B是否等价,即判断$A\leftrightarrow B$是否为永真式.

判定方法2:判断两公式A,B是否等价,即在真值表中,两公式的真值对应完全相同.

一、引入

在例10.3.5中,我们判定公式$G=(P\to Q)\leftrightarrow(\neg P\vee Q)$的类型为永真式.对P,Q的任意一组真值指派,公式$P\to Q$和$\neg P\vee Q$具有相同的真值,同样的情形也出现在例10.3.4中公式$\neg(P\vee Q)$和$\neg P\wedge\neg Q$,它们也具有相同的真值.

二、公式的等价

定义1 设$P_1,P_2,\cdots,P_n$为出现在两个公式A和B中的原子命题变元.如果对$P_1,P_2,\cdots,P_n$的任意真值指派,A和B的真值都相同,则称A和B逻辑相等或说A和B**等价**,记为$A\Leftrightarrow B$或$(A=B)$.

例如$\neg P\vee Q\Leftrightarrow P\to Q$.

用真值表可以得到下列12个基本等价式:

(1)$\neg\neg P\Leftrightarrow P$(对合律);

(2)$P\vee P\Leftrightarrow P,P\wedge P\Leftrightarrow P$(幂等律);

(3)$P\vee Q\Leftrightarrow Q\vee P,P\wedge Q\Leftrightarrow Q\wedge P$(交换律);

(4)$P\vee(Q\vee R)\Leftrightarrow(P\vee Q)\vee R,P\wedge(Q\wedge R)\Leftrightarrow(P\wedge Q)\wedge R$(结合律);

(5)$P\vee(Q\wedge R)\Leftrightarrow(P\vee Q)\wedge(P\vee R),P\wedge(Q\vee R)\Leftrightarrow(P\wedge Q)\vee(P\wedge R)$(分配律);

(6)$P\wedge(P\vee R)\Leftrightarrow P,P\vee(P\wedge R)\Leftrightarrow P$(吸收律);

(7)$\neg(P\wedge Q)\Leftrightarrow\neg P\vee\neg Q,\neg(P\vee Q)\Leftrightarrow\neg P\wedge\neg Q$(德·摩根律);

(8)$P\vee 0\Leftrightarrow P,P\wedge 1\Leftrightarrow P$(同一律);

(9)$P\vee 1\Leftrightarrow 1,P\wedge 0\Leftrightarrow 0$(零一律);

(10)$P\vee\neg P\Leftrightarrow 1$(排中律)$P\wedge\neg P\Leftrightarrow 0$(否定律);

(11)$P\to Q\Leftrightarrow\neg P\vee Q$(条件等价式);

(12)$P\leftrightarrow Q\Leftrightarrow(P\to Q)\wedge(Q\to P)$(双条件等价式).

例10.4.1 $A=\neg(P\vee Q),B=\neg P\vee\neg Q$.判断A,B两公式是否等价.

P	Q	$\neg P$	$\neg Q$	$P\vee Q$	$\neg(P\vee Q)$	$\neg P\vee\neg Q$
1	1	0	0	1	0	0
1	0	0	1	1	0	1
0	1	1	0	1	0	1
0	0	1	1	0	1	1

由真值表可知,A,B 的真值对应不完全相同,A 与 B 不等价.

当公式中出现的原子命题变元很多时,用真值表和定义来判断两个公式是否等价显得麻烦,因而可利用上述基本等价式和下面的定理 1 就可以得到一些复杂的等价式.

定义 2　若公式 X 是公式 A 的子串,则称 X 为 A 的**子公式**.

定理 1(**替换规则**)

设 X 是公式 A 的一个子公式,公式 Y 与 X 等价,则将 A 中的 X 用 Y 来代替所得的公式 B,必有 A 与 B 等价.

由吸收律和替换规则可知 $Q\rightarrow(P\vee(P\wedge Q))\Leftrightarrow Q\rightarrow P$

例 10.4.2　验证等价式:$P\rightarrow(Q\rightarrow R)\Leftrightarrow(P\wedge Q)\rightarrow R$.

证明　$P\rightarrow(Q\rightarrow R)\Leftrightarrow\neg P\vee(\neg Q\vee R)$(条件等价式)

$\Leftrightarrow(\neg P\vee\neg Q)\vee R$(结合律)

$\Leftrightarrow\neg(P\wedge Q)\vee R$(德·摩根律)

$\Leftrightarrow(P\wedge Q)\rightarrow R$(条件等价式)

例 10.4.3　证明:$P\rightarrow(P\vee Q\vee R)\Leftrightarrow 1$.

证明　$P\rightarrow(P\vee Q\vee R)\Leftrightarrow\neg P\vee(P\vee Q\vee R)$(条件等价式)

$\Leftrightarrow(\neg P\vee P)\vee Q\vee R$(结合律)

$\Leftrightarrow 1\vee Q\vee R$(排中律)

$\Leftrightarrow 1$(零一律)

定理 2　在一个重言(矛盾)式中对同一命题变元都用任意一个公式去替换,仍可得一个重言(矛盾)式.

例 10.4.4　因为 $P\vee\neg P\Leftrightarrow T$,$P\wedge\neg P\Leftrightarrow F$,当 P 以某公式替换后仍为重言(矛盾)式,例如 P 以 $(Q\vee R)\wedge S$ 去代替,则有

$$((Q\vee R)\wedge S)\vee\neg((Q\vee R)\wedge S)\Leftrightarrow T$$

$$((Q\vee R)\wedge S)\wedge\neg((Q\vee R)\wedge S)\Leftrightarrow F$$

故由定理 2 得证.

容易验证公式等价具有下列性质:

(1)反身(自反)性:$A\Leftrightarrow A$.

(2)对称性:若 $A\Leftrightarrow B$ 则 $B\Leftrightarrow A$.

(3)传递性:若 $A\Leftrightarrow B$,$B\Leftrightarrow C$,则 $A\Leftrightarrow C$.

三、公式的蕴含

定义 3　设公式 A 和 B 中出现的原子命题变元为 $P_1,P_2,\cdots,P_n$,如

果对它们的指派使 A 取值为 1 时 B 也取值为 1,则称 **A 蕴含 B**(或称 B 是 A 的逻辑结果),记为 $A \Rightarrow B$.

例 10.4.5 验证$\neg P \Rightarrow P \rightarrow Q$.

证明

P	Q	$\neg P$	$P \rightarrow Q$
1	1	0	1
1	0	0	0
0	1	1	1
0	0	1	1

从上面的真值表可知,使$\neg P$ 取值 1 的指派(0,1)和(0,0).它也使 $P \rightarrow Q$ 取值为 1,$\neg P \Rightarrow P \rightarrow Q$ 得证.

例 10.4.6 验证$(P \rightarrow Q) \wedge (Q \rightarrow R) \Rightarrow P \rightarrow R$.

证明

P	Q	R	$P \rightarrow Q$	$Q \rightarrow R$	$(P \rightarrow Q) \wedge (Q \rightarrow R)$	$P \rightarrow R$
1	1	1	1	1	1	1
1	1	0	1	0	0	0
1	0	1	0	1	0	1
1	0	0	0	1	0	0
0	1	1	1	1	1	1
0	1	0	1	0	0	1
0	0	1	1	1	1	1
0	0	0	1	1	1	1

由真值表可知使$(P \rightarrow Q) \wedge (Q \rightarrow R)$取值为 1 的指派(1,1,1),(0,1,1),(0,0,1),(0,0,0)也使 $P \rightarrow R$ 取值为 1,根据定义知

$$(P \rightarrow Q) \wedge (Q \rightarrow P) \Rightarrow P \rightarrow R$$

定理 3 合式公式 $A \Rightarrow B$ 当且仅当 $A \rightarrow B$ 是重言式.

证明 必要性:由 $A \Rightarrow B$ 的定义知,当 A 取值为 1 时,B 取值也为 1.再由 $A \rightarrow B$ 的运算表知,当 A 取值为 1 时,B 取值也为 1,$A \rightarrow B$ 为重言式.

充分性:因为 $A \rightarrow B$ 为重言式,所以,当 A 取值为 1 时,B 的真值必为 1(否则 $A \rightarrow B$ 真值为假,与题设矛盾),所以 $A \Rightarrow B$.

例 10.4.7 不构造真值表证明$\neg P \wedge (P \vee Q) \Rightarrow Q$.

证明 方法 1:假定$\neg P \wedge (P \vee Q)$的真值为真,则$\neg P$ 和$(P \vee Q)$的真值均为真,于是 P 的真值为假,从而 Q 的真值为真.

因此,$\neg P \wedge (P \vee Q) \Rightarrow Q$.

方法 2:假定 Q 的真值为假.

若 P 的真值为真,则$\neg P$的真值为假,所以$\neg P \wedge (P \vee Q)$为假;若 P 的真值为假,则$(P \vee Q)$的值为假,所以$\neg P \wedge (P \vee Q)$的值为假. 因此,后件的真值为假时,前件的真值为假,从而$\neg P \wedge (P \vee Q) \Rightarrow Q$.

例 10.4.8　证明$\neg Q \wedge (P \to Q) \Rightarrow \neg P$.

证明

$\neg Q \wedge (P \to Q) \to \neg P \Leftrightarrow (\neg Q \wedge (\neg P \vee Q)) \to \neg P$

$\Leftrightarrow \neg(\neg Q \wedge (\neg P \vee Q)) \vee \neg P \Leftrightarrow Q \vee \neg(\neg P \vee Q) \vee \neg P$

$\Leftrightarrow (\neg P \vee Q) \vee \neg(\neg P \vee Q) \Leftrightarrow T$

由定理 3 得证$\neg Q \wedge (P \to Q) \Rightarrow \neg P$.

用定义及定理 3 易证下列常用的基本蕴含式:

(1)$P \wedge Q \Rightarrow P, P \wedge Q \Rightarrow Q$;

(2)$P \Rightarrow P \vee Q, Q \Rightarrow P \vee Q$;

(3)$\neg P \Rightarrow P \to Q$;

(4)$Q \Rightarrow P \to Q$;

(5)$\neg(P \to Q) \Rightarrow P; \neg(P \to Q) \Rightarrow \neg Q$;

(6)$P \wedge (P \to Q) \Rightarrow Q$;(分离规则)

(7)$\neg Q \wedge (P \to Q) \Rightarrow \neg P$;

(8)$\neg P \wedge (P \vee Q) \Rightarrow Q$;

(9)$(P \to Q) \wedge (Q \to R) \Rightarrow P \to R$;

(10)$(P \vee Q) \wedge (P \to R) \wedge (Q \to R) \Rightarrow R$;

(11)$(P \to Q) \wedge (R \to S) \Rightarrow (P \wedge R) \to (Q \wedge S)$;

(12)$(P \leftrightarrow Q) \wedge (Q \leftrightarrow R) \Rightarrow P \leftrightarrow R$.

蕴含具有下列常用性质:

(1)A 为重言式,$A \Rightarrow B$,则 B 必为重言式;

(2)自反性,$A \Rightarrow A$;

(3)反对称性,若 $A \Rightarrow B$ 且 $B \Rightarrow A$ 则 $A \Leftrightarrow B$;

(4)传递性,若 $A \Rightarrow B$ 且 $B \Rightarrow C$ 则 $A \Rightarrow C$;

(5)若 $A \Rightarrow B$ 且 $A \Rightarrow C$ 则 $A \Rightarrow B \wedge C$;

(6)若 $A \Rightarrow B$ 且 $C \Rightarrow B$,故 $A \vee C \Rightarrow B$.

证明　(1),(2)由 $A \Rightarrow B$ 的定义即可知.

(3)因为 $A \Rightarrow B$ 且 $B \Rightarrow A$,所以 $A \to B$ 与 $B \to A$ 为重言式,由基本等价式知 $A \leftrightarrow B$ 为重言式,所以 $A \Leftrightarrow B$.

(4)由 $A \Rightarrow B$ 且 $B \Rightarrow C$ 知$(A \to B) \Rightarrow (B \to C)$为重言式,据基本蕴含式知$(A \to B) \wedge (B \to C) \Rightarrow A \to C$,由性质 1 知 $A \to C$ 为重言式,故 $A \Rightarrow C$.

(5)因 $A \Rightarrow B$ 且 $A \Rightarrow C$,故$(A \to B)$,$(B \to C)$都为重言式. 如果 A 取值为 1,则 B 和 C 都取值为 1,因而 $B \wedge C$ 取值为 1;如果 A 取值为 0,无论 $B \wedge C$取值为 1 还是取 0,$A \to B \wedge C$ 取值均为 1,故 $A \to B \wedge C$ 为重言式,所

以 $A\Rightarrow B\wedge C$.

(6)因 $A\Rightarrow B$ 且 $C\Rightarrow B$ 故 $(A\to B)\wedge(C\to B)\Leftrightarrow T$.

即 $(\neg A\vee B)\wedge(\neg C\vee B)\Leftrightarrow T$, $(\neg A\wedge\neg C)\vee B\Leftrightarrow T$, 即 $\neg(A\vee C)\vee B\Leftrightarrow T$, $(A\vee C)\to B\Leftrightarrow T$, 故 $A\vee C\Rightarrow B$.

练习 10.4.1

1. 设 A,B,C 为任意命题公式.

(1)若 $A\vee C\Leftrightarrow B\vee C$,是否有 $A\Leftrightarrow B$?

(2)若 $A\wedge C\Leftrightarrow B\wedge C$,是否有 $A\Leftrightarrow B$?

(3)若 $\neg A\Leftrightarrow\neg B$,是否有 $A\Leftrightarrow B$?

2. 利用真值表法证明德·摩根律: $\neg(P\wedge Q)\Leftrightarrow\neg P\vee\neg Q$.

3. 若公式 $A=\neg(P\wedge Q)$, $B=\neg P\wedge\neg Q$. 判断 A,B 两公式是否等价.

4. 用等值演算法证明下列等值式.

(1) $(p\wedge q)\vee(p\wedge\neg q)\Leftrightarrow p$

(2) $((p\to q)\wedge(p\to r))\Leftrightarrow(p\to(q\wedge r))$

(3) $\neg(p\leftrightarrow q)\Leftrightarrow((p\vee q)\wedge\neg(p\wedge q))$

(4) $(p\vee\neg p)\to((q\wedge\neg q)\wedge r)\Leftrightarrow F$

5. 利用真值表证明下列蕴含式.

(1) $Q\Rightarrow\neg Q\to P$

(2) $P\to Q\Rightarrow P\to(P\wedge Q)$;

6. 不构造真值表证明蕴含式: $\neg Q\wedge(P\to Q)\Rightarrow\neg P$.

7. 证明 $A\Rightarrow B$ 时, $\neg B\Rightarrow\neg A$.

第五节　命题逻辑的推理理论

本节导学

内容:命题逻辑推理的定义,形式证明.

重点:①熟练掌握命题逻辑推理的定义,并会用真值表法和等价推理判别或验证逻辑推理.

②掌握形式证明的逻辑推理方法.

一、引入

"如果我上街,我必去新华书店;我没有上街,所以我没去新华书店."这句话得到的结论是否正确?本节将介绍命题逻辑的推理理论.

推理是由已知的命题得到新命题的思维过程.任何一个推理都由前提和结论两部分组成,前提就是推理所根据的命题,结论则是从前提通过推理而得到的新命题.

二、命题逻辑的推理理论

定义 1　设 $A_1,A_2,\cdots,A_n$ 和 B 为合式公式,若 $A_1\wedge A_2\wedge\cdots\wedge A_n\Rightarrow B$,则称 B 为前提 $A_1,A_2,\cdots,A_n$ 的**有效结论**,或称从前提 $A_1,A_2,\cdots,A_n$ 推出结论 B,有时也记为

$$A_1,A_2,\cdots,A_n\Rightarrow B$$

并称$\{A_1,A_2,\cdots,A_n\}$为 B 的前提集合.

一组前提是否可以推出某个结论,可以按照定义进行判断.

例 10.5.1　确定结论 C 是否可以从前提 A_1 及 A_2 推出:

(1)$A_1:P\to Q,A_2:P,C:Q$;

(2)$A_1:P\to Q,A_2:Q,C:P$.

解　构造上述命题公式的真值表:

P	Q	P→Q	(P→Q)∧P	(P→Q)∧Q
0	0	1	0	0
0	1	1	0	1
1	0	0	0	0
1	1	1	1	1

对于(1)可以看到,第 4 行是两个前提的真值都取 1 的唯一的行,在这一行结论 Q 也具有真值 1. 因此,C 是前提 A_1 和 A_2 的结论.

对于(2)注意到,第 2 行和第 4 行是两个前提的真值都取 1 的行,但对于第 2 行,结论 P 的真值为 0. 因此,$A_1\wedge A_2\to C$ 不是重言式. 按照定义,(2)中的两个前提不能推出结论 C.

例 10.5.2　如果我上街,我必去新华书店;我没有上街,所以我没去新华书店. 说明结论是否为有效结论.

解　设 P:我上街,Q:我去新华书店. 前提为:$P\to Q,\neg P$,结论为:$\neg Q$.

本题要验证:$(P\to Q)\wedge\neg P\Rightarrow\neg Q$ 是否成立. 列出真值表为:

P	Q	P→Q	¬P	¬Q
0	0	1	1	1
0	1	1	1	0
1	0	0	0	1
1	1	1	0	0

从真值表看到前提 $P\to Q$ 和$\neg P$ 都为 1 的情况为第 1 行和第 2 行,第 1 行$\neg Q$ 为 1,但第 2 行$\neg Q$ 为 0,因此,$(P\to Q)\wedge\neg P\to\neg Q$ 不是重言式. 按照定义,两个前提不能推出结论$\neg Q$,故不是有效结论.

例 10.5.3　证明 $C:\neg P$ 是前提 $A_1:P\to Q$ 和 $A_2:\neg(P\wedge Q)$ 的结论.

证明　$A_1\wedge A_2\to C\Leftrightarrow((P\to Q)\wedge\neg(P\wedge Q))\to\neg P$

$\Leftrightarrow((\neg P\vee Q)\wedge(\neg P\vee\neg Q))\to\neg P$

知识回放:

$A\Rightarrow B$ 的概念:如果 A 取值为 1 时 B 也取值为 1,则称 A 蕴含 B(或称 B 是 A 的逻辑结果),记为 $A\Rightarrow B$.

定理:$A\Rightarrow B$ 当且仅当 $A\to B$ 是重言式.

由此可知,若 $A_1\wedge A_2\wedge\cdots\wedge A_n\Rightarrow B$,即:①$A_1\wedge A_2\wedge\cdots\wedge A_n$ 的取值为 1 时,B 也取值为 1;②$A_1\wedge A_2\wedge\cdots\wedge A_n\to B$ 为重言式(永真式).

$$\Leftrightarrow(\neg P\vee(Q\wedge\neg Q))\to\neg P$$
$$\Leftrightarrow(\neg P\vee 0)\to\neg P$$
$$\Leftrightarrow\neg P\to\neg P$$
$$\Leftrightarrow P\vee\neg P$$
$$\Leftrightarrow 1$$

由定义可知,C 是前提 A_1 和 A_2 的结论.

上面的三个例子基本上是按照定义来证明的,但当前提和结论都是比较复杂的命题公式或者所包含的命题变元很多的时候,直接用定义进行推导将是很困难的,因此,需要寻求更有效的推理方法.

为了证明结论 B 为前提 $A_1,A_2,\cdots,A_n$ 的有效结论,需要证明 $A_1\wedge A_2\wedge\cdots\wedge A_n\to B$ 是一个重言式. 也就是要证明当前提均为真时,结论 B 必为真. 为了描述这一推理过程,引入形式证明的概念.

三、命题逻辑推理的形式证明

定义 2 一个描述推理过程的命题序列,其中每个命题或者是已知的命题,或者是由某些前提所推得的结论,序列中最后一个命题就是所要求的结论,这样的命题序列称为形式证明.

要想进行正确的推理,就必须构造一个逻辑结构严谨的形式证明,这需要使用一些推理规则.

(1)前提引入规则:在证明的任何步骤上都可以引用前提,简称 P 规则.

(2)结论引用规则:在证明的任何步骤上所得到的结论都可以在其后的证明中引用,简称 T 规则.

(3)置换规则:在证明的任何步骤上,命题公式的子公式都可以用与之等值的其他命题公式置换,也简称 T 规则.

(4)CP 规则:如果需要演绎出的公式为 $B\to C$ 形,那么将 B 作为附加前提,设法演绎出 C 来.

CP 规则的依据是下面的定理.

定理 1 若 $A_1\wedge A_2\wedge\cdots\wedge A_n\wedge B\Rightarrow C$,则
$A_1\wedge A_2\wedge\cdots\wedge A_n\Rightarrow B\to C$.

证明 已知 $A_1\wedge A_2\wedge\cdots\wedge A_n\wedge B\Rightarrow C$,
故 $A_1\wedge A_2\wedge\cdots\wedge A_n\wedge B\to C$ 为重言式.
即 $\neg(A_1\wedge A_2\wedge\cdots\wedge A_n\wedge B)\vee C$ 为重言式,
即 $\neg(A_1\wedge A_2\wedge\cdots\wedge A_n)\vee\neg B\vee C$ 为重言式,
即 $A_1\wedge A_2\wedge\cdots\wedge A_n\to(B\to C)$ 为重言式,
所以 $A_1\wedge A_2\wedge\cdots\wedge A_n\Rightarrow B\to C$.

当然,论证的方法是千变万化的,除使用真值表、等价推理方法以外,基本的方法就是直接证明法和间接证明法. **直接证明法**:由一组前提和 P 规则、T 规则演绎出有效结论;另一方法是**间接证明法**:(1)由一组

前提和 P 规则、T 规则、CP 规则演绎出有效结论;(2)反证法,否定结论后作为附加前提,利用 P 规则和 T 规则得出矛盾式.

1. 直接证明法

由一组前提,利用一些公认的推理规则,根据已知的蕴含式和等值式推导出有效结论的方法称为直接证明法.

例 10.5.4　证明 $\neg P$ 是前提 $\neg(P\wedge\neg Q)$, $\neg Q\vee R$, $\neg R$ 的结论.

证明

编号	公式	依据
(1)	$\neg Q\vee R$	P 规则
(2)	$\neg R$	P 规则
(3)	$\neg Q$	T(1)(2)
(4)	$\neg(P\wedge\neg Q)$	P 规则
(5)	$\neg P\vee Q$	T(4)
(6)	$\neg P$	T(3)(5)

表格中间一列是依次推导出来的命题公式,最后一行的命题公式是要证明的结论,左边一列是推导出来的命题公式的编号,右边一列是推导的依据.

例 10.5.5　证明 $P\vee Q$ 是 $S\rightarrow Q$, $R\rightarrow P$, $S\vee R$ 的结论.

证明

编号	公式	依据
(1)	$S\vee R$	P 规则
(2)	$\neg S\rightarrow R$	T(1)
(3)	$R\rightarrow P$	P 规则
(4)	$\neg S\rightarrow P$	T(2)(3)
(5)	$\neg P\rightarrow S$	T(4)
(6)	$S\rightarrow Q$	P 规则
(7)	$\neg P\rightarrow Q$	T(5)(6)
(8)	$P\vee Q$	T(7)

例 10.5.6　“如果下雨,春游就改期;如果没有球赛,春游就不改期.结果没有球赛,所以没有下雨.”证明这是有效的论断.

证明　令 A:天下雨;B:春游改期;C:没有球赛.符号化题中各语句得:前提集合 $S=\{A\rightarrow B, C\rightarrow\neg B, C\}$, $S\Rightarrow\neg A$.

编号	公式	依据
(1)	A→B	P
(2)	C→¬B	P
(3)	B→¬C	T(2)
(4)	A→¬C	T(1)(3)
(5)	C→¬A	T(4)
(6)	C	P
(7)	¬A	T(5)(6)

2. 间接证明法

间接证明法有两种基本解法:(1)由一组前提和 P 规则、T 规则、CP 规则演绎出有效结论;(2)反证法,否定结论后作为附加前提,利用 P 规则和 T 规则得出矛盾式.

例 10.5.7 解题说明:本题利用了 CP 规则,即:要证明的结论公式为 R→S,那么将 R 作为附加前提,设法演绎出 S 来.

例 10.5.7 证明 R→S 是{P→(Q→S),¬R∨P,Q}的逻辑结果.

证明

编号	公式	依据
(1)	¬R∨P	P
(2)	R	P(附加前提)
(3)	P	T(1)(2)
(4)	P→(Q→S)	P
(5)	Q→S	T(3)(4)
(6)	Q	P
(7)	S	T(5)(6)
(7)	R→S	CP(2)(7)

例 10.5.8 解题说明:本题利用反证法,即先否定结论后作为附加前提,将 A 作为附加前提,然后利用 P 规则和 T 规则得出矛盾式 B∧¬B⇔F,从而证明¬A 为有效结论.

例 10.5.8 证明 S={A→B,¬(B∨C)}演绎出¬A.

证明

编号	公式	依据
(1)	A→B	P
(2)	A	P(附加前提)
(3)	¬(B∨C)	P
(4)	¬B∧¬C	T(3)
(5)	B	T(1)(2)
(6)	¬B	T(4)
(7)	B∧¬B⇔F	T(5)(6)
(8)	¬A	

例 10.5.9 如果学生学习努力,他们的父亲或母亲就高兴;若母亲高兴,学生就不努力学习;若老师只表扬学生,学生的父亲就不高兴;故如果学生学习努力,老师就不是只表扬学生.试证这是有效的结论.

例 10.5.9 解题说明:本题利用了 CP 规则,即:要证明的结论公式为 $A \to \neg D$,那么将 A 作为附加前提,设法演绎出 $\neg D$ 来.

证明 令 A:学生学习努力;

B:学生的父亲高兴;

C:学生的母亲高兴;

D:老师只表扬学生.

则问题符号化为:$A \to B \vee C, C \to \neg A, D \to \neg B \Rightarrow A \to \neg D$.

编号	公式	依据
(1)	$D \to \neg B$	P
(2)	$B \to \neg D$	T(1)
(3)	$C \to \neg A$	P
(4)	$A \to \neg C$	T(3)
(5)	$A \to (B \vee C)$	P
(6)	$A \to (\neg C \to B)$	T(5)
(7)	A	P(附加前提)
(8)	$\neg C$	T(4)(7)
(9)	$\neg C \to B$	T(6)(7)
(10)	B	T(8)(9)
(11)	$\neg D$	T(2)(10)
(12)	$A \to \neg D$	CP

例 10.5.10 一名公安人员审查一件盗窃案,已知的事实如下:

例 10.5.10 是第 10.1.1 节的引入部分问题.

(1)甲或乙盗窃了录音机;

(2)若甲盗窃了录音机,则作案时间不能发生在午夜之前;

(3)若乙的证词正确,则午夜时屋里灯光未灭;

(4)若乙的证词不正确,则作案时间发生在午夜之前;

(5)午夜时屋里灯光灭了.

问是谁盗窃了录音机.你能推出来吗?

解 设 P:甲盗窃了录音机;Q:乙盗窃了录音机;R:作案时间发生在午夜前;S:乙的证词正确;T:午夜灯光未灭.

前提:$P \vee Q, P \to \neg R, S \to T, \neg S \to R, \neg T$;结论:P 或者 Q.

编号	公式	依据
(1)	$\neg T$	P
(2)	$S\to T$	P
(3)	$\neg S$	T(1)(2)
(4)	$\neg S\to R$	P
(5)	R	T(3)(4)
(6)	$P\to\neg R$	P
(7)	$\neg P$	T(5)(6)
(8)	$P\vee Q$	P
(9)	Q	T(7)(8)

所以是乙盗窃了录音机.

定义 3　设 $P_1,P_2,\cdots,P_n$ 是 $A_1,A_2,\cdots,A_m$ 中出现的原子命题变元. 若对 $P_1,P_2,P_3\cdots,P_n$ 的一些真值指派,$A_1\wedge A_2\wedge\cdots\wedge A_m$ 取值为 1,则称 $A_1,A_2,\cdots,A_m$ 是**相容的**;若对 $P_1,P_2,P_3,\cdots,P_n$ 的任何指派,$A_1\wedge A_2\wedge\cdots\wedge A_m$ 取值为 0,则称 $A_1,A_2,\cdots,A_m$ 是**不相容的(矛盾的)**.

定理 2　$A_1\wedge A_2\wedge\cdots\wedge A_m\Rightarrow B$ 当且仅当 $A_1,A_2,\cdots,A_m,\neg B$ 是不相容的.

例 10.5.11　证明下列命题是不相容的:如果他因病缺课,那么他考试不及格;如果他考试不及格,他就受不到教育. 若他读了许多书,则他受到了教育,但是,虽然他因病缺课,他还是读了许多书.

证明　令 P:他因病缺课,Q:他考试不及格,R:他受不到教育,S:他读了许多书. 则问题符号化为$\{P\to Q,Q\to R,S\to\neg R,P\wedge S\}\Leftrightarrow F$.

形式证明为:

编号	公式	依据
(1)	$P\to Q$	P
(2)	$Q\to R$	P
(3)	$P\to R$	T(1)(2)
(4)	$S\to\neg R$	P
(5)	$R\to\neg S$	T(4)
(6)	$P\to\neg S$	T(3)(5)
(7)	$\neg P\vee\neg S$	T(6)
(8)	$\neg(P\wedge S)$	T(7)
(9)	$P\wedge S$	P
(10)	F	T(8)(9)

练习 10.5.1

1. 用真值表法证明下述推理:如果张老师来了,这个问题可以得到解答;如果李老师来了,这个问题也可以得到解答. 所以只要张老师或李老师来了,这个问题就可以得到解答.

2. 用直接证法推演下列蕴含式.

(1) $\{\neg A \vee B, C \to \neg B\} \Rightarrow A \to \neg C$

(2) $(P \vee Q) \wedge (P \to R) \wedge (Q \to S) \Rightarrow S \vee R$

3. 用直接证明法证明下述语句构成一个正确的推理.

如果电影已开演,那么大门关着;如果他们八点钟以前到达,那么大门开着. 他们八点钟以前到达,所以电影没有开演.

4. 用间接证明法 CP 规则证明:

(1) $(P \wedge Q) \to R, \neg R \vee S, \neg S \Rightarrow P \to \neg Q$.

(2) 如果春暖花开,燕子就会飞回北方. 如果燕子飞回北方,则冰雪融化. 所以,如果冰雪没有融化,则没有春暖花开.

5. 在下列前提下,结论是否有效?

今天或者天晴或者下雨. 如果天晴,我去看电影;若我去看电影,我就不看书,故我在看书时说明今天下雨.

6. 如果厂方拒绝增加工资,那么罢工就不会停止,除非罢工超过一年并且工厂撤换了厂长. 问:若厂方拒绝增加工资,而罢工刚开始,罢工是否能够停止?

7. 甲、乙、丙、丁四人参加拳击比赛,如果甲获胜,则乙失败;如果丙获胜,则乙也获胜;如果甲不获胜,则丁不失败. 所以如果丙获胜,则丁不失败. 请用推理方法证明有效结论.

8. 写出下面推理的证明.

张三说李四在说谎,李四说王五在说谎,王五说张三、李四都在说谎. 问张三、李四、王五 3 人,到底谁说真话,谁说假话?

第六节　图　论

自从 1736 年欧拉(*L. Euler*)利用图论的思想解决了哥尼斯堡(*Konigsberg*)七桥问题以来,图论经历了漫长的发展道路. 在很长一段时期内,图论被当成是数学家的智力游戏,解决一些著名的难题,如迷宫问题、匿门博奕问题、棋盘上马的路线问题、四色问题等,曾经吸引了众多的学者. 图论中许多的概论和定理的建立都与解决这些问题有关.

1847 年,克希霍夫(*Kirchhoff*)第一次把图论用于电路网络的拓扑分析,开创了图论面向实际应用的成功先例. 此后,随着实际的需要和科学技术的发展,在近半个世纪内,图论得到了迅猛的发展,已经成了数学领

莱昂哈德·欧拉 LeonhardEuler,1707 年 4 月 15 日—1783 年 9 月 18 日,是瑞士数学家和物理学家. 他被一些数学史学者称为历史上最伟大的两位数学家之一(另一位是卡尔·弗里德里克·高斯).

域中最繁茂的分支学科之一.

图论作为离散数学的一个重要内容,是一门应用性很强的学科.许多学科,诸如运筹学、网络理论、控制论、化学、生物学、物理学、社会科学、计算机科学等,凡是研究事物之间关系的实际问题或理论问题,都可以建立图论模型来解决.随着计算机科学的发展,图论的应用也越来越广泛,同时图论也得到了长足的发展.这里将主要介绍与计算机科学关系密切的图论内容.

本节导学
内容:图的概念及变体,点度、子图、补图和同构.
重点:(1)图的概念及分类;
(2)点度、入度和出度,握手定理.

一、引入

现实世界中许多现象都能用某种图形表示,这些图形是由一些点和连接两点间的连线所组成.

例如 A、B、C、D 4 个班进行足球比赛,为了表示 4 个班之间比赛的情况,我们作出如图 10.6.1 所示的图形.在该图中的 4 个小圆圈分别表示这四个班,称之为结点.如果两个班进行了比赛,则在两个结点之间用一条线连接起来,称之为边.这样,利用图形使得各班之间的比赛情况一目了然.

图 10.6.1 也可以表示另外的事例.如 4 个结点 A、B、C、D 分别表示 4 家工厂,如果某两家工厂有业务往来,则其对应的结点之间用边连接起来,这时的图又反映了这 4 家工厂间的业务关系.

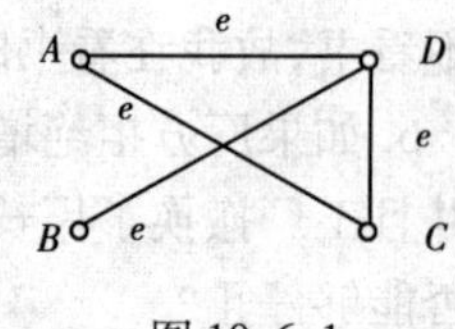

图 10.6.1

对于这种图形,我们感兴趣的只是有多少个结点和哪些结点之间有线连接,至于连线的长短曲直和结点的位置却无关紧要,只要求每一条直线或曲线都起始于有关结点,而终止于另一个结点.对这类事例进行数学抽象就得到了图的概念.

二、图的基本概念

定义 1 图 G 是由非空结点集合 $V=\{v_1,v_2,\cdots,v_n\}$ 以及边集合 $E=\{e_1,e_2,\cdots,e_m\}$ 所组成.其中每条边可用一个结点对表示,即

$$e_i=(v_k,v_l),i=1,2,\cdots,m$$

图 G 可用 $G=<V,E>$ 表示.

定义中的结点对可以是有序的,也可以是无序的.若边 e 所对应的结点对 (a,b) 是有序的,则称 e 是**有向边**,a 称为 e 的**起点**,b 称为 e 的**终点**.若边 e 所对应的结点对 (a,b) 是无序的,则称 e 是**无向边**.图中所有边均是有向边的图称为**有向图**;图中所有边均是无向边的图称为**无向图**.如图 10.6.2 所示为一有向图.

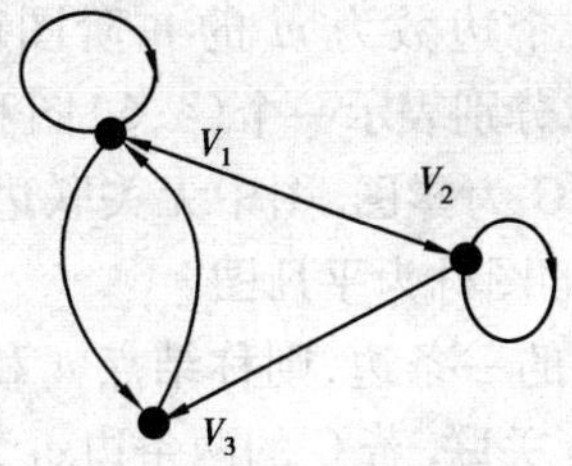

图 10.6.2

根据图的这种定义,很容易利用图形来表示图. 图形的表示方法具有直观性,可以帮助了解图的性质. 在图的图形表示中,每个结点用一个小圆点表示,每条边用一条分别以结点 v 和 u 为端点的连线表示.

例 10.6.1　(a)设无向图 $G = < V,E >$,其中

$V = \{v_1, v_2, v_3, v_4\}, E = \{e_1, e_2, e_3, e_4, e_5, e_6\}$,

$e_1 = (v_1, v_2), e_2 = (v_1, v_3), e_3 = (v_1, v_4), e_4 = (v_2, v_3), e_5 = (v_2, v_4), e_6 = (v_3, v_4)$

画出 G 的图形表示;

(b)设无向图 $H = (V,E)$,其中

$V = \{u_1, u_2, u_3, u_4, u_5, u_6\}, E = \{e_1, e_2, e_3, e_4\}$,

$e_1 = (u_1, u_2), e_2 = (u_1, u_3), e_3 = (u_2, u_3), e_4 = (u_5, u_6)$

画出 H 的图形表示.

解　图 G 可用如图 10.6.3(a)所示,图 H 可用如图 10.6.3(b)所示.

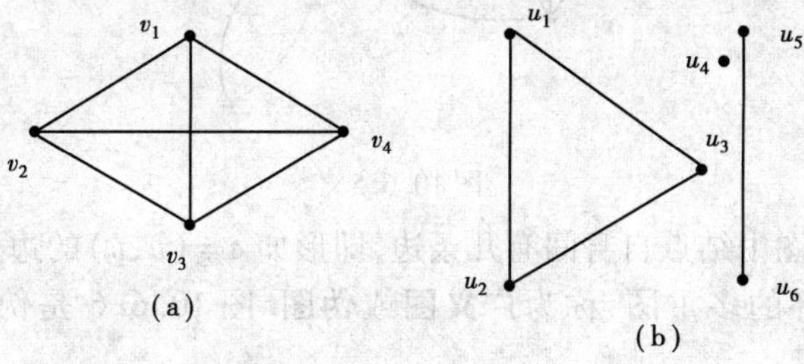

图 10.6.3

注意,一个图的图形表示法可能不是唯一的. 表示结点的圆点和表示边的线,它们的相对位置是没有实际意义的. 因此,对于同一个图,可能画出很多形态不一致的图形来. 例如图 10.6.3 所示的(a)图还可以有图 10.6.4 中的两种图形表示.

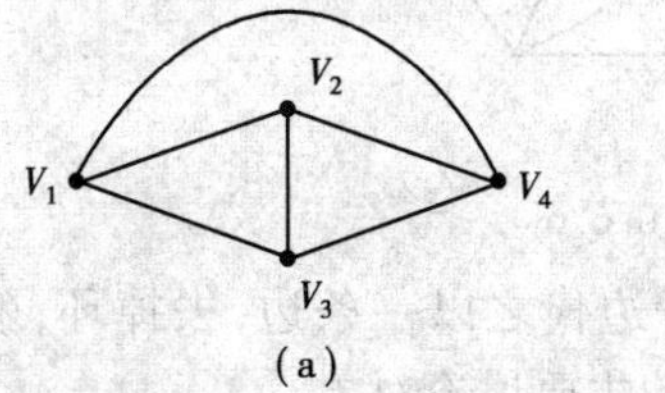

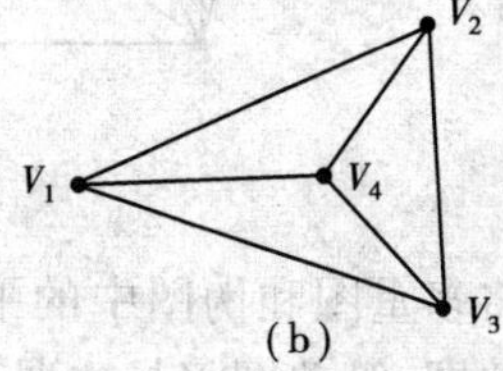

图 10.6.4

图 G 的结点数称为 G 的阶,用字母 n 表示. G 的边数用 m 表示,也可

以表示成 $E(G)=m$. 一个边数为 m 的 n 阶图简称为 (n,m) 图. 如图 10.6.2 所示的(a)和(b)分别表示一个(4,6)图和一个(6,4)图. 如果图 G 是一个 $(n,0)$ 图,则称 G 为**零图**. 图中无关联边的结点称为**孤立结点**. 只由一个孤立结点构成的图称为**平凡图**.

若 $e=(u,v)$ 是图 G 的一条边,则称结点 u 和 v 是相互**邻接**的,并且说边 e 分别与 u 和 v 相互**关联**. 若 G 的两条边 e_1 和 e_2 都与同一个结点关联时,称 e_1 和 e_2 是相互**邻接**的.

三、图的变体

在有向图中,两结点间(包括结点自身间)若有同起点和同终点的几条边,则这几条边称为**平行边**. 在无向图中,两结点间(包括结点自身间)若有几条边,则这几条也称为**平行边**.

含有平行边的图称为**多重图**,不含平行边的图称为**简单图**.

注意:在多重图中,允许两条或两条以上的边与同一对结点关联,由于可能有多条边与同一个结点对相关联,为区别起见,有时也对各边加以编号. 图 10.6.5 是多重图的一个例子.

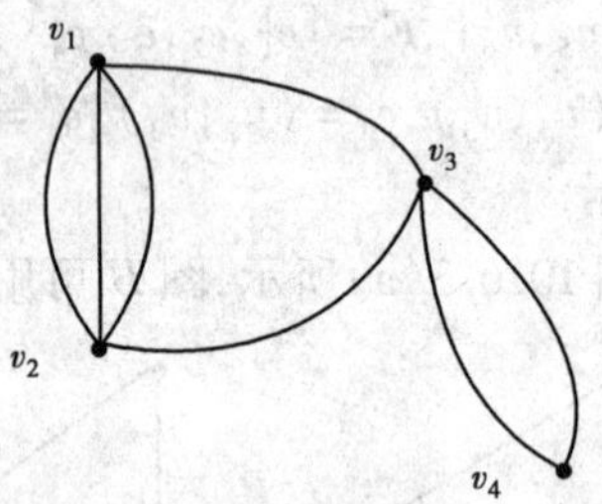

图 10.6.5

在多重图中结点自身间有几条边,即形如 $e=(u,u)$ 的边,这样的边称为**环**. 含环的多重图,称为**广义图**或**伪图**. 图 10.6.6 是伪图的一个例子.

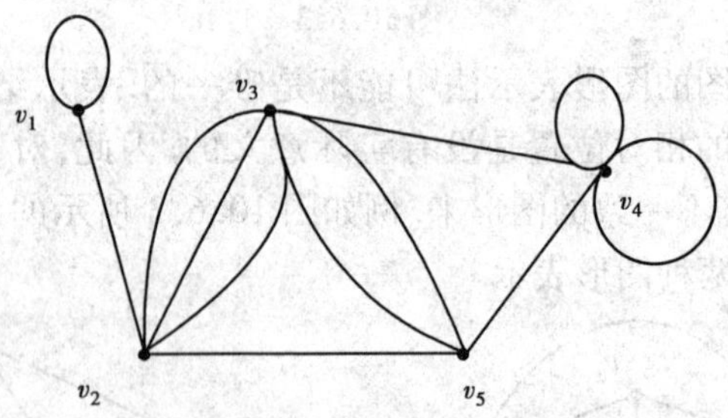

图 10.6.6

如果将多重图和伪图中的平行边代之以一条边,去掉环,就可以得到一个简单图. 简单图将是本课程的主要讨论对象.

有时在一个图中,边的旁侧加一些数字以刻画某些特征,称为边的**权**. 每条边都有权的图称为**加权图**.

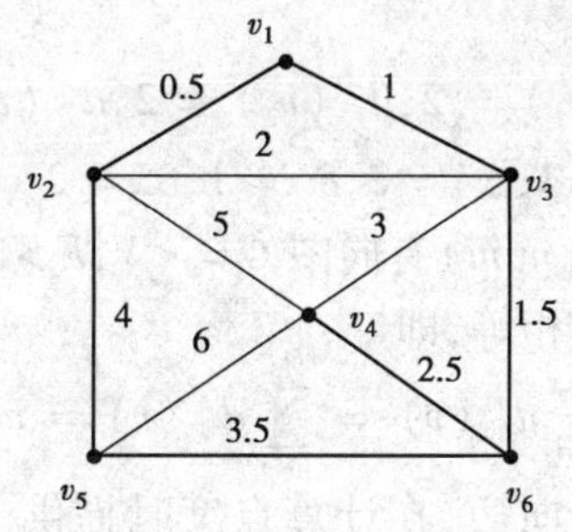

图 10.6.7

图 10.6.7 是一个简单加权图.

四、图论基本定理

下面将从数量方面去建立图的元素的基本关系.

定义 2　设 $G=<V,E>$ 中是一个无向图,结点 v 所关联的边的数目称为结点 v 的**度数**(或称**点度**),记为 $\deg(v)$ 或 $\mathrm{d}(v)$. 每个环在计度时算作两条边.

图 G 中最大的点度和最小的点度分别记为 Δ_G 和 δ_G. 在不致引起混淆的地方可简写成 Δ 和 δ.

例 10.6.2　在图 10.6.6 中,求各结点的度数和最大点度、最小点度.

解　$d(v_1)=3, d(v_2)=5, d(v_3)=6, d(v_4)=6, d(v_5)=4$

所以 $\Delta=6, \delta=3$.

由图中各结点的度构成的序列称为该图一个度序列. 例如图 10.6.6 的一个度序列是(3,5,6,6,4). 度序列在某些图论专题中也是重要的研究工具.

定义 3　在有向图 G 中,以结点 v 为起点的边的数目称为结点 v 的**出度**,记为 $d^+(v)$;以结点 v 为终点的边的数目称为结点 v 的**入度**,记为 $d^-(v)$. 对图 G 中每个结点 v, $d^+(v)+d^-(v)$ 称为结点的度数,也记为 $\deg(v)$ 或 $d(v)$.

有向图的最大出度、最大入度、最小出度、最小入度分别记为 Δ^+、Δ^-、δ^+、δ^-.

定义 4　设 $G=<V,E>$ 中是一个图,度数为奇(偶)数的结点称为**奇(偶)结点**.

下面介绍图论中最基本的定理,很多重要结论都与它有关.

定理 1(图论基本定理—握手定理)　对于任何 (n,m) 图 $G=(V,E)$, $\sum_{v\in V} d(v)=2m$. 即点度之和等于边数的两倍.

推论 1　在任何图中,奇数度的结点数必是偶数.

在有向图中,点度的概念稍有不同.

例 10.6.3　在图 10.6.2 中,求各结点的出度和入度、最大(小)出

扩展阅读:握手定理
这个定理是图论的第一个定理,它是由欧拉于 1736 年在解决“Konigsberg 七桥问题”时建立的第一个图论结果. 欧拉曾对此定理给出了这样一个形象论断:如果许多人在见面时握了手,两只手握在一起,被握过手的总次数为偶数. 故此定理称为图论的基本定理或握手定理.

度、最大(小)入度.

$d^+(v_1)=3, d^-(v_1)=2, d^+(v_2)=2, d^-(v_2)=2, d^+(v_3)=1$

$d^-(v_3)=2, \Delta^+=3, \Delta^-=2, \delta^+=1, \delta^-=2$

定理2 对于任何(n,m)有向图 $G=<V,E>$,所有结点的出度之和与所有结点的入度之和相等,即

$$\sum_{v\in V} d^+(v) = \sum_{v\in V} d^-(v) = m$$

证明 任何一条有向边,在计算点度时提供一个出度和一个入度.因此,任意有向图出度之和等于入度之和等于边数.

五、基本图例

定义5 设 G 是有 n 个结点的简单无向图,若它的任何两个结点之间恰有一条边,这样的无向图称为**无向完全图**,记为 K_n.

定义6 设 G 是简单有向图,若将它的所有边都代之以无向边后成为一个无向完全图,则 G 称为**有向完全图**.

定义7 各点度相等的图称为**正则图**.特别地,点度为 k 的正则图又称为 k 度正则图.显然,零图是零度正则图.

图10.6.8是常用的几个完全图.显然,K_n 是$(n-1)$度正则图.

定理3 n 阶的完全图共有$\frac{1}{2}n(n-1)$条边.

推论2 完全图 K_n 的每一结点的度数为$(n-1)$,图的总度数为 $n(n-1)$.

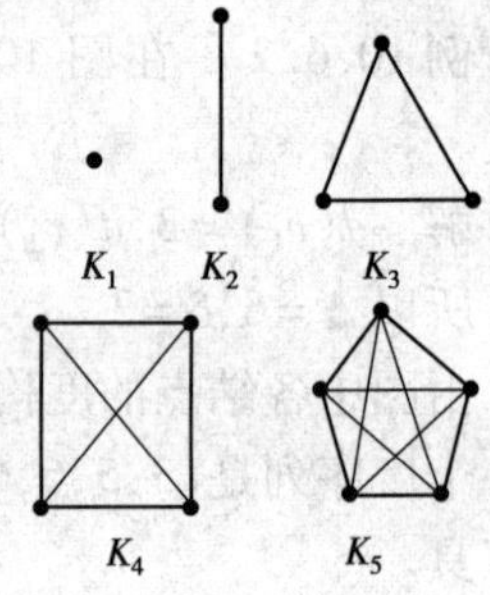

图10.6.8

六、子图与补图

定义8 设 $G=(V_1,E_1)$和 $H=(V_2,E_2)$是两个图,若满足 $V_2\subseteq V_1$ 且 $E_2\subseteq E_1$,则称 H 是 G 的**子图**.

特别地,当 $V_2=V_1$ 同时有 $E_2\subseteq E_1$ 时,称 H 是 G 的**生成子图**.

例如,图10.6.9(b)是(a)的子图;图10.6.10(b)是(a)的生成子图.

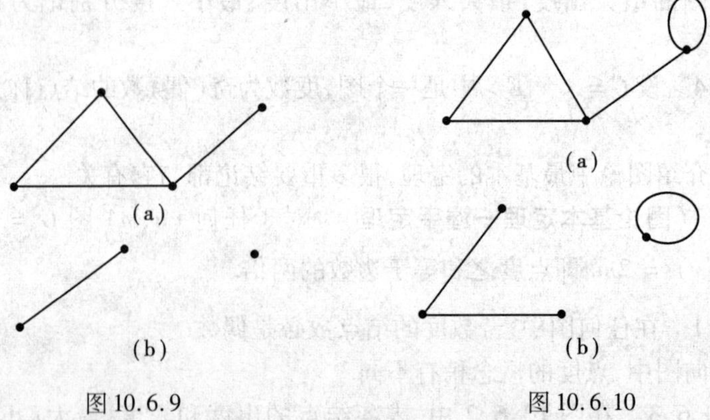

图10.6.9　　图10.6.10

定义 9 由 G 的所有结点和为了使 G 成为完全图所需要添加的那些边所组成的图称为 G 的**补图**,用 $\overline{G}$ 表示.

由补图的定义可知,一个图 G 的补图的补图是它本身. 图 6.10.11 给出了两个互为补图的例子.

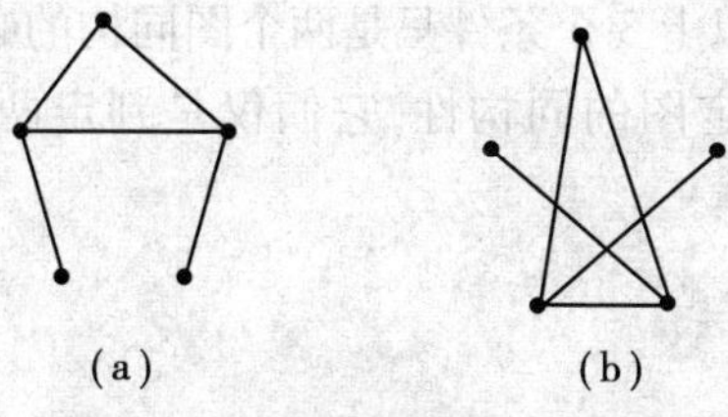

图 10.6.11

七、图的同构

一个图的图形表示不一定是唯一的,但有很多表面上看来似乎不同的图却可以有着极为相似图形表示,这些图之间的差别仅在于结点和边的名称的差异,而从邻接关系的意义上看,它们本质上都是一样的,可以把它们看成是同一个图的不同表现形式. 这就是图的同构概念.

定义 10 设 $G=(V,E)$ 和 $G'=(V',E')$ 是两个图,如果存在双射 φ: $V\to V'$,使得 $uv\in E\Leftrightarrow\varphi(u)\varphi(v)\in E'$,则称 G 和 G' 同构,并记之为 $G\cong G'$.

这个定义也适用于有向图,只需在边的表示法中作相应的代换就行了.

从这个定义可以看到,若 G 与 G' 同构,它的充要条件是:两个图的结点和边分别存在着一一对应,且保持关联关系. 例如图 10.6.12 中,(a)与(b)是同构的,(c)与(d)也是同构的.

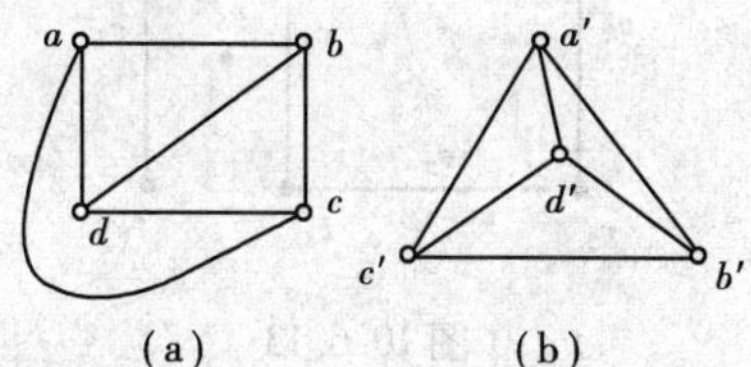

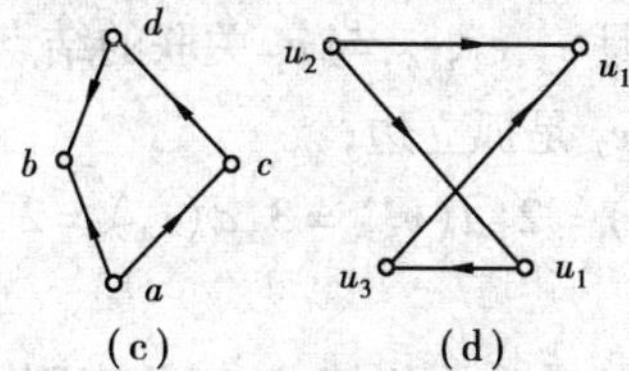

图 10.6.12

从图 10.6.12 的(c)与(d)中可以看到此两图在结点间存在着一一对应映射 g:$g(a)=u_2$,$g(b)=u_1$,$g(c)=u_4$,$g(d)=u_3$.

用一种简单有效的方法来判断图的同构,是图论中一个重要而至今没

有解决的问题,目前只能给出两个图同构的一些必要条件:

(1)若两个图同构,则结点数相等;

(2)若两个图同构,则边数相等;

(3)若两个图同构,则度数相同的结点数相等.

需要指出的是,以上3个条件只是两个图同构的必要条件而非充分条件.利用它们不能判定图的同构性,它们仅是判定两个图不同构的有效方法.

八、例题分析

例 10.6.4 设 $G=(V,E)$ 是一无向图,$V=\{v_1,v_2,\cdots,v_8\}$,$E=\{e_1,e_2,e_3,e_4,e_5,e_6,e_7\}$,其中:

$e_1=(v_1,v_2)$,$e_2=(v_2,v_3)$,$e_3=(v_3,v_1)$,$e_4=(v_1,v_5)$,$e_5=(v_5,v_4)$,$e_6=(v_4,v_3)$,$e_7=(v_7,v_8)$

(1)画出 G 的图解;

(2)指出与 v_3 邻接的结点,以及与 v_3 关联的边;

(3)指出与 e_1 邻接的边和与 e_1 关联的结点;

(4)该图是否有孤立结点和孤立边?

(5)求出各结点的度数,并判断是否是完全图和正规图.

(6)该(n,m)图中,求 n,m 的值.

解 (1)所给图 G 的一个图解如图 10.6.13 所示;

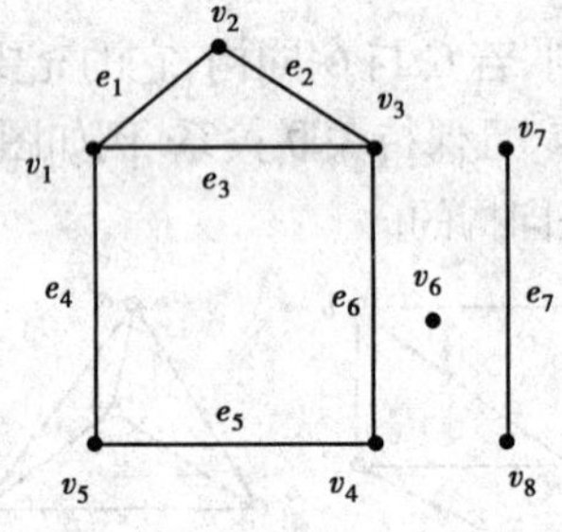

图 10.6.13

(2)v_1,v_2,v_4 均与 v_3 邻接,v_3 关联的边是 e_2,e_3,e_6;

(3)与 e_1 邻接的边是 e_2,e_3,e_4,与 e_1 关联的结点 v_1,v_2;

(4)v_6 是孤立结点,e_7 是孤立边;

(5)$d(v_1)=3,d(v_2)=2,d(v_3)=3,d(v_4)=2,d(v_5)=2,d(v_6)=0,d(v_7)=1,d(v_8)=1$

因为不是所有结点的度数均相等,故不是正则图,又 v_6 不与任何结点邻接,因此,G 也不是完全图.

(6)G 是(8,7)图或 8 阶图,$n=8$ 个结点,$m=7$ 条边.

例 10.6.5 设 G 是具有 3 个结点的完全图,试问:

(1)G 有多少个子图?

(2)G有多少个生成子图?

解　(1)因为含有一个结点的子图有 $C_3^1=3$ 个;含有 2 个结点的子图有 $C_3^2\cdot 2=6$ 个;含有 3 个结点的子图有 $C_3^3\cdot 2^3=8$ 个;所以 G 共有 $3+6+8=17$ 个子图.

(2)G 的生成子图,含 G 的全部结点,因为 G 有 3 条边,构成子图时,每条边有被选和不选两种情况.

所以 G 的生成子图的个数为 $2^3=8$ 个.

例 10.6.6　设 $G=(V,E)$ 有 12 条边,有 6 个度为 3 的结点,其余的结点度数均小于 3. 问 G 中至少有多少个结点?说明理由.

解　设 G 中有 n 个结点,由握手定理知

$$\sum_{v\in V}d(v)=2m=24$$

由条件可得,$24<6\times 3+3\times(n-6)$

所以 $3n>24, n>8$

因此,G 中至少有 9 个结点.

练习 10.6.1

1. 已知无向图 $G=(V,E)$,$V=\{v_1,v_2,\cdots,v_6\}$,$E=\{e_1,e_2,e_3,e_4,e_5,e_6,e_7,e_8\}$,其中:

$e_1=(v_1,v_2)$,$e_2=(v_1,v_3)$,$e_3=(v_3,v_3)$,$e_4=(v_4,v_5)$,$e_5=(v_1,v_5)$,$e_6=(v_1,v_4)$,$e_7=(v_4,v_1)$,$e_8=(v_3,v_4)$

(1)画出 G 的图解;

(2)求 G 中各结点的度数.

2. 已知无向图 $G=(V,E)$,$V=\{v_1,v_2,\cdots,v_6\}$,$E=\{e_1,e_2,e_3,e_4,e_5,e_6\}$,其中:

$e_1=(v_1,v_2)$,$e_2=(v_2,v_2)$,$e_3=(v_2,v_4)$,$e_4=(v_4,v_5)$,$e_5=(v_3,v_4)$,$e_6=(v_1,v_3)$

(1)画出 G 的图解;

(2)求 G 中各结点的度数及奇结点和偶结点的个数;

(3)指出 G 中的平行边、环、孤立点,G 是简单图吗?

3. 确定下面的序列中哪些是图的序列?若是图的序列,画出一个对应的图来.

(1)(3,2,0,1,5)　(2)(6,3,3,2,2)

(3)(4,4,2,2,4)　(4)(6,6,8,3,9,5)

4. 判定图 10.6.14 中两图是否同构. 说明理由.

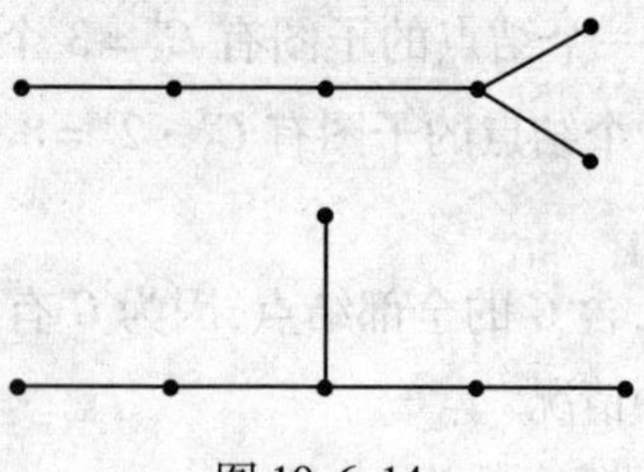

图 10.6.14

5. 设有向简单图 G 的度数序列为 2,2,3,3,入度序列为 0,0,2,3,试求 G 的出度序列和该图的边数.

6. 如图 10.6.15 所示,画出它的互补图和完全图.

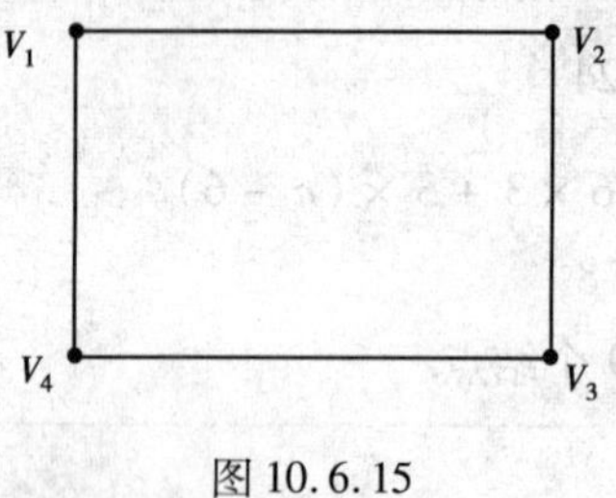

图 10.6.15

第七节　图的路径、回路与连通性

本节导学

内容:图的路径与回路的概念,图的连通性,欧拉图和汉密尔顿图的概念.

重点:①图的路径与回路,连通性;

②会判定欧拉图,了解汉密尔顿图.

一、引入

什么样的图形能一笔画成呢? 所谓一笔画,就是从图形上的某一点出发,笔不离开纸,而且每一条线都不重复. 下面 3 个图形你能一笔画出来吗?

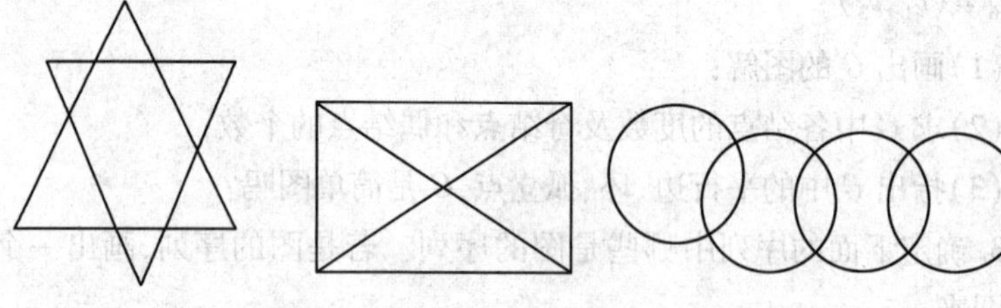

图 10.7.1

二、路径与回路

在图或有向图中,常常要考虑从确定的结点出发,沿结点和边连续地移动而到达另一确定的结点的问题. 从这种由结点和边(或有向边)的序列的构成方式中可以抽象出图的路径概念.

定义1　设有向图 $G=<V,E>$，G 中的点边交错非空序列 $L=v_0e_1v_1e_2\cdots e_kv_k$，称为 G 的一条由结点 v_0 到 v_k 的**路径**. 其中，$v_0,v_1,\cdots,v_k$ 是 G 的结点，$e_1,\cdots,e_k$ 是 G 的边，并且对所有的 $1\leqslant i\leqslant k$，边 e_i 与结点 v_{i-1} 和 v_i 都关联（或者说 e_i 是由 v_{i-1} 指向 v_i 的有向边）.

v_0 称为道路 L 的**起点**，v_k 称为 L 的**终点**，其余结点称 L 的内部结点. L 中边的数目 k 称为该道路的**长度**.

(1)在路径 L 中，如果 $v_0=v_k$，则称 L 为**回路**.

(2)在路径 L 中，如果 $e_1,e_2,\cdots,e_k$ 互不相同，则称 L 为**简单路径**.

(3)在路径 L 中，如果 $v_0,v_1,\cdots,v_k$ 互不相同，则称 L 为**基本路径**.

对于由单个结点构成的序列 $L=v_0$，可看成是道路的特殊情形，称为零道路，其长度为0.

显然，一条基本路径一定是简单路径，但一条简单路径则不一定是基本路径.

对于回路也有简单回路与基本回路之分. 图中各边全不同的回路称为**简单回路**，各点全不同的回路称为**基本回路**.

图10.7.2给出了有向图的各种路径的例子.

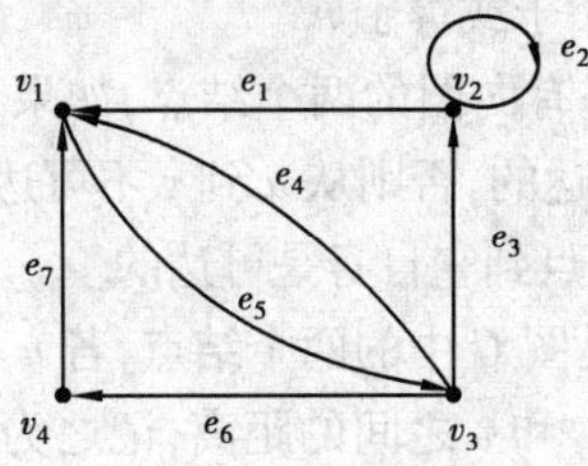

图10.7.2

路径：$v_1e_5v_3e_6v_4e_7v_1e_5v_3$；

简单路径：$v_1e_5v_3e_3v_2e_2v_2$；

简单回路：$v_3e_3v_2e_2v_2e_1v_1e_5v_3$；

基本路径：$v_3e_3v_2e_1v_1$；

基本回路：$v_3e_6v_4e_7v_1e_5v_3$.

图10.7.3中所给出的从结点 v_1 出发而终止于结点 v_3 的一些路径是：

$L_1=v_1e_3v_3$

$L_2=v_1e_4v_4e_{11}v_3$

$L_3=v_1e_2v_2e_6v_3$

$L_4=v_1e_2v_2e_7v_4e_{10}v_1e_4v_4e_{11}v_3$

$L_5=v_1e_1v_1e_1v_1e_1v_1e_4v_4e_{11}v_3$

$L_6=v_1e_2v_2e_5v_1e_1v_1e_2v_2e_6v_3$

容易看出，L_1、L_2、L_3 均为基本路径（当然也是简单路径），L_4 是简单路径但不是基本路径，L_5、L_6 而既非基本路径也非简单路径.

图10.7.3所给出的部分回路是：

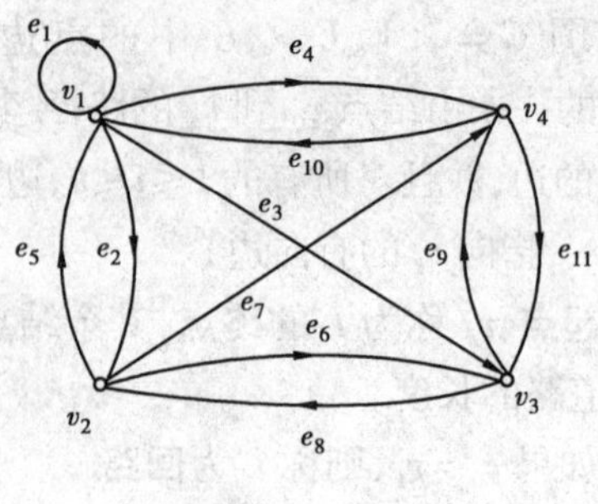

图 10.7.3

$C_1=v_1e_1v_1$

$C_2=v_1e_2v_2e_7v_4e_{10}v_1$

$C_3=v_1e_4v_4e_{11}v_3e_9v_4e_{10}v_1$

$C_4=v_1e_2v_2e_5v_1e_2v_2e_7v_4e_{10}v_1$

$C_5=v_1e_4v_4e_{10}v_1e_2v_2e_7v_4e_{10}v_1$

容易看出,C_1、C_2 均为基本回路(当然也是简单回路),C_3 是简单回路但不是基本回路,C_4、C_5 既非基本回路也非简单回路.

定理 1 一个有向(n,m)图中任何基本路径长度均小于或等于 $n-1$,而任何基本回路长度均小于或等于 n.

定义 2 设 u 和 v 是有向图的两个结点,如果存在一条从 u 到 v 的路径,则称结点 u 到 v 是可达的,否则从 u 到 v 不可达.

约定:图的任意一结点到它自身是可达的.

定义 3 设 u 和 v 是图 G 中的两个结点,若 u 到 v 是可达的,u 和 v 之间的最短路径之长称为 u 和 v 之间的距离,记之为 $d(u,v)$. 若 u 和 v 是不可达的,规定 $d(u,v)=+\infty$.

约定 $d(u,u)=0$.

例如,在图 10.7.3 中,v_3 到 v_1 是可达的,且 $d(v_3,v_1)=2$.

有向图的概念、定理同样可适用于无向图.

三、连通性

定义 4 在无向图 G 中,如果它的任何两结点 u 和 v 之间均是可达的,则称图 G 为**连通图**,否则称为**非连通图**.

定义 5 在有向图 G 中,如果忽略其边的方向后得到的无向图是连通的,则称此有向图 G 为**连通图**,否则称为**非连通图**.

对于一个有向连通图 G,其连通性还分如下 3 类:

(1)**强连通**. 如果其任何两结点间均是互相可达的,则称图 G 是强连通的.

(2)**单向连通**. 如果其任何两结点间至少存在一方向可达的,则称图 G 是单向连通的.

(3)**弱连通**. 如果忽略边的方向后其无向图是连通的,则称图 G 是弱连通的.

图 10.7.4 中(a)、(b)和(c)分别是强连通图、单向连通图和弱连通图的例子.

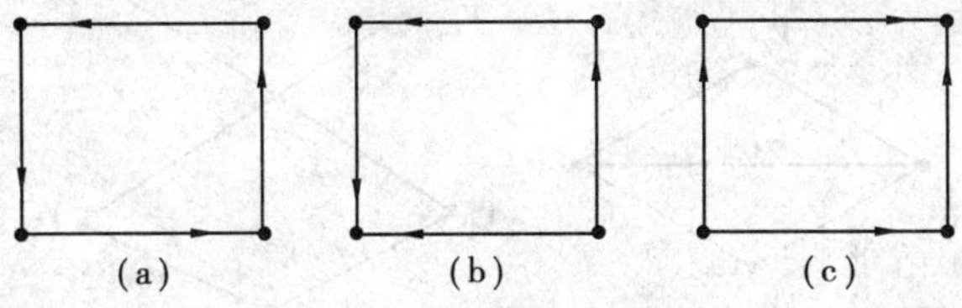

图 10.7.4

由定义可知,强连通图必是单向连通图,单向连通图必是弱连通图.但是这两个命题反过来并不成立.

四、欧拉图及其应用

哥尼斯堡(Konigsberg)是 18 世纪时东普鲁士的一个城市,一条河流经该市,并把该市陆地分成了 4 个部分:两岸及两个河心岛.陆地间共有 7 座桥相通,如图 10.7.5(a)所示.长期以来,人们一直在议论一个话题:能否从任何一块陆地出发,通过每座桥一次且仅一次,最后又返回出发点?尽管人们做了许多试验,但没有一人成功.欧拉把这个实际问题转化为如图 10.7.5(b)所示的一个图论问题,他用结点 A、B、C、D 分别表示对应的陆地,用边来表示连接陆地的桥.这样,七桥问题等价于在图 10.7.5(b)中找寻一条包括每条边一次的回路,或者说,从图中任一点出发,一笔把图画出来(每边只能经过一次).欧拉证明,七桥问题具有否定的答案,从而解决了这一难题.

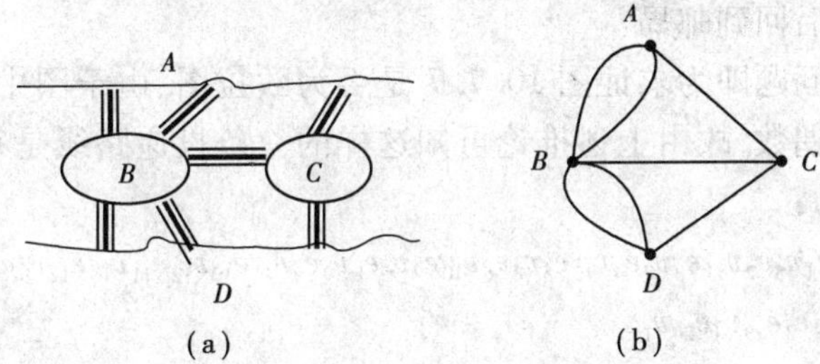

图 10.7.5

为了说明这个问题,下面介绍欧拉图的概念.

定义 6　经过图 G 的每条边一次且仅一次的路径,称为**欧拉路径**;经过图 G 的每条边一次且仅一次的回路,称为**欧拉回路**,具有欧拉回路的图称为**欧拉图**.

显然,每个欧拉图必然是连通图.

在图 10.7.6(a)中,存在欧拉路径:$v_1e_1v_2e_2v_3e_3v_1e_4v_4e_5v_3$;在图 10.7.6(b)中,存在欧拉回路:$v_1e_1v_2e_3v_5e_6v_6e_5v_4e_4v_3e_2v_1$.

扩展阅读:哥尼斯堡七桥问题

波罗的海旁边有一座古老而美丽的城市,叫做哥尼斯堡(今俄罗斯加里宁格勒).布勒格尔河的两条支流在这里汇合,然后横贯全城,流入大海.河心有一个小岛.河水把城市分成了 4 块,于是,人们建造了 7 座各具特色的桥,把哥尼斯堡连成一体.

一天又一天,7 座桥上走过了无数的行人.不知从什么时候起,脚下的桥梁触发了人们的灵感,一个有趣的问题在居民中传开了:谁能够一次走遍所有的 7 座桥,而且每座桥都只通过一次?

这个问题似乎不难,谁都乐意用它来测试一下自己的智力.可是,谁也没有找到一条这样的路线,连以博学著称的大学教授们也感到一筹莫展."七桥问题"难住了哥尼斯堡的所有居民.哥尼斯堡也因"七桥问题"而出了名.

哥尼斯堡七桥问题传开后,引起了大数学家欧拉的兴趣.欧拉没有去过哥尼斯堡,这一次,他也没有去亲自测试可能的路线.他知道,如果沿着所有可能的路线都走一次的话,一共要走 5 040 次.就算是一天走一次,也需要 13 年多的时间.实际上,欧拉只用了几天的时间就解决了七桥问题.

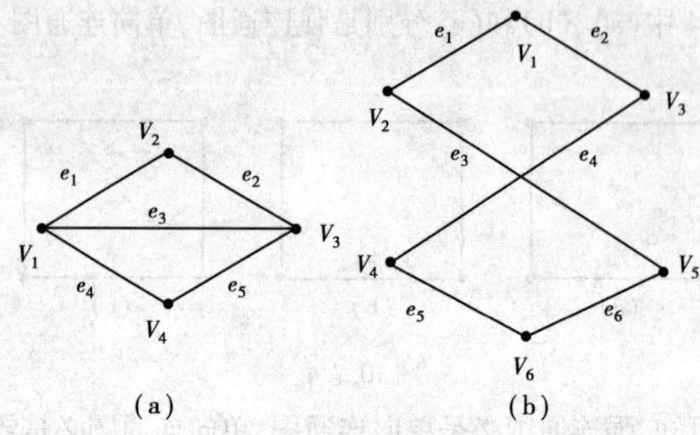

图 10.7.6

定理 2　无向连通图具有一条欧拉路径的充分必要条件是有零个或两个度数为奇数的结点.

由定理 2 可知,一个图是否存在欧拉路径,主要考察:

(1)该图是否连通;

(2)结点的度数为奇数的个数.

定理 3　无向连通图 G 为欧拉图的充分必要条件是 G 的每个结点的度数均为偶数.

由于图 10.7.5(b)中各结点的度数均为奇数,故由上述推论可知,图 10.7.5(b)不是欧拉图,不存在欧拉回路. 因此,一个人从任一点出发不可能每座桥通过一次而最后返回原地.

例 10.7.1　邮递员从邮局 v_1 出发沿邮路投递信件,其邮路如图 10.7.7 所示. 试问是否存在一条投递路线使邮递员从邮局出发通过所有路线而不重复且最后回到邮局?

解　此问题即为求证图 10.7.7 是否为欧拉图. 由于图中每个结点的度数均为偶数,故由上述推论可知这样的一条投递路线是存在的. 其实,该路线为:

$L = v_1e_1v_5e_2v_{11}e_3v_7e_4v_{12}e_5v_8e_6v_{10}e_7v_6e_8v_9e_9v_{11}e_{10}v_{12}e_{11}v_{10}e_{12}v_9e_{13}v_5e_{14}v_2e_{15}$
$v_6e_{16}v_4e_{17}v_8e_{18}v_3e_{19}v_7e_{20}v_1$

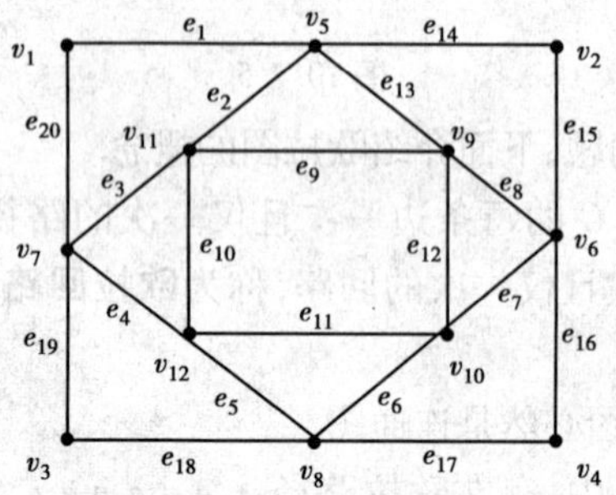

图 10.7.7

例 10.7.2　甲、乙两只蚂蚁分别位于图 10.7.8 中的 a、b 两处,并设图中的每边长度均相等. 甲、乙进行比赛:从他们所在的点出发,走过图中的所有边,最后到达点 c 处. 如果它们速度相同,问谁先到达目的地?

解 在图 10.7.8 中,b、c 两个点的度数都为奇数,因而存在从 b 到 c 的欧拉路径. 蚂蚁乙从 b 走到 c,只要走一条欧拉路径,边数为9. 而蚂蚁甲要走完所有的边到达 c,必须先走到 b,再走一条欧拉路径,因而它至少要走 10 条边才能到达 c. 所以乙先到达目的地.

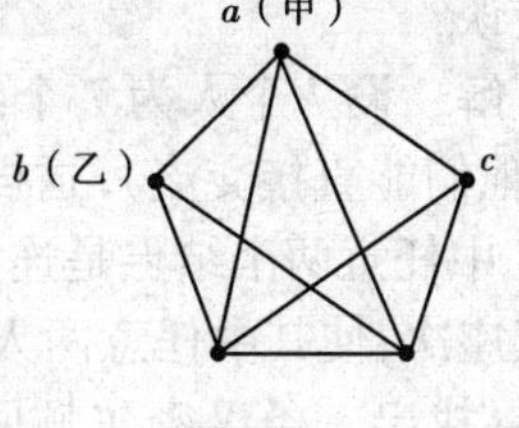

图 10.7.8

五、汉密尔顿图及应用

与欧拉图非常类似的问题是汉密尔顿(也译为哈密顿)图的问题. 汉密尔顿图主要是访问图中的所有结点一次且只访问一次,允许有的边没访问到. 它是由英国数学家汉密尔顿于 1859 年提出的周游世界问题. 他用一个正 12 面体的 20 个顶点代表世界上 20 个大城市,每条棱表示城市间的一条路线,要求游戏者从任何一点出发访问每一结点一次且仅一次,最后回到出发点,如图 10.7.9 所示.

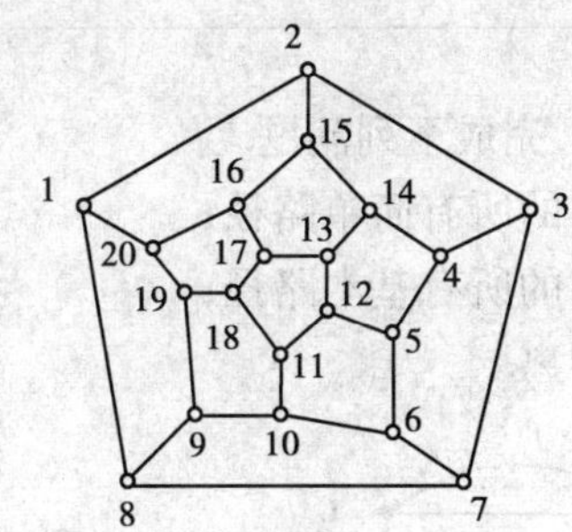

图 10.7.9

定义 7 给定图 G,经过图中所有结点一次且仅一次的路径,称为**汉密尔顿路**;经过图中所有结点一次且仅一次的回路,称为**汉密尔顿回路**. 具有汉密尔顿回路的图称为**汉密尔顿图**,具有汉密尔顿路而无汉密尔顿回路的图称为**半汉密尔顿图**.

汉密尔顿

例 10.7.3 如图 10.7.10 所示,哪些是汉密尔顿图,哪些是半汉密尔顿图?

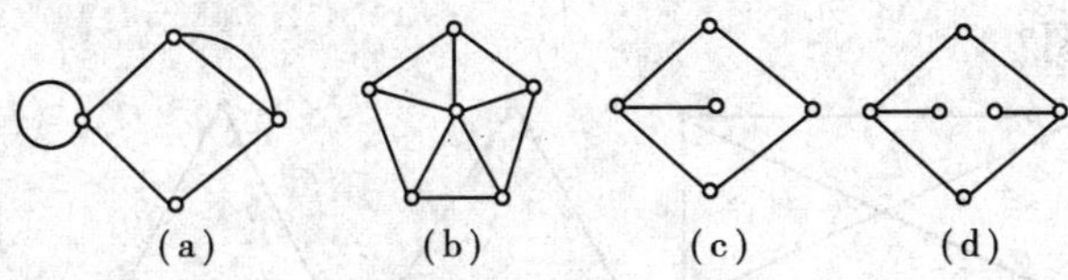

图 10.7.10

解 (1),(2)是汉密尔顿图,(3)是半汉密尔顿图,(4)既不是汉密尔顿图,也不是半汉密尔顿图.

例 10.7.4 已知关于人员 a,b,c,d,e,f 和 g 的下述事实:

a 说英语;b 说英语和西班牙语;c 说英语,意大利语和俄语;d 说日语和西班牙语;e 说德语和意大利语;f 说法语,日语和俄语;g 说法语和德语.

试问:是否可以为上述 7 人安排一个圆桌会议,使其中任意两人都能交谈?

解 设 7 个人为 7 个结点,将两个懂同一语言的人之间画一条边.(即他们能直接交流).这样就得到一简单图 G,如图 10.7.11 所示.因为图 G 中任意两个结点是连接的,所以 G 是连通图.能否为 7 人安排圆桌会议座次,使其中任意两人都能交流,问题转化为图 G 是否为汉密尔顿图,寻找出一条汉密尔顿回路.图 G 是汉密尔顿图,存在汉密尔顿回路:$abdfgeca$,因此可以安排一个圆桌会议.

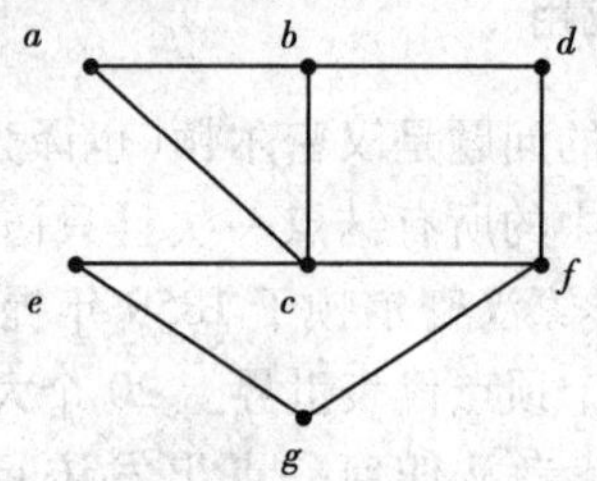

图 10.7.11

练习 10.7.1

1. 对于图 10.7.12,完成下列问题.

(1)找出从 A 到 F 的所有简单路径;

(2)找出从 A 到 F 的所有基本路径;

(3)求 A 到 F 的距离.

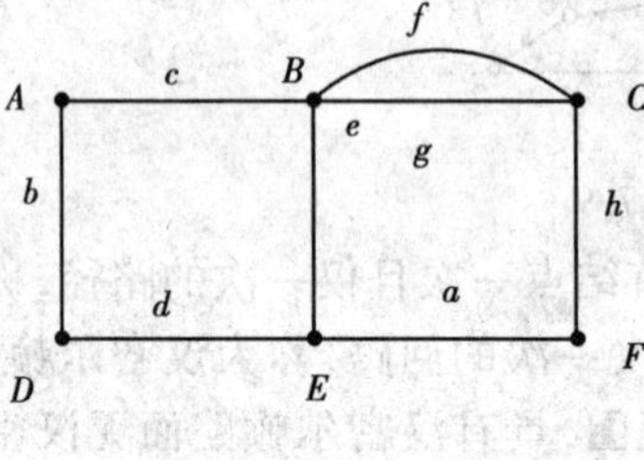

图 10.7.12

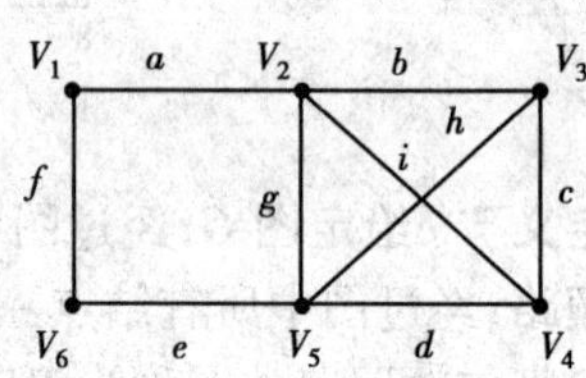

图 10.7.13

2. 找出图 10.7.13 中的一条基本回路与一条简单回路.

3. 图 10.7.14 中给出的 3 个有向图,哪些是强连通图、单向连通图和弱连通图?

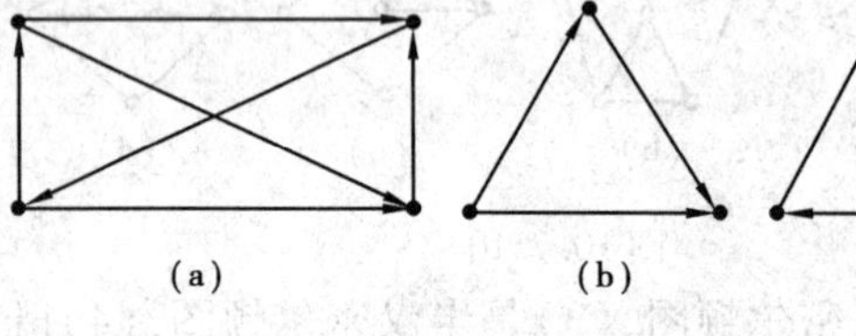

图 10.7.14

4. 图 10.7.15 中，哪些是欧拉图，哪些是汉密尔顿图？

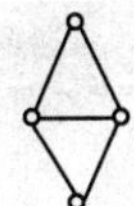 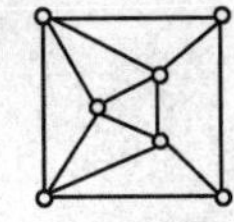 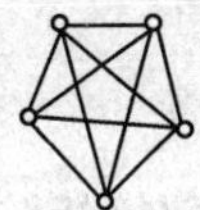 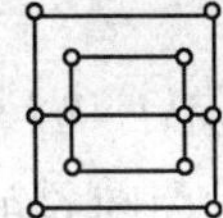

图 10.7.15

5. 如图 10.7.16 所示，4 个村庄下面各有一个防空洞甲、乙、丙、丁，相邻的两个防空洞之间有地道相通，并且每个防空洞各有一条地道与地面相通，能否每条地道恰好走过一次，既无重复也无遗漏？

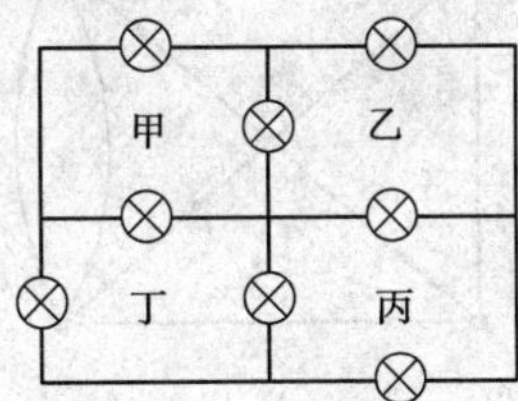

图 10.7.16

6. 图 10.7.9 是由英国数学家汉密尔顿于 1859 年提出的周游世界问题. 能否设计一条从任何一点出发访问每一结点一次且仅一次，最后回到出发点的周游世界路线图.

第八节　图的矩阵表示

本节导学

内容：图的邻接矩阵和可达性矩阵的概念，图的邻接矩阵的相关应用等.

重点：①图的邻接矩阵的构造与定理应用；②图的可达性矩阵的求解.

一、引入

一个图可以按定义描述出来，也可以用图形表示出来，还可以同二元关系一样，用矩阵表示出来. 图用矩阵表示有很多优点，既便于利用代表知识研究图的性质，构造算法，也便于计算机处理.

本节将介绍图的矩阵常用的两种形式：邻接矩阵和到达性矩阵. 邻接矩阵常用于研究图的各种路径的问题，关联矩阵常用于研究结点间是否可达的问题. 由于矩阵的行列有固定的顺序，因此在图用矩阵表示之前，需将图的结点和边加以编号（定序），以确定与矩阵元素的对应关系.

二、邻接矩阵

1. 邻接矩阵的概念

定义 1　设 $G=<V,E>$ 是一简单有向图，结点集为 $V=\{v_1,v_2,\cdots,v_n\}$. 构造矩阵 $\boldsymbol{A}=(a_{ij})_{n\times n}$，其中

$$a_{ij}=\begin{cases}1, & 当(v_i,v_j)\in E\\ 0, & 当(v_i,v_j)\notin E\end{cases}$$

则称 $\boldsymbol{A}$ 为有向图 G 的**邻接矩阵**.

这个定义也适用于无向图,只需把其中的有向表示换成无向表示就行了. 这一节主要考虑有向图的矩阵表示问题.

例 10.8.1　如图 10.8.1 所示有向图,请写出该图的邻接矩阵.

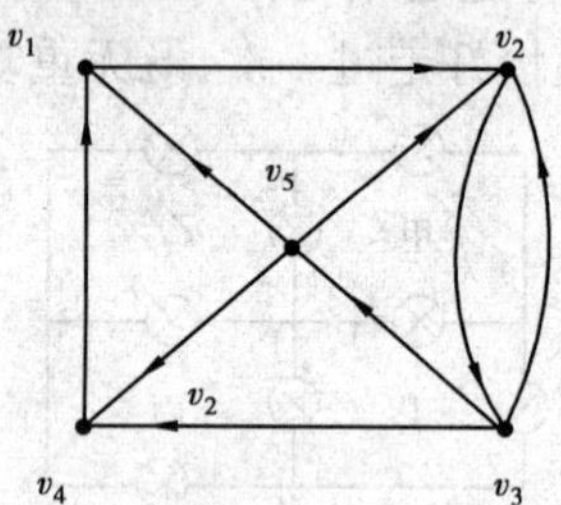

图 10.8.1

解

$$\boldsymbol{A}=\begin{matrix} & v_1 & v_2 & v_3 & v_4 & v_5\\ v_1 & 0 & 1 & 0 & 0 & 0\\ v_2 & 0 & 0 & 1 & 0 & 0\\ v_3 & 0 & 1 & 0 & 1 & 1\\ v_4 & 1 & 0 & 0 & 0 & 0\\ v_5 & 1 & 1 & 0 & 1 & 0\end{matrix}$$

显然,当改变图的结点编号顺序时,可以得到图的不同的邻接矩阵,这相当于对一个矩阵进行相应行列的交换得到新的邻接矩阵.

例如对图 10.8.1 的结点重新定序,使 v_1 与 v_5 对换,则得到新的邻接矩阵:

$$\boldsymbol{A}'=\begin{matrix} & v_5 & v_2 & v_3 & v_4 & v_1\\ v_5 & 0 & 1 & 0 & 1 & 1\\ v_4 & 0 & 0 & 1 & 0 & 0\\ v_3 & 1 & 1 & 0 & 1 & 0\\ v_2 & 0 & 0 & 0 & 0 & 1\\ v_1 & 0 & 1 & 0 & 0 & 0\end{matrix}.$$

这时,我们称 $\boldsymbol{A}$ 和 $\boldsymbol{A}'$ 是置换等价的. 一般地,一个图的全体邻接矩阵都是置换等价的. 在这个意义上,我们只须选取 G 的任何一个邻接矩阵作为该图邻接矩阵的代表.

对于一个已确定其结点编号的有向图 G,其邻接矩阵可省略矩阵左侧列和上侧行标注的结点编号,如例 10.8.1 的矩阵 $\boldsymbol{A}$ 写为如下矩阵即可:

$$A=\begin{bmatrix}0&1&0&0&0\\0&0&1&0&0\\0&1&0&1&1\\1&0&0&0&0\\1&1&0&1&0\end{bmatrix}.$$

给出了一个图的邻接矩阵,就等于给出了图的全部信息,可以从中直接判定图的某些性质.

无向图的邻接矩阵是个对称矩阵,如例 10.8.1 中有向图 G 变成无向图,如图 10.8.2 所示,则其邻接矩阵为:

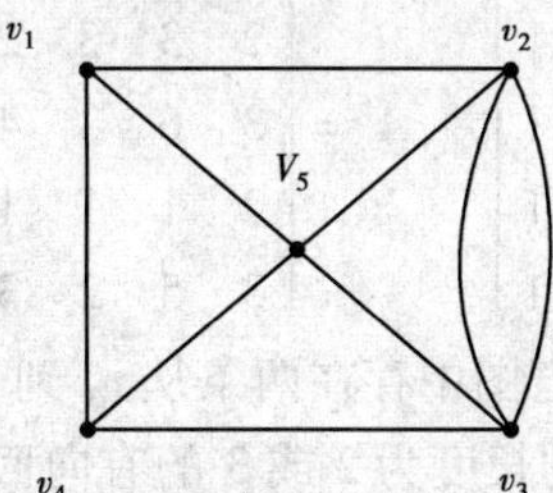

图 10.8.2

$$B=\begin{bmatrix}0&1&0&1&1\\1&0&2&0&1\\0&2&0&1&1\\1&0&1&0&1\\1&1&1&1&0\end{bmatrix}.$$

显然,对无向图邻接矩阵而言,第 i 行元素之和(或第 i 列元素之和)恰为结点 v_i 的度. 对有向图的邻接矩阵而言一般不对称,第 i 行元素之和是结点 v_i 的出度,第 j 列元素之和是结点 v_j 的入度.

例如,在邻接矩阵 B 中,第 2 行元素之和为 4,则 $\deg(v_2)=4$. 在邻接矩阵 $\boldsymbol{A}$ 中第 3 行元素之和为 3,则 $d^+(v_3)=3$,第 3 列元素之和为 1,则 $d^-(v_3)=1$,综合可得 $\deg(v_3)=3+1=4$.

2. 有向图的邻接矩阵与路径的关系

设 $\boldsymbol{A}$ 是有向图 $G=<V,E>$ 的邻接矩阵. 记 $\boldsymbol{A}^2=(a_{ij}^{(2)})_{n\times n}$,由矩阵的乘法知道,$a_{ij}^{(2)}=\sum\limits_{k=1}^{n}a_{ik}a_{kj}$,即矩阵 $\boldsymbol{A}$ 的第 i 行元素与第 j 列对应元素乘积的代数和. $a_{ik}a_{kj}=1$ 当且仅当 $a_{ik}=a_{kj}=1$,它对应于 $(v_i,v_k)\in E$ 且 $(v_k,v_j)\in E$. 从而 $a_{ik}a_{kj}=1$ 当且仅当存在一条对应的长度为 2 的有向路径 $P=v_iv_kv_j$. 于是 $a_{ij}^{(2)}$ 之值表示了从 v_i 到 v_j 的长度为 2 的有向回路的数目.

对于 $\boldsymbol{A}^3=(a_{ij}^{(3)})_{n\times n}$,可得 $a_{ij}^{(3)}=\sum\limits_{k=1}^{n}a_{ik}^{(2)}a_{kj}$. 其中,$a_{ik}^{(2)}$ 是 $\boldsymbol{A}^2$ 的元素. $a_{ik}^{(2)}a_{kj}>0$ 表明 G 中存在从 v_i 到 v_k 的长度为 2 的有向路径而且 $(v_k,v_j)\in$

A^2,A^3,A^4,A^5 中元素的意义,举例如下:如 $a_{13}^{(2)}=1$,表示从 v_1 到 v_3 的长度为2的有向路径的有1条;如 $a_{52}^{(3)}=2$,表示从 v_5 到 v_2 的长度为3的有向路径的有2条.

E,即存在由 v_i 到 v_j 的长度为3的有向路径.于 $a_{ij}^{(3)}$ 之值就是 v_i 到 v_j 的长度为3的有向路径的数目.

例 10.8.2 对图 10.8.1 的邻接矩阵计算 $\boldsymbol{A}^2,\boldsymbol{A}^3,\boldsymbol{A}^4,\boldsymbol{A}^5$,得:

$$\boldsymbol{A}^2=\begin{bmatrix}0&0&1&0&0\\0&1&0&1&1\\2&1&1&1&0\\0&1&0&0&0\\1&1&1&0&0\end{bmatrix},\quad \boldsymbol{A}^3=\begin{bmatrix}0&1&0&1&1\\2&1&1&1&0\\1&3&1&1&1\\0&0&1&0&0\\0&2&1&1&1\end{bmatrix}$$

$$\boldsymbol{A}^4=\begin{bmatrix}2&1&1&1&0\\1&3&1&1&1\\2&3&3&2&1\\0&1&0&1&1\\2&2&2&2&1\end{bmatrix},\quad \boldsymbol{A}^5=\begin{bmatrix}1&3&1&1&1\\2&3&3&2&1\\3&6&3&4&3\\2&1&1&1&0\\3&5&2&3&2\end{bmatrix}$$

从这些矩阵可以知道图中存在两条从 v_3 到 v_1 的长度为2的有向路径,不存在从 v_1 到自身的长度为2或3的有向回路,但是存在从 v_1 到自身的两条长度为4的有向回路和一条长度为5的有向回路等.一般地,可以得到如下定理:

定理 设 $G=<V,E>$ 是一个 n 阶的简单有向图,$\boldsymbol{A}$ 是 G 的邻接矩阵.对 $k\geqslant 1$,令 $\boldsymbol{A}^k=(a_{ij}^{(k)})_{n\times n}$,则 $a_{ij}^{(k)}$ 表示 G 中从 v_i 到 v_j 的长度为 k 的有向路的数目.

推论1 设 $\boldsymbol{A}$ 是简单有向图G的邻接矩阵,令 $\boldsymbol{A}^k=(a_{ij}^{(k)})_{n\times n},k\geqslant 1$.则使 $a_{ij}^{(k)}>0$ 的最小 k 值,正是 v_i 到 v_j 的距离 $d(v_i,v_j)$.

推论2 设 $\boldsymbol{A}$ 是 n 阶简单有向图 G 的邻接矩阵,令 $\boldsymbol{A}^k=(a_{ij}^{(k)})_{n\times n}$,则对 $1\leqslant k\leqslant n-1$,$a_{ij}^{(k)}=0$ 恒成立($i\neq j$)当且仅当从 v_i 到 v_j 是不可达的.

三、可达性矩阵

考虑矩阵

$$R_n=(r_{ij})_{n\times n}=\boldsymbol{A}+\boldsymbol{A}^2+\cdots+\boldsymbol{A}^n,$$

其中 r_{ij} 给出了从 v_i 到 v_j 的所有长度为1到 n 的路径数目之和.因在 n 阶有向图中,基本路径长度及基本回路长度不超过 n,因此可以分以下四类情形:

(1)若 $r_{ij}\neq 0,i\neq j$ 表示从 v_i 到 v_j 是可达的;

(2)若 $r_{ij}\neq 0,i=j$ 表示经过 v_j 的回路存在;

(3)若 $r_{ij}=0,i\neq j$ 表示从 v_i 到 v_j 是不可达的;

(4)若 $r_{ij}=0,i=j$ 表示不存在经过 v_j 的回路.

对于有向图中结点间的可达情况,可以用一个矩阵来描述.

定义2 设 $G=<V,E>$ 是一个 n 阶的有向简单图,$V=\{v_1,v_2,\cdots,v_n\}$.定义矩阵 $\boldsymbol{P}=(p_{ij})_{n\times n}$,其中

$$p_{ij}=\begin{cases}1 & 当\ r_{ij}\neq 0\\0 & 当\ r_{ij}=0\end{cases}$$

称 $\boldsymbol{P}$ 是图 G 的**可达性矩阵**.

可达性矩阵表明了图中任何两个不同的结点之间是否存在至少一条路径,以及在任何结点处是否存在着回路. 虽然它只记录了有关图的一部分信息,但是很有用处.

求可达性矩阵可以先构造 $\boldsymbol{A},\boldsymbol{A}^2,\cdots,\boldsymbol{A}^n$,再构造 $\boldsymbol{R}_n=\boldsymbol{A}+\boldsymbol{A}^2+\cdots\boldsymbol{A}^n$,最后利用关系

$$p_{ij}=\begin{cases}1, & 当\ r_{ij}\neq 0\\0, & 当\ r_{ij}=0\end{cases}$$

确定 $\boldsymbol{P}$ 的元素 p_{ij} 从而构造出 $\boldsymbol{P}$.

例 10.8.3　求如图 10.8.1 所示图 G 的可达性矩阵.

解　图 10.8.1 的邻接矩阵 $\boldsymbol{A}$ 及 $\boldsymbol{A}^2,\boldsymbol{A}^3,\boldsymbol{A}^4,\boldsymbol{A}^5$ 在前面均已求出,因此

$$\boldsymbol{R}_5=\begin{bmatrix}3&6&3&4&3\\5&8&6&5&3\\9&14&8&9&5\\2&3&2&2&2\\6&11&6&6&4\end{bmatrix},\qquad \boldsymbol{P}=\begin{bmatrix}1&1&1&1&1\\1&1&1&1&1\\1&1&1&1&1\\1&1&1&1&1\\1&1&1&1&1\end{bmatrix}$$

可见图 10.8.1 中任何两个结点之间都是相互可达的,这个图也就是一个强连通图.

练习 10.8.1

1. 求如图 10.8.3 所示的无向图 G 的邻接矩阵.

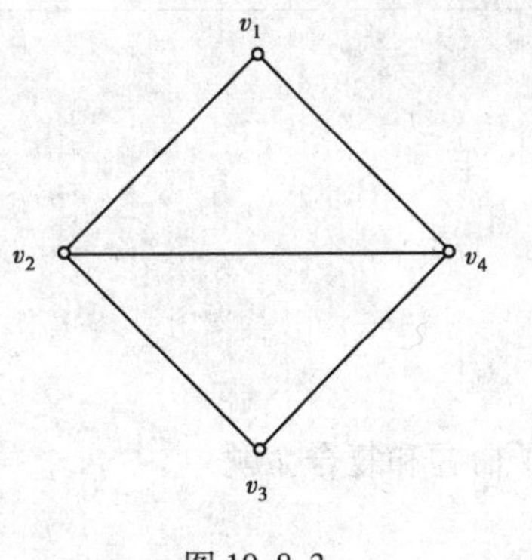

图 10.8.3

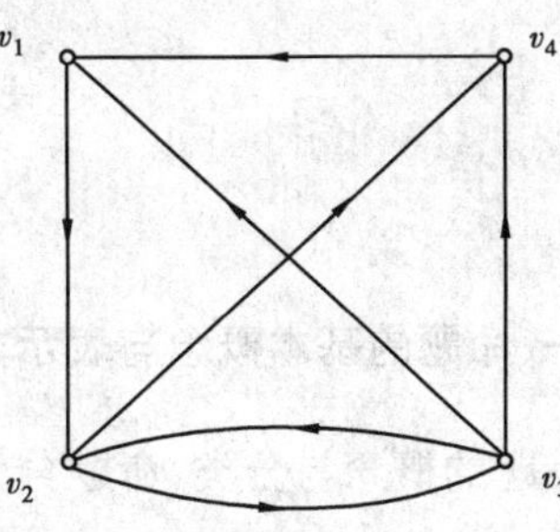

图 10.8.4

2. 求如图 10.8.4 所示的有向图 G 的邻接矩阵.

3. 设 $G=\langle V,E\rangle$ 是一个简单有向图,$V=\{v_1,v_2,v_3,v_4\}$,邻接矩阵如下:

$$A(G)=\begin{pmatrix}0&1&0&0\\0&0&1&1\\1&1&0&1\\1&1&0&0\end{pmatrix}$$

(1)求 v_1 的出度.(2)求 v_4 的入度.(3)由 v_1 到 v_4 长度为 2 的路有几条?

4. 设 $G=<V,E>$ 为简单有向图,图形如图 10.8.5 所示,写出 G 的邻接矩阵 $\boldsymbol{A}$,算出 $\boldsymbol{A}^2,\boldsymbol{A}^3,\boldsymbol{A}^4$ 且确定 v_1 到 v_2 有多少条长度为 3 的路? v_1 到 v_3 有多少条长度为 2 的路? v_2 到自身长度为 3 和长度为 4 的回路各多少条?

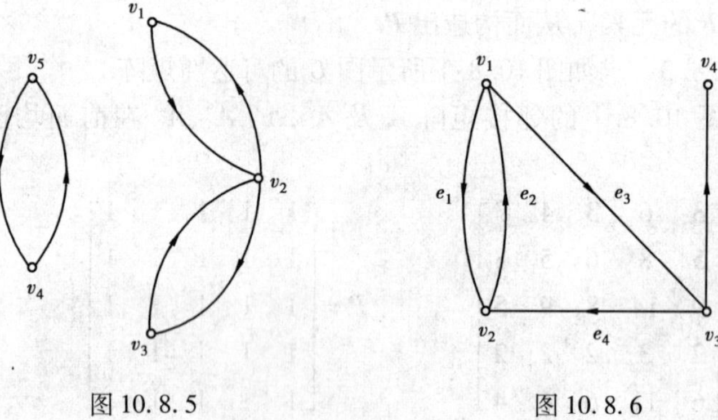

图 10.8.5　　图 10.8.6

5. 有向图 G 如图 10.8.6 所示.

(1)写出 G 的邻接矩阵.(2)根据邻接矩阵求各结点的出度和入度.(3)求 G 中长度为 3 的路的总数,其中有多少条回路?(4)求 G 的可达性矩阵.

内容小结

一、命题的基本概念与表示方法

命题的概念与分类.命题分为原子命题和复合命题.

二、逻辑联结词

1. 五类逻辑联结词.$\neg P, P\wedge Q, P\vee Q, P\rightarrow Q, P\leftrightarrow Q$ 的意义与真值表.

2. 命题符号化的基本方法.(1)找出各简单命题,分别符号化;(2)找出各联结词,把简单命题逐个联结起来.

三、命题公式及分类

1. 命题公式的概念与真值指派.

2. 公式的分类. 永真式(重言式)、永假式(矛盾式)、可满足式.

3. 使用真值表法差别公式的类型.

四、公式的等价变换与蕴含

1. 等价与蕴含的概念. 掌握重要的基本等价公式和蕴含公式.

2. 公式等价的判定方法. (1)判断两公式 A,B 是否等价,即判断 A↔B 是否为永真式. (2)判断两公式 A,B 是否等价,即在真值表中,两公式的真值对应完全相同.

3. 公式蕴含的判定方法. (1)真值表法. (2)推导法.

五、命题逻辑的推理理论和推理方法

1. 真值法表:构造上述命题公式的真值表.

2. 形式证明法. 直接证明法和间接证明法. 其中,间接证明法可使用 CP 规则演绎出有效结论或反证法.

六、图的概念与类型

1. 掌握图的基本概念:图的定义、简单图、无向图、有向图、平行边、完全图、子图与补图、同构等.

2. 点度及握手定理.

七、图的路径、回路与连通性

1. 掌握路径、简单路径、基本路径、回路、长度(距离)等概念.

2. 有向图的连通性可分为强连通、单向连通、弱连通.

八、欧拉图与汉密尔顿图

1. 欧拉图与汉密尔顿图的概念.

2. 欧拉图的判定定理.

九、邻接矩阵与可达性矩阵

1. 矩阵的构造方法.

2. 矩阵对应图的度数、边数问题,以及长度 k 的有向路的数目.

复习题

一、选择题

1. 下列语句中,是命题的个数有(   ).

(1)人的血液是白色的;(2)明年六一儿童节是晴天;(3)请说普通话;(4)$3x-4=5$;(5)九寨沟的风景真是美啊!;(6)我说的都是假话.

A. 1 个　　B. 2 个　　C. 3 个　　D. 4 个

2. 下列图中能一笔画的是(   ).

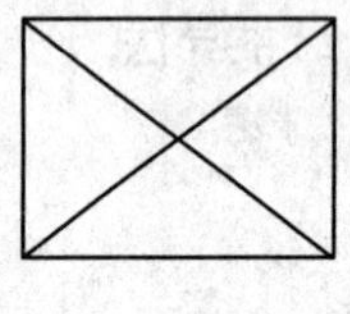
A.

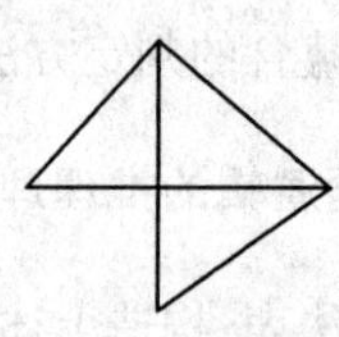
B.

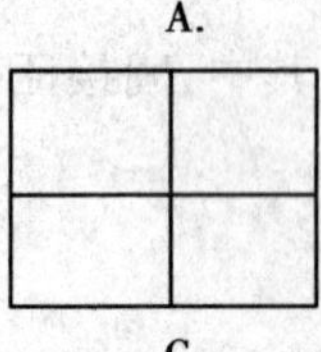
C.

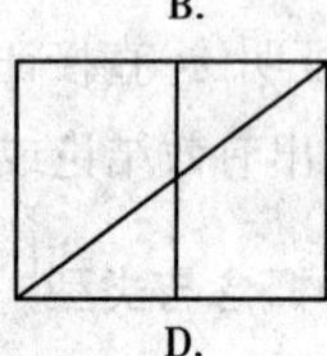
D.

3. 设 p、q 的真值为 0,r、s 的真值为 1,下列命题真值为 0 的是(   ).

A. $p\vee(q\vee r)$　　B. $(p\leftrightarrow q)\wedge(\neg r\vee s)$

C. $(p\wedge(r\vee s))\to q$　　D. $(\neg q\wedge(p\vee s))\to p$

4. 若图 G 有 12 条边,则图 G 所有结点度数之和是(   ).

A. 12　　B. 16　　C. 20　　D. 24

5. 设图 G 的邻接矩阵为

$$\begin{bmatrix}0&0&1&0&0\\0&0&0&1&1\\1&0&0&0&0\\0&1&0&0&1\\0&1&0&1&0\end{bmatrix}$$

则 G 的边数为(   ).

A. 5　　B. 6　　C. 3　　D. 4

6. 无向图 G 存在欧拉通路,当且仅当(   ).

A. G 中所有结点的度数全为偶数

B. G 中至多有两个奇数度结点

C. G 连通且所有结点的度数全为偶数

D. G 连通且至多有两个奇数度结点

7. 设有向图(a)(b)(c)与(d)如图10.8.7所示，则下列结论成立的是(　　).

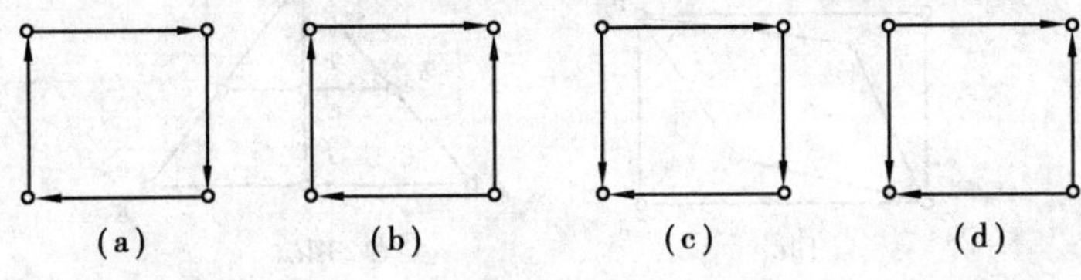

图10.8.7

A. (a)是强连通的　　B. (b)是强连通的

C. (c)是强连通的　　D. (d)是强连通的

二、填空题

1. 如果设p:今天下雪;q:今天刮大风;s:我在家做家务. 请用日常语言叙述命题 $s \to (p \wedge q)$.

2. 已知图 G 中有1个1度结点,2个2度结点,3个3度结点,4个4度结点,则 G 的边数是多少?

3. 设完全图 Kn 有 n 个结点($n \geqslant 2$),m 条边,当时,Kn 中存在欧拉回路.

三、解答题

1. 将下列命题符号化:

(1)王教授不仅研究经济学而且还研究管理学.

(2)如果明天有雾,他就不能坐轮船而是乘车过江.

(3)假如下午不下雨,我就去广场遛狗,否则就在家里看电视或者做家务.

2. 求下列公式的真值表,并判断是重言式、矛盾式,还是可满足式.

(1)$\neg(q \to p) \wedge p$;(2)$(p \wedge q) \vee (p \wedge \neg q)$

3. 验证等值式 $p \to (q \wedge r) \Leftrightarrow (p \to q) \wedge (p \to r)$.

4. 如果他是理科学生,他必学好数学. 如果他不是文科学生,他必是理科学生. 他没学好数学,所以他是文科学生.

判断上面推理是否正确,并证明你的结论.

5. 给定两个图 G_1,G_2(如图10.8.8所示):

(1)试判断它们是否为欧拉图、汉密尔顿图,并说明理由.

(2)若是欧拉图,请写出一条欧拉回路.

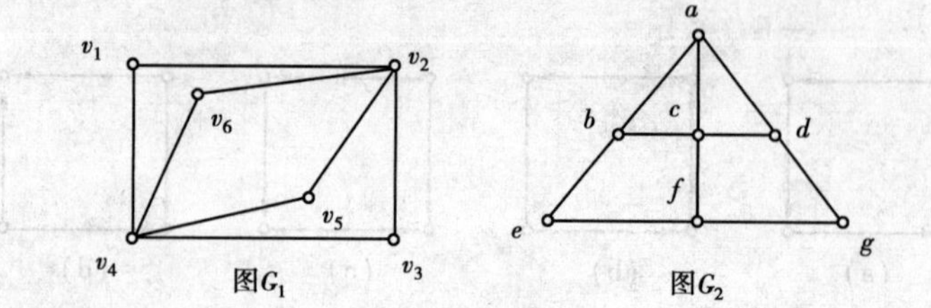

图 10.8.8

6. 设图 $G=<V,E>$, $V=\{v_1,v_2,v_3,v_4,v_5\}$, $E=\{(v_1,v_2),(v_1,v_3),(v_2,v_3),(v_2,v_4),(v_3,v_4),(v_3,v_5),(v_4,v_5)\}$.

(1)画出 G 的图形表示;

(2)写出其邻接矩阵;

(3)求出每个结点的度数;

(4)画出图 G 的补图的图形.

第十一章
随机事件及其概率

概率论是研究偶然性现象的数量规律的一门数学分支,它在科研、生产和社会生活中有着广泛的运用.

本章将从随机事件和样本空间引入概率的定义及性质,并讨论古典概率、条件概率以及随机变量与分布函数相关知识.

第一节 随机事件与样本空间

本节导学

内容:随机试验及随机事件,事件的关系及运算.

重点:①随机事件的概念;②事件之间的关系及事件之间的运算.

一、引入

在自然界和人类社会中,下列现象是随处可见的:

抛一枚硬币,朝上的可能是正面,也可能是反面;

掷一枚骰子,朝上的点数可能是1,2,3,4,5,6中的任一个数;

在机床加工出的零件,可能是合格的,也可能是废品……

二、随机试验与随机事件

确定性现象:在一定的条件下,必然会出现某种确定的结果.

随机现象:在一定的条件下,可能会出现各种不同的结果,也就是说,在完全相同的条件下,进行一系列观测或实验,却未必出现相同的结果.

随机现象,从表面上看,由于人们事先不知道会出现哪种结果,似乎不可捉摸. 其实不然,人们通过实践观察证明,在相同的条件下,对随机现象进行大量的重复试验(观测),其结果总能呈现出某种规律性,我们把随机现象的这种规律性称为统计规律性.

为了研究随机现象的统计规律性,我们把各种科学试验和对某一事物的观测统称为试验. 如果试验具有下述特点:

(1)试验可在相同条件下重复进行;

(2)每次试验可能结果不止一个,但能确定所有的可能结果;

(3)每次试验之前无法确定具体是哪种结果出现.

则称这种试验为随机试验,通常用字母 E 或 E_1、E_2…表示.

试验 E_1:抛一枚硬币,分别用"H" 和"T" 表示正面朝上和反面朝上,观察出现的结果,可能是"H" 也可能是"T".

试验 E_2:从一批产品中任意取 10 个样品,观察其中的次品数,可能是 0,1,2,…,10.

试验 E_3:记录某段时间内电话交换台接到的呼唤次数,可能是 0,1,2,….

试验 E_4:掷一颗骰子,观察可能出现的点数.

我们把试验结果中发生的现象称为**事件**. 在每次试验的结果中,如果某事件一定发生,则称为**必然事件**;相反,如果某事件一定不发生,则称为**不可能事件**. 在试验的结果中,可能发生、也可能不发生的事件称为**随机事件**,简称事件,通常记作 A,B,C 等.

在试验 E_1 中: H —"正面朝上",T—"反面朝上",都是随机事件.

在试验 E_2 中: B—"取出 10 个样品有 1 至 3 个次品"是随机事件.

在试验 E_3 中: C—"在该段时间内电话交换台接到的呼唤次数不超过 8 次" 是随机事件.

在试验 E_4 中:D—"出现的点数是 6"是随机事件.

定义 设随机事件 A 在 n 次试验中发生了 n_A 次,则比值$\frac{n_A}{n}$称为随机事件 A 的频率,记作 $f_n(A)$,即

$$f_n(A) = \frac{n_A}{n}$$

实践证明:在大量重复试验中,随机事件的频率具有稳定性.

三、样本空间

1. 定义

随机试验的每一个可能的结果称为**样本点**,记作 ω;随机试验的所有样本点组成的集合称为**样本空间**,记作 Ω.

任一随机事件 A 都是样本空间 Ω 的一个子集,称事件 A 发生当且仅当试验的结果是子集 A 中的元素.

2. 几个特殊的事件

基本事件:只包括一个样本点的子集.

必然事件:样本空间 Ω 所表示的事件,每次试验必然发生.

不可能事件:不含任何样本点的空集,用$\varnothing$表示.

四、事件的关系及运算

1. 事件的包含

若事件 A 发生必导致事件 B 发生,则称事件 B 包含事件 A,或称事

件 A 包含于事件 B,记作 $B \supset A$ 或 $A \subset B$.

2. 事件的相等

若事件 B 包含事件 A,且事件 A 包含事件 B,即 $B \supset A$ 且 $A \supset B$,则称事件 A 与事件 B 相等,记作 $A = B$.

3. 事件的并

“两个事件 A 与 B 至少有一个发生”这一新事件称为事件 A 与 B 的并,记作 $A \cup B$.

事件的并可以推广到有限个或可列无穷多个事件的情形:

“n 个事件 $A_1, A_2, \cdots, A_n$ 至少有一个发生” 这一新事件称为这 n 个事件的并,记作 $A_1 \cup A_2 \cup A_3 \cdots \cup A_n$.

4. 事件的交

“两个事件 A 与 B 同时发生”这一新事件称为事件 A 与 B 的交,记作 $A \cap B$ 或 AB,“n 个事件 $A_1, A_2, \cdots, A_n$ 同时发生” 这一新事件称为这 n 个事件的交,记作 $A_1 \cap A_2 \cap A_3 \cdots \cap A_n$ 或 $A_1 A_2 A_3 \cdots A_n$.

5. 差事件

“事件 A 发生而事件 B 不发生” 这一新事件称为事件 A 与 B 的差事件,记作 $A - B$ 或 $A\overline{B}$.

6. 互不相容事件(互斥事件)

若事件 A 与 B 不能同时发生,即 $AB = \varnothing$ 则称事件 A 与 B 是互不相容的(互斥的).

事件的关系及运算可以对比集合的关系及运算来学习.

以后把互斥的事件 A 与 B 的并记作 $A + B$.

若 n 个事件 $A_1, A_2, \cdots, A_n$ 中任意两个事件互斥,即 $A_i A_j = \varnothing (1 \leqslant i \leqslant j \leqslant n)$,则称这 n 个事件互斥.

以后把 n 个互斥的事件 $A_1, A_2, \cdots, A_n$ 的并记作 $A_1 + A_2 + \cdots + A_n$.

7. 对立事件

若两个互斥的事件 A 与 B 中必有一个事件发生,即 $AB = \varnothing$ 且 $A + B = \Omega$ 则称事件 A 与 B 是对立的,并称事件 B 是事件 A 的对立事件(或逆事件);同样,事件 A 也是事件 B 的对立事件,记作 $B = \overline{A}$ 或 $A = \overline{B}$.

于是有

$$(1)\ \overline{\overline{A}} = A$$

$$(2)\ A\overline{A} = \varnothing$$

$$(3)\ A + \overline{A} = \Omega$$

若用平面上某个矩形区域表示样本空间 Ω,矩形区域内的点表示样本点,则上述事件的关系及运算可以用集合图形直观地表示出来,如图 11.1.1 所示.

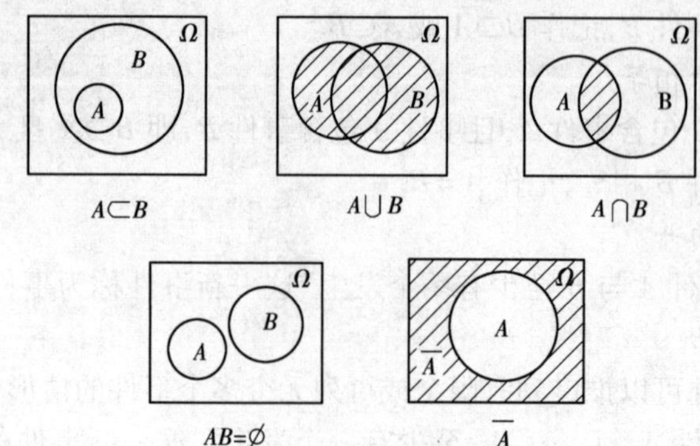

图 11.1.1

与集合运算的性质相似，事件的运算具有以下性质：

(1)交换律：$A\cup B=B\cup A, AB=BA$.

(2)结合律：$(A\cup B)\cup C=A\cup(B\cup C),(AB)C=A(BC)$.

(3)分配律：$(A\cup B)C=(AC)\cup(BC),(AB)\cup C=(A\cup C)(B\cup C)$.

(4)德摩根(De Morgan)定律：$\overline{A\cap B}=\overline{A}\cup\overline{B}$.

表 11.1.1　事件与集合的关系及运算的对照

	事　件	集　合
Ω	样本空间，必然事件	全集
$\varnothing$	不可能事件	空集
ω	样本点(基本事件)	元素
A	事件	子集
$\overline{A}$	A 的对立事件(逆事件)	A 的余集
$A\subset B$	事件 A 发生必有事件 B 发生	A 是 B 的子集
$A=B$	事件 A 与事件 B 等价	A 与 B 相等
$A\cup B$	事件 A 与 B 至少有一个发生	A 与 B 的并集
$A\cap B$	事件 A 与 B 同时发生	A 与 B 的交集
$A-B$	事件 A 发生而事件 B 不发生	A 与 B 之差
$AB=\varnothing$	事件 A 与事件 B 互不相容	A 与 B 没有公共元素

练习 11.1.1

1. 设 A,B,C,D 是 4 个事件，试用它们表示下列各事件：(1)4 个事件至少发生一个；(2)4 个事件恰好发生两个；(3)A,B 都发生而 C,D 不发生；(4)这 4 个事件都不发生；(5)这 4 个事件至多发生一个；(6)4 个事件至少发生两个；(7)它们至多发生两个.

2. 设 A,B,C 是 3 个事件，说明下列关系式的概率意义：(1) $A\cup B\cup C=A$；(2) $A\subset\overline{BC}$.

3. 设 A,B,C 为 3 事件，用 A,B,C 的运算关系来表示下列事件：

(1)A 发生,B 与 C 不发生;
(2)A 与 B 都发生,而 C 不发生;
(3)A,B,C 中至少有一个发生;
(4)A,B,C 都发生;
(5)A,B,C 都不发生.

第二节　概率与古典概型

一、引入

本节导学
内容:①概率的定义及性质;②古典概型的公式.
重点:①概率的定义和性质;②古典概型的公式.

"2 元的投入,500 万的收获"这句福利彩票的广告语让多少人为之心动. 以现在的双色球为例,"双色球"每注投注号码由 6 个红色球号码和 1 个蓝色球号码组成. 红色球号码从 1 ~ 33 中选择;蓝色球号码从 1 ~ 16 中选择. 购买一注,中 500 万的机会多大呢? 有多大? 一切从我们的概率说起.

二、概率的定义及性质

随机事件是一种偶然性的事件,因此在一次试验中是否发生,事先是不能预知的,但在大量重复试验的情况下,它的发生就呈现出一定的规律性. 因此,为判定事件发生可能性的大小,一个可靠的方法就是通过大量地重复试验,从中分析出它的规律性. 为此,我们引入了概率的统计定义.

定义 1　在 n 次重复试验中,若事件 A 发生了 m 次,则称 $\frac{m}{n}$ 为事件 A 发生的频率. 在相同的条件下,随着试验次数的增大,事件 A 的发生的频率会稳定地在某一常数 p 的附近摆动,则称常数 p 为事件 A 的概率,记作 $P(A)$.

由概率的统计定义,可以得到概率的如下性质:

性质 1　对任意事件 A,有 $0 \leqslant P(A) \leqslant 1$.

性质 2　$P(\Omega)=1, P(\varnothing)=0$.

三、古典概型

随机事件的概率,一般可以通过大量重复试验求得其近似值,这通常是比较困难的. 对于某些随机事件,也不可以通过重复试验,而只通过一次试验中可能出现的结果的分析来计算其概率.

如果某个试验具有以下特点:

(1)试验的各种可能结果的个数(基本事件个数)是有限个;

(2)每个试验结果(基本事件)发生的可能性是相等的.

这样的随机试验的数学模型叫做古典概型.

定义2 在古典概型中,如果试验的基本事件总数是 n,事件 A 包含的基本事件个数是 m,那么事件 A 发生的概率为

记住古典概型的计算公式.

$$P(A) = \frac{\text{事件}A\text{包含的基本事件个数}}{\text{基本事件总数}} = \frac{m}{n}$$

例11.2.1 一次投掷两颗骰子,求出现的点数之和为奇数的概率.

解 若把一次试验的所有可能结果取为:(奇,奇),(奇,偶),(偶,奇),(偶,偶),则它们也组成等概样本空间. 基本事件总数 $n=4$,A 包含的基本事件个数 $k=2$,故 $P(A)=\frac{1}{2}$.

例11.2.2 从含有两件正品 a_1,a_2 和一件次品 b_1 的三件产品中,每次任取一件,每次取出后不放回,连续取两次,求取出的两件产品中恰有一件次品的概率.

解 每次取出一个,取后不放回地连续取两次,其一切可能的结果组成的基本事件有6个,即 (a_1,a_2),(a_1,b_1),(a_2,a_1),(a_2,b_1),(b_1,a_1),(b_1,a_2). 其中,小括号内左边的字母表示第1次取出的产品,右边的字母表示第2次取出的产品,A 表示"取出的两次中,恰好有一件次品"这一事件,则 $A=[(a_1,b_1)(a_2,b_1),(b_1,a_1),(b_1,a_2)]$.

事件 A 由4个基本事件组成,因此,$P(A)=\frac{4}{6}=\frac{2}{3}$.

例11.2.3 现有一批产品共有10件,其中8件为正品,2件为次品:

例11.2.3解题分析:
(1)为放回抽样;
(2)为不放回抽样.

(1)如果从中取出一件,然后放回,再取一件,求连续3次取出的都是正品的概率;(2)如果从中一次取3件,求3件都是正品的概率.

解 (1)有放回地抽取3次,按抽取顺序 (x,y,z) 记录结果,则 x,y,z 都有10种可能,所以试验结果有 $10\times10\times10=10^3$ 种;设事件 A 为"连续3次都取正品",则包含的基本事件共有 $8\times8\times8=8^3$ 种,因此,$P(A)=0.512$.

(2)解法1:可以看作不放回抽样3次,顺序不同,基本事件不同,按抽取顺序记录 (x,y,z),则 x 有10种可能,y 有9种可能,z 有8种可能,所以试验的所有结果为 $10\times9\times8=720$ 种. 设事件 B 为"3件都是正品",则事件 B 包含的基本事件总数为 $8\times7\times6=336$,所以 $P(B)\approx0.467$.

解法2:可以看作不放回3次无顺序抽样,先按抽取顺序 (x,y,z) 记录结果,则 x 有10种可能,y 有9种可能,z 有8种可能,但 (x,y,z),(x,z,y),(y,x,z),(y,z,x),(z,x,y),(z,y,x) 是相同的,所以试验的所有结果有 $10\times9\times8\div6=120$,按同样的方法,事件 B 包含的基本事件个数为 $8\times7\times6\div6=56$,因此 $P(B)\approx0.467$.

小结:关于不放回抽样,计算基本事件个数时,既可以看作是有顺序

的,也可以看作是无顺序的,其结果是一样的. 但不论选择哪一种方式,观察的角度必须一致,否则会导致错误.

例 11.2.4　从 0,1,2,…,9 这 10 个数字中任意读一个数字,假定每个数字被读到的概率都是 1/10,先后读 7 个数字,试求下列各事件的概率:

(1)$A_1=\{$指定的一个 7 位数$\}$;

(2)$A_2=\{$7 个数字全部相同$\}$;

(3)$A_3=\{$不含 9 和 1$\}$;

(4)$A_4=\{$9 恰好出现两次$\}$.

解　该试验为"从 10 个数中读 7 个(即有放回地取 7 个)",任取 7 个数的重复排列是一个基本事件,基本事件总数为 10^7.

(1)A_1 是指定的一个 7 位数,只含一个基本事件,故 $p(A_1)=\frac{1}{10^7}$.

(2)A_2 包含的基本事件数是 10 个数字中任取 7 个的全排列 P_{10}^7,故 $P(A_2)=\frac{P_{10}^7}{10^7}$.

(3)这时只许在 0,2,3,4,5,6,7,8 这 8 个数字中取 7 个,故 A_3 包含 8^7 个基本事件,于是 $P(A_3)=\frac{8^7}{10^7}$.

(4)出现 9 的两次可在 7 个数字的排列位置中的任意两个位置,故有 C_7^2 种选择,其余的 5 个位置,可以放余下 9 个数字中的任一个,共有 9^5 种选法. 所以 A_4 中含基本事件数为 $C_7^2 9^5$. 于是 $P(A_3)=\frac{C_7^2 9^5}{10^7}$.

四、概率的加法公式

对于任意两个随机事件 A 与 B,有

$$P(A\cup B)=P(A)+P(B)-P(AB).$$

上述公式通常称为概率加法公式. 概率加法公式可以推广到多个事件的情形. 如对于任意 3 个事件 A,B,C,有

$P(A\cup B\cup C)=P(A)+P(B)+P(C)-P(AB)-P(BC)-P(AC)+P(ABC)$.

例 11.2.5　已知 $P(A)=0.5,P(B)=0.6,P(A\cup B)=0.9$. 求:(1)$P(A\overline{B})$;(2)$P(\overline{A}\overline{B})$.

解　(1)由概率加法公式得

$P(AB)=P(A)+P(B)-P(A\cup B)=0.5+0.6-0.9=0.2$

因为 $A=AB+A\overline{B}$,所以 $P(A)=P(AB)+P(A\overline{B})$. 由此得

$P(A\overline{B})=P(A)-P(AB)=0.5-0.2-0.3$

(2)因为 $\overline{A}\,\overline{B}=(\overline{A\cup B})$,所以

$P(\overline{A}\,\overline{B})=P(\overline{A\cup B})=1-P(A\cup B)=1-0.9=0.1$

练习 11.2.1

1. 给定 $p=P(A),q=P(B),r=P(A\cup B)$，求 $P(A\cdot\overline{B})$ 及 $P(\overline{A}\cdot\overline{B})$.

2. 求从一副扑克牌(54 张)中抽一张牌，抽到牌“K”的概率.

3. 求将一枚硬币抛两次，恰好出现一次正面的概率.

4. 从标有 1,2,3,4,5,6,7,8,9 的 9 张纸片中任取 2 张，求这 2 张纸片数字之积为偶数的概率.

5. 同时掷两枚骰子，所得点数之和为 5 的概率为多少？点数之和大于 9 的概率为多少？

6. 一个口袋里装有 2 个白球和 2 个黑球，这 4 个球除颜色外完全相同，从中摸出 2 个球，求 1 个是白球，1 个是黑球的概率.

7. 求先后抛 3 枚均匀的硬币，至少出现一次正面的概率.

8. 口袋里装有两个白球和两个黑球，这 4 个球除颜色外完全相同，4 个人按顺序依次从中摸出一球，试求“第二个人摸到白球”的概率.

9. 袋中有红、白色球各一个，每次任取一个，有放回地抽 3 次，写出所有的基本事件，并计算下列事件的概率：(1)3 次颜色恰有两次同色；(2)3 次颜色全相同；(3)3 次抽取的球中红色球出现的次数多于白色球出现的次数.

第三节　条件概率与事件的独立性

本节导学
内容：①条件概率；②事件的独立性；③贝努利概型.
重点：①会求事件的条件概率；②掌握贝努利概型求法.

一、引入

观察从标号为1、2、3、4的4个球中任取一球且为偶数标号的概率. 我们都知道在4个球中任取一球的概率为$\frac{1}{4}$，但取出的球的标号为偶数就只有两种可能，概率就为$\frac{1}{2}$，那么这个概率如何得到的？这就是我们本节要学的条件概率.

二、条件概率

已知事件B发生条件下事件A发生的概率称为事件A关于事件B的**条件概率**，记作$P(A|B)$.

条件概率的计算公式为

$$P(A|B)=\frac{P(AB)}{P(B)}\quad (P(B)\neq 0)$$

$$P(B|A)=\frac{P(AB)}{P(A)}\quad (P(A)\neq 0)$$

设$A=\{$得任一球$\}$，$B=\{$得标号为偶数$\}$，则

$$P(B|A)=\frac{P(AB)}{P(A)}=\frac{2}{4}=\frac{1}{2}$$

并由此可得到概率的乘法公式

$P(AB)=P(B)P(A|B)$或$P(AB)=P(A)P(B|A)$

例 11.3.1　甲乙两市位于长江下游，根据一百多年的记录知道，一年中雨天的比例，甲为20%，乙为18%，两市同时下雨的天数占12%. 求：

(1)乙市下雨时甲市也下雨的概率；(2)甲乙两市至少一市下雨的概率.

解　分别用A,B记事件$\{$甲下雨$\}$和$\{$乙下雨$\}$，按题意有

$P(A)=20\%,P(B)=18\%;P(AB)=12\%$

(1)所求为

$$P(A|B)=\frac{P(AB)}{P(B)}=\frac{12}{18}=\frac{2}{3}$$

(2)所求为

$$\begin{aligned}P(A\cup B)&=P(A)+P(B)-P(AB)\\&=20\%+18\%-12\%=26\%\end{aligned}$$

三、事件独立性

1. 两个事件的独立性

事件 B 发生与否可能对事件 A 发生的概率有影响,但也有相反的情况,即有时有

$$P(A|B)=P(A) \tag{11.3.1}$$

这时,$P(AB)=P(B)P(A|B)=P(A)\cdot P(B)$. 反过来,若

$$P(AB)=P(A)\cdot P(B) \tag{11.3.2}$$

则 $P(A|B)=\dfrac{P(AB)}{P(B)}=\dfrac{P(A)\cdot P(B)}{P(B)}=P(A)$

这种情况称 A 与 B 独立. A 与 B 不独立也叫 A 与 B 统计相依. 当 $P(B)>0$ 时,式(11.3.1)与式(11.3.2)是等价的,一般情况下独立的定义来用式(11.3.2),因为在形式上它关于 A 与 B 对称,且便于推广到 n 个事件. 式(11.3.2)也取消了 $P(B)>0$ 的条件. 事实上,若 $B=\varnothing$,则 $P(B)=0$,同时就有 $P(AB)=0$. 此时不论 A 是什么事件,都有式(11.3.2),亦即任何事件都与 $\varnothing$ 独立. 同理,任何事件也与必然事件 Ω 独立.

2. 多个事件的独立性

对 n 个事件,除考虑两两的独立性以外,还得考虑其整体的相互独立性.

定义 3 个事件 A,B,C,若

$$\left.\begin{aligned}P(AB)&=P(A)P(B)\\P(AC)&=P(A)P(C)\\P(BC)&=P(B)P(C)\end{aligned}\right\} \tag{11.3.3}$$

且

$$P(ABC)=P(A)P(B)P(C) \tag{11.3.4}$$

则称 A,B,C 相互独立.

式(11.3.3)表示 A,B,C 两两独立,所以独立包含了两两独立. 但 A, B ,C 的两两独立并不能代替 3 个事件相互独立,因为还有式(11.3.4). 那么式(11.3.3)是否包含式(11.3.4)呢? 回答是否定的.

例 11.3.2 一个均匀的正四面体,其第一面染成红色,第二面为白色,第三面为黑色,第四面红白黑三色都有. 分别用 A,B,C 记投一次四面体时底面出现红、白、黑的事件. 由于在四面体中有两面出现红色,故 $P(A)=\dfrac{1}{2}$;同理,$P(B)=P(C)=\dfrac{1}{2}$;同时出现两色或同时出现三色只有第四面,故

$$P(AB)=P(AC)=P(BC)=P(ABC)=\frac{1}{4}$$

因此

$$P(AB)=P(A)P(B)$$
$$P(AC)=P(A)P(C)$$

$$P(BC) = P(B)P(C)$$

式(11.3.3)成立,A,B,C两两独立.但

$$P(ABC) = \frac{1}{4} \neq P(A) \cdot P(B) \cdot P(C) = \frac{1}{8}$$

即式(11.3.4)不成立.

反过来,也有例子说明从式(11.3.4)也不能推出式(11.3.3),因此A,B,C的相互独立必需式(11.3.3)与式(11.3.4)同时成立.

例 11.3.3　一个系统能正常工作的概率称为该系统的可靠性.现有两系统都由同类电子元件A,B,C,D所组成,如图11.3.1所示.每个元件的可靠性都是P,试分别求两个系统的可靠性.

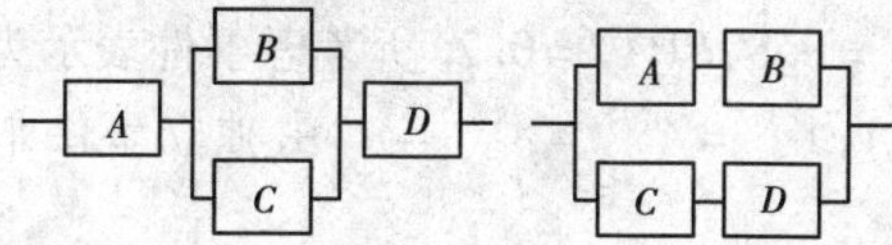

图 11.3.1

解　以R_1与R_2分别记两个系统的可靠性,以A,B,C,D分别记相应元件工作正常的事件,则可认为A,B,C,D相互独立,有

$$\begin{aligned} R_1 &= P(A(B \cup C)D) = P(ABD \cup ACD) \\ &= P(ABD) + P(ACD) - P(ABCD) \\ &= P(A)P(B)P(D) + P(A)P(C)P(D) - P(A)P(B)P(C)P(D) \\ &= P^3(2 - P) \end{aligned}$$

$$\begin{aligned} R_2 &= P(AB \cup CD) = P(AB) + P(CD) = P(AB) + P(AC) - P(ABCD) \\ &= P^2(2 - P^2) \end{aligned}$$

显然$R_2 > R_1$.

可靠性理论在系统科学中有广泛的应用,系统可靠性的研究具有重要意义.

四、贝努利概型

如果一次随机试验E只有A与$\overline{A}$两种相反的结果(掷一枚硬币,只出现“正面”或“反面”;考察一条线路,只有“通”与“不通”;传递一个信号,只有“正确”与“错误”;播下一颗种子,了解它“发芽”与否;观察一台机器“开动”与否…),这种随机试验称为**贝努利试验**.有时试验的结果虽有多种,但如果只考虑某事件A发生与否,也可作为贝努利试验,例如抽检一个产品,虽有各种质量指标,但如果只考虑合格与否,就是贝努利试验.我们可以用A代表“成功”而$\overline{A}$代表“失败”这种抽象的说法来描述**贝努利试验**.它的样本空间$\omega = \{\omega_1, \omega_2\}$,其中$\omega_1 = A, \omega_2 = \overline{A}$,事件域$F = (\varnothing, A, \overline{A}, \Omega)$.给定$P(A) = p(0 < p < 1)$,则$P(\overline{A}) = 1 - p$,就给出了一次贝努利试验的所有事件的概率.

雅各布·贝努利(1654—1705),瑞士数学家.

常常讨论的是在 n 次重复独立的贝努利试验中的情况,这种概率模型称为**贝努利概型**.如上一段末所述,它的样本点是 $\omega=(\omega_1,\cdots,\omega_n)$,其中 ω_i 是 A 或 $\overline{A}$,样本点总数为 2^n.各样本点出现的概率不全相同,故虽是有限样本空间,却不是古典概型.

贝努利概型中,每个样本点即是一个基本事件,由它们又可组成很多复合事件.利用事件的运算公式和概率的运算公式,可以计算这些事件的概率.

例 11.3.4 某人射击 5 次,每次命中的概率是 0.8,求事件{前两次命中,后三次不命中}的概率.

解 5 次射击可看成 5 次重复独立的贝努利试验.记 $A=\{$一次射击时命中$\}$,则 $P(A)=0.8,P(\overline{A})=0.2$.所考虑事件表示为 $A^{(1)}A^{(2)}\cdots A^{(5)}$,其中 $A^{(1)}=A^{(2)}=A,A^{(3)}=A^{(4)}=A^{(5)}=\overline{A}$.由独立事件乘积的概率计算,所求概率为

$$P^2(A)P^3(\overline{A})=0.8\times0.8\times0.2\times0.2\times0.2=0.005\ 12$$

例 11.3.5 求 n 重贝努利概型中 $B_k=\{$事件 A 恰好发生 k 次$\}$的概率.

解 与例 11.3.4 不同的是这里只指定 A 发生的次数,而没有限定在哪几次 A 发生,也即可以是头 k 次,也可以是中间某 k 次,也可能是最后 k 次.在不致引起误会的前提下,每种基本事件可记为 k 个 A 与 $n-k$ 个 $\overline{A}$ 的乘积,而 B_k 则为这些基本事件的和事件,即

$$B_k=\underbrace{AA\cdots A}_{k\text{个}}\underbrace{\overline{A}\,\overline{A}\cdots\overline{A}}_{n-k\text{个}}+A\overline{A}\underbrace{AA\cdots A}_{k-1\text{个}}\underbrace{\overline{A}\,\overline{A}\cdots\overline{A}}_{n-k-1\text{个}}+$$

$$\cdots+\underbrace{\overline{A}\,\overline{A}\cdots\overline{A}}_{n-k\text{个}}\underbrace{AA\cdots A}_{k\text{个}}\tag{11.3.5}$$

它共有 C_n^k 项,各项互不相容,每一项中各事件又是相互独立的.任一项的概率都是 $[P(A)]^k[P(\overline{A})]^{n-k}=p^kq^{n-k}$,由有限加法定理,$P(B_k)=C_n^kp^kq^{n-k}$,记作

$$b(k;n,p)=C_n^kp^kq^{n-k}=\frac{n!}{k!(n-k)!}p^kq^{n-k},(k=0,1,2,\cdots,n)\tag{11.3.6}$$

它是二项展开式 $(p+q)^n=\sum\limits_{k=0}^{n}C_n^kp^kq^{n-k}$ 的各项(其和恰好为 1),故称为**二项分布**.这是贝努利概型中最重要的概率,由它可推出很多事件的概率.

练习 11.3.1

1. 某厂有甲、乙、丙 3 台机器生产螺丝钉,产量各占 25%,35%,40%;在各自的产品里,不合格品各占 5%,4%,2%.

(1)从产品中任取一只,求它恰是不合格品的概率;

(2)若任取一只恰是不合格品,求它是机器甲生产的概率.

2. 甲袋中 4 只白球,2 只黑球;乙袋中 2 只白球,4 只黑球. 某人从甲袋中任取两球投入乙袋,然后在乙袋中任取两球,求最后所得两球全为白球的概率.

3. 敌机被击中部位分成三部分:在第一部分被击中一弹,或第二部分被击中二弹,或第三部分被击中三弹时,敌机才能被击落. 其命中率与各部分面积成正比,这三部分面积之比为 0.1,0.2,0.7. 若已中两弹,求敌机被击落的概率.

4. 加工某一零件需经过 3 道工序,各道工序的次品率分别为 2 %,3 % 和 5 %,假定各工序互不影响,求加工后所得零件的次品率.

5. 对同一目标进行 3 次独立射击,各次射击命中率依次为 0.4,0.5 和 0.7. 求:(1)3 次射击中恰好一次击中目标的概率;(2)至少一次击中目标的概率.

第四节　随机变量与分布函数

本节导学

内容:①离散型随机变量及其分布;②连续型随机变量及其分布.

重点:①掌握几种特殊分布;②会求分布函数.

一、引入

从一批产品中随机抽取一个产品检验,“是次品”可用 0 表示,“是合格品”可用 1 表示. 试验的每一个可能的结果都可以用一个数来表示. 这就启发我们,可否引进一个变量,其取值根据试验的结果而定,这样就可以用该变量及其取值来刻画随机事件,帮助我们更深入地研究随机现象.

二、随机变量的概念

在随机试验中,若变量 ξ 的取值都与随机试验的结果相对应,从而 ξ 的取值具有一定的概率,则称这样的变量为随机变量.

本节主要介绍离散型随机变量和连续型随机变量两个基本类型.

三、离散型随机变量及其分布

定义 1　若随机变量 ξ 可能取的值至多可列个(有限个或可列无限个),则称 ξ 为离散型随机变量.

对离散型随机变量,设 $\{x_i\}$ 为其可能取值的集合,关键问题是写出概率 $p(\xi = x_i)$(简记作 $p(x_i)$ 或 p_i)$(i=1,2,\cdots)$ 称

$$\begin{pmatrix} x_1 & x_2 & \cdots & x_n & \cdots \\ p(x_1) & p(x_2) & \cdots & p(x_n) & \cdots \end{pmatrix} \tag{11.4.1}$$

为 ξ 的分布列,有时也就称为 ξ 的概率分布. 它包含两个方面:(1)ξ 可能取什么值;(2)取这些值的概率.

显然,分布列具有性质:

(1) $p(x_i)\geqslant 0(i=1,2,\cdots)$

(2) $\sum\limits_{i=1}^{\infty} p(x_i)=1$

例 11.4.1 设随机变量 ξ 的分布列为

$$\begin{pmatrix} -2 & -1 & 0 & 1 & 2 \\ \dfrac{a-1}{4} & \dfrac{a+1}{4} & 0.1 & 0.2 & 0.2 \end{pmatrix}$$

(1)求常数 a;

(2)求 $p\{-1<\xi\leqslant 2\}$.

解 (1)由 $\dfrac{a-1}{4}+\dfrac{a+1}{4}+0.1+0.2+0.2=1$ 解得 $a=1$,故分布列为

$$\begin{pmatrix} -2 & -1 & 0 & 1 & 2 \\ 0 & 0.5 & 0.1 & 0.2 & 0.2 \end{pmatrix}$$

$$(2)p\{-1<\xi\leqslant 2\}=\sum_{-1<\xi\leqslant 2} p(x_i) =0.1+0.2+0.2=0.5$$

下面是一些常见的离散型随机变量,它们在实际工作中经常碰到,在理论研究中也有其特殊的重要性.

1. 两点分布

若一个随机试验只取两个可能值 x_1,x_2,则相应的概率分布为

$$\begin{pmatrix} x_1 & x_2 \\ p & q \end{pmatrix},p,q>0,p+q=1 \tag{11.4.2}$$

称为**两点分布**.

在贝努利试验中,每次试验只有两个结果——事件 A 发生或不发生. 本来这结果与数值无关,但我们可以把它数量化,用一随机变量的取值与它相对应,就得到一个服从两点分布的随机变量. 特别地,人们往往用 A 的示性函数表示随机变量,即令

$$\xi=\begin{cases}1,\text{如果 } A \text{ 发生}\\ 0,\text{如果 } A \text{ 不发生}\end{cases}$$

其分布列为

$$\begin{pmatrix} 0 & 1 \\ q & p \end{pmatrix} \quad p,q>0,p+q=1 \tag{11.4.3}$$

称为**贝努利分布**,也称 **0—1 分布**. 任一贝努利试验的结果(电路"断"与"不断",产品"合格"与"不合格",种子"发芽"与"不发芽",掷硬币得"正面"与"反面",…),都可用贝努利分布描述.

2. 二项分布

若一随机变量 ξ 的分布列为

$$P(\xi=k)=C_n^k p^k q^{n-k},p+q=1,p,q>0,k=0,1,2,\cdots,n \tag{11.4.4}$$

称 ξ 服从**二项分布**，记作 $\xi \sim B(n,p)$. n 和 p 称为它的两个参数. $P(\xi=k)$ 就是贝努利概型中 k 次成功的概率 $b(k;n,p)$. 它是二项式 $(p+q)^n$ 展开式的各项，它是二项式 $(p+q)^n$ 的各项，其和恰好为 1.

3. 泊松分布

从上面的泊松定理可引入另一类重要的分布.

设随机变量 ξ 可取一切非负整数值，取这些值的概率为

$$P(\xi = k) = \frac{\lambda^k}{k!}e^{-\lambda}(\lambda > 0), k = 0,1,2,\cdots \qquad (11.4.5)$$

称 ξ 服从**泊松分布**，简记作 $\xi \sim p(\lambda)$. 其中，λ 称为它的参数，以后将会证明，它就是 ξ 的平均值.

泊松（1781—1840），法国数学家、物理学家.

当 $n\to\infty$ 时，二项分布逼近泊松分布；当 n 很大 p 很小时，泊松分布可作为二项分布的近似. 然而泊松分布的作用不尽于此. 近数十年来，人们发现很多随机现象都可利用泊松分布去描述.

例 11.4.2　考察通过某交叉路口的汽车流. 若在一分钟内没有汽车通过的概率为 0.2，求在 2 分钟内有多于一辆汽车通过的概率.

解　记 ξ 为一分钟内通过的车辆数，假设 $\xi \sim p(\lambda)$. 记 η 为两分钟内通过的车辆数，则 $\eta \sim p(2\lambda)$. 又 $p(\xi=0)=e^{-\lambda}=0.2$，故 $\lambda=\ln 5$，所求为

$$\begin{aligned} p(\eta > 0) &= \sum_{k=2}^{\infty} p(\eta = k) = 1 - p(\eta = 0) - p(\eta = 1) \\ &= 1 - e^{-2\lambda} - 2\lambda e^{-2\lambda} = 24/25 - (2/25)\ln 5 \approx 0.831 \end{aligned}$$

4. 几何分布

若随机变量 ξ 可能取的值是正整数，且相应的概率为

$$P(\xi = k) = q^{k-1}p, p,q > 0, p + q = 1, k = 1,2,\cdots \quad (11.4.6)$$

则称 ξ 服从**几何分布**.

在贝努利概型中，若一次试验成功的概率为 p，则直到首次成功的试验次数就服从几何分布.

几何分布有一个很有趣的性质——无记忆性. 若贝努利试验中前 m 次失败，则从第 $m+1$ 次开始直到成功的次数 η 也服从同样的几何分布（好像把前面 m 次失败“忘记”了）.

这是因为若记 $\xi=m+\eta$，则 $\eta=k$ 时，$\xi=m+k$. 显然，ξ 服从参数为 p 的几何分布，而所求为

$$\begin{aligned} P(\eta = k \mid \text{前 } m \text{ 次失败}) &= \frac{P(\eta = k \text{ 且前 } m \text{ 次失败})}{P(\text{前 } m \text{ 次失败})} \\ &= \frac{P(\xi = m + k)}{q^m} = pq^{m+k-1}/q^m = pq^{k-1} \end{aligned}$$

反过来，若 ξ 是取正整数的随机变量，且具有无记忆性，则 ξ 服从几何分布（证明从略）.

四、连续型随机变量及其分布

1. 分布密度

定义 2 设 x 是连续型随机变量，$F(x)$ 是它的分布函数，如果存在非负的可积函数 $f(x)$，使得对于任意实数 x，都有

$$F(x) = p(X \leqslant x) = \int_{-\infty}^{x} f(t)\,\mathrm{d}t$$

则称 $f(x)$ 为 x 的**概率分布密度**，简称**分布密度**（**或密度函数**）.

与离散型随机变量的分布列类似，连续型随机变量的分布密度也有如下性质：

性质 1 $f(x) \geqslant 0$.

性质 2 $\int_{-\infty}^{+\infty} f(x)\,\mathrm{d}x = 1$.

由分布密度的定义，可得

$$P\{a < x \leqslant b\} = P\{X \leqslant b\} - P\{X \leqslant a\}$$

$$= \int_{-\infty}^{b} f(x)\,\mathrm{d}x - \int_{-\infty}^{a} f(x)\,\mathrm{d}x = \int_{a}^{b} f(x)\,\mathrm{d}x$$

由此可见，要计算连续型随机变量 X 落在区间 $(a,b]$ 上的概率，可转化为计算分布密度 $f(x)$ 在 $[a,b]$ 上的定积分，如图 11.4.1 所示.

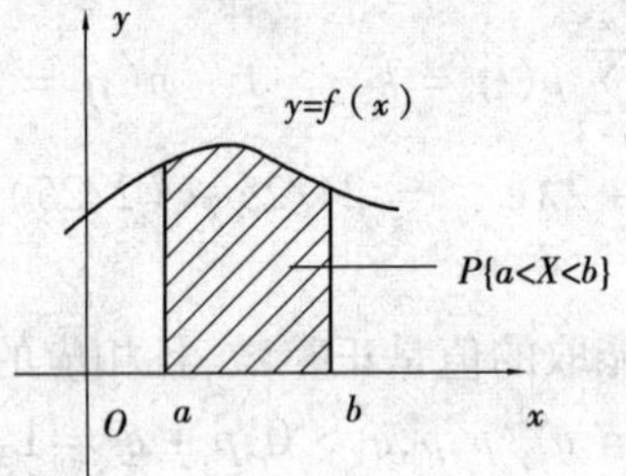

图 11.4.1

值得注意的是，对连续型随机变量 X 来说，它取任一指定实数值 a 的概率为 0，即

$$P\{X = a\} = 0$$

$$0 \leqslant P\{X = a\} \leqslant P\{a - h < X \leqslant a\} = \int_{a-h}^{a} f(x)\,\mathrm{d}x \quad (h > 0)$$

由于 $\lim\limits_{h \to 0} \int_{a-h}^{a} f(x)\,\mathrm{d}x = 0$，由夹逼定理，得 $P\{X = a\} = 0$.

由此可得：$P\{a \leqslant X < b\} = P\{a \leqslant X \leqslant b\} = P\{a < X \leqslant b\} = P\{a < X < b\} = \int_{a}^{b} f(x)\,\mathrm{d}x$

若 $f(x)$ 给定，由微积分知识知道，在连续点处，连续型随机变量的分布密度 $f(x)$ 等于它的分布函数的导数，即 $F'(x) = f(x)$.

例 11.4.3 设 X 为连续型随机变量，其分布密度为

$$f(x) = \begin{cases} Ax, & \text{当 } 0 < x < 1 \text{ 时} \\ 0, & \text{其他} \end{cases}$$

求:(1)系数 A;(2) 分布函数 $F(x)$;(3) $P\{1/2\leqslant x\leqslant 2\}$.

解　(1)由 $\int_{-\infty}^{+\infty} f(x)\mathrm{d}x$,即 $\int_0^1 Ax\mathrm{d}x = A/2 = 1$,所以 $A = 2$.

(2) $F(x) = \int_{-\infty}^{x} f(t)\mathrm{d}t$

当 $x<0$ 时,$F(x) = \int_{-\infty}^{x} 0\mathrm{d}t = 0$.

当 $0\leqslant x<1$ 时,$F(x) = \int_{-\infty}^{x} f(t)\mathrm{d}t = \int_{-\infty}^{0} 0\mathrm{d}x + \int_0^x 2x\mathrm{d}x = x^2$.

当 $x\geqslant 1$ 时,$F(x) = \int_{-\infty}^{x} f(t)\mathrm{d}t = \int_{-\infty}^{0} 0\mathrm{d}x + \int_0^1 2x\mathrm{d}x + \int_1^x 0\mathrm{d}x = 1$.

所以

$$F(x) = \begin{cases} 0, x < 0 \\ x^2, 0 \leqslant x < 1 \\ 1, x \geqslant 1 \end{cases}$$

(3) $P\{1/2 \leqslant x \leqslant 2\} = \int_{\frac{1}{2}}^{2} f(x)\mathrm{d}x = \int_{\frac{1}{2}}^{1} 2x\mathrm{d}x + \int_1^2 0\mathrm{d}x = x^2\Big|_{\frac{1}{2}}^{1} = \frac{3}{4}$.

2. 几种常用连续型随机变量的分布

1)均匀分布

若随机变量 X 的分布密度为

$$f(x) = \begin{cases} \frac{1}{b-a}, a \leqslant x \leqslant b \\ 0,其他 \end{cases}$$

则称 X 在区间$[a,b]$上服从均匀分布,记为 $x \backsim U(a,b)$.

若 $x\backsim U(a,b)$,可求得 x 的分布函数 $F(x)$ 的图形如图 11.4.2 所示:

$$F(x) = \begin{cases} 0, x \leqslant a \\ \frac{x-a}{b-a}, a < x \leqslant b \\ 1, x > b \end{cases}$$

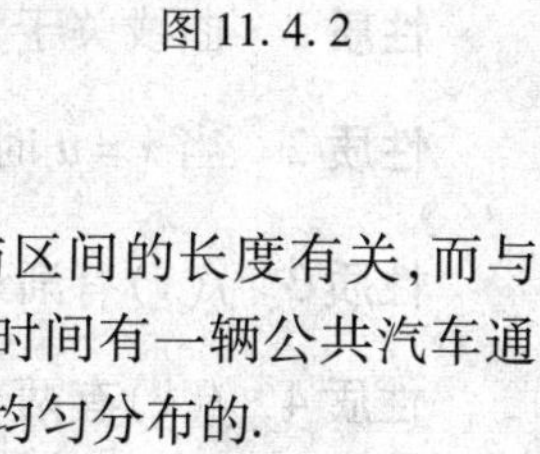

图 11.4.2

对任一区间$[c,d]\subset[a,b]$,有

$$P\{c < X \leqslant d\} = \int_c^d \frac{1}{b-a}\mathrm{d}x = \frac{d-c}{b-a}$$

这说明 X 落在$[a,b]$中任一小区间的概率与区间的长度有关,而与小区间在$[a,b]$内的位置无关. 例如,在每隔一定时间有一辆公共汽车通过的汽车停车站上,乘客候车的时间 X 就是服从均匀分布的.

2)指数分布

若随机变量 x 的分布密度为

$$f(x) = \begin{cases} \lambda \mathrm{e}^{-\lambda x}, x \geqslant 0 \\ 0, \quad x < 0 \end{cases}$$

其中 $\lambda>0$,则称 x 服从参数为 λ 指数分布,记为 $x\backsim E(\lambda)$.

$f(x)$的图形如图 11.4.3 所示.

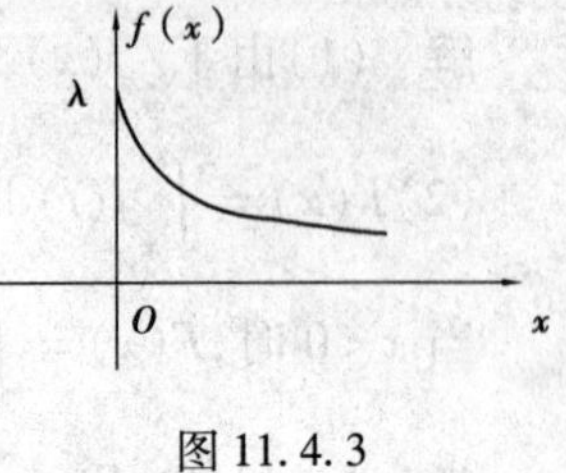

图 11.4.3

在实际应用中,动物的寿命、电子元件的寿命等的分布都近似地服从指数分布.

3)正态分布

若随机变量 x 的分布密度为

$$f(x) = \frac{1}{\sqrt{2\pi}\sigma}e^{-\frac{(x-u)^2}{2\sigma^2}}(-\infty < x < +\infty)$$

其中 μ,σ 是常数,且 $\sigma>0$,则称 x 服从参数为 μ,σ 的正态分布,记为 $X\backsim N(\mu,\sigma^2)$.

其分布函数为 $F(x) = \frac{1}{\sqrt{2\pi}\sigma}\int_{-\infty}^{x}e^{-\frac{(t-u)^2}{2\sigma^2}}dt$.

特别地,参数 $\mu=0,\sigma=1$ 时的正态分布 $N(0,1)$ 称为标准正态分布.它的分布密度和分布函数专门记为 $\varphi(x)$ 和 $\Phi(x)$,即

$$\varphi(x) = \frac{1}{\sqrt{2\pi}}e^{-\frac{x^2}{2}}$$

$$\Phi(x) = \frac{1}{\sqrt{2\pi}}\int_{-\infty}^{x}e^{-\frac{t^2}{2}}dt$$

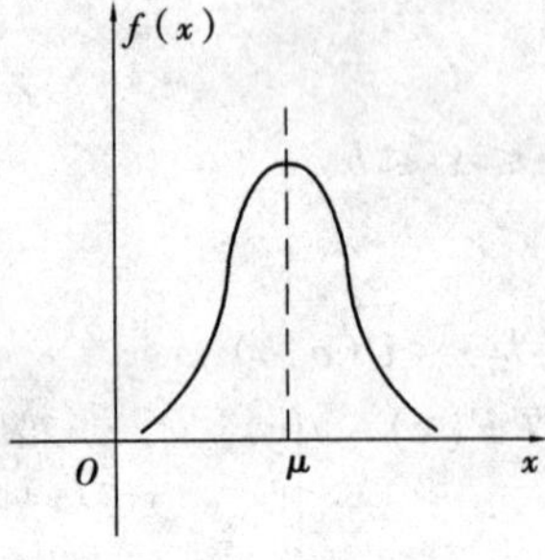

图 11.4.4

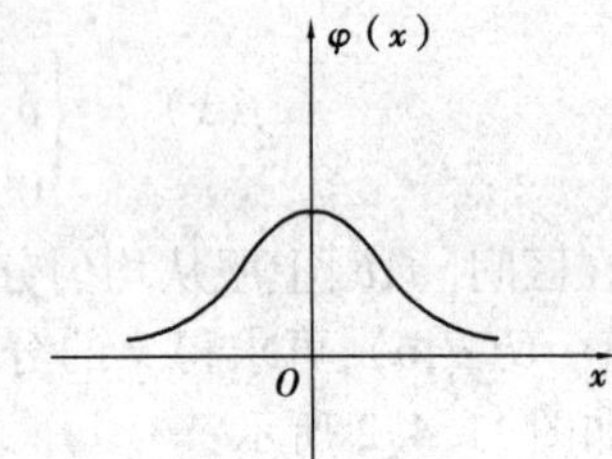

图 11.4.5

正态分布密度 $f(x)$ 和 $\varphi(x)$ 的图形如图 11.4.4 和 11.4.5 所示.

正态分布密度具有如下性质:

性质 1 曲线关于直线 $x=u$ 对称.

性质 2 当 $x=u$ 时,$f(x)$ 取得最大值 $\frac{1}{\sqrt{2\pi}\sigma}$.

性质 3 $f(x)$ 有渐近线 $y=0$.

性质 4 $f(x)$ 有两个拐点 $(u\pm\sigma,\frac{1}{\sqrt{2\pi}\sigma}e^{-\frac{1}{2}})$.

性质 5 $\int_{-\infty}^{+\infty}\frac{1}{\sqrt{2\pi}\sigma}e^{-\frac{(x-\mu)^2}{2\sigma^2}}dx = 1$.

在自然界与工程技术中,大量的随机变量都服从或近似服从正态分布,例如:随机误差,零件的长度、直径,人的身高、体重,某个年级某学科考试成绩等,它们都服从“中间大,两头小”的正态分布.正态分布在误差

理论、产品检查、无线电噪声理论、自动控制等领域都有着广泛的应用.

例 11.4.4　设 $X \backsim N(1,4)$，试求：

(1) $P\{X \geqslant 2.3\}$；(2) $P\{X \leqslant 5\}$；(3) $P\{0 \leqslant X \leqslant 1.6\}$.

解　$\mu = 1, \sigma = 2$.

(1) $P\{X \geqslant 2.3\} = 1 - \Phi\left(\frac{2.3-1}{2}\right) = 1 - \Phi(0.65) = 1 - 0.742\,2 = 0.257\,8$

(2) $P\{X \leqslant 5\} = \Phi\left(\frac{5-1}{2}\right) = \Phi(2) = 0.977\,2$

(3) $P\{0 \leqslant X \leqslant 1.6\}$

$= \Phi\left(\frac{1.6-1}{2}\right) - \Phi\left(\frac{0-1}{2}\right) = \Phi(0.3) - \Phi(-0.5) = 0.617\,9 - 0.308\,5$

$= 0.309\,4$

练习 11.4.1

1. 设随机变量 X 只能取 $-1,0,1,2$ 这 4 个值，且取这 4 个值相应的概率依次为 $\frac{1}{2c}, \frac{3}{4c}, \frac{5}{8c}, \frac{7}{16c}$，求常数 c.

2. 设随机变量 X 的分布密度为

$$f(x) = \begin{cases} \dfrac{C}{\sqrt{1-x^2}}, & |x| < 1 \\ 0, & |x| \geqslant 1 \end{cases}$$

(1) 求常数 C；(2) $P\{-3 < X < 1/2\}$；(3) X 的分布函数.

3. 连续型随机变量 X 的分布函数为 $F(x) = A + B\arctan x(-\infty, +\infty)$.

求：(1) 系数 A 和 B；(2) $P\{-1 \leqslant X < 1\}$；(3) X 的密度函数.

4. 设随机变量 X 的分布函数为

$$F(x) = \begin{cases} 0, x < 1 \\ \ln x, 1 \leqslant x < \mathrm{e} \\ 1, x \geqslant \mathrm{e} \end{cases}$$

求 $P\{x \leqslant 2\}$，$P\{0 < x \leqslant 3\}$，$P\{2 < x \leqslant 2.5\}$.

5. 设随机变量 X 的概率密度为 $f(x) = a\mathrm{e}^{-|x|}$，$-\infty < x < +\infty$

求：(1) 常数 a；(2) $P\{0 \leqslant x \leqslant 1\}$；(3) x 的分布函数.

6. 设 $X \sim N(3, 2^2)$，求：

(1) $P\{2 < x \leqslant 5\}$，$P\{-4 < x \leqslant 10\}$，$P\{|x| > 2\}$，$P\{x > 3\}$；

(2) 常数 c，使 $P\{x > c\} = P\{x \leqslant c\}$.

第五节　随机变量的数字特征

本节导学

内容：随机变量的数字特征，即数学期望和方差.

重点：掌握随机变量的数学期望的求法和方差的求法.

一、引入

随机变量的概率分布能完整地描述随机变量的取值规律，但在实际问题中，概率分布较难确定，并且有时不需要去了解这个规律的全貌，而只需知道随机变量的某些特征就够了.

例如，在检查灯泡或某些电子产品的质量时，人们关心的是它们的平均寿命及各个产品的寿命与平均寿命的偏离程度，这些能反映随机变量某种特征的数字在规律论中称为随机变量的数字特征. 本节介绍数字特征中最常见的数学期望(均值)和方差.

二、数学期望

1. 离散型随机变量的数学期望

先看一个例子.

某班有 10 名学生，数学期中考试的成绩为 60 分和 75 分两名，85 分三名，90 分 95 分 100 分各一名，则他们的平均分为

$$\frac{1}{10}(60\times2+75\times2+85\times3+90+95+100)=60\times\frac{2}{10}+75\times\frac{2}{10}+85\times\frac{3}{10}+90\times\frac{1}{10}+95\times\frac{1}{10}+100\times\frac{1}{10}=81$$

考试成绩有 6 个不同的值 60、75、85、90、95、100，它们的平均值为 83.3. 由此可见，10 名学生的平均分 81 并不是上述 6 个数值的简单平均，而是由 6 个不同的分数 60、75、85、90、95、100 分别乘以其在考试中出现的频率$\frac{2}{10}$、$\frac{3}{10}$、$\frac{1}{10}$而得到的，因此，平均分 81 分实质上是所得六个不同分数与对应频率的乘积之和.

定义 1　设离散型随机变量 X 的分布列为

X	x_1	x_2	$\cdots$	x_k	$\cdots$
P	p_1	p_2	$\cdots$	p_k	$\cdots$

如果级数 $\sum\limits_{k=1}^{\infty} x^k p^k$ 绝对收敛，则称级数的和为随机变量 X 的**数学期望**，或均值，记为 $E(X)$.

即

$$E(X)=\sum_{k=1}^{\infty} x^k p^k \tag{11.5.1}$$

例 11.5.1　根据长期的统计,甲、乙两人在一天生产中出现废品的概率分布是(两人的日产量相等):

工　人	甲				乙			
废　品	0	1	2	3	0	1	2	3
概　率	0.4	0.3	0.2	0.1	0.3	0.5	0.2	0

问谁的技术较好?

解　只从分布列来看,很难作出判断,我们来求两者废品数的数学期望.

甲工人:$E(X)=0\times0.4+1\times0.3+2\times0.2+3\times0.1=1$;

乙工人:$E(Y)=0\times0.3+1\times0.5+2\times0.2+3\times0=0.9$.

故可以判定乙的技术较好.

例 11.5.2　设 X 服从参数为 λ 的泊松分布,求 $E(X)$.

解　$X\backsim\pi(\lambda)$,其分布列为

$$P\{X=k\}=\frac{\lambda^k}{k!}e^{-\lambda}(k=0,1,2,\cdots)\ (\lambda>0)$$

$$E(X)=\sum_{k=0}^{\infty}k\frac{\lambda^k e^{-\lambda}}{k!}=\lambda e^{-\lambda}\sum_{k=1}^{\infty}\frac{\lambda^{k-1}}{(k-1)!}=\lambda e^{-\lambda}\sum_{k=0}^{\infty}\frac{\lambda^k}{(k)!}=\lambda e^{-\lambda}e\lambda=\lambda$$

2. 连续型随机变量的数学期望

定义 2　设连续型随机变量 X 的分布密度为 $f(x)$,若 $\int_{-\infty}^{+\infty}xf(x)\mathrm{d}x$ 绝对收敛,则称积分值为 X 的数学期望或均值,记为 $E(X)$. 即

$$E(X)=\int_{-\infty}^{+\infty}xf(x)\mathrm{d}x \qquad (11.5.2)$$

例 11.5.3　设 $X\backsim N(\mu,\sigma^2)$,求 $E(X)$.

解　X 的分布密度为　$f(x)=\frac{1}{\sqrt{2\pi}\sigma}e^{-\frac{(x-\mu)^2}{2\sigma^2}}(-\infty<x<+\infty)$.

$$E(X)=\int_{-\infty}^{+\infty}xf(x)\mathrm{d}x$$

$$=\int_{-\infty}^{+\infty}\frac{x}{\sqrt{2\pi}\sigma}e^{-\frac{(x-\mu)^2}{\sigma^2}}\mathrm{d}x\overset{令\ t=\frac{x-\mu}{\sigma}}{=\!=\!=\!=}\int_{-\infty}^{+\infty}\frac{1}{\sqrt{2\pi}}(\mu+\sigma t)e^{-\frac{t^2}{2}}\mathrm{d}t$$

$$=\mu\int_{-\infty}^{+\infty}\frac{1}{\sqrt{2\pi}}e-\frac{t^2}{2}\mathrm{d}t+\frac{\sigma}{\sqrt{2\pi}}\int_{-\infty}^{+\infty}te^{-\frac{t^2}{2}}\mathrm{d}t=\mu-0=\mu$$

由此可见,正态分布中的参数 μ 是随机变量的数学期望.

3. 随机变量函数的数学期望

定理　设 X 为随机变量,且 $Y=f(X)$　($f(X)$ 是连续函数).

(1)若 X 为离散型随机变量,其分布列为

$$P\{X=x_k\}\quad(k=1,2,\cdots)$$

如果级数 $\sum_{k=1}^{\infty} f(x_k) p_k$ 绝对收敛,则有

$$E(Y) = E[f(X)] = \sum_{k=1}^{\infty} f(x_k) p_k \tag{11.5.3}$$

(2)若 X 为连续型随机变量,其分布密度为 $p(x)$,若 $\int_{-\infty}^{+\infty} f(x)p(x)\mathrm{d}x$ 绝对收敛,则有

$$E(Y) = E[f(X)] = \int_{-\infty}^{+\infty} f(x)p(x)\mathrm{d}x \tag{11.5.4}$$

由此可见,求随机变量函数 $Y=f(X)$ 的数学期望 $E(Y)$,不必先求出 Y 的概率分布,而只需要知道 X 的概率分布就可以了.

例 11.5.4 设随机变量 X 的分布列为

X	-1	0	1	2
P	0.1	0.2	0.3	0.4

且 $Y=X^2+X$,求 $E(Y)$.

解 $E(Y)=E(X^2+X)=\sum_{k=1}^{4}(x_k^2+x_k)p_k$

$=[(-1)^2+(-1)]\times 0.1+(0^2+0)\times 0.2+(1^2+1)\times 0.3+(2^2+2)\times 0.4=3$

4. 数学期望的性质

性质 1 若 C 为常数,则 $E(C)=C$.

性质 2 若 k 为常数,则 $E(kX)=kE(X)$.

性质 3 若 a,b 为常数,则 $E(aX+b)=aE(X)+b$.

性质 4 设 X,Y 为两个随机变量,则 $E(X+Y)=E(X)+E(Y)$.

性质 5 设 X,Y 为两个相互独立的随机变量,则 $E(XY)=E(X)E(Y)$.

三、方差

1. 方差的定义

在实际问题中,只知道随机变量的数学期望是不够的,还要考虑随机变量取值的分散程度(波动状况),如有两批相同型号的灯泡,每批各抽 10 只,测得它们的寿命数据如下:

第一批 960 1 034 960 987 1 000 1 036 992 1 023 1 025 983

第二批 930 1 220 655 1 342 654 942 680 1 176 1 352 1 051

两批灯泡的平均寿命都是 1 000 小时,但是第一批灯泡的寿命与平均寿命偏差较小,质量比较稳定.第二批灯泡的寿命与平均寿命偏差较

大,质量不够稳定.由此可见,在实际问题中,除了要了解随机变量的数学期望以外,一般还要知道随机变量取值与其数学期望的偏离程度.常用$[X-E(X)]^2$的期望来衡量其分散程度.

定义 3　设 X 为随机变量,如果 $E[X-E(X)]^2$ 存在,则称它为 X 的方差.记为 $D(X)$,即 $D(X) = E[X-E(X)]^2$　　(11.5.5)

方差的算术平方根 $\sqrt{D(X)}$ 称为随机变量 X 的均方差或标准差.记为 $\sigma(X)$.

$$\sigma(X) = \sqrt{D(X)} \qquad (11.5.6)$$

计算方差也可以使用如下公式：

$$D(X) = E(X^2) - [E(X)]^2 \qquad (11.5.7)$$

因为 $D(X) = E[X-E(X)]^2 = E\{X^2 - 2XE(X) + [E(X)]^2\}$

$= E(X^2) - 2E(X)E(X) + [E(X)]^2 = E(X^2) - [E(X)]^2$

例 11.5.5　计算上述印例中第一批、第二批灯泡的方差 $D(X_1)$ 和 $D(X_2)$.

解　$E(X_1) = E(X_2) = 1\ 000$

$D(X_1) = (960-1\ 000)^2 \times \frac{1}{10} + (1\ 034-1\ 000)^2 \times \frac{1}{10} + \cdots + (983-1\ 000)^2 \times \frac{1}{10} = 732.8$

$D(X_1) = (930-1\ 000)^2 \times \frac{1}{10} + (1\ 200-1\ 000)^2 \times \frac{1}{10} + \cdots + (1\ 051-1\ 000)^2 \times \frac{1}{10} = 67\ 119$

因为 $D(X_1) < D(X_2)$,故第一批灯泡比第二批灯泡质量稳定.

例 11.5.6　设 $X \backsim N(\mu,\sigma^2)$,求 $D(X)$.

解　由例 11.5.3 知道 $E(X) = \mu\sigma$.

$$D(X) = E[X-E(X)]^2 = E[X-\mu]^2 = \int_{-\infty}^{+\infty} (X-\mu)^2 \frac{1}{\sqrt{2\pi}\sigma} e^{-\frac{(x-\mu)^2}{2\sigma^2}} dx$$

若令 $\frac{x-\mu}{\sigma} = t$,则

$$D(X) = \frac{1}{\sqrt{2\pi}} \int_{-\infty}^{+\infty} \sigma^2 t^2 e^{-\frac{t^2}{2}} dt = -\frac{\sigma^2}{\sqrt{2\pi}} \int_{-\infty}^{+\infty} t d e^{-\frac{t^2}{2}}$$

$$= -\frac{\sigma^2}{\sqrt{2\pi}} \left[\left. \frac{t}{e^{\frac{t^2}{2}}} \right|_{-\infty}^{+\infty} - \int_{-\infty}^{+\infty} e^{-\frac{t^2}{2}} dt \right] = \frac{1}{\sqrt{2\pi}} \int_{-\infty}^{+\infty} \sigma^2 e^{-\frac{t^2}{2}} dt = \sigma^2$$

故正态分布中的参数 σ^2 恰好是随机变量的方差.

2. *方差的性质*

性质 1　若 C 为常数,则 $D(C) = 0$.

性质 2　若 k 为常数,则 $D(kX) = k^2 D(X)$.

性质3　若 a,b 为常数,则 $D(aX+b)=a^2D(X)$.

性质4　若 X 与 Y 相互独立,则 $D(X\pm Y)=D(X)+D(Y)$.

下面证明性质2

$D(kX)=E[kX-E(kX)]^2=E\{k^2X^2-2kXE(kX)+[E(kX)]^2\}=k^2E(X)^2-2kE(X)E(kX)+[E(kX)]^2=k^2E[X-E(X)]^2=k^2D(X)$

数学期望和方差在概率统计中经常要用到,为了便于记忆,我们将常用分布的数学期望和方差列如表11.5.1所示.

表11.5.1　常用分布的数学期望和方差

分布名称	概率分布	数学期望	方　差
两点分布	$P\{X=1\}=p$ $P\{X=0\}=q$ $(0<p<1),p+q=1)$	p	pq
二项分布	$P\{X=k\}=C_n^kp^kq^{n-k}$ $(k=0,1,2,\cdots,n)$ $(0<p<1)$, $p+q=1)$	np	npq
泊松分布	$P\{X=k\}$ $=\dfrac{\lambda^k}{k!}e^{-\lambda}(\lambda>0)$ $k=0,1\cdots$	λ	λ
均匀分布	$p(x)=\begin{cases}\dfrac{1}{b-a}, & a\leqslant x\leqslant b\\ 0, & 其他\end{cases}$	$(a+b)/2$	$(b-a)^2/12$
指数分布	$P(x)=\begin{cases}\lambda e^{-\lambda x}, & x>0\\ 0, & x\leqslant 0\end{cases}(\lambda>0)$	$1/\lambda$	$1/\lambda^2$
正态分布	$P(x)=\dfrac{1}{\sqrt{2\pi}\sigma}e^{-\frac{(x-\mu)^2}{2\sigma^2}}$ μ,σ 为常数,且 $\sigma>0(-\infty<x<+\infty)$	μ	σ^2

练习11.5.1

1. 袋中有2个白球3个红球,现从袋中随机地抽取2个球,以 X 表示取到红球的数,求 X 的分布列.

2. 设随机变量 X 的分布列为

X	1	2	3	4
P	0.1	0.4	0.2	0.3

试求(1) $E(X)$；　(2) $E(3X-2)$；　(3) $E(X^2)$；　(4) $D(X)$.

3. 已知 $X \backsim N(1,2)$，$Y \backsim N(2,1)$ 且 X,Y 相互独立，求

(1) $E(3X-Y+4)$；　(2) $D(2X-3Y)$.

4. 随机变量 X 的分布密度为 $p(x)=\begin{cases} a+bx^2, & 0\leqslant x<1 \\ 0, & 其他 \end{cases}$ 且 $E(X)=3/5$，试确定系数 a 和 b，并求 $D(X)$.

5. 已知随机变量 X 与 Y 相互独立，且 $E(X)=E(Y)=0$，$D(X)=D(Y)=1$，求 $E[(X+Y)^2]$.

6. A，B 两台机床同时加工某种零件，每生产 1 000 件出次品数 X 的分布列为

X	0	1	2	3
P_1(机床 A)	0.7	0.2	0.06	0.04
P_2(机床 B)	0.8	0.06	0.04	0.10

问哪一台机床加工质量好？

7. 设随机变量 X 的分布密度为 $f(x)=\begin{cases} \dfrac{1}{\pi\sqrt{1-x^2}}, & |x|<1 \\ 0, & |x|\geqslant 1 \end{cases}$. 求 $E(X)$ 和 $D(X)$.

内容小结

一、知识小结

1. 本章基本知识点

事件之间的关系与运算；古典概型；分布函数、概率分布或概率密度的定义和性质；数学期望、方差的定义、性质和计算等.

2. 基本公式

(1) 古典概型的计算公式：

$$P(A)=\frac{k}{n}=\frac{A\text{所含基本事件数}}{\text{基本事件的总数}}$$

(2) 概率的加法公式：

$$P(A|B|)=\frac{P(AB)}{P(B)}$$

(3)条件概率.

二、学习要求

(1)利用事件之间的关系与运算进行概率计算.

(2)会求古典概型的概率.

(3)利用加法公式、条件概率公式、乘法公式、全概率公式等公式计算概率.

(4)事件独立性的概念,利用独立性计算事件的概率.

(5)利用分布函数、概率分布或概率密度的定义和性质进行计算.

(6)掌握一些重要的随机变量的分布及性质,主要的有:(0—1)分布、二项分布、泊松分布、指数分布和正态分布,会进行有关事件概率的计算.

(7)会求随机变量的函数的分布.

(8)掌握数学期望、方差的定义、性质和计算;常用随机变量的数学期望和方差;会计算一些随机变量函数的数学期望和方差.

复习题

一、填空题

1. 设$P(A)=0.4$,$P(A\cup B)=0.7$,若A,B互不相容,则$P(B)$________;若A,B独立,则$P(B)=$________.

2. 若A、B为两个相互独立的事件,且$P(A)=0.3$,$P(B)=0.4$,则$P(AB)=$________.

3. 若A、B为两个相互独立的事件,且$P(A)=0.3$,$P(B)=0.4$,则$P(A+B)=$________.

4. 已知$P(A)=0.8$,$P(A-B)=0.6$,则$P(\overline{A}\cup\overline{B})=$________,$P(B|A)=$________.

5. 设随机变量X有分布函数$F(x)=\begin{cases}0, & x<0\\ A\sin x, & 0\leqslant x<\pi/2\\ 1, & x\geqslant\pi/2\end{cases}$,则$A=$________,$P(|X|<\frac{\pi}{6})=$________.

二、选择题

1. 设A,B为两事件,且$0<P(A)<1$,则下列命题成立的是(　　).

A. A,B独立$\Leftrightarrow P(B|\overline{A})=P(B|A)$

B. A,B独立$\Leftrightarrow A,B$互不相容

C. A,B 独立$\Leftrightarrow A\cup B=\Omega$

D. A,B 独立$\Leftrightarrow P(AB)=0$

2. 如果 $X\sim\varphi(x)$,而 $\varphi(x)=\begin{cases}x, & 0\leqslant x\leqslant 1\\ 2-x, & 1<x\leqslant 2\\ 0, & \text{其他}\end{cases}$,则 $P(X\leqslant 1.5)=$ (　　).

A. $\int_{-\infty}^{1.5}x\mathrm{d}x$　　B. $\int_{0}^{1.5}(2-x)\mathrm{d}x$

C. $\int_{0}^{1.5}x\mathrm{d}x$　　D. $\int_{0}^{1}x\mathrm{d}x+\int_{1}^{1.5}(2-x)\mathrm{d}x$

3. 若 X 与 Y 独立,且 $D(X)=6,D(Y)=3$,则 $D(2X-Y)=$(　　).

A. 9　　B. 15　　C. 21　　D. 27

4. 设随机变量 X 的分布函数为 $F(x)=\begin{cases}0, & x<1\\ x^4, & 0\leqslant x\leqslant 1\\ 1, & x>1\end{cases}$,则 $EX=$(　　).

A. $\int_{0}^{1}x^4\mathrm{d}x$　　B. $\int_{0}^{1}\frac{1}{4}x^5\mathrm{d}x$

C. $\int_{0}^{1}4x^4\mathrm{d}x$　　D. $\int_{0}^{1}x^4\mathrm{d}x+\int_{1}^{+\infty}x\mathrm{d}x$

三、解答题

1. 随机事件 A,B,C 发生的概率相同都是 0.25,A 与 B 独立,A 与 C 互不相容,求 A,B,C 都不发生的概率.

2. 三个学生证放在一起,现将其任意发给这三名学生,求没人拿到自己学生证的概率.

3. 设 10 件产品中有 4 个不合格品,从中取 2 件产品,求:(1)所取的 2 件产品中至少有一件不合格品的概率.(2)已知所取的 2 件产品中有一件是不合格品,则另一件也是不合格品的概率.

4. 10 个考签有 4 个难签,3 人参加抽签考试,不重复地抽取,每人一次,甲先,乙次,丙最后. 求:(1)丙抽到难签的概率;(2)甲、乙、丙都抽到难签的概率.

5. 甲、乙两人射击,甲击中的概率为 0.8,乙击中的概率为 0.7,两人同时射击,并假定中靶与否是独立的. 求:(1)两人都中的概率.(2)至少有一人击中的概率.

6. 厂仓库中存放有规格相同的产品,其中甲车间生产的占 70%,乙车间生产的占 30%. 甲车间生产的产品的次品率为 1/10,乙车间生产的产品的次品率为 2/15. 现从这些产品中任取一件进行检验,求:

(1)取出的这件产品是次品的概率;(2)若取出的是次品,该次品是甲车间生产的概率.

7. 设随机变量 X 的概率密度为 $f(x)=\begin{cases}A/\sqrt{1-x^2}, & |x|<1\\ 0, & |x|\geqslant 1\end{cases}$.

求:(1)系数 A;(2)x 落在区间 $\left[-\frac{1}{2},\frac{1}{2}\right]$ 内的概率;(3)x 的分布函数.

8. 设随机变量 X 的分布函数为 $F(x)=\begin{cases}0, & x\leqslant 0\\ Ax^2, & 0<x<1\\ 1, & x\geqslant 1\end{cases}$.

求:(1)系数 A 的值;(2)x 的概率密度函数.